计算机文化基础一体化教程

(第三版)

主　编　高树芳　高凌燕　完颜严

副主编　张　昱　李　亮　张少芳

陈亚莉　李志强　崔小静

主　审　王月春

配套资源说明

西安电子科技大学出版社

内 容 简 介

本书以教育部制定的《高等职业教育专科信息技术课程标准(2021 年版)》新课标为纲，基于理论和实践一体化的设计思路，由多家院校教学一线教师和企业信息技术专家通力合作共同编写。全书共包括 6 个项目，分别是：了解计算机与信息技术，了解网络和 Internet 应用，管理学生电脑资源——Windows 10 操作系统，制作校园周刊——Word 2016 文档处理，管理学生成绩——Excel 2016 电子表格，展示“我的大一生活”——PowerPoint 2016 演示文稿。

本书按照“理实一体、项目导向、任务驱动”的教学模式编写，注重培养学生解决实际问题的能力。本书设计了 6 个项目 25 个任务，每个任务按照“任务描述与实施”“相关知识与技能”等环节展开，将主要知识技能点融入任务中，使学生在任务的实施过程中学习知识和技能，激发学生学习的积极性，培养学生的综合信息素养和计算机应用能力。

本书是“十四五”职业教育国家规划教材，也是河北省职业教育精品在线开放课程配套教材。教材内容涵盖计算机基础知识、办公软件的应用以及新一代信息技术等。本书知识系统、资源丰富，易教易学。

本书适合作为高等职业教育专科“计算机应用基础”“计算机文化基础”“信息技术基础”等课程的教材，以及全国计算机等级考试一级的教学指导书，也可作为企事业员工办公软件应用能力提升培训用书或广大计算机爱好者的自学用书。

图书在版编目（CIP）数据

计算机文化基础一体化教程 / 高树芳，高凌燕，完颜严主编. --3 版. -- 西安 ：西安电子科技大学出版社，2025. 1. -- ISBN 978-7-5606-7528-2

Ⅰ. TP3

中国国家版本馆 CIP 数据核字第 2024AM9845 号

策　　划　毛红兵

责任编辑　王　瑛

出版发行　西安电子科技大学出版社（西安市太白南路 2 号）

电　　话　（029） 88202421　88201467　　邮　　编　710071

网　　址　www.xduph.com　　电子邮箱　xdupfxb001@163.com

经　　销　新华书店

印刷单位　咸阳华盛印务有限责任公司

版　　次　2025 年 1 月第 3 版　2025 年 1 月第 1 次印刷

开　　本　787 毫米×1092 毫米　1/16　印 张　19.5

字　　数　459 千字

定　　价　53.00 元

ISBN 978-7-5606-7528-2

XDUP 7829003-1

*** 如有印装问题可调换 ***

前　言

“计算机文化基础”是高等学校各专业学生必修的一门公共基础课程。该课程的教学目的是使学生增强信息意识，提升计算思维能力，促进数字化创新与发展能力，为学生职业发展、终身学习和服务社会奠定基础。

本书以教育部制定的《高等职业教育专科信息技术课程标准(2021年版)》新课标为纲，由多家院校教学一线教师和企业信息技术专家通力合作共同编写。

编写思路

(1) 落实立德树人根本任务。党的二十大报告中指出，育人的根本在于立德。教材中合理融入了党的二十大精神内容，从教材正文、案例、习题等多角度融入“课程思政”元素，自然渗透社会主义核心价值观、工匠精神等内容。

(2) 以教育部新课标为纲，围绕信息意识、计算思维、数字化创新与发展、信息社会责任四项学科核心素养，精心组织教材内容。

(3) 凸显职业教育类型特色，遵循职业教育教学和人才成长规律，按照“理实一体、项目导向、任务驱动”的教学模式编写教材。

(4) 基于理论和实践一体化的设计思路，依照理论与实践相结合、教学与自学相结合、线上与线下教学相结合的原则，充分依托在线精品开放课程，支撑线上线下混合式教学改革。

内容安排

本书共包括6个项目，分别是：了解计算机与信息技术，了解网络和Internet应用，管理学生电脑资源——Windows 10操作系统，制作校园周刊——Word 2016文档处理，管理学生成绩——Excel 2016电子表格，展示“我的大一生活”——PowerPoint 2016演示文稿。每个项目由若干个任务组成，每个任务按照“任务描述与实施”“相关知识与技能”等环节展开，将主要知识技能点融入任务中，注重引导学生模仿实践及创新实践，培养学生的综合信息素养和计算机应用能力。

修订说明

本版教材主要从四个方面进行了修订：一是从项目素材、教学案例等多角度、多方位融入了思政元素；二是在每个项目开始处增加了思维导图、学习重点和学习难点等内容；三是在每个项目中增加了一些例题和课堂练习；四是扩充了新一代信息技术内容。修订后的教材拓展了知识技能范围，提高了教材的实践性和实用性，便于教师开展理实一体化教学。

教材特点

(1) 教材内容实用，突出应用技能培养。

本书以教育部信息技术课程基础模块课程标准为依据选取教材内容。教材内容完全涵盖全国计算机等级考试“一级计算机基础及MS Office应用”考试大纲内容，同时结合社会企业员工职业能力提升需求，将办公软件高级应用、Excel数据分析等内容融入教材，适当提高了教材内容的深度和广度，增强了教材的职业特色。

教材除设置 6 个项目 25 个任务外，还安排了丰富的例题和课堂练习，“典型性”的项目任务和“拓展性”的教学案例相结合，能够以练促学，培养学生的应用技能。

(2) 任务编排表格化，方便项目化教学实施。

在本书项目任务中的“任务描述与实施”部分，采用一张“任务要求及操作要点”两列式表格进行内容编排。“任务要求”和“操作要点”左右对照、密切呼应。任务明确具体、实施步骤清晰，便于学生操作和自查。任务描述与实施的表格化处理符合高职学生的学习特点，深受师生欢迎。

(3) 配套资源丰富，支持线上线下混合式教学。

本书以二维码形式提供配套教学资源，学习者可随扫随学。学习者还可登录“智慧职教 MOOC 学院”网站(https://mooc.icve.com.cn)，在 MOOC 课程中搜索“计算机文化基础”课程(石家庄邮电职业技术学院)，进行在线开放课程学习。教师可以引用 MOOC 资源建立个性化 SPOC 资源开展线上线下混合式教学。

编写团队

本书由高树芳、高凌燕、完颜严主编，王月春主审。张昱、李亮、张少芳、陈亚莉、李志强、崔小静担任本书副主编。编写分工如下：项目一的 1.1 节、项目六的 6.3 节和附录由高树芳编写；项目一的 1.2 节由陈亚莉编写；项目一的 1.3 节、项目五的 5.2 节至 5.6 节由张昱编写；项目一的 1.4 节、项目四和项目六的 6.2 节由高凌燕编写；项目二由张少芳编写；项目三由完颜严编写；项目五的 5.1 节由崔小静编写；项目五的 5.7 节由李志强编写；项目六的 6.1 节由李亮编写。全书由高树芳统稿。此外，许彩欣、曹素丽、李献军、张倩、郑芳、武建强、王维涛、刘志静等老师参与了本书的内容研讨和配套资源建设工作，中国邮政集团有限公司石家庄市分公司汪海智同志参与了本书的规划、研讨，并提出了许多宝贵的指导意见，在此一并表示感谢。

在编写过程中，我们参阅了大量文献，在此谨向这些文献的作者表示真诚的感谢和崇高的敬意！

由于编者水平有限，书中难免存在不妥之处，恳请广大读者批评指正。

作者联系方式：gaosf1029@126.com。

编　者

2024 年 12 月

教材视频资源列表

序号	二维码名称	页码	序号	二维码名称	页码
1	项目一任务一	3	38	计算机网络的拓扑结构	61
2	计算机的发展简史	5	39	计算机网络的组成	63
3	计算机的特点、分类和应用	6	40	项目二任务二	68
4	计算机的发展趋势	8	41	因特网基本概念	69
5	计算机的基本结构和工作原理	9	42	IP 地址	70
6	微型计算机的硬件系统	10	43	域名地址	71
7	主板和总线	11	44	Internet 的接入方式	72
8	微机 CPU	12	45	浏览器相关概念	76
9	存储器	13	46	Edge 浏览器的使用	77
10	输入/输出设备	15	47	电子邮件及其使用	79
11	英文指法	15	48	网络应用典型例题解析*	83
12	软件的概念及分类	17	49	项目三任务一	85
13	语言处理程序	18	50	常见的操作系统	87
14	项目一任务二	19	51	项目三任务二	93
15	常用的数制	21	52	文件和文件夹的概念	96
16	数制之间的转换	22	53	文件和文件夹的操作	101
17	利用计算器转换进制	24	54	创建快捷方式	104
18	二进制数的算术运算和逻辑运算	24	55	利用库管理文件	105
19	数据存储单位	24	56	项目三任务三	107
20	西文字符的编码	25	57	Windows 10 的设置中心	108
21	汉字的编码	26	58	安装与卸载应用程序*	114
22	搜狗输入法	26	59	项目四任务一	118
23	多媒体基础	27	60	查找与替换	132
24	多媒体数字化	28	61	项目四任务二	135
25	计算机病毒及其防范	31	62	字体设置	138
26	物联网的概念	32	63	段落设置	140
27	云计算的概念	34	64	制表位案例	142
28	大数据的概念	38	65	项目四任务三	146
29	安装华为 RPA 设计器	49	66	表格的制作	149
30	RPA 开发与应用案例	49	67	课堂练习 4.8(创建表、设置行高列宽)	156
31	百年百物见精神*	56	68	课堂练习 4.9(对齐方式、边框底纹)	159
32	大数据是什么*	56	69	项目四任务四	161
33	你知道神奇的物联网吗*	56	70	课堂练习 4.10(表格标题重复与斜线表头)	165
34	云计算机的服务模式*	56	71	表格中的数据处理	166
35	项目二任务一	59	72	课堂练习 4.11(表格中的数据计算)	168
36	计算机网络的概念	60	73	项目四任务五	169
37	计算机网络的分类	61	74	插入图片	171

续表

注：“*”资源在习题页“项目×其他资源”二维码文件中(其中的×表示项目序号“一”～“六”)。

目　　录

项目一　了解计算机与信息技术

计算机(Computer)俗称电脑，是一种能高速运算，具有内部存储能力，由程序控制其操作过程及自动进行信息处理的电子设备。目前，计算机已成为我们学习、工作和生活中使用最广泛的工具之一。本项目主要介绍计算机基础知识与基本操作、新一代信息技术发展及应用、信息素养的组成等内容。

教学目标

教学课件

【思维导图】

思维导图全图

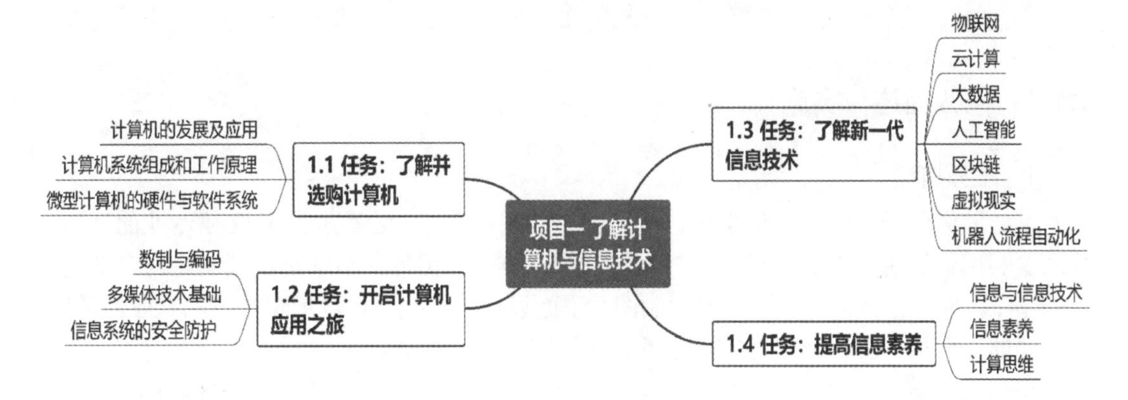

【学习重点】

计算机的发展及应用、计算机系统组成和工作原理、微型计算机的硬件与软件系统、数制与编码、新一代信息技术、信息素养等。

【学习难点】

计算机系统组成和工作原理、数制转换及运算、字符编码等。

【项目介绍】

当今时代，每一名大学生都想拥有属于自己的计算机。本项目以帮助学生选购计算机配件并学会初步操作计算机为教学任务，介绍计算机的基础知识、硬件组成、多媒体基本应用和信息系统的安全防护等内容。

本项目由四个任务组成，各任务的主要内容和所涉及的知识点如表 1-1 所示。

表 1-1 各任务的主要内容和知识点

节次	任务名称	主要内容	主要知识点
1.1	了解并选购计算机	① 硬件的选购； ② 软件的选购； ③ 选购方案的确定	计算机的发展及应用、计算机系统组成和工作原理、微型计算机的硬件与软件系统
1.2	开启计算机应用之旅	① 连接计算机及其外部设备； ② 启动/重启计算机； ③ 使用“记事本”程序输入字符； ④ 使用“计算器”程序进行进制转换； ⑤ 计算机安全检测及病毒查杀	数制与编码、多媒体技术基础、信息系统的安全防护
1.3	了解新一代信息技术	物联网、云计算、大数据、人工智能、区块链、虚拟现实、机器人流程自动化	新一代信息技术的概念、特点及主要应用领域
1.4	提高信息素养	信息与信息技术、信息素养、计算思维	信息的概念与特征、信息技术的发展阶段、信息素养的组成

1.1 任务：了解并选购计算机

1.1.1 任务描述与实施

1. 任务描述

某学院大学一年级的三位学生，他们都想购买计算机。小张是现代文秘专业的学生，她主要利用计算机来查阅资料、处理文档或进行办公应用等；小李是机械制造与自动化专业的学生，他主要将计算机用于专业制图、平面设计等；小高是数字媒体技术专业的学生，她需要的计算机以图像处理为主，兼顾娱乐游戏、影音播放等。

根据三位学生对计算机的不同需求，以经济、适用(要求价格在 3000～8000 元之间)及便于以后扩充为原则，帮助他们制订计算机配置方案。

2. 任务实施

【解决思路】

本任务主要是帮助学生选购计算机配件。三位学生选购的计算机均用于个人学习或生活，所选购的计算机均属于微型计算机。如何选购一台能够满足学生需求、软件和硬件配置合适且价格适中的计算机是问题的关键。计算机更新换代很快，同一时期不同品牌规格的计算机性能差异很大，价格差异也很大，因此选购前一定要了解计算机的硬件组成和软件基础知识，充分了解购机需求，调研市场行情，依照适用、够用、好用、耐用原则，避免“一步到位”“CPU 决定一切”“最新就是最好”等错误思想，从而选购出高性价比的计算机。

本任务涉及的主要知识技能点如下：

(1) 硬件的选购。

(2) 软件的选购。

(3) 选购方案的确定。

项目一任务一

【实施步骤】

本任务要求及操作要点如表 1-2 所示。

表 1-2　任务要求及操作要点

任务要求	操 作 要 点
1．硬件的选购	
(1) 明确需求，即确定购买计算机的用途。根据计算机的用途是商务办公、家庭上网、图形设计还是娱乐游戏等，决定计算机的总体配置要求	计算机的用途不同，对计算机组件的配置要求就不同。 ① 商务办公：主要用途是处理文档、收发邮件以及制表等，要求计算机能够长时间稳定运行，可选择集成显卡的台式机或笔记本电脑。 ② 家庭上网：主要用途是浏览网页、处理简单文字、观看网络视频等，可选择中低端配置的计算机。 ③ 图形设计：因为需要处理图形色彩、亮度，图像处理工作量大，对 CPU、内存和硬盘都要求较高，对显卡和存储要求也高，所以应选择综合性能好的计算机，如可选择独立显卡的台式机。 ④ 娱乐游戏：当前开发的游戏大都采用了三维动画效果，这对计算机的整体性能要求更高，尤其在内存容量、CPU 处理能力、显卡技术、显示器、声卡等方面都有较高要求，因此应选择中高端配置的计算机。 根据三位学生的需求，建议小张选择中低端配置的计算机；小李和小高选择综合性能好的计算机
(2) 确定购买台式机还是笔记本电脑	台式机不便于移动。笔记本电脑体积小、重量轻、携带方便，方便移动办公。同一档次的笔记本电脑和台式机在性能上有一定差距，且笔记本电脑的升级性差。对于有更高性能需求的用户来说，台式机是更好的选择。在价格方面，相同配置的笔记本电脑比台式机价格高，性价比低
(3) 确定购买品牌机还是组装机	台式机主要有品牌机和组装机(即兼容机)两大类。品牌机由具有一定规模和技术实力的计算机厂商生产，有独立的注册商标和品牌，如 IBM、联想、戴尔、惠普等。品牌机出厂前已经过严格的性能测试，其特点是性能稳定，品质有保证，方便易用。组装机的特点是计算机的配置较为灵活、升级方便、性价比略高于品牌机。在相同性能的情况下，品牌机的价格较高
(4) 了解计算机性能指标	衡量一台计算机的性能指标有很多，主要有字长、主频、运算速度、内存容量、核心数量、显卡类型、硬盘容量、主板类型等
2．软件的选购	
确定计算机配置的操作系统和主要应用软件	计算机出厂时配置的操作系统一般为 Windows 或 Linux，应选用主流的操作系统。主要应用软件一般有 Microsoft Office 或我国金山公司开发的 WPS 软件等，应根据需要来选择
3．选购方案的确定	
填写表 1-3 所示的“个人计算机配置清单”	经过较深入的市场调研和分析，确定计算机的档次和市场主流配置，上网或到计算机销售市场进行实地调研，详细了解计算机产品报价，形成配置清单(配置数据可直接写在表 1-3 中，或下载配套素材进行填写)

表 1-3　个人计算机配置清单

名　称	方案一(小张的计算机)		方案二(小李的计算机)		方案三(小高的计算机)	
	配件型号	价格(元)	配件型号	价格(元)	配件型号	价格(元)
主板						
CPU						
内存						
硬盘						
显示器						
显卡						
电源						
机箱						
散热器						
键盘、鼠标						
总价(元)						

【自主训练】

请为大学生推荐几款性价比高的笔记本电脑，给出品牌、类型、价格和主要性能指标。

提示：

(1) 品牌是质量的保证，选购计算机时，不能只考虑价格而忽视品牌。

(2) 选购计算机时不能只考虑 CPU 的性能，还要兼顾主板、内存、硬盘、显卡等部件的性能，只有各部件性能均衡，才能提高整机性能。

(3) 参考网站有京东网上商城(https://www.jd.com)、中关村在线(https://www.zol.com.cn)、苏宁易购(https://www.suning.com)等。

小贴士

CPU 的类型应与主板上的 CPU 插槽匹配，内存的类型应与主板支持的内存类型匹配，否则无法安装使用。建议利用软件进行模拟配置。如使用当前主流的 ZOL 模拟攒机等。

台式计算机配置方案

笔记本电脑选购方案

【问题思考】

(1) 主板、内存、硬盘、显卡的主要参数分别有哪些？

(2) CPU 的主要性能指标有哪些？

【课堂练习 1.1】

模拟攒机。访问中关村在线网站(https://www.zol.com.cn)，单击“攒电脑”链接，进入“模拟攒机”界面，了解计算机配件行情和攒机过程，或手机搜索并下载“中关村在线”APP，进入“DIY 攒机”界面，按项目一任务一要求模拟攒机。

1.1.2　相关知识与技能

1.1.2.1　计算机的发展及应用

学习计算机的应用和操作技能，应首先从了解计算机的发展历程开始。

1. 计算机的发展简史

1946 年 2 月，世界上第一台电子计算机诞生于美国宾夕法尼亚大学，其名称为 ENIAC(Electronic Numerical Integrator and Calculator，电子数字积分计算机)，如图 1-1 所示。这台计算机共用了 18 000 多个电子管，占地 170 m^2，重 30 t，但其功能远不如现在的普通微型计算机。ENIAC 的诞生宣告了电子计算机时代的到来，奠定了计算机发展的基础，开辟了计算机科学技术的新纪元。

图 1-1　世界上第一台电子计算机 ENIAC

计算机的发展简史

ENIAC 采用十进制数进行运算，它的存储容量很小，程序是用线路连接的方式来表示的，尚未完全具备现代计算机的主要特征。针对 ENIAC 的这些缺陷，美籍匈牙利数学家冯·诺依曼提出了“存储程序”设计思想，即把指令和数据一起存储在计算机的存储器中，让机器能够自动地执行程序。依据该设计思想，冯·诺依曼等人研制出了能够存储程序的计算机 EDVAC(Electronic Discrete Variable Automatic Computer，电子离散可变计算机)。EDVAC 采用 2300 个电子管，其运算速度却比 ENIAC 提高了 10 倍，冯·诺依曼的设想在这台计算机上得到了圆满体现。

电子计算机的发展阶段通常以构成计算机的电子器件来划分，至今已经历了电子管时代，晶体管时代，中小规模集成电路时代，大规模、超大规模集成电路时代四个阶段，如表 1-4 所示。

表 1-4　计算机发展的四个时代

时 代	年 份	主 要 元 件	速 度	主 要 特 点
第一代	1946—1957 年	电子管	每秒运算 5000 至几万次	内存用汞延迟线；使用机器语言；主要用于科学计算
第二代	1958—1964 年	晶体管	每秒运算几万至几十万次	内存用磁芯；使用高级语言，出现了监控程序；应用扩展到数据处理、工业控制
第三代	1965—1970 年	中小规模集成电路	每秒运算几十万至几百万次	内存开始用半导体存储器；操作系统发展快；应用扩展到文字处理、企业管理等
第四代	1971 年至今	大规模、超大规模集成电路	每秒运算几千万至几万亿次	内存完全用半导体存储器；操作系统功能更强大；广泛应用于社会生活的各个领域

小贴士

1958 年 8 月，我国第一台小型电子管通用计算机 103 机研制成功。

1965 年，我国第一台大型晶体管计算机 109 乙机研制成功。

1970 年初，我国陆续推出采用集成电路的计算机。

1983 年，我国第一台运算速度每秒超亿次的巨型电子计算机“银河-Ⅰ”诞生，这是我国高速计算机研制的一个重要里程碑。

…………

请扫码学习“我国计算机的发展”阅读资料。

我国计算机的发展

2. 计算机的特点、分类和应用领域

计算机的特点、分类和应用

1) 计算机的特点

(1) 运算速度快。当今计算机的运算速度已达到每秒万亿次，微型机也可达到每秒亿次以上。

(2) 计算精度高。目前计算机的计算精度已达到小数点后上亿位。

(3) 存储容量大。内存容量越来越大，随着大容量的磁盘、光盘等外部存储器的发展，存储容量达到海量。

(4) 具有逻辑判断能力。计算机不仅能进行算术运算，而且能进行逻辑判断与推理，也就是说它能“思考”。

(5) 能自动运行且支持“人机交互”。所谓自动运行，就是人们把需要计算机处理的问题编制成计算机程序并存储到计算机中，当发出运行程序的指令后，计算机便在程序控制下自动工作，无须人工干预。人机交互则是指在人想要干预时，可采用人机之间一问一答的形式，有针对性地解决问题。

另外，计算机还具有可靠性高、通用性强的特点。

2) 计算机的分类

依照不同标准，计算机有多种分类方法，详见表 1-5。

表 1-5　计算机的分类

分类方法	分类名称	计算机的特点和用途
按规模性能分	巨型机	巨型机即超级计算机，其功能最强、速度最快、价格最贵，多用于高精尖科技研究领域，如空间技术、天气预报等，号称国家级资源，如我国研制的“银河”“曙光”“神威”“天河”等
	大中型机	具有极强的综合处理能力和极大的性能覆盖面，主要用于政府部门、银行和大型企业，或作为大型计算机网络的主机，如 IBM S/390 系列等
	小型机	价格和性能介于微型机服务器和大型机之间，适合于中小型企事业单位使用，如 HP 9000 系列等
	微型机	小巧、灵活、便宜，一次只能供一个用户使用。按结构和性能的不同，微型机可分为单片机、单板机、个人计算机(PC)、工作站和服务器等。 PC：包括台式机和便携机。 工作站：介于 PC 和小型机之间，用于图像处理、计算机辅助设计和计算机网络领域。 服务器：通过网络对外提供服务，相对于 PC 来说，稳定性、安全性等方面要求更高
按使用范围分	通用计算机	适用于一般的科学计算、工程设计和数据处理，即通常所说的计算机
	专用计算机	为某种特殊应用而设计的计算机，通常能高速度、高效率地解决特定问题
按数据类型分	数字计算机	处理离散的数字信息，计算精度高，存储量大，通用性好。通常所说的计算机都是数字计算机
	模拟计算机	处理连续的模拟信号，运算速度快，适于求解高阶微分方程，在控制系统和模拟计算中应用较多
	混合计算机	兼有数字计算机和模拟计算机的优点，但造价高

3) 计算机的应用领域

(1) 科学计算(数值计算)：主要解决科学研究和工程技术中产生的大量数值计算问题。这是计算机最早的应用领域。

(2) 信息处理(数据处理)：对大量数据进行收集、存储、整理、分类、加工、利用和传播等活动的总称。这是计算机应用最广泛的领域，80%以上的计算机主要用于信息处理，如图书管理、机票预订等。

(3) 过程控制(实时控制)：利用计算机实时采集控制对象的数据，并加以分析处理后，按系统要求对控制对象进行控制。该领域涉及范围很广，如工业、交通运输的自动控制，对导弹、人造卫星的跟踪与控制等。

(4) 计算机辅助系统：利用计算机自动或半自动地完成一些相关工作，包括计算机辅助设计(CAD)、计算机辅助制造(CAM)、计算机辅助教学(CAI)和计算机辅助工程(CAE)等。

(5) 人工智能(Artificial Intelligence，AI)：计算机模拟人类的智能活动，诸如感知、判断、理解、学习、问题求解和图像识别等。例如，能模拟医学专家进行疾病诊疗的专家系统，具有一定思维能力的机器人等。

(6) 网络应用：计算机技术与现代通信技术结合构成了计算机网络，计算机网络的建立，不仅解决了一个单位、一个地区、一个国家中计算机之间的通信，以及各种软件、硬件和信息资源的共享，也大大促进了国际间各类数据的传输与处理。

计算机的应用领域也包括多媒体技术、办公自动化、现代教育和家庭生活等方面。

3. 计算机的发展趋势

计算机的发展趋势

(1) 巨型化，指发展高速、大存储容量和功能更强大的巨型机，以满足尖端科技的需求。

(2) 微型化，指发展体积更小、重量更轻、价格更低、功能更强的微型计算机，以适用于更广泛的应用领域。

(3) 网络化，指将计算机通过通信线路和通信设备互相连接成一个大规模、功能强大的网络系统，使计算机之间可以交互传递信息，共享数据和软、硬件资源。

(4) 智能化，指用计算机来模拟人的感觉和思维过程，使计算机具备人的某些智能，如能听，能说，能识别文字、图形和物体，并具备一定的学习和推理能力等。智能化是未来计算机发展的总趋势。

(5) 多媒体化，使计算机能更有效地处理文字、图形、动画、音频、视频等多种形式的媒体信息，以便人们能更自然、更有效地使用这些信息。

目前，各国研究人员正在加紧新型计算机的研发。不久的将来，新型计算机将会问世并走进我们的生活。

1.1.2.2　计算机系统组成和工作原理

了解计算机系统的基本组成和工作原理，对于人们更好地使用计算机是非常必要的。

1. 计算机系统的组成

一个完整的计算机系统包括硬件系统和软件系统两大部分，如图 1-2 所示。硬件系统是计算机系统的物质基础，软件系统是对硬件系统性能的扩充和完善。软、硬件系统相辅相成，缺一不可。

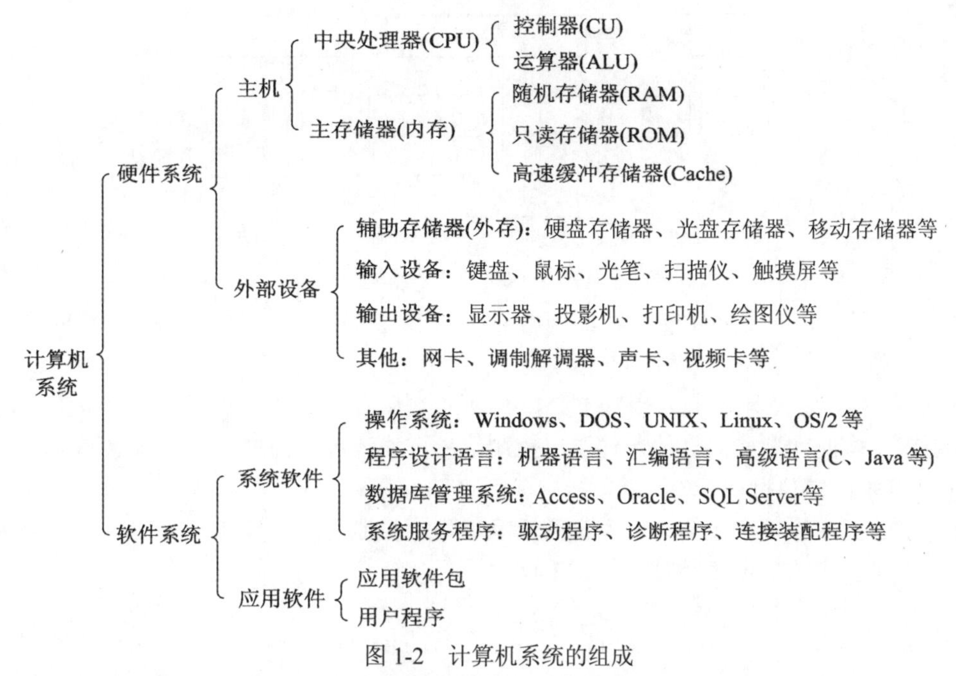

图 1-2　计算机系统的组成

硬件是看得见、摸得着的计算机实体部分，软件是程序、数据和相关文档。硬件是计算机的物质基础，没有硬件，软件就无法存储和运行；软件是计算机的灵魂，没有软件，硬件就是没有灵魂的“裸机”，计算机就没有任何价值。

2. 计算机的基本结构和工作原理

1) “存储程序”设计思想

计算机的基本结构和工作原理

冯·诺依曼提出了关于计算机组成和工作方式的基本设想——“存储程序”设计思想，奠定了当代计算机体系结构的基础。“存储程序”设计思想可以归纳为以下三点：

(1) 采用二进制。在计算机内部，采用二进制代码表示指令和数据。

(2) 存储程序控制。将程序和数据事先存放在存储器中，计算机执行程序时无须人工干预，自动逐条取出指令和执行任务。

(3) 计算机的五个基本部件。计算机硬件系统包括运算器、控制器、存储器、输入设备和输出设备五个基本部件。

基于“存储程序”概念的各类计算机统称为冯·诺依曼结构计算机，冯·诺依曼被誉为“计算机之父”。

2) 计算机的基本结构

计算机硬件系统的五个功能部件之间的关系如图 1-3 所示。

(1) 输入设备。它用于接收用户输入的命令、程序、图像和视频等信息，负责把外部信息转换为计算机能够识别的二进制代码，并存储到内存中，如键盘、鼠标、扫描仪等。

(2) 输出设备。它用于将计算机处理后的二进制结果转换为人们能够识别的形式，如数字、字符、图形、声音和视频等。显示器、打印机、绘图仪等均为输出设备。

(3) 存储器。它是计算机的记忆装置，主要用于保存程序和数据，分为内存储器和外存储器两大类。

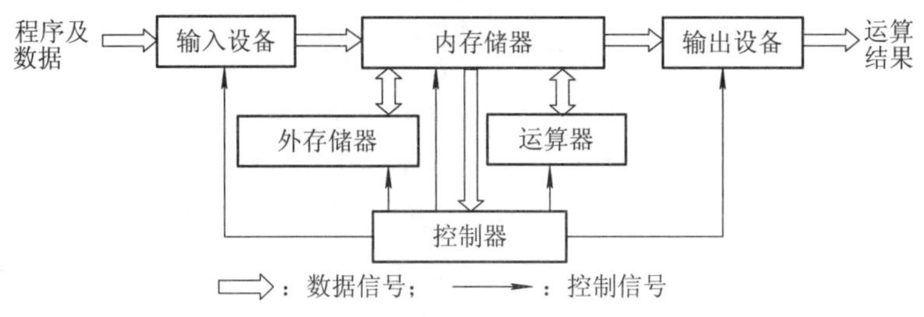

图 1-3　计算机的基本结构

(4) 运算器。它的主要功能是在控制器的控制下与内存储器交换信息，并完成算术运算和逻辑运算。

(5) 控制器。它是计算机的指挥中心，其功能是从内存储器取出指令并分析指令，根据指令要求，按时间顺序向其他部件发出控制信号，保证各个部件协调一致地工作。

3) 计算机的工作过程

计算机的工作原理可概括为“存储程序”和“程序控制”。计算机的工作过程如图 1-4(a)所示，其中第 3 步的指令执行过程如图 1-4(b)所示。

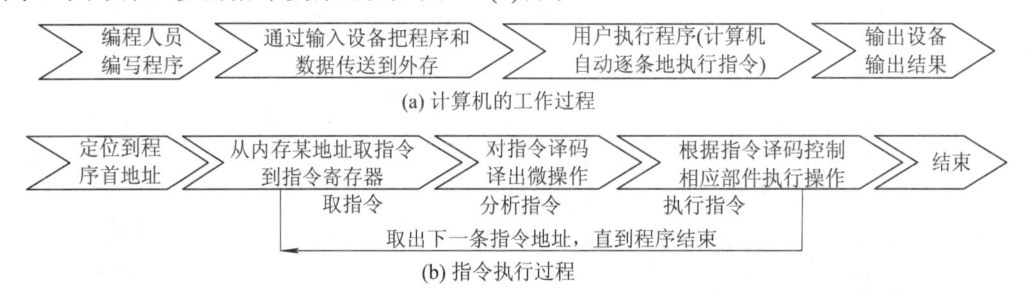

图 1-4　计算机的工作过程及指令执行过程

1.1.2.3　微型计算机的硬件与软件系统

微型计算机简称“微机”。最常见的微机就是工作和生活中的 PC。了解微机的基本硬件组成、主要部件的功能和性能指标，对微机的选购和维护都很有必要。

1. 微型计算机的硬件系统

从外观上看，微机是由主机、显示器、键盘、鼠标等组成的。主机是微型计算机的核心，主要由主板、中央处理器(Central Processing Unit，CPU)、内存、硬盘、光盘驱动器(光驱)、显示适配卡(显卡)、电源等构成，主要部件如图 1-5 所示。

图 1-5　微型计算机的主要部件

微型计算机的硬件系统

1) 主板

主板(Main Board)也称为系统主板、主机板或母板。它是微型计算机最基本也是最重要的部件之一，是其他各种设备的连接载体，起着连接计算机一切板卡的作用。主板用来安装CPU、内存条以及控制输入/输出设备工作的各种插件板，如显卡、声卡、网卡等。主板各接口一般采用有色标识，以方便用户识别。

主板是微型计算机主机箱内的一块平面集成电路板，一般安装在主机箱的底部(卧式机)或一侧(立式机)。主板上不仅有芯片组、BIOS 芯片、各种跳线、电源插座，还提供 CPU 插槽、内存插槽、总线扩展槽、IDE(电子集成驱动器)接口、软盘驱动器接口，以及串行口、并行口、PS/2 接口、USB 接口、CPU 风扇电源接口、各类外设接口等，如图 1-6 所示。

图 1-6　主板

主板和总线

主板几乎与主机内的所有设备都有连接关系，微型计算机通过主板上的总线及接口将 CPU 等器件与外部设备有机地连接起来，形成一个完整的系统。主板从结构上可分为 AT 主板、ATX 主板、NLX 主板等。其中 AT 主板已经淘汰，ATX 主板是目前市场上最常见的主板结构。

主板是决定计算机性能的一个重要部件。目前主流主板品牌有华硕、技嘉、微星等。选择主板时要注意其芯片组档次、稳定性、散热性、兼容性、可扩展性等。如果用户使用计算机来处理专业图像或多媒体数据，建议不要选择集成了显卡和声卡的主板。

小贴士

计算机的总线有两类：内部总线(同一部件内部的连接总线)和系统总线(各部件之间的连接总线)。主板系统总线按功能分为三类：地址总线，用于传送地址信息；数据总线，用于传送数据信息；控制总线，用于传送各种控制信息。

2) 中央处理器

硬件系统的核心是中央处理器(CPU)，它主要包括运算器和控制器两大部件，它是负责运算和控制的中心。计算机的所有操作都受 CPU 控制，CPU 的性能直接决定了计算机的性能。

运算器又称算术逻辑单元(Arithmetic Logic Unit，ALU)，它是计算机对数据进行加工处理的部件。控制器(Control Unit，CU)则控制计算机执行指令的顺序，并根据指令的具体含义，控制计算机各部件之间协调地工作。

在微机中，中央处理器一般称为微处理器，由一片或少数几片大规模集成电路组成。目前市面上的 CPU 品牌主要有 Intel 和 AMD 两种，如 Intel 公司的 Core(酷睿)系列，AMD 公司的锐龙、皓龙、速龙、羿龙、炫龙系列等。图 1-7 所示是 Intel Core i7 CPU。

中国科学院计算技术研究所从 2001 年开始研制龙芯系列处理器，经过多年的努力，目前所开发的 CPU 已经能够达到现在市场上 Intel 和 AMD 的 CPU 的同等水平。2023 年 11 月 28 日，我国自主研发的新一代通用 CPU 龙芯 3A6000 在北京正式发布，这标志着国产 CPU 在自主可控程度与产品性能上达到新高度。图 1-8 所示是龙芯 3A6000 CPU。

图 1-7　Intel Core i7 CPU

图 1-8　龙芯 3A6000 CPU

微机 CPU

衡量 CPU 主要性能的指标有字长、主频、核心数目、缓存等。

(1) 字长：CPU 在单位时间内能一次性处理的二进制位数。例如，字长为 64 位的 CPU 一次能处理 8 个字节。字长越长，CPU 处理能力越强。目前个人计算机的主流 CPU 大部分是 64 位字长。

(2) 主频：也称时钟频率，指 CPU 内数字脉冲信号振荡的速度，单位是 GHz。如酷睿 i7 系列的 CPU，主频一般在 2.4 GHz～4.0 GHz 之间。主频用来表示 CPU 的运算速度。一般来说，同系列微处理器，主频越高就代表 CPU 的运算速度越快，但 CPU 的运算速度还要看 CPU 的其他性能指标。主频是购机时需要考虑的一个主要因素。

(3) 核心数目：按微机运算核心的多少，CPU 可分为单核、双核、四核、六核、八核等。一般来说，核心数目越多，CPU 的性能就越强。

(4) 缓存：也称高速缓存(Cache)，配置于 CPU 内部或主板的特殊位置，其存取速度高于普通的内存，价格也较为昂贵。

封装在 CPU 内部的高速缓存称为内部高速缓存(可分成三个等级，一级缓存比二级缓存对 CPU 性能的影响更大)；安装在主板上的高速缓存称为外部高速缓存。目前使用三级缓存的 CPU 都是多核处理器。

3) 内存储器

内存储器简称内存，又称主存储器(主存)，是由半导体器件构成的。它能够与 CPU 直接交换数据，其作用是暂时存放 CPU 中的运算数据以及与硬盘等外存储器交换的数据。

数据一般是存储在外存(如硬盘)上的，只有把数据调入内存，才能被 CPU 处理。

(1) 微型计算机的三种内存储器。

微型计算机的内存储器由随机存储器(Random Access Memory，RAM)、只读存储器(Read Only Memory，ROM)和高速缓冲存储器(Cache)构成。

随机存储器(RAM)又称为读写存储器。可从 RAM 中读出数据，也可向 RAM 中写入数据。计算机一旦断电(关机或意外掉电)，RAM 中的数据就会消失，而且无法恢复。我们常说的计算机的内存是多大，一般都是指 RAM 的容量。图 1-9 所示为内存条的实物照片，可以将内存条插在主板的内存插槽中。

只读存储器(ROM)中的数据是由计算机厂家出厂前写入的，包括预先固化了的系统服务程序，如 BIOS(基本输入/输出系统)中的内容就存储在 ROM 中。用户只能读取 ROM 中的数据，不能修改或写入数据。

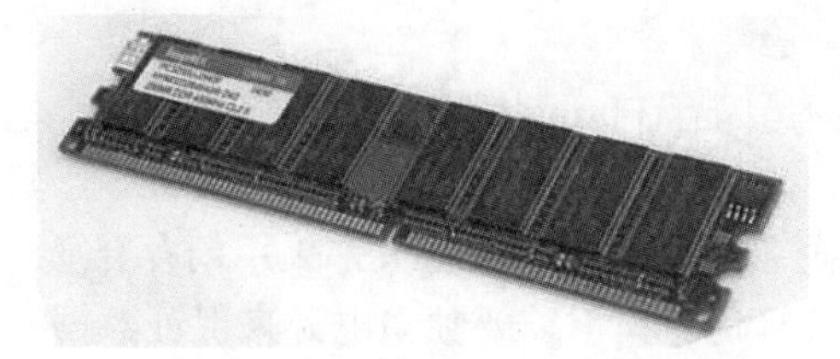

图 1-9　内存条

存储器

高速缓冲存储器也称高速缓存，它位于 CPU 与内存之间，其读写速度比 RAM 和 ROM 更快，容量非常小，但存取速度与 CPU 相匹配。

(2) 内存插槽和内存条。

通常所说的内存条就是将 RAM 集成块集中在一起的一小块电路板，它安装在计算机主板的内存插槽上。目前常见的内存条有 DDR3、DDR4 等。

内存容量是指内存条的存储容量，以 MB、GB 等为单位，如 4 GB、8 GB、16 GB 等，它是内存条的关键性参数。一般而言，内存容量越大、内存频率越高，计算机的运行速度越快，相应性能越好。

目前主流的内存条品牌有金士顿、宇瞻、海盗船、威刚、芝奇等。

4) 外存储器

外存储器简称外存，又称辅助存储器(辅存)，属于外部设备，是对内存的扩充。外存具有存储容量大，可以长期保存暂时不用的程序和数据，信息存储性价比高等特点。微机的外存主要有硬盘存储器、光盘存储器和移动存储器等。

(1) 硬盘存储器。

硬盘存储器是微机最主要的外存储器，用户安装的一切软件都存储在硬盘存储器上。硬盘存储器由硬盘片、硬盘驱动器和适配卡组成。其中，硬盘片和硬盘驱动器简称硬盘，由于用户不能对硬盘进行拆卸，因此又称其为固定盘。硬盘读写数据的速度比软盘、光盘都快。著名的硬盘品牌有希捷、迈拓、西部数据等。

根据存储介质的类型和数据存储方式的不同，硬盘可分为传统的温切斯特盘[简称温盘，也称机械硬盘(Hard Disk Drives，HDD)]和新式的固态硬盘。根据硬盘直径尺寸的不同，硬盘可分为 3.5 英寸硬盘、2.5 英寸硬盘、1.8 英寸硬盘等。3.5 英寸硬盘主要用于台式机，2.5 英寸硬盘用于便携机，1.8 英寸硬盘用于 MP4 播放器等小型移动设备。

存储容量是硬盘最主要的参数，一般以 GB 为单位。目前市场上主流的硬盘容量是 500 GB～5 TB。

转速也是硬盘的一个重要参数，是指硬盘片在一分钟内完成的最大转数，用转/分钟(r/min)表示。一般来说，转速大，则硬盘速度快。市场上台式机硬盘的主流转速为 7200 转/分钟。

硬盘的基本参数还有平均访问时间、传输速率和缓存等。硬盘的外形如图 1-10 所示。

图 1-10　硬盘的外形

固态硬盘(Solid State Drive，SSD)也称电

子硬盘或者固态电子盘，是用固态电子存储芯片阵列制成的硬盘，由控制单元和固态存储单元(Flash 芯片或 DRAM 芯片)组成。

固态硬盘的存储介质有两种，一种是闪存(Flash 芯片)，一种是 DRAM。基于闪存芯片的固态硬盘，其外观可以做成多种样式，如笔记本硬盘、U 盘、存储卡等，其优点是数据保护不受电源限制，适用于各种环境。通常所说的固态硬盘大都采用闪存介质。基于 DRAM 的固态硬盘，具有高性能、使用寿命长等优点，但需要独立电源来保证数据安全，应用范围较小。

固态硬盘相对于传统机械硬盘，读写速度快、抗震性强、重量轻、功耗低、无噪声、工作温度范围大，应用广泛，但容量较小、价格相对较高。

(2) 光盘存储器。

光盘存储器由光盘驱动器(简称光驱)和光盘组成。

激光头是光驱的核心部件，通过它来读取光盘上的数据。光驱最重要的技术指标是读取速度，即数据传输率，常以“倍速”来表示，每倍速是 150 kb/s。例如，40 倍速或称 40X，对应的读取速度是 150 kb/s × 40＝6000 kb/s。光驱的其他技术指标还包括 CPU 占用时间、高速缓存容量、平均访问时间等。

光盘是一种光学存储介质，存储容量大、价格低、保存时间长。按技术和容量的不同，光盘可分为 CD、DVD、Blu-ray Disc(蓝光光盘，BD)。目前市面上流行的光盘中，CD 的容量一般为 700 MB，DVD 单面单层容量可达 4.7 GB(双面达 8.5 GB)，蓝光光盘单面单层容量可达 25 GB(双面达 50 GB)。

光盘根据其制造材料和记录信息方式的不同又可分为三类：只读型光盘(CD-ROM、DVD-ROM 等)、一次性写入光盘(CD-R、DVD-R 等)和可擦写光盘(CD-RW、DVD-RW、DVD-RAM 等)。

图 1-11 所示的是 DVD 光驱。

图 1-11　DVD 光驱

(3) 移动存储器。

移动存储器主要有 U 盘、存储卡(如闪存卡、读卡器)、移动硬盘等。

① U 盘。

U 盘或称优盘，因其采用 USB 接口而得名，学名为闪存盘或闪盘，具有即插即用和热插拔功能。另外，MP3 音频播放器及 MP4 多媒体影音播放器等数码设备也兼有移动存储的功能。

小贴士

当 U 盘的指示灯闪烁时，表示 U 盘正在读取或写入数据，此时不能拔出 U 盘，否则容易损坏 U 盘或造成 U 盘中数据无法读出。可以双击打开桌面上的“此电脑”图标，在“此电脑”窗口中右击 U 盘盘符，执行“弹出”命令，然后将其拔出。

② 闪存卡与读卡器。

常见的闪存卡有 SM 卡、CF 卡、TF 卡、MMC 卡、SD 卡、记忆棒、XD 卡和微硬盘等，它们是用于手机、数码相机、掌上电脑、MP3 和其他数码产品上的独立存储介质。例如，手机常用的 TF 卡、相机常用的 SD 卡、单反相机常用的 CF 卡等，和 U 盘一样都采用闪存存储介质，都称为闪存卡。

各种类型的闪存卡接口类型不一致，为方便与计算机交换数据，读卡器应运而生。读卡器上有插槽可插入闪存卡，多采用 USB 接口连接计算机。USB 接口的读卡器类似于一个可移动存储器，只是读取的是各种闪存卡。著名的闪存卡品牌有闪迪、三星、索尼、金士顿等。

③ 移动硬盘。

移动硬盘主要用于计算机之间交换数据或进行数据备份，通常使用 USB、IEEE 1394 等传输速度较快的接口，比 U 盘容量更大，传输速度更快。

移动硬盘是以硬盘为存储介质且强调便携性的存储产品。按存储介质的不同，移动硬盘可分为固态硬盘和机械硬盘两种，前者重量轻、体积小、速度快，不需外置电源，且防震防摔，应用广泛，但价格较高。著名的移动硬盘品牌有希捷、西部数据、联想、三星、惠普等。

注意：外部存储设备既可以看作是输入设备，也可以看作是输出设备。

小贴士

存储容量是存储器的主要性能指标。字节是衡量存储器容量大小或数据量大小的基本单位。1 个字节可以存储 1 个英文字母，1 字节=8 位。衍生的单位有：

1 KB(Kilobyte，千字节) =2^{10} B= 1024 B

1 MB(Megabyte，兆字节) =2^{10} KB = 1024 KB

1 GB(Gigabyte，吉字节) = 2^{10} MB =1024 MB

1 TB(Terabyte，太字节) = 2^{10} GB = 1024 GB

更大的单位还有 PB (Petabyte，拍字节)、EB (Exabyte，艾字节)、ZB(Zettabyte，泽字节)、YB(Yottabyte，尧字节)、BB(Brontobyte，珀字节)、NB (Nonabyte，诺字节)、DB(Doggabyte，刀字节)。

5) 输入设备

任何程序和数据必须放到内存以后计算机才能处理，而能够把程序、数据等各种信息输入到计算机内存中的设备称为输入设备。输入设备有键盘、鼠标、扫描仪、触摸屏、手写板和光笔等。

(1) 键盘。

键盘是计算机最常用也是最重要的输入设备，即默认的输入设备。目前常用的键盘有 101 键和 104 键，其基本按键排列可以分为主键盘区、功能键区、控制键区、数字键区(也称数字小键盘)等。常见的键盘接口有 PS/2 接口(圆形，紫色)、USB 接口等。

输入/输出设备

英文指法

键盘常用按键的功能

(2) 鼠标。

鼠标的基本操作

鼠标是计算机常用的一种输入设备。按工作原理的不同，鼠标可分为机械式鼠标和光学鼠标两类。常见的鼠标接口有 PS/2 接口(圆形，绿色)、USB 接口等。

无线鼠标是指不使用线缆，而是通过无线电信号连接到计算机的鼠标。无线鼠标一般有一个 USB 接口的接收器，把接收器插入计算机的 USB 接口后，无线鼠标就可以工作了。

图 1-12(a)、(b)所示分别是键盘和鼠标。

(a) 键盘

(b) 鼠标

图 1-12　键盘与鼠标

(3) 扫描仪。

扫描仪是利用光电技术和数字处理技术，以扫描方式将图形或图像信息转换为数字信号的装置。人们通常使用扫描仪将各种图像或文稿输入到计算机中。图 1-13(a)、(b)所示分别为图形扫描仪和条码扫描仪。

(a) 图形扫描仪

(b) 条码扫描仪

图 1-13　图形扫描仪与条码扫描仪

6) 输出设备

输出设备的功能是将计算机处理后的信息以人或其他设备所接受的形式输出。常见的输出设备有显示器、打印机、音箱、喷绘机、雕刻机、投影仪等。

(1) 显示器。

显示器也称监视器，是计算机最重要的输出设备。显示器按显示颜色的不同，可分为单色显示器和彩色显示器；按制造材料的不同，可分为阴极射线管(CRT)显示器、液晶显示器(LCD)、等离子显示器(PDP)等。图 1-14 为 CRT 显示器，图 1-15 为 LCD 显示器。

图 1-14　CRT 显示器

图 1-15　LCD 显示器

液晶显示器的主要技术指标有屏幕尺寸、可视角度、点距、色彩度、亮度、对比度和响应时间等。

显示器的品牌比较多，现在市面上常见的品牌有飞利浦、三星、优派等。

显示器必须配置显示适配卡(俗称显卡，见图 1-16)，它是连接主板与显示器的桥梁，承担输出显示图形的任务。

显卡分独立显卡和集成显卡两类，接口有 PCI、AGP、PCI-E 三种。目前的显卡几乎都是 PCI-E × 16 接口。著名的显卡品牌有华硕、影驰、七彩虹、技嘉等。

图 1-16　显卡

(2) 打印机。

打印机是计算机的输出设备，用于将计算机处理结果打印在相关介质上。打印机的主要性能指标有打印分辨率、打印速度和噪声。打印机按打印元件是否有击打纸张动作，可分为击打式打印机和非击打式打印机两类；按所采用的技术的不同，可分为喷墨打印机和激光打印机等(如图 1-17 所示)。

(a) 喷墨打印机

(b) 激光打印机

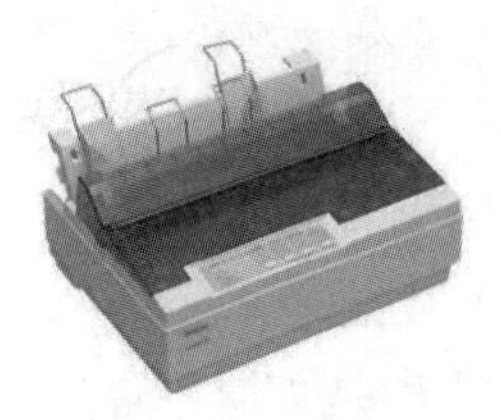

(c) 针式打印机

图 1-17　打印机

2. 微型计算机的软件系统

相对于硬件而言，软件是计算机的灵魂。计算机的硬件决定了计算机的性能，而软件则决定了计算机的功能，没有软件的计算机是无法工作的。

软件是计算机配置的各种程序、数据和文档。程序是为解决某一问题而设计的一系列指令的有序集合；数据是计算机程序的操作对象；文档是描述程序设计、命令操作和使用的有关资料。

软件的概念及分类

计算机软件主要包括系统软件和应用软件两大类。

1) 系统软件

系统软件是支持用户方便地使用和管理计算机的软件，其主要功能是对整个计算机系统进行调度、管理、监视和服务，还可以方便用户使用计算机，发挥和扩大计算机的功能，提高使用效率。系统软件一般由专门的软件公司研制，其特点是基础性和通用性。

常用的系统软件可分为操作系统、语言处理程序、系统服务程序和数据库管理系统等。

(1) 操作系统。

操作系统是管理和控制计算机软、硬件资源，合理组织计算机工作流程，为用户方便使用计算机的程序集合。它是最靠近硬件的底层支持软件，是软件系统的核心，其他软件必须在操作系统的支持下才能工作，用户通过使用操作系统提供的界面来使用计算机。

操作系统具有处理器管理(进程管理)、存储管理、设备管理、文件管理和作业管理五大管理功能。

目前常用的操作系统有 Windows 系列(Windows 7、Windows 10 等)、UNIX、Linux 等。

(2) 语言处理程序。

语言处理程序

要用计算机完成各项工作，人们必须先编制程序。编制程序的过程称为程序设计。编制程序所用的语言称为程序设计语言。程序设计语言已经经历了机器语言、汇编语言、高级语言三个发展阶段。

机器语言是以二进制代码形式表示的机器基本指令的集合，是计算机硬件唯一可以直接识别和执行的语言。机器语言的优点是运算速度快，占用内存小；缺点是因机器而异，兼容性差，难阅读、难修改，编程效率低、易出错。

汇编语言是借助一种助记符来表示机器指令的符号语言。它比机器语言易学易记，但兼容性差，并且不能直接执行，必须用汇编程序将其翻译成机器能识别的目标程序，这一翻译过程称为汇编。

高级语言接近人们使用的自然语言和数学表达方式，是一种不依赖机器的语言。高级语言易学、易用、易维护。用高级语言编写的程序(也称源程序)不能被机器直接执行，必须将其翻译成目标程序才能执行。翻译的方法有“编译”和“解释”两种。

(3) 系统服务程序。

用于计算机的检测、故障诊断和排除的程序称为系统服务程序，例如磁盘扫描程序、各种驱动程序等。

(4) 数据库管理系统。

数据库是长期存储在计算机内、具有组织性和可共享性的数据集合。数据库管理系统(Data Base Management System，DBMS)是位于用户和操作系统之间的数据管理软件，其主要功能是数据定义、数据操纵、数据库的运行管理、数据库的建立和维护等。

常见的数据库管理系统有 SQL Server、Oracle、MySQL、Access 等。

2) 应用软件

应用软件是为解决某一具体问题而编制的程序及其有关资料，其特点是针对性强。根据服务对象的不同，应用软件可分为通用软件和专用软件。

(1) 通用软件：为解决某一类问题所设计的软件，如办公软件(如 WPS、MS Office)、网页制作软件(如 DreamWeaver)、图像视频处理软件(如 Photoshop、3ds Max、Premiere)等。

(2) 专用软件：专门适应特殊需求的软件，如教务管理系统、图书管理系统等。

小贴士

计算机软件作为人类知识的一部分，是享有著作保护权的作品，受法律保护。未经授权的计算机软件不能擅自复制和传播，否则可能受到民事及刑事制裁。

1.2 任务：开启计算机应用之旅

1.2.1 任务描述与实施

1. 任务描述

某学院大学一年级学生小张、小李和小高都陆续购买了计算机，有笔记本电脑，也有台式机。但三位学生对计算机的基本应用都不是很熟悉，例如，不是很明白计算机和显示器等主要外部设备如何连接，不清楚计算机的重启、睡眠等操作是怎么回事，不会使用计算机进行进制转换等。本节的主要任务就是帮助同学们学习计算机的基本应用知识，使其能够尽快掌握计算机操作技能。

2. 任务实施

【解决思路】

本任务涉及的主要知识技能点如下：

(1) 计算机主机与主要外部设备的连接方式。

(2) 计算机的启动、关闭、重启和睡眠等操作。

(3) 利用 Windows 附件工具“记事本”程序输入英文字母、符号和汉字，使用 ASCII 码值输入英文字符。

(4) 使用 Windows 附件工具“计算器”程序进行进制转换。

(5) 计算机安全检测及病毒查杀方法。

项目一任务二

【实施步骤】

本任务要求及操作要点如表 1-6 所示。

表 1-6　任务要求及操作要点

任务要求	操作要点
1. 连接计算机及其外部设备	
(1) 认识计算机主机外观，观察主机与其他设备之间的连接情况	观察计算机主机设备，找到主机电源开关的位置，熟悉主机前面板和后面板上的开关按钮、各种接口和电源指示灯、硬盘指示灯等标识。 认识 USB 等接口，观察主机、显示器、键盘和鼠标之间的连接情况
(2) 认识显示器控制按钮	观察显示器的电源开关、电源指示灯以及亮度、对比度等调节按钮。打开/关闭显示器开关一两次，并检查显示器电源指示灯的变化情况，然后打开显示器
2. 启动/重启计算机	
(1) 开机并启动操作系统	按照老师的提示和操作顺序开启计算机。按下主机电源开关，给主机加电。稍后出现计算机分区选择菜单，选择老师指定的分区(使用箭头键切换分区，按回车键选定)，稍后会出现 Windows 桌面，表示启动成功
(2) 重新启动计算机	单击“开始”|“电源”|“重启”命令重新启动计算机(选择“关机”命令，则关闭计算机；选择“睡眠”命令，则计算机进入睡眠状态以节约能源)
3. 使用“记事本”程序输入字符	
(1) 在“记事本”程序中输入文字	① 单击任务栏上的搜索框，输入“记事本”，在搜索结果中选择“记事本”程序。 ② 使用任意一种汉字输入法输入“天下为公、民为邦本、为政以德、革故鼎新、任人唯贤、天人合一、自强不息、厚德载物、讲信修睦、亲仁善邻”
(2) 在“记事本”程序中使用字符的 ASCII 码值输入空格、0、A、a 等字符	进入“记事本”程序窗口，按下 Alt 键，使用数字小键盘输入字符的 ASCII 码值，之后释放 Alt 键，将会显示出相应字符。例如空格的 ASCII 码值为 32，0、A、a 的 ASCII 码值分别为 48、65、97。注意，ASCII 码值与数字或字母的排列顺序是一致的。一般情况下，标准 ASCII 码表中的可显示字符 (ASCII 码值为 32～127)均可以此方式输入

续表

任务要求	操作要点
4. 使用“计算器”程序进行进制转换	
(1) 使用“计算器”程序，将十进制数123转换成对应的二进制、八进制、十六进制数	① 单击任务栏上的搜索框，输入“计算器”并选择“计算器”程序，然后选择“程序员”功能。 ② 单击“DEC”按钮，选择十进制，输入“123”，可得到其他进制的对应数值(其中：BIN为二进制，OCT为八进制，HEX为十六进制)
(2) 使用“计算器”程序，将十进制数0.6825转换成对应的二进制数	① 切换到计算器的“标准”功能，计算 0.6825×65 536，记录结果 44 728，注意要向下取整。 ② 切换到“程序员”功能，单击“DEC”按钮，选择十进制，输入“44728”，可得到二进制数值为 1010 1110 1011 1000，将小数点定位到最左侧，舍去最右侧(最低位)的0，结果为$(0.1010\ 1110\ 1011\ 100)_2$。 **注意：**在此假设二进制数保留15位小数。如果转换得出的二进制数不足16位，要在左侧补0；达到16位时，对最后一位进行“0舍1入”，即最低位如果是0，则舍去，如果是1，则先在二进制数的最低位加1，再舍去最低位的0。如$(0.691\ 52)_{10}$乘65 536后得45 319，得到的二进制整数是1011 0001 0000 0111，转换结果为$(0.1011\ 0001\ 0000\ 100)_2$
5. 计算机安全检测及病毒查杀	
使用“360安全卫士”软件查杀计算机病毒	以“360安全卫士”为例，单击任务栏上的图标，打开程序窗口，软件具有“木马查杀”“电脑清理”“系统修复”“优化加速”等功能。单击“立即体验”按钮，即开始智能扫描，进行安全检测、垃圾检测和故障检测。检测结束后，显示计算机的安全情况。可单击“一键修复”按钮进行修复，或单击某个修复项下面的“清理”按钮进行问题修复

【自主训练】

(1) 查看计算机的品牌和主要配置信息(提示：右击桌面上的“此电脑”|“属性”)。

(2) 使用“记事本”程序输入入党誓词：我志愿加入中国共产党，拥护党的纲领，遵守党的章程，履行党员义务，执行党的决定，严守党的纪律，保守党的秘密，对党忠诚，积极工作，为共产主义奋斗终身，随时准备为党和人民牺牲一切，永不叛党。

提示：

(1) 开机、关机顺序。开机的过程即是给计算机加电的过程。正确的开机顺序是：先开外部设备，后开主机。正确的关机顺序是：先关主机，再关外部设备。

(2) 键盘上的指示灯。Caps Lock 指示灯亮，表示是大写字母状态；Num Lock 指示灯亮，表示是数字输入状态。Caps Lock 键用于切换字母大小写状态；Num Lock 键用于切换数字/光标状态。

【问题思考】

(1) 当无法使用“关机”命令软关机时，应该怎么做？

(2) 计算机中为什么要采用二进制？

1.2.2　相关知识与技能

1.2.2.1　数制与编码

计算机能够接收和处理的对象统称为数据，包括数字、文字、声音、图形、图像、动画和视频等。

为了实现对数据的处理，首先要解决数据的表示问题。在计算机内部，各种数据都是采用二进制表示的。

1. 常用数制及数制间的转换

常用的数制

计算机采用二进制数的优点是运算器的电路在物理上很容易实现，运算简便，运行可靠。但二进制数的缺点是数字冗长、不便书写和阅读，因此，计算机中也常用八进制数和十六进制数。

1) 数制的定义与常用数制

数制是数的计数方法，是指用一组固定的符号按照一套规则来表示数值的方法。人们通常采用的数制有十进制、二进制、八进制和十六进制。学习数制之前必须先掌握数码、基数和位权这三个概念。

数码：数制中表示基本数值大小的数字符号。例如，十进制有0～9共10个数码。

基数：数制所使用数码的个数。例如，十进制的基数为10。

位权：数制中某一位上的1所表示的数值的大小。例如，十进制数123.45，从左到右各位的位权分别是10^2、10^1、10^0、10^{-1}、10^{-2}。如果有m位小数、n位整数，则第i位的位权是10^i，其中$i = -m \sim n-1$。常用数制的比较如表1-7所示。

表1-7　常用数制的比较

数　制	数　码	基　数	位　权	运 算 规 则	表示字母
十进制	0～9	10	10^i	逢十进一，借一当十	D或d
二进制	0、1	2	2^i	逢二进一，借一当二	B或b
八进制	0～7	8	8^i	逢八进一，借一当八	O或o
十六进制	0～9和A～F	16	16^i	逢十六进一，借一当十六	H或h

为了区分不同进制的数字，在书写时常用以下两种方法。

方法一：将数字用括号括起来，在括号右下角写上基数。例如，$(1101)_2$。

方法二：在数字的后面加上一个字母表示进制。例如，1101B、123D，省略字母默认为十进制。

十进制、二进制、八进制、十六进制数据对照表如表1-8所示。

表 1-8　十进制、二进制、八进制、十六进制数据对照表

十进制	二进制	八进制	十六进制	十进制	二进制	八进制	十六进制
0	0000	0	0	8	1000	10	8
1	0001	1	1	9	1001	11	9
2	0010	2	2	10	1010	12	A
3	0011	3	3	11	1011	13	B
4	0100	4	4	12	1100	14	C
5	0101	5	5	13	1101	15	D
6	0110	6	6	14	1110	16	E
7	0111	7	7	15	1111	17	F

【课堂练习 1.2】

仿照表 1-8，写出十进制数 16、17、18 对应的二进制、八进制、十六进制数。

数制之间的转换

2) 数制之间的转换

转换原则：整数部分与小数部分要分别转换。

(1) 非十进制数转换为十进制数。

使用“按位权展开再相加”方法，即将它们写成按位权展开的多项式之和，再按十进制运算规则求和，即可得到对应的十进制数。

例如：

$(1101.01)_2 = 1\times2^3+1\times2^2+0\times2^1+1\times2^0+0\times2^{-1}+1\times2^{-2}=(13.25)_{10}$

$(576.2)_8=5\times8^2+7\times8^1+6\times8^0+2\times8^{-1}=(382.25)_{10}$

$(1AD)_{16}=1\times16^2+10\times16^1+13\times16^0=(429)_{10}$

“二”化“十”的快捷方法：

从小数点向两边推进，分别在所有 1 的下面写出位权，然后相加。

【例 1.1】 $(1101.01)_2$ 到十进制数的转换步骤如图 1-18 所示。

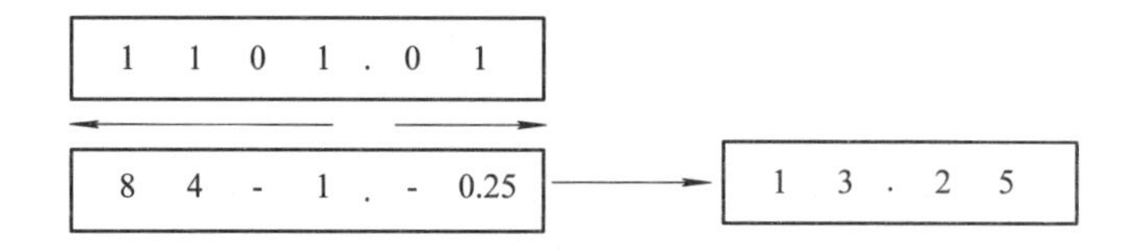

图 1-18　“二”化“十”的快捷方法示意图

(2) 十进制数转换为二进制数。

整数部分和小数部分需要分别转换，转换规则如下：

整数部分：“除 2 取余反向排列”法，即将十进制数整数部分连续除以 2，直到商是 0 为止，然后将所得的余数由下向上排列。

小数部分：“乘 2 取整正向排列”法，即将十进制数小数部分连续乘 2，取每次所得乘积的整数部分，直到小数部分为 0 或者达到所要求的精度为止，然后将所得的整数由上向下排列。注意，十进制数小数有时不能精确地换算为等值的二进制数，会有误差存在。根据精度要求，只转换到小数点后某一位即可。

【例 1.2】 将十进制数$(25.6875)_{10}$转换成二进制数，其转换步骤如图 1-19 所示。

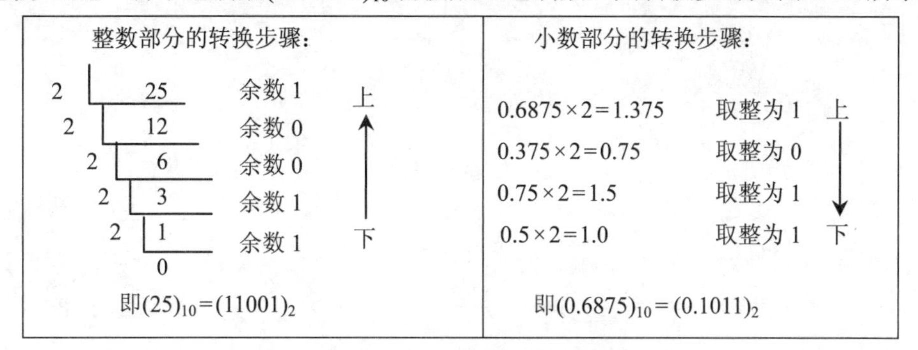

图 1-19　十进制数转换为二进制数的步骤

因此，转换结果为$(25.6875)_{10}=(11001.1011)_2$。

同理，十进制数转换为八进制数的方法是：整数部分采用“除 8 取余”法，小数部分采用“乘 8 取整”法。十进制数向十六进制数的转换方法类似。

“十”化“二”的快捷方法：

整数部分：向左折半 1 为止，奇 1 偶 0 向右排，排至数本身。

小数部分：乘 2 向右写，直到小数 0(或满足位数)，各数均取整，不含数本身。

【例 1.3】 $(13.25)_{10}=(1101.01)_2$的转换步骤如图 1-20 所示。

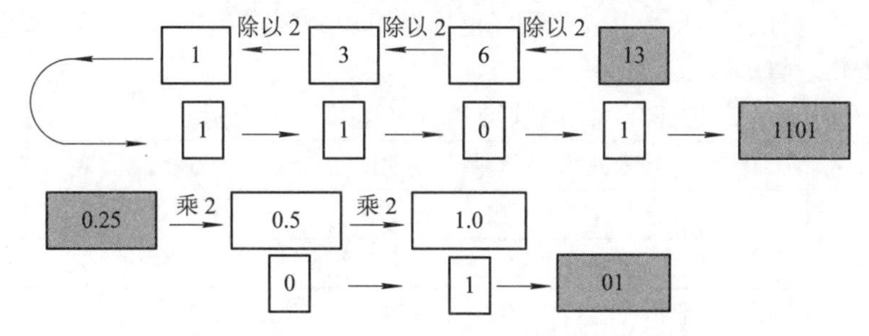

图 1-20　“十”化“二”的快捷方法示意图

(3) 二进制数与八进制数、二进制数与十六进制数互相转换。

由于二进制数和八、十六进制数有 2 次方幂关系，因此转换很方便。

① 二进制数转换为八进制数、十六进制数：以小数点为中心，分别向两侧进行，八进制每 3 位一组、十六进制每 4 位一组分别转换，不足 3 位(八进制)、4 位(十六进制)时，以“0”补足(整数部分左边补 0，小数部分右边补 0)。

例如：

$(10101.1)_2=(\underline{010}\ \underline{101}.\underline{100})_2=(25.4)_8$　　$(10101.1)_2=(\underline{0001}\ \underline{0101}.\underline{1000})_2=(15.8)_{16}$

　　　　　　2　5　4　　　　　　　　　　　　　1　5　8

② 八进制数、十六进制数转换为二进制数：将每位八进制数用 3 位二进制数表示，将每位十六进制数用 4 位二进制数表示，再去掉整数首部的 0 和小数尾部的 0 即可。

例如：

$(25.4)_8=(\underline{010}\ \underline{101}.\underline{100})_2=(10101.1)_2$　　$(25.4)_{16}=(\underline{0010}\ \underline{0101}.\underline{0100})_2=(100101.01)_2$

四种进制数之间的相互转换步骤如图 1-21 所示。

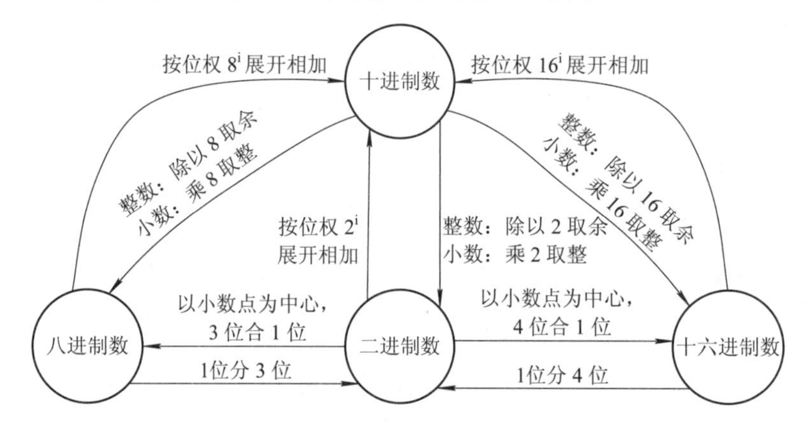

图 1-21　四种进制数之间的相互转换步骤

利用计算器转换进制

注意：十进制数和八进制数之间、十进制数和十六进制数之间均可以直接转换，也可以借助二进制数间接转换。

3) 二进制数的算术运算和逻辑运算

二进制数的算术运算和逻辑运算

二进制数的算术运算与十进制数的算术运算一样，也包括加、减、乘、除四则运算。二进制数的加法运算是基础，其他运算可以通过加法和移位来实现。

二进制数的逻辑运算包括“与”“或”“非”“异或”“同或”等。“与”运算也称逻辑乘，“或”运算也称逻辑加。二进制数的算术运算和逻辑运算如表 1-9 所示。

表 1-9　二进制数的算术运算和逻辑运算

运算数		算术加	算术减	算术乘	逻辑与	逻辑或	逻辑非	逻辑异或	逻辑同或
A	B	A + B	A − B	A × B	$A\wedge B$	$A\vee B$	$\overline{A}$	$A\oplus B$	$A\odot B$
0	0	0	0	0	0	0	1	0	1
0	1	1	1	0	0	1	1	1	0
1	0	1	1	0	0	1	0	1	0
1	1	0	0	1	1	1	0	0	1

注：0 − 1 = 1，向高位借 1，本位为 1。

【课堂练习 1.3】

计算并填空：$(12)_8 \times (15)_8 = (\quad)_8$。

提示：将八进制数都转换为二进制数，然后用竖式乘法计算。

4) 计算机数据的常用单位

数据存储单位

在计算机中，数据都是采用二进制数进行存储、处理和传输的。二进制数据的常用单位有位、字节和字等。

(1) 位(bit)：计算机中表示信息的最小单位，对应一个二进制数位，可以是 0 或者 1。

(2) 字节(Byte)：8 个二进制位构成 1 个字节，通常缩写为 B，即 8 bit = 1 B。字节是计算机中存储信息的基本单位，是衡量存储器容量大小的基本单位。

(3) 字(Word)：计算机中若干字节组成一个字，是 CPU 中一次操作或总线上一次传输的数据单位。

(4) 字长(Word Size)：衡量计算机性能的一个重要指标，指一个字所包含的二进制位数，是计算机数据处理的基本单位。例如，字长是 64 位的计算机，一次操作时总线上可以传送 64 个二进制位。

2. 字符的编码

字符指所有不能做算术运算的数据，例如“A”和“*”等。字符包括西文字符(即数字字符、英文字母和各种符号)和中文字符(即汉字)。字符必须按特定规则进行二进制编码才能进入计算机。所谓字符编码，就是给字母、数字和各种符号赋予一个确定的二进制代码，作为识别与使用这些字符的依据。

1) 西文字符的编码

在计算机中对字符编码，通常采用 ASCII 码和 Unicode 编码。

西文字符的编码

(1) ASCII 码。

ASCII 码(American Standard Code for Information Interchange)称为“美国信息交换标准代码”，是美国的字符代码标准，已经被国际标准化组织(ISO)确定为国际标准，成为一种国际上通用的字符编码，是目前计算机中普遍采用的一种字符编码。

ASCII 码有 7 位码和 8 位码两种形式。7 位码是国际通用码，用 7 位二进制数表示一个字符，可表示 2^7 即 128 个字符，占用 1 个字节，最高位为 0。8 位码是扩展 ASCII 码，用 8 位二进制数表示一个字符，可表示 2^8 即 256 个字符，最高位为 1，各国将扩展部分作为本国语言文字的代码。

标准 ASCII 码如表 1-10 所示。

表 1-10　标准 ASCII 码

$b_3b_2b_1b_0$	$b_6b_5b_4$							
	000	001	010	011	100	101	110	111
0000	NUL	DLE	SP	0	@	P	'	p
0001	SOH	DC1	!	1	A	Q	a	q
0010	STX	DC2	“	2	B	R	b	r
0011	ETX	DC3	#	3	C	S	c	s
0100	EOT	DC4	$	4	D	T	d	t
0101	ENQ	NAK	%	5	E	U	e	u
0110	ACK	SYN	&	6	F	V	f	v
0111	BEL	ETB	‘	7	G	W	g	w
1000	BS	CAN	(	8	H	X	h	x
1001	HT	EM	)	9	I	Y	i	y
1010	LF	SUB	*	:	J	Z	j	z
1011	VT	ESC	+	;	K	[	k	{
1100	FF	FS	,	<	L	\	l	|
1101	CR	GS	-	=	M	]	m	}
1110	SO	RS	.	>	N	^	n	~
1111	SI	US	/	?	O	_	o	DEL

表 1-10 中 ASCII 码的高 3 位 $b_6b_5b_4$ 用作列编码，低 4 位 $b_3b_2b_1b_0$ 用作行编码。例如：字符“A”的 ASCII 码为$(1000001)_2$，对应的十六进制数为 41H，十进制数为 65。

常用西文字符的 ASCII 码如表 1-11 所示。

表 1-11　常用西文字符的 ASCII 码

西文字符	ASCII 码(十进制数)	ASCII 码(十六进制数)
空格	32	20H
0～9	48～57	30H～39H
A～Z	65～90	41H～5AH
a～z	97～122	61H～7AH

注意：ASCII 码值与数字或字母的顺序是一致的。只要记住空格、0、A、a 的 ASCII 码值，就可以推算出其他相关字符的值。同一字母大、小写 ASCII 值相差 32。

(2) Unicode 编码。

Unicode 编码是通用多 8 位编码字符集的简称，它是国际组织制定的可以容纳世界上所有文字和符号的字符编码方案，是支持世界上超过 650 种语言的国际字符集。它为每种语言中的每个字符设定了统一并且唯一的二进制编码，以满足跨语言、跨平台进行文本转换和处理要求。Unicode 编码使用两个字节表示 1 个字符，可表示 65 536 个字符，自 1994 年公布以来已得到普及，广泛应用于 Windows 操作系统、Office 等软件中。

2) 汉字的编码

计算机对汉字信息的处理过程实际上是各种汉字编码间的转换过程。这些编码包括汉字输入码、汉字区位码、国标码、汉字内码、汉字字形码、汉字地址码等。

汉字的编码

(1) 汉字输入码。

汉字输入码是为用户能够通过键盘输入汉字而设计的编码，也称外码，由键盘上的字符和数字按键组成。汉字输入码有音码、形码、音形码等。例如，微软拼音属于音码，五笔字型输入法属于形码等(注：读者可扫码附录 A 中的五笔字型输入法二维码学习五笔字型输入法)。

搜狗输入法

(2) 汉字区位码。

我国于 1980 年发布了国家汉字编码标准 GB 2312—80，全称是《信息交换用汉字编码字符集——基本集》，其中收录了 6763 个汉字、682 个非汉字符号，共 7445 个字符，并为每个字符规定了编码。此编码简称交换码或国标码。

将 GB 2312—80 中的字符集放置于一个 94(行) × 94(列)的方阵中，方阵的每一行称为一个“区”，区号范围是 1～94，方阵的每一列称为一个“位”，位号范围是 1～94，这样汉字在方阵中的位置可以用它的区号和位号来确定，区号和位号组合起来就得到该汉字的区位码。区位码的前两位是区号，后两位是位号。例如，“中”在 54 区 48 位，其区位码是 5448。

(3) 国标码。

国标码用两个字节对汉字编码，每个字节只使用低 7 位，最高位未做定义。区位码和国标码的关系是：国标码 = 区位码 + 2020H。两个字节均加 20H 的目的是防止与 ASCII 码中的控制字符(前 32 个字符)产生冲突。

(4) 汉字内码。

汉字内码是指汉字在计算机内部存储和处理的代码，简称为机内码或内码。一个汉字的外码可以有多种，但其机内码是唯一的。

机内码和国标码的关系是：机内码 = 国标码 + 8080H = 区位码 + A0A0H。两个字节均加 80H 的目的是防止中英文混合使用时汉字的一个字节与 ASCII 码相混淆。

(5) 汉字字形码。

汉字字形码也称字模或汉字输出码，供显示或打印汉字使用，它与机内码一一对应。每个汉字的字形信息是预先保存在计算机中的，称为汉字库。输出汉字时，计算机首先根据机内码在汉字库中查找其字形码得到字形信息，然后显示或打印汉字。

描述汉字字形的方法有点阵字形和轮廓字形两种。汉字字形点阵有 16×16 点阵、24×24 点阵等。点阵字形中每一个点的信息都用一个二进制位表示。对于 24×24 点阵的字形码，一个汉字占用 $24 \times 24 \div 8 = 72$ 字节。

(6) 汉字地址码。

汉字地址码是指汉字库中存储汉字字形信息的逻辑地址码。它与汉字内码有着简单的对应关系，以简化内码到地址码的转换。

各种汉字编码的关系如图 1-22 所示。

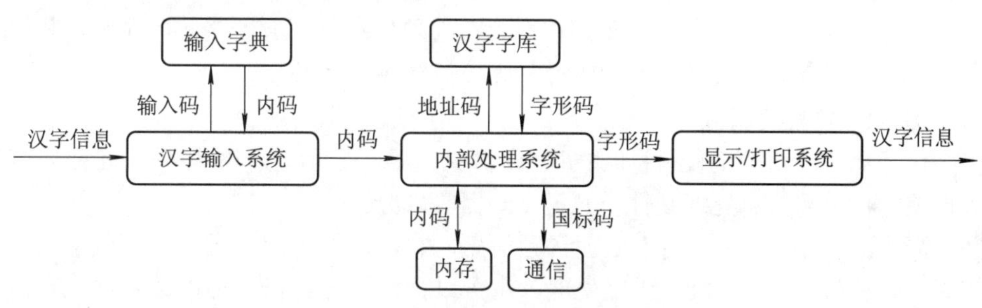

图 1-22　各种汉字编码的关系

【课堂练习 1.4】

(1) 已知“中”的区位码是 5448，计算其国标码和机内码。

提示：首先将“中”的十进制的区位码 5448 转换为十六进制数(3630H)，然后两个字节分别加 20H 得到国标码，两个字节再分别加 80H 得到机内码。

(2) 使用“五笔打字员”或“金山打字通”等软件进行英文打字练习以及汉字输入法练习。

1.2.2.2　多媒体技术基础

了解多媒体技术常识，熟悉多媒体文件格式和音、视频播放软件，对更好地利用计算机解决工作和生活中的相关问题具有重要意义。

多媒体基础

1. 多媒体技术概述

1) 多媒体的概念与特征

媒体也称媒介或介质，是表示和传播信息的载体。多媒体不仅仅是指多种媒体，而是指包含处理和应用多种媒体的一整套技术，即多媒体技术，它是能够同时对两种或两种以上的媒体进行获取、处理、编辑、存储和展示的综合处理技术，其实质是将以各种形式存在的媒体信息数字化，用计算机进行组织、加工，并以友好的形式交互地提供给用户使用。

常见的媒体元素有以下几种。

(1) 文本：以文字和各种符号表达信息的一种形式，如英文、汉字和符号等。

(2) 图形：一般指矢量图，如由点、线、面组成的几何图形等。

(3) 图像：通常指位图，是由像素组成的画面，如照片等静态图像。

(4) 声音：音乐、语音和各种音响效果。

(5) 视频：由若干有联系的图像数据连续播放而形成，是活动的影像，如电影、电视等。

(6) 动画：表现连续动作的图形或图像，由一些表现连续动作的帧构成，如 Flash 动画等。

多媒体主要具有集成性、交互性、实时性等特征。

(1) 集成性：多媒体技术集成了许多单一的技术，如图像处理技术、声音处理技术等。

(2) 交互性：多媒体系统向用户提供交互式使用、加工和控制信息的手段。交互性是多媒体技术的关键特征，没有交互性的系统就不是多媒体系统。

(3) 实时性：多媒体系统能够综合地处理带有时间关系的媒体，如音频、视频和动画，甚至是实况信息媒体。这就意味着多媒体系统在处理信息时有着严格的时序要求和很高的速度要求。在许多方面，实时性已经成为多媒体技术的关键特征。

2) 多媒体计算机的组成

多媒体计算机除常规的硬件(如主机、硬盘驱动器、显示器、网卡)外，还需要有音频信息处理硬件、视频信息处理硬件及光盘驱动器等部分。

(1) 音频卡：又称声卡，用于处理音频信息，它可以把话筒、录音机、电子乐器等输入的声音进行模/数(A/D)转换、压缩处理，也可以把经过计算机处理的数字化声音信号通过还原(解压缩)、数/模(D/A)转换后用音箱播放出来，或者用录音设备记录下来。

(2) 视频卡：用来支持视频信号(如电视)的输入与输出。

(3) 采集卡：能将电视信号转换成计算机的数字信号，便于使用软件对转换后的信号进行剪辑处理、加工和色彩控制，还可将处理后的数字信号输出到录像带中。

(4) 扫描仪：可将摄影作品、绘画作品或其他印刷材料上的文字、图像甚至实物扫描到计算机中，以便对其进行加工处理。

(5) 光驱：可用来读取或存储大容量的多媒体信息。

2. 多媒体数据表示

1) 声音的数字化

计算机系统通过输入设备输入声音信号，通过采样、量化将其转换成数字信号，然后通过输出设备输出。声音的数字化包括采样、量化和编码三个过程。

多媒体数字化

采样是每隔一个时间间隔在模拟声音的波形上取一个幅度值，把时间上连续变化的波形转换成时间上离散的信号。每秒钟的采样次数称为采样频率(即每秒钟采集多少个声音样本)。采样频率越高，则声音的还原性越好。

量化是对声波波形幅度的数字化表示。表示声波采样点幅度值的二进制位数称为量化位数(也称采样精度)。换句话说，量化位数可表示采样点的等级数。位数越多，声音质量越高，当然存储的数据量也越大。

编码是将采样和量化得到的离散数据转换成二进制码。

记录声音时，若每次只产生一组声波数据，则称为单声道；若每次产生两组声波数据，则称为双声道。双声道具有立体声效果。

采样频率、量化位数、声道数是声音数字化的三要素。

2) 图像的数字化

(1) 两种类型的图像。

图像有位图和矢量图两大类。通常将位图称为图像，而将矢量图称为图形。

由摄像机、数码相机、扫描仪等设备产生的画面，数字化后以位图形式存储，位图图像有分辨率、颜色深度、文件大小等属性，缩放时分辨率会改变，放大的图像中会产生锯齿。

矢量图由几何图形组成，一般通过绘图软件绘制而成，缩放时分辨率不变，不会出现锯齿。如 Word 中的自选图形、文本框、艺术字、SmartArt 图形、公式均属于图形。

(2) 图像的数字化过程。

图形由计算机软件产生，本身就是用 0、1 表示的，不需要进行数字化。

图像数字化就是将代表图像的连续模拟信号转变为离散的数字信号。图像数字化过程主要包括采样、量化和压缩编码三个步骤。图像的采样就是采集组成一幅图像的点。图像的量化就是将采集到的信息转换成相应的数值。数字化后的图像，其质量主要由分辨率和颜色深度决定。数字化后得到的图像数据量巨大，必须采用编码技术来压缩其信息量。

3) 多媒体数据压缩

多媒体信息数字化后，其数据量往往非常庞大，为了存储、处理和传输多媒体信息，人们考虑采用压缩的方法来减少数据量。通常是将原始数据压缩后存储在磁盘上，或是以压缩形式传输，仅当使用这些数据时才把数据解压缩还原，以此来满足实际需要。数据压缩有无损压缩和有损压缩两种类型。

(1) 无损压缩。

无损压缩的原理是统计被压缩数据中重复数据的出现次数来进行编码，解压缩是对压缩的数据进行重构，重构后的数据与原来的数据完全相同。无损压缩能够确保解压缩后的数据不失真，其特点是压缩比低，通常应用于对文本数据、程序以及重要图形和图像的压缩。

(2) 有损压缩。

有损压缩又称不可逆压缩和破坏性压缩，它以损失文件中某些信息为代价来换取较高的压缩比，其损失的信息多是对视觉和听觉感知不重要的信息，常用于音频、图像和视频的压缩。

4) 常见的媒体文件格式

音频文件格式主要有 WAVE、MIDI、MP3 等。WAVE 和 MIDI 等多种音频格式文件都可以压缩成 MP3 格式文件。

图像文件格式主要有 BMP、GIF、JPEG/JPG、PNG、PDF、TIFF 等。

常见的媒体文件格式

视频文件格式主要有 AVI、MOV、ASF、MP4、FLV 等。

1.2.2.3 信息系统的安全防护

信息系统的安全指的是保护计算机信息系统中的资源(包括硬件、软件、存储介质、网络设备和数据等)免受毁坏、替换、盗窃或丢失等。

1. 数据信息的安全维护

数据信息是计算机中的一种重要资源，有些数据的价值是无法用金钱来衡量的，有些数据丢失后其损失可能是无法弥补的，所以对数据信息的安全维护非常重要。

在大多数情况下，系统的数据总是保存在硬盘上，虽然这样做操作方便，但完全依赖一个硬盘保存数据很不安全。因为硬盘有时会出现故障或因感染病毒遭到破坏等，导致硬盘中的数据丢失或不可读出。

为了保护数据信息，必须将重要的数据定期复制到其他的存储设备上，例如复制到移动硬盘、U 盘或者刻录在光盘中；有些非常重要的数据，不但要备份在存储器上，还要打印到纸张上并妥善保管。

为了防止计算机系统崩溃，可以在计算机已安装操作系统及应用程序，但尚未建立数据文件之前，用 Ghost 软件将整个硬盘文件压缩成一个镜像文件，以后在计算机需要重新安装时，只需用镜像文件还原当初硬盘的内容，这样做既方便又省时。

2. 计算机病毒与防范

《中华人民共和国计算机信息系统安全保护条例》中对计算机病毒进行了明确的定义：计算机病毒，是指编制或者在计算机程序中插入的破坏计算机功能或者毁坏数据，影响计算机使用，并能自我复制的一组计算机指令或者程序代码。

1) 计算机病毒的特征和分类

(1) 计算机病毒的主要特征。

① 繁殖性。计算机病毒可以像生物病毒一样进行繁殖，当正常程序运行时，它也进行自身复制。是否具有繁殖、感染的特征是判断某段程序是否为计算机病毒的首要条件。

② 破坏性。计算机病毒的破坏性主要有两个方面：一是占用系统资源，降低计算机的运行效率；二是破坏系统，删除或修改数据，甚至导致整个系统瘫痪。

③ 传染性。计算机病毒具有极强的再生机制。一台计算机有了病毒，很容易通过数据交换途径传染到另一台计算机。一旦病毒被复制或者产生变种，其传播速度是非常快的。传染性是计算机病毒最主要的特征。

④ 潜伏性。计算机病毒侵入系统后一般不会立即发作，而是具有一定的潜伏期，一旦发作条件成熟，就会立即发作。

⑤ 隐蔽性。计算机病毒一般是具有很高编程技巧、短小精悍的程序。病毒程序一般都隐藏在正常程序中或磁盘较隐蔽的地方，很难被人发现。

⑥ 可触发性。计算机病毒绝大部分会设定一定条件作为发作条件。这个条件可以是某个日期、键盘的点击次数或是某个文件的调用等。

(2) 计算机病毒的分类。

计算机病毒的分类方法有多种，请扫码了解常见的计算机病毒分类方法。

计算机病毒的分类

2) **计算机病毒的主要表现及防范**

(1) 计算机病毒的主要表现。

① 不能正常启动或启动时间变长，或异常重新启动。有时出现黑屏等现象。

② 计算机运行速度明显变慢。

③ 磁盘空间变小或文件内容和长度有所改变。

④ 计算机经常出现“死机”现象。

(2) 计算机病毒的防范。

计算机病毒及其防范

① 增强安全意识。采取“预防为主、防治结合”的方针，首先要从思想上高度重视，加强管理，防患未然。

② 安装具有实时监控功能的杀毒软件并及时升级。这是目前预防病毒入侵的最好办法。

③ 养成备份重要文件的习惯，非常重要的数据要“异地”备份。

④ 凡是外来的存储介质(U 盘等)以及网上下载的程序或文件，一定要先杀毒再使用。

⑤ 小心使用电子邮件，不要打开来历不明的电子邮件及其附件。

⑥ 为工作站用户设置复杂的密码并定期更换，为重要文件合理设置属性，规范访问权限。

⑦ 在网络中使用网络版防病毒软件和网关型防病毒系统，以更好地防范网络病毒。

1.3　任务：了解新一代信息技术

1.3.1　任务描述与实施

1. 任务描述

随着互联网的发展，以物联网、云计算、大数据等为代表的新一代信息技术产业正在酝酿着新一轮的信息技术革命，并引发广泛的研究热潮。

党的二十大报告第四部分“加快构建新发展格局，着力推动高质量发展”中明确指出“推动战略性新兴产业融合集群发展，构建新一代信息技术、人工智能、生物技术、新能源、新材料、高端装备、绿色环保等一批新的增长引擎。构建优质高效的服务业新体系，推动现代服务业同先进制造业、现代农业深度融合”。随着新一代信息技术与传统产业深度融合进程的不断加快，新一代信息技术必将在国家建设的各个领域中发挥重要作用。

本节的主要任务是学习物联网、云计算、大数据等新一代信息技术的概念、特点、研究内容、关键技术及典型应用。请结合以下问题进行学习：

(1) 物联网和互联网有何关系?

(2) 你知道阿里的云计算有多强吗?

(3) 有人说云计算未来相当于水和电一样重要，你怎么认为?

(4) 大数据、云计算、物联网、区块链和人工智能，这些新技术之间有何相互关系?

2. 任务实施

物联网、云计算、大数据等新一代信息技术内容先进而复杂，应用领域广泛，而且在各领域和方向采取的关键技术差异性也较大，我们要以应用为驱动，结合自身专业领域和工作、生活需要，积极进行应用实践，促进新一代信息技术与传统产业深度融合。

本任务涉及的主要知识技能点包括：物联网、云计算、大数据、人工智能、区块链、虚拟现实、机器人流程自动化等。

1.3.2　相关知识与技能

物联网的概念

物联网拓展阅读

1.3.2.1　物联网

1. 物联网的概念

物联网(Internet of Things，IoT)，顾名思义就是万物相连的互联网，它是在互联网的基础上延伸和扩展的网络，即将各种信息传感设备与网络结合起来而形成的一个巨大的网络，可实现在任何时间、任何地点，人、机、物的互联互通。

1999 年，美国麻省理工学院建立了“自动识别中心”(Auto-ID)，并提出“万物皆可通过网络互连”，阐明了物联网的基本含义。

2005 年 11 月 17 日，在突尼斯举行的信息社会世界峰会上，国际电信联盟(ITU)发布了《ITU 互联网报告 2005：物联网》，正式提出了“物联网”的概念。

目前较为公认的物联网的定义是：通过射频识别(RFID)装置、红外感应器、全球定位系统、激光扫描器等信息传感设备，按约定的协议，把任何物品与互联网相连接，进行信息交换和通信，以实现对物品的智能化识别、定位、跟踪、监控和管理的一种网络。

在物联网中，物品或商品能够彼此进行“交流”，而无需人工干预。其实质是利用射频自动识别技术，通过计算机互联网实现物品或商品的自动识别和信息的互联与共享。

物联网的本质还是互联网，只不过终端不再是计算机，而是嵌入式计算机系统及其配套的传感器。物联网时代网络两头的机器可以自行交流。

互联网面向的对象是人，而物联网面向的对象是人和物。物联网主要解决物品与物品、人与物品、人与人之间的互联。物联网的传输通信保障是互联网，物联网发展的方向是泛在网。

物联网概念模型如图 1-23 所示。

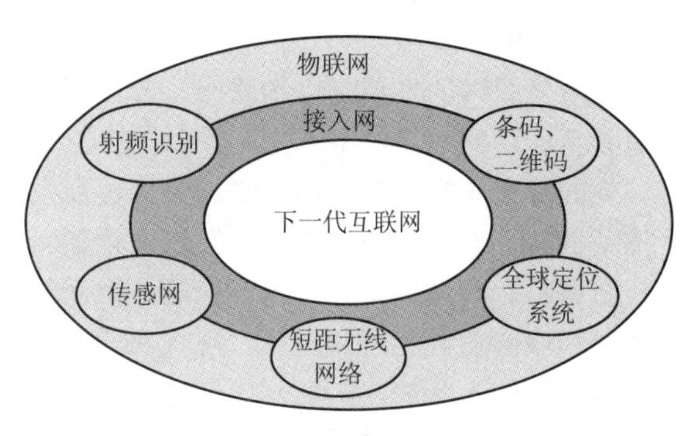

图 1-23　物联网概念模型

2. 物联网的特点

一般认为物联网具有全面感知、可靠传输和智能处理三个主要特点。

1) 全面感知

物联网可利用无线射频识别(RFID)、传感器、定位器和二维码等随时随地获取和采集物体信息。

2) 可靠传输

物联网可通过各种电信网络与互联网融合，将物体的信息实时、准确地传递出去，实现信息的交互和共享，并进行各种有效的处理。

3) 智能处理

物联网可利用云计算、数据挖掘以及模糊识别等人工智能技术，对海量数据和信息进行分析和处理，对物体实施智能控制。

3. 物联网的体系结构

物联网的体系结构一般分为三层，即感知层、网络层和应用层。

(1) 感知层：物联网发展和应用的基础，是让物品“说话”的先决条件，主要用于采集物理世界中发生的物理事件和数据，包括各类物理量、身份标识、位置信息、音频、视频等数据。

(2) 网络层：物联网的神经系统，主要进行信息的传递。它连接感知层和应用层，具有强大的纽带作用，可以快速、可靠、安全地传输上下层的数据。

(3) 应用层：物联网和用户(包括个人、组织或者其他系统)的接口，主要实现物品信息的汇总、协同、共享、互通、分析与决策等功能，相当于物联网的控制层、决策层。物联网的根本是为人类服务，应用层完成物品与人的最终交互，该层必须与行业发展应用需求相结合。

4. 物联网的应用领域

物联网将现实世界数字化，其应用十分广泛，并具有广阔的市场和应用前景。下面简单介绍物联网技术在十大领域中的应用。

(1) 智能物流：对货物以及运输车辆的全过程进行监控，通过在物流商品中植入传感芯片，供应链上的购买、生产制造、包装/装卸、堆栈、运输、配送/分销、出售、服务每一个环节都能实现系统感知和分析处理。

(2) 智能交通：以图像识别为核心技术监控车辆、道路及信号灯等情况。如可以自动检测并报告公路、桥梁的运行情况，可以避免超载车辆经过桥梁，或根据光线强度对路灯进行自动开关控制等。

(3) 智能能源环保：包括能源和环保两个方面，属于智慧城市的一个部分，其目的是通过实时监测，实现节能环保。其主要应用在水能、电能、燃气等能源以及井盖、垃圾桶等环保装置上，如使用智能水电表实现远程抄表等。

(4) 智能医疗：有效帮助医院实现对人和对物的智能化管理。在对人的管理方面，主要通过传感器或医疗可穿戴设备，对病人的生理状态数据(如心率、血压等)进行监测，将获取的数据记录到电子健康文件中，供个人或医生查询；在对物的管理方面，主要通过RFID技术对医疗器械进行跟踪。

(5) 智能家居：将家庭内的家电物品联网，通过语音实时控制，打造智能家居平台。人们可以在办公室或回家途中，操作家里的电器，控制烧菜、煮饭或空调开关及房间温度等。

(6) 智能建筑：主要体现在用电照明、消防监测、智慧电梯、楼宇监测等方面。如通过感应技术自动调节建筑物内照明灯的亮度，实现节能环保，或将建筑物运作状况通过物联网及时发送给管理者。

(7) 智能安防：通过摄像头等装置实时采集数据，实时监控外界环境。一个完整的智能安防系统主要包括门禁、报警和监控三部分。

(8) 智能零售：对传统的便利店和售货机进行数字化升级改造，打造无人零售模式。通过数据分析进行精准推送，为用户提供更好的服务，为商家提高经营效益。

(9) 智能农业：一种全新的农业生产方式，主要体现在利用传感器实时监测农作物及畜牧产品的生长情况等方面，可实现农业生产全过程的信息感知、精准管理和智能控制，农业可视诊断、远程控制以及灾害预警等功能。

(10) 智能制造：主要体现在数字化以及智能化的工厂改造方面，包括对工厂机械设备的监控和对工厂的室内环境联网监控。在机械设备监控方面，通过在设备上加装传感器，设备厂商可远程了解设备使用情况，开展设备信息收集和售后服务等；在工厂环境监控方面，主要是采集厂房的温度、湿度、烟感等信息。

1.3.2.2　云计算

1. 云计算的概念

云计算(Cloud Computing)的定义有多种，目前广为人们所接受的是美国国家标准与技术研究院(NIST)的定义，即云计算是一种按使用量付费的模式，这种模式提供可用的、便捷的、按需的网络访问，进入可配置的计算资源共享池(资源包括网络、服务器、存储、应用软件、服务)，这些资源能够被快速提供，只需投入很少的管理工作，或与服务提供商进行很少的交互。

云计算的概念

云计算拓展阅读

通俗地理解，云计算中的“云”指的是互联网中服务器集群上的资源，它包括硬件资源(如存储器、CPU、网络等)和软件资源(如应用软件、集成开发环境等)，用户只需通过网络发送一个需求信息，远端“云”上就会有成千上万的计算机为用户提供所需要的资源，并将结果返回至本地设备。

云计算是一种分布式计算模式。它的基本原理是，将本地计算机无法处理的庞大的程序自动拆分为无数个较小的子程序，再交给由多台服务器所组成的庞大系统进行计算，最后将结果返回给用户。

狭义的云计算是指 IT 设施的交付和使用模式，即通过网络以按需、易扩展的方式获得所需要的资源，资源包括硬件、平台和软件，提供资源的网络被称为“云”，而且在用户看来“云”中的资源是可以无限扩展的，用户可以随时获取“云”上的资源，按使用量付费。

广义的云计算是指服务的交付和使用模式，即通过网络以按需、易扩展的方式获得所需要的服务，服务可以是与信息技术(IT)、软件、互联网相关的各种服务，也可以是任意其他的服务。

云计算把许多计算资源集合起来，通过软件实现自动化管理，只需要很少的人参与，就能快速提供资源。也就是说，计算能力作为一种商品，可以在互联网上流通，就像水、电、煤气一样使用方便、价格低廉。

2. 云计算的特点

云计算具有如下特点：

1) 超大规模

云计算具有超大规模。Google云计算已经拥有100多万台服务器，Amazon、IBM、Yahoo等云计算都拥有几十万台服务器。云计算能赋予用户前所未有的存储与计算能力。

2) 虚拟化

用户请求的资源都来自“云”，“云”不是固定的有形实体。用户可以随时随地使用各种终端获取应用服务，无须了解资源和应用运行的具体位置。

3) 高可靠性

“云”使用了数据多副本容错、计算节点同构可互换等措施，可保障服务的高可靠性。

4) 可伸缩性

“云”的规模可以动态伸缩，可满足用户和应用规模增长的需要。

5) 通用性好

云计算不针对特定的应用，在“云”技术的支撑下可以构造出多种多样的应用，同一个“云”可以同时支撑不同的应用运行。

6) 按需服务

云计算采用按需服务模式，用户可以按需购买。

7) 性价比高

云计算将资源放在虚拟资源池中统一管理，在一定程度上优化了物理资源。用户不需要负担高昂的数据中心管理成本就能享受云计算资源和服务，性价比高。

8) 潜在的危险性

目前，云计算服务主要垄断在私人机构(企业)手中，用户的数据对云计算提供商毫无秘密可言，因此说云计算具有潜在的危险性。

3. 云计算的类型

1) 按云计算的服务模式分类

按服务模式的不同，云计算可分为以下三种类型。

(1) 基础设施即服务(Infrastructure as a Service，IaaS)：用户通过互联网可以租用云平台的基础设施硬件资源，并可以根据用户资源使用量和使用时间进行计费的一种能力和服务。基础设施包括CPU、内存、网络等计算资源，用户可以部署和运行任意软件，包括操作系统和应用程序。

IaaS是底层的云服务，代表产品有IBM Blue Cloud、Amazon EC2等。

(2) 平台即服务(Platform as a Service，PaaS)：把软件开发平台作为一种服务提供给用户的一种云计算服务。PaaS 的主要用户是开发人员，开发人员直接在云端使用开发、测试、运行和管理软件的环境，不需要在本地安装开发工具，可大大减少开发成本。

PaaS 也称中间件，不仅提供云存储，还提供一些开发应用软件的“开发环境”，公司的个性化应用开发在这一层。

比较知名的 PaaS 平台有阿里云开发平台、华为 DevCloud 等。

(3) 软件即服务(Software as a Service，SaaS)：通过互联网向用户提供软件的服务模式，主要面向企业和个人用户，用户不需要购买软件，而是通过互联网向特定的供应商租用自己所需的相关软件服务。在我们的生活中，几乎每天都会接触 SaaS 云服务，如微信小程序、在线视频服务等。

云计算的三种服务模式如图 1-24 所示。

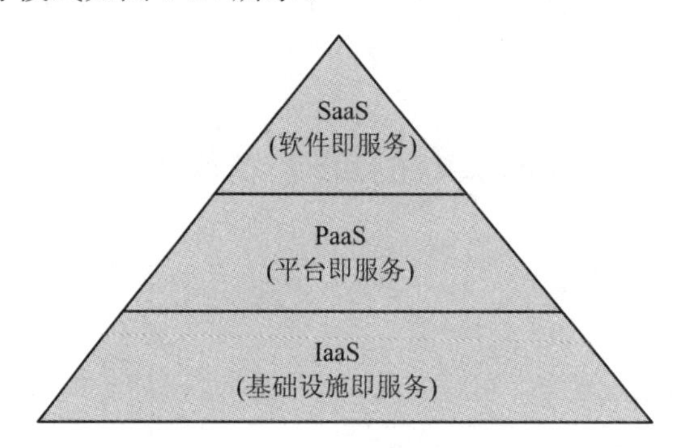

图 1-24　云计算的三种服务模式

2) 按云计算的部署模式分类

按部署模式的不同，云计算可分为以下三种类型。

(1) 公有云：由云计算服务商建设，其核心属性是共享资源服务。应用程序、资源、存储和其他服务都由云服务提供商提供给用户，云服务提供商负责所提供资源的安全性、可靠性和私密性，用户只能通过互联网来访问和使用资源。公有云的典型实例有阿里云、亚马逊 AWS 等。

(2) 私有云：为特定的组织机构建设的单独使用的云。云基础设施特定为某个企业服务，特定的云服务功能不直接对外开放。私有云所有的服务只提供给特定的对象或组织机构使用，因而可对存储数据、计算资源和服务质量进行有效控制，其核心属性是专有资源服务，比较适合于政府机构以及对安全要求高的大型企业使用。

(3) 混合云：云基础设施由公有云或私有云等多个云组成，它们独立存在，但在云的内部又相互结合，通过标准的或私有的技术绑定在一起提供服务，可以发挥出所混合的多种云计算模型各自的优势。

公有云在前期应用部署、成本投入、技术成熟程度、资源利用率及环保节能等方面更具优势；私有云在服务质量、可控性、安全性及兼容性等方面优势较明显；混合云则兼有两者的优点。

4. 云计算的应用领域

云计算应用遍及政务、医疗、金融、交通、教育各个领域。云计算的典型应用有云存储、云游戏、云安全、云物联和云办公等。

1) 云存储

云存储是以数据存储和管理为核心的云计算系统。云存储通过集群应用、网格技术或分布式文件系统等功能，将网络中大量不同类型的存储设备通过应用软件集合起来协同工作，共同对外提供数据存储和业务访问功能。

2) 云游戏

云游戏是以云计算为基础的游戏方式。在云游戏的运行模式下，所有游戏都在服务器端运行，并将渲染完的游戏画面压缩后通过网络传送给用户，用户只需一个能接收画面的设备(如电视、PC、平板或手机)和畅通的网络就可畅玩各种游戏，无须下载体积庞大的安装包到本地，不用再被本地电脑处理器和显卡等硬件配置所束缚。

3) 云安全

云安全融合了并行处理和未知病毒行为判断等新兴技术，通过网状的大量客户端对互联网中软件的异常行为进行监测，获取互联网中木马、恶意程序的最新信息，并将这些信息传送到服务器端进行自动分析和处理，再把病毒和木马的解决方案分发到每一个客户端。目前，我国主流的杀毒软件服务提供商(如360、金山、瑞星等)都向其用户提供云安全服务。

4) 云物联

云物联是基于云计算的物物相联。物联网需要将各种智能设备记录、产生的数据进行分析，然后做出判断，这庞大的数据处理需要超强的计算能力才能完成，而云计算具备了这种能力。云物联产品如“米家系列智能开关”，实现了基本的人与物交互，可以应用于家庭、办公、医院和酒店等场合，用户可以随时随地通过手机或平板电脑等实现场景远程控制。

5) 云办公

云办公是指将政企办公完全建立在云计算基础上，简单地说，就是由网络终端建立的可移动办公环境，将企业的办公转移到云端进行管理和处理，可降低办公成本、提高办公效率、实现低碳减排。例如，金山办公旗下的WPS Office就是我国比较有代表性的云办公产品之一，它支持多人协作编辑在线文档，拥有企业云盘，可实现企业文档统一存储、一键共享等功能。

市场上的云计算产品、服务类型多种多样，不同厂商提供的云服务器在配置相同的情况下，其价格有时相差较大。在选择时不仅要考虑产品类型是否符合需求，还要看云产品服务商的品牌声誉、技术实力以及政府的监管力度。

目前，国内外云服务商非常多，早期云服务市场主要被美国垄断，如亚马逊AWS、微软Azure等，近年来我国云服务商发展迅速，已经占据国内外较大市场份额。我国知名的云服务商有阿里云、腾讯云、华为云、京东云、百度智能云等。

【课堂练习1.5】

使用百度网盘备份与分享文件。

在浏览器中输入网址“pan.baidu.com”并按回车键，打开网盘主页，用手机号注册并登录，或者使用QQ号或微信号登录(需要手机验证)，在网页中使用网盘上传或下载文件/文件夹。也可以下载百度网盘客户端软件，通过该软件使用网盘。

1.3.2.3　大数据

1. 大数据的概念

早在 1980 年，著名未来学家阿尔文·托夫勒就在他的著作《第三次浪潮》中将大数据(Big Data)赞颂为“第三次浪潮的华彩乐章”，但是直到 2009 年“大数据”才成为互联网信息技术行业的流行词。

大数据是巨量数据的集合。简单地说，大数据是指无法在一定时间内用常规软件工具对其内容进行抓取、管理和处理的数据集合。

大数据的概念

大数据拓展阅读

关于大数据的定义，不同的机构给出了不同的描述，以下是几个主流机构对大数据的定义。

麦肯锡全球研究院对大数据的定义是：大数据是一种规模大到在获取、存储、管理、分析方面大大超出了传统数据库软件工具能力范围的数据集合，具有海量的数据规模、快速的数据流转、多样的数据类型和低的价值密度四大特征。

百度百科对大数据的定义是：大数据指无法在可承受的时间范围内用常规软件工具进行捕捉、管理和处理的数据集合，是需要更新处理模式才能具有更强的决策力、洞察发现力和流程优化能力的海量、高增长率和多样化的信息资产。

维基百科对大数据的定义是：大数据又称巨量资料，指的是传统数据处理应用软件不足以处理的大或复杂的数据集。

2. 大数据的特征

关于大数据的特征，有一种观点认为大数据具有 Volume、Variety、Velocity、Value 等 4V 特征。而 IBM 公司的观点认为大数据具有 5 V 特征(见图 1-25)，比 4V 特征多了一个 Veracity 特征。

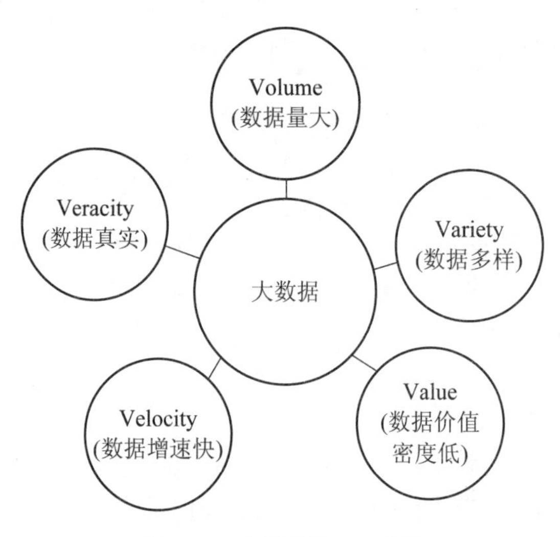

图 1-25　大数据的 5V 特征

(1) Volume(数据量大)：具有海量的数据规模，数据体量巨大。大数据的起始计算单位一般是PB(拍字节，1 PB = 1024 TB)、EB(艾字节，1 EB = 1024 PB)或ZB(泽字节，1 ZB = 1024 EB)。

(2) Variety(数据多样)：数据来源多，数据类型多，关联性强。大数据的类型大体分为三类：结构化数据(即关系型数据)、半结构化数据(如 XML、HTML 文档等)和非结构化数据(如网络日志、文档、图片、音频、视频、地理位置信息等)。非结构化数据是大数据的主流数据。

(3) Velocity(数据增速快)：数据流转快速，数据增长速度快、处理速度快、时效性要求高。

(4) Value(数据价值密度低)：信息海量，但数据价值密度相对较低，商业价值高。以视频为例，连续不间断监控过程中，可能有用的数据只有 1~2 秒钟。

(5) Veracity(数据真实)：数据真实可靠。大数据分析的数据集不是部分的数据，而是全部的数据，这样得到的结果更加真实、可靠。

“大”是大数据的一个重要特征，但更重要的是蕴藏在大数据中的价值。大数据技术的战略意义不在于掌握庞大的数据信息，而在于对这些含有意义的数据进行专业化处理，通过“加工”实现数据的“增值”。在大数据时代，我们应用大数据思维去发掘大数据的潜在价值，提高在多样的、大量的数据中迅速获取信息的能力是更为重要的。大数据的核心能力是发现规律和预测未来。

3. 大数据的应用领域

目前，大数据已经和各行各业进行了融合，包括电商、政务、金融、教育、医疗、农业、能源、交通、安防等领域。下面是大数据的一些典型应用场景。

1) 电商领域

电商平台掌握了非常全面的客户信息、商品信息，以及客户与商品之间的联系信息。精准广告推送、个性化推荐、大数据杀熟等都是大数据应用的例子，其中大数据杀熟已经被明令禁止。

2) 金融领域

在金融领域，大数据主要应用于风险评估和市场预测等。如根据客户的行为大数据对客户进行细分、信用评估，从而开展精细化营销等。

3) 交通领域

在交通领域，可以根据司机位置大数据进行道路拥堵预测，进而给出优化出行路线。另外，智能红绿灯、导航最优规划等也都是交通领域应用大数据的体现。

4) 安防领域

大数据也可以应用到安防领域，比如犯罪预防，即通过对大量犯罪细节的数据进行分析、总结，从而得出犯罪特征，进而预防犯罪。另外，天网监控等也是大数据应用的具体案例。

5) 医疗领域

在医疗领域，大数据主要应用于智慧医疗，如通过某种典型病例的病理报告、医疗方案、药物报告等大数据，帮助医生制定该病例的最优治疗方案等。另外，医疗领域中大数据的应用还体现在疾病预防、病源追踪等方面。

大数据技术影响着我们的“衣”“食”“住”“行”等日常生活。

1.3.2.4　人工智能

人工智能(Artificial Intelligence，AI)是研究、开发用于模拟、延伸和扩展人的智能的理论、方法、技术及应用系统的一门学科，其目的是希望计算机拥有像人一样的思维过程和智能行为(如识别、认知、分析、决策等)，使机器能够胜任一些通常需要人类智能才能完成的复杂工作。

1. 人工智能的概念

1956 年，约翰 • 麦卡锡(John McCarthy)、马文 • 明斯基(M. Minsky)等科学家在美国达特茅斯学院开会研讨“如何用机器模拟人的智能”，首次提出了“人工智能”这一概念，标志着人工智能学科的诞生。

人工智能的概念

关于“人工智能”这一概念，不同领域的研究者从不同角度给出了不同定义。

人工智能拓展阅读

1971 年，麦卡锡教授最早将人工智能定义为“使一部机器的反应方式像一个人在行动时所依据的智能”。

美国斯坦福大学人工智能研究中心的尼尔逊(N. J. Nilsson)教授是这样定义人工智能的：人工智能是关于知识的学科——怎样表示知识以及怎样获得知识并使用知识的科学。

美国麻省理工学院的温斯顿教授认为人工智能就是研究如何使计算机去做过去只有人才能做的智能工作。

人工智能之父、首位图灵奖获得者马文•明斯基则把人工智能定义为“让机器做本需要人的智能才能做到的事情的一门科学”。

中国《人工智能标准化白皮书(2018 版)》认为人工智能是利用数字计算机或者数字计算机控制的机器模拟、延伸和扩展人的智能，感知环境、获取知识并使用知识获得最佳结果的理论、方法、技术及应用系统。

这些说法反映了人工智能学科的基本思想和基本内容，即人工智能是研究人类智能活动的规律，构造具有一定智能的人工系统，研究如何让计算机去完成以往需要人的智力才能胜任的工作。

人工智能研究的目的是利用机器模拟、延伸和扩展人的智能，这些机器主要是电子设备，其研究领域十分广泛，主要包括智能搜索、模式识别、语音识别、图像识别、专家系统、智能机器人、自然语言处理和机器学习等。

图灵与图灵测试

2. 人工智能的应用领域

人工智能的应用领域十分广泛。人工智能技术对各领域的渗透形成“AI+”的行业应用终端、系统及配套软件，然后切入各种场景，为用户提供个性化、精准化、智能化服务，深度赋能家居、零售、医疗、教育、金融、安防、智能驾驶、智能机器人等领域。

(1) 家居领域：包括智能家电、通知照明系统、智能视听系统、智能家居控制系统、智能安防监控系统等，使家居生活更加安全、舒适、节能、高效和便捷。近年来，随着智能语音技术的发展，智能音箱成为一个爆发点，小米、天猫等企业纷纷推出自己的智能音箱，不仅成功打开了家居市场，也为未来更多的智能家居用品培养了用户习惯。

(2) 零售领域：包括营销推荐、智能支付系统、智能客服、无人仓、无人车、无人店、智能配送等，可以优化从生产、流通到销售的全产业链资源配置与效率，实现产业服务与效能的智能化升级。

(3) 医疗领域：包括医学研究、制药开发、智能诊疗、疾病预测等，可使医疗机构和人员的工作效率显著提高，医疗成本大幅降低，同时也让更多的人共享有限的医疗资源，为解决“看病难”问题提供了新的思路。

(4) 教育领域：包括教育评测、拍照答题、智能教学、智能阅卷、自适应学习等。例如，通过图像识别让机器批改试卷、识题答题，通过语音识别纠正、改进发音，通过人机交互进行在线答疑等，有助于开展个性化教育、提升教学质量、促进教育均衡化发展。

(5) 金融领域：包括智慧银行、身份识别、智能投顾、智能风控、智能信贷、智能客服等，可提升金融机构的服务效率、拓展金融服务的广度和深度，实现金融服务的智能化和个性化。

(6) 安防领域：包括目标跟踪检测与异常行为分析、人脸识别与特征提取分析、车辆识别与特征提取分析等，可提高安防系统的准确度、广泛程度和效率。

(7) 智能驾驶领域：主要应用内容包括芯片、软件算法、高清地图、安全导航等。像百度等互联网高科技企业，以人工智能的视角切入自动驾驶领域，可有效提高生产与交通效率，缓解劳动力短缺问题，达到安全、环保、高效的目的。

(8) 智能机器人领域：包括智能工业机器人、智能服务机器人和智能特种机器人等，使机器人具备与人类似的感知、协同、决策与反馈能力。智能工业机器人一般具有打包、定位、分拣、装配等功能；智能服务机器人一般具有家庭陪伴、健康护理、助残康复等功能；智能特种机器人一般具有侦察、搜救、灭火等功能。

1.3.2.5　区块链

区块链的概念

1. 区块链的概念

区块链(Blockchain)从本质上讲是一个分布式的、去中心化的共享数据库，通过密码学方式构造不可篡改、不可伪造、可追溯的一串块链式数据结构来管理和操作数据。

区块链拓展阅读

区块链的定义众多，根据工业和信息化部于2016年发布的《中国区块链技术和应用发展白皮书(2016)》，从狭义上讲，区块链是一种按照时间顺序将数据区块以顺序相连的方式组合成的链式数据结构，并以密码学方式保证不可篡改和不可伪造的分布式账本；从广义上讲，区块链是利用块链式数据结构来验证与存储数据，利用分布式节点共识算法来生成和更新数据，利用密码学的方式来保证数据传输和访问的安全，利用由自动化脚本代码组成的智能合约来编程和操作数据的一种全新的基础架构和应用模式。

通俗地说，我们可以将网上的每笔记录理解为一个区块，每一区块形成后会盖上时间戳，后续产生的区块会依次盖上时间戳并严格按照时间线顺序推进，形成不可逆的链条。并且，每个区块都包含上一个区块的加密值，以确保区块按照时间顺序连接的同时没有被篡改。

区块链也可被视作一个公共账本，每位用户均可以对其进行核查，它不受任何一位用户的控制。在区块链系统中，每位用户是公共账本的共同更新者，并且该套账本的修改需要根据严格的规则以及共识才可实现。因此，区块链技术安全可靠，不易篡改。

2. 区块链的特征

区块链有许多特征，包括去中心化、不可篡改、可追溯性等。基于这些特征，区块链技术也具备了相对传统技术的许多功能优势。

1) 去中心化

去中心化是区块链最突出、最本质的特征。区块链里所有节点都记账，业务逻辑靠加密算法维护，实现基于共识规则的自治。数据的存储、更新、维护、操作等过程，都将基于“分布式账本”，不需要一个中心化组织，没有第三方中心管制，各个节点实现了信息自我验证、传递和管理。

2) 开放性

区块链技术基础是开源的，除交易各方的私有信息被加密以外，区块链的数据对所有人开放，任何人都可以通过公开的接口查询区块链上的数据和开发相关应用，整个系统高度透明。

3) 独立性

基于协商一致的规范和协议，整个区块链系统不依赖其他第三方平台，所有节点能够在系统内自动安全地验证、交换数据，不需要任何人为的干预。

4) 安全性(不可篡改)

任何人都无法篡改区块链里面的信息，除非控制了系统中 51%的节点，或者破解了加密算法(这两件事情都是极难实现的)，否则无法操控并修改网络数据，这使区块链本身变得相对安全。

5) 匿名性

由于区块链各节点之间的数据交换必须遵循固定的算法，因此区块链上各节点之间不需要彼此认知，也不需要实名认证，而是基于地址、算法的正确性进行彼此识别和数据交换。除非有法律规范要求，单从技术上来讲，区块链各节点的身份信息不需要公开或验证，信息传递可以匿名进行。

6) 可追溯性

区块链是一个分布式数据库，每一个节点数据都被其他人记录。区块链是一个“块链式数据结构”，类似于一条环环相扣的“铁链”，下一环的内容包含上一环的内容，链上的信息依据时间顺序环环相扣，这就使得区块链上的任意一条数据都可以通过“块链式数据结构”追溯到其本源，所以区块链上每个人的数据或行为都可以被追溯和还原。

3. 区块链的分类

根据去中心化的数据开放程度与范围，目前区块链技术可以分为以下三种类型。

1) 公有链

公有链是对所有用户完全开放的区块链技术，任何人都可以参与此区块链技术构建的网络，在网络中没有权限设定，也没有身份认证。参与成员不仅可以在公有链中开展业务操作，还可以查看所有的数据。世界上任何个体或者团体都可以在公有链上发送交易，无须经过任何许可。公有链上的各个节点可以自由加入和退出系统，并参加链上数据的读写，系统中不存在任何中心化的服务端节点，公有链中的数据是完全透明的。

2) 私有链

和公有链相对应的是私有链。此类区块链技术构建的网络是完全中心化并且不对外开放的。私有链中各个节点的写入权限由内部控制，而读取权限可根据需求有选择地对外开放。私有链独享该区块链的写入权限。使用此类区块链技术主要是需要借助区块链的特有功能(如不可篡改、加密存储等)实现一些关键业务，如财务审计或政务管理等。在这些业务中，私有链技术主要起到了数据存储的作用，业务的实现还需要与中心化的系统相结合。

3) 联盟链

联盟链是介于公有链和私有链之间的一种区块链技术。联盟链的特点之一是没有完全去中心化。与公有链相比，联盟链在成员加入方面设有“门槛”，在联盟链中天然植入了一套权限管理系统，成员在加入前需要经过权限系统的授权。联盟链的各个节点通常有与之对应的实体机构组织，授权后才能加入与退出系统。各机构组织组成利益相关的联盟，共同维护区块链的健康运转。

这三种类型的区块链的核心区别在于访问权限的开放程度，或者称去中心化程度。本质上，联盟链也属于私有链，只是私有程度不同而已。一般来说，去中心化程度越高，信任和安全程度越高，交易效率越低。

4. 区块链的应用领域

由于区块链是一个共享数据库，存储于其中的数据或信息具有“不可伪造”“全程留痕”“可以追溯”“公开透明”“集体维护”等特征，因此区块链技术奠定了坚实的信任基础，创造了可靠的合作机制，具有广阔的应用前景。

1) 金融服务领域

区块链在国际汇兑、信用证、股权登记和证券交易所等金融领域有着潜在的巨大应用价值。中国人民银行成立了“中国人民银行数字货币研究所”，深入研究数字货币的相关技术，包括区块链、云闪付、密码算法等。

2) 物联网和物流领域

区块链在物联网和物流领域也可以天然结合。通过区块链可以降低物流成本，追溯物品的生产和运送过程，并且提高供应链管理的效率。

3) 保险领域

在保险理赔方面，保险机构负责资金归集、投资、理赔，管理和运营成本较高。通过智能合约的应用，既无须投保人申请，也无须保险公司批准，只要满足理赔条件，就能实现保单自动理赔。

4) 公益领域

区块链上存储的数据高度可靠且难以篡改，天然适用于社会公益场景。公益流程中的相关信息如捐赠项目、募集明细、资金流向、受助人反馈等，均可以存放于区块链上，并且进行透明公示，方便社会监督。

区块链技术被认为是继蒸汽机、电力、互联网之后，下一代颠覆性的核心技术，将改变千百年来落后的信用机制。区块链作为构造信任的机器，利用信息技术建立起可以量化的信任机制，其应用范围已经从数字货币、智能合约扩展到社会经济各个领域。不久的将来，以金融服务、社会管理、共享经济、物联网、医疗健康、文化娱乐为主要应用场景的区块链生态圈将成为下一个信任的基石。

1.3.2.6　虚拟现实

1. 虚拟现实的概念

虚拟现实的应用

虚拟现实拓展阅读

虚拟现实(Virtual Reality，VR)技术是 20 世纪发展起来的一项全新的实用技术。关于虚拟现实的概念，被业界称为“虚拟现实之父”的美国计算机科学家 Jaron Lanier(杰伦 · 拉尼尔)在其著作《虚拟现实：万象的新开端》中给出了 52 种定义，如“一种媒体技术，对该技术而言，测量比显示更重要”“一种让人注意到体验本身的技术”“适用于信息时代战争的训练模拟器”等。

顾名思义，虚拟现实就是虚拟和现实相结合。从理论上来讲，虚拟现实技术是一种可以创建和体验虚拟世界的计算机仿真技术，它利用计算机生成一种模拟环境，使用户沉浸到该环境中，实现虚拟与现实的自然交互。例如，虚拟现实体育赛事直播可以让用户完全沉浸在赛事之中，使用户身临其境，提升用户的体验感。

从学科思维的角度来理解虚拟现实，可以将其定义为一种“综合利用计算机系统和各种显示及控制等接口设备，在计算机上生成的可交互的三维环境中提供沉浸感”的技术。其最典型的特征是“人机交互性”。虚拟现实体验如图 1-26 所示。

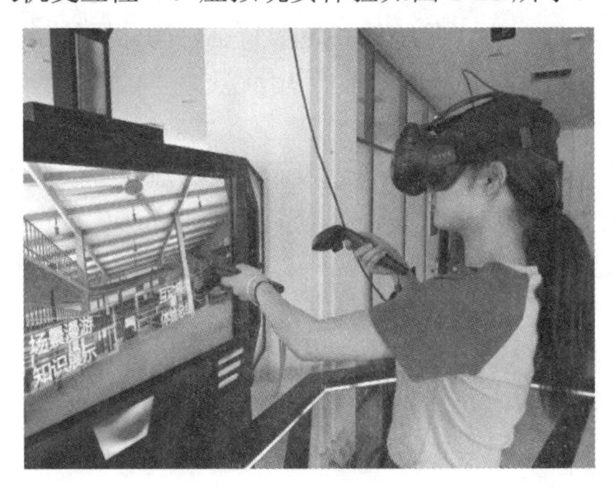

图 1-26　虚拟现实体验

虚拟现实技术是仿真技术的一个重要方向，作为一门崭新的集成型技术，它涵盖了计算机软硬件、传感技术、立体显示技术、仿真技术与计算机图形学、人机接口技术、多媒体技术、网络技术等，是一门富有挑战性的交叉技术前沿学科和研究领域。

2. 虚拟现实的特征

虚拟现实技术具有以下主要特征：

(1) 沉浸性，虚拟现实技术最主要的特征，指利用虚拟现实技术创造的环境让用户感受到自己是虚拟环境中的一部分，使用户具有“身临其境”的感觉。虚拟现实技术的沉浸性取决于用户的感知系统，当用户感知到虚拟世界的刺激时，包括触觉、味觉、嗅觉、运动感知等，便会产生思维共鸣，造成心理沉浸，感觉自己如同进入了真实世界。

(2) 交互性，指用户对虚拟环境内物体的可操作程度和从环境得到反馈的自然程度。用户进入虚拟环境后，相应的技术会使用户与环境产生相互作用。当用户进行某种操作时，周围的环境会做出某种反应。如用户接触到虚拟环境中的物体时，用户的手能够感受到；若用户对物体有所动作，物体的位置和状态也会改变。

(3) 多感知性，指计算机技术拥有的多种感知方式，如听觉、触觉、嗅觉等。理想的虚拟现实技术应该具有一切人所具有的感知功能。

(4) 构想性，又称想象性，强调虚拟现实技术应具有广阔的可想象空间，用户在虚拟空间中，可以与周围物体进行互动，可以拓宽认知范围，创造客观世界不存在的场景或不可能发生的环境。

(5) 自主性，指虚拟环境中物体依据物理定律动作的程度。如当物体受到推力时，物体会向力的方向移动或翻倒，或从桌面落到地面等。

3. 虚拟现实系统的设备

虚拟现实系统的设备是指与虚拟现实技术领域相关的硬件产品，是虚拟现实解决方案中用到的硬件设备。虚拟现实系统的设备大致分为以下四类：

(1) 建模设备，如3D扫描仪。

(2) 三维视觉显示设备，如头戴式3D显示器、3D眼镜、3D投影仪等。

(3) 声音设备，如虚拟现实语音识别系统、3D立体声等。

(4) 交互设备，包括数据手套、手柄、操作杆、触觉反馈设备、力觉反馈设备、动作捕捉设备等。

4. 虚拟现实技术的应用

虚拟现实技术已广泛用于游戏、影视娱乐、医学、教育、军事、航空航天、旅游和文化、建筑和设计等多个领域。

在航空航天领域，人们利用虚拟现实技术和计算机的统计模拟，在虚拟空间中重现了现实中的航天飞机与飞行环境，使飞行员在虚拟空间中进行飞行训练和实验操作，极大地降低了实验经费和实验的危险系数。

在教育领域，虚拟现实技术已成为当下创新课堂、创客教育等多种教学环境的新趋势。例如，利用虚拟现实技术模拟真实场景，对教学中的抽象概念和原理进行可视化表现，有助于学生更好地理解抽象的知识点，从而提高学生的学习兴趣，改善学习效果。

随着技术的不断发展，虚拟现实技术的应用领域还将不断扩展和深化。

1.3.2.7 机器人流程自动化

1. 机器人流程自动化的概念

机器人流程自动化(Robotic Process Automation，RPA)是一种软件技术，即以软件机器人和人工智能为基础，通过模仿用户手动操作的过程，让软件机器人自动执行大量重复的、基于规则的任务，将手动操作自动化的技术。

1) RPA 的字面含义

RPA 中：R 即 Robotic(机器人)，指模拟人机交互，代替或补充人的操作；P 即 Process(流程)，指重复标准化流程；A 即 Automation(自动化)，指 7×24 小时全天候自动化运作。

注意：RPA 是软件技术，RPA 中所谓的“机器人”，不是指类似扫地机器人一样的实体机械机器人，而是指计算机中的程序代码，所以 RPA 也被称作软件机器人(Software Robot)。运行在 RPA 中的机器人称作 Bot。但凡具备一定脚本生成、编辑、执行能力的工具，在此处都可以称之为机器人。

2) RPA 的功能

RPA 通过软件机器人自动执行一系列流程。机器人能够模仿人类用户的行为，例如，登录应用程序、操作文件和文件夹、从网页上抓取数据、打开电子邮件、读写数据库、从文档中提取结构化和半结构化的数据等。

对于大量基于规则的重复性工作，例如收集和输入数据、处理交易、填写单据、核对记录、迁移数据、生成报表等工作，由人工执行非常枯燥乏味，而机器人可以快速、准确地完成这些工作。

2. RPA 的发展历程

RPA 的发展历程可以分为以下四个阶段。

第一阶段：批处理文件阶段。在 UNIX 操作系统中，使用 Crontab 命令可以安排定期任务；在 DOS 和 Windows 操作系统中，通过批处理文件(*.bat)可以组合多条操作命令，批处理文件可手动运行或通过计划任务自动重复运行。可以认为批处理文件是 RPA 的雏形。

第二阶段：VBA 阶段。Microsoft Office 中的宏(如 Excel VBA)可以实现自动化执行操作，宏可以将一系列操作命令组合在一起，形成一个宏命令。宏可以录制、编辑或使用 VBA 语言编写。利用宏可以将重复性的动作自动化，不过宏仅局限于某个 Office 程序。

第三阶段：正式投入使用阶段。利用可视化流程设计以及操作录制等技术，部分替代依赖编程来构建操作流程的传统方式，降低了机器人流程自动化的使用门槛。

第四阶段：智能化发展阶段。机器人流程自动化与各类人工智能相结合，尤其是计算机视觉技术和自然语言处理技术的发展，使软件机器人更智能，使其能够完成更复杂、更有价值的工作。

3. RPA 的优缺点

1) RPA 的主要优点

(1) 效率高。RPA 技术可以自动化处理重复性、烦琐的任务，能够实现 7×24 小时全天候的无间断工作，其效率远超人工，从而释放人力资源，提高工作效率。

(2) 准确性高。RPA 机器人严格按照预定的规则和流程执行任务，避免了人为因素造成的错误和遗漏，可以做到零错误，提高了数据的准确性和一致性。

(3) 成本低。与人工操作或专门开发软件相比，RPA 的实施成本和维护成本较低。RPA 能够替代部分人力，减少人工成本。同时，它也可以降低因人为错误而产生的额外成本。

(4) 非侵入业务系统。RPA 位于业务系统之上，在前端用户界面运行。它不需要跟业务系统做接口，不需要改造和破坏企业原有的平台系统，只要设定好需要完成的业务流程，整个过程就会模拟人工自动执行(可能会对系统产生影响)。RPA 能够连接企业的办公平台及各类管理信息系统，不受系统平台的限制，可以跨系统、跨应用操作。

(5) 可扩展性。RPA 易于部署和实施。随着业务需求的变化，RPA 的能力也可以随之调整和增强。RPA 能够快速适应企业业务的变化和扩展。

2) RPA 的主要缺点

(1) 复杂性限制。RPA 是基于预设规则和流程运行的。对于某些复杂的业务流程、需要灵活处理的情境等，RPA 可能无法胜任。RPA 也无法处理与人类情感相关的情绪化任务，例如与客户沟通、处理投诉等。

(2) 技术依赖。RPA 的运行完全依赖于技术，依赖于稳定的应用程序界面和数据格式。一旦应用程序更新或变更，RPA 系统就可能需要相应的调整才能继续正常运行。

(3) 安全与隐私问题。RPA 的自动化过程中涉及大量敏感数据的处理，增加了数据泄露和安全风险，需要严格的安全措施和合规性保障。

4. RPA 的技术框架

常见的 RPA 产品一般包括开发工具、运行工具和控制中心三部分。

1) 开发工具(也称设计器或编辑器)

开发者通过开发工具设计机器人，即为机器人指定一系列要执行的指令和决策逻辑进行编程。目前，大多数 RPA 系统的代码相对简单，可通过低代码或无代码的方式开发机器人。

开发工具中通常会提供以下功能：

(1) 可视化控件拖曳和编辑功能。开发者利用可视化编辑器，可通过拖曳的方式来创建 RPA 流程图，无须为机器人编写代码。创建好的可视化 RPA 流程图可直接转换成能够由机器人执行的每个步骤。

(2) 自动化脚本录制功能。使用 RPA 的录制功能，可以录制业务人员的业务操作流程，可以记录用户界面里发生的每一次鼠标动作和键盘输入，自动生成 RPA 的运行脚本。开发者也可以优化和编辑脚本。

(3) 自动化脚本分层设计功能。为了更好地实现脚本复用、体现设计者的设计思路，RPA 提供了分层设计功能。

(4) 工作流编辑器功能，包括流程图的创建、编辑、检查、模拟和发布等功能，支持工作流图中的机器人操作步骤和人工操作步骤。

2) 运行工具(也称执行器或运行器)

开发者首先使用开发工具完成开发任务，生成机器人文件。当软件机器人开发完成后，用户就可以使用运行工具来运行软件机器人(机器人文件)，并查看运行结果、分析运行产生的数据等。

3) 控制中心(也称控制器)

控制中心主要用于软件机器人的部署与管理，包括开始/停止机器人的运行，为机器人制作日程表，维护和发布代码，重新部署机器人的不同任务等。控制中心可以管控和调度无数个 RPA 执行器，当需要在多台计算机上运行软件机器人时，也可以用控制中心对这些机器人进行集中控制。

5. RPA 的部署模式

RPA 的部署模式主要有开发型、本地部署型、云型三种。

1) 开发型

开发型 RPA 使用通用编程语言和 API(应用程序编程接口)单独进行开发。企业可根据自身实际情况、具体业务流程等灵活制订方案，创建专属的软件机器人。

开发型 RPA 的优点是可以方便地扩展 RPA 的应用范围；缺点是需要专业 IT 人员，需要投入更多人力、财力等成本。

2) 本地部署型

本地部署型 RPA 也称模板型 RPA，是在企业内部的服务器和计算机上安装和运行 RPA 软件，并基于特定模板(如规则、宏、脚本等)促进业务流程的自动化。

本地部署型 RPA 的优点是可以选择与公司业务流程相适应的模板，构建满足企业安全策略需求的环境。但当模板与企业业务流程不完全匹配时，可能需要企业更改业务流程。

3) 云型

云型 RPA 是通过云(云计算)提供的 RPA。用户可登录到网上的云服务平台，在云环境中部署软件机器人，并在网页浏览器上利用机器人执行任务。

云型 RPA 的优点是部署成本较低，不受场所限制，操作简便。但云型 RPA 的自动化程度有限，只限于网页浏览器任务。

6. RPA 主流软件工具

国际领先的 RPA 厂商有 UiPath、Pegasystems、Blue Prism、Automation Anywhere 等，国外企业的 RPA 产品在中国市场的适用性比较低。目前除了 UiPath 在中国还有业务，大部分国外 RPA 厂商都退出了中国市场。

我国领先的 RPA 厂商有金智维、弘玑 Cyclone、来也科技、达观数据、壹沓科技、云扩科技、艺赛旗、华为等。

下面介绍几款 RPA 主流软件工具。

1) iS-RPA

iS-RPA 是上海艺赛旗软件有限公司开发的 RPA 系统，它具有高度可视化的开发工具，通过简单的拖动即可完成流程和数据的操作。iS-RPA 具有强大的界面元素拾取功能，可以准确地拾取系统、浏览器以及各种应用软件中的界面元素。iS-RPA 中的程序采用 Python 开发引擎，集成了 Python 的特性，方便专业人员快速开发。

2) UiBot

UiBot 是来也科技有限公司开发的 RPA 系统。UiBot 可模拟人在计算机上的操作，按照一定的规则自动执行任务。UiBot 团队在 AI 方面具有深厚的技术积累，推出了一系列

RPA+AI 解决方案，进一步扩大了 RPA 的适用范围。

3) 云扩 RPA

云扩 RPA 由上海云扩信息科技有限公司开发。云扩 RPA 具有高效的图形化界面编辑器，用户可以通过简单的鼠标拖动创建软件机器人，也可以使用内置的大量自动化和 AI 组件创建软件机器人。

4) 华为 WeAutomate

华为公司从 2017 年开始自主研发 RPA，其选用 Python 作为开发语言，支持 Windows、Linux 等多种平台。2021 年产品升级为 WeAutomate 超级自动化平台，聚焦政务、财务领域，通过“自动化+”的方式，将 RPA 与低代码、AI、大数据开发平台整合，构筑了更强的智能自动化能力和场景解决方案。

安装华为 RPA 设计器

RPA 开发与应用案例

1.4　任务：提高信息素养

1.4.1　任务描述与实施

1. 任务描述

在信息社会中，一个人拥有知识的标志之一就是具备较高的“信息素养”。信息素养已经成为数字时代受众的必备思维和能力。增强信息意识，提高信息素养、知识素养和数字化社会适应能力，树立正确的数字化社会价值观和责任感，对推动国民经济和社会信息化，全面建设社会主义现代化国家极为重要。

本任务重点介绍信息与信息技术、信息素养的概念和要素等内容。请结合以下问题进行学习：

(1) 什么是信息？它的基本特征有哪些？

(2) 什么是信息技术？它经历了哪几个发展阶段？

(3) 信息素养由哪几部分组成？

(4) 作为新时代大学生，应承担哪些信息社会责任？

2. 任务实施

良好的信息素养是大学生未来生存和发展的基础，是大学生终身学习的前提条件。新一代大学生要了解信息及信息素养在现代社会中的作用与价值，自觉地充分利用信息解决生活、学习和工作中的实际问题，善于与他人合作、共享信息，实现信息的更大价值。

本任务涉及的主要知识技能点包括：信息与信息技术、信息素养、计算思维等。

1.4.2　相关知识与技能

1.4.2.1　信息与信息技术

1. 信息

1) 信息的定义

关于信息的定义众说纷纭，目前大众普遍接受的信息的定义为：信息是经过加工的数据，泛指一切在人类社会中以文字、数字、符号、图形、图像、声音、状态、情景等信息表达方式传播的内容。

2) 信息的基本特征

信息的基本特征如下：

(1) 传递性。信息可通过不同载体来传递，传递方式多种多样。信息的传递可以打破时空的限制。

(2) 共享性。信息作为一种资源，可在不同个体或群体间无限共享。信息被共享后，有时还会产生出新的信息。

(3) 依附性和可处理性。信息是抽象且无形的资源，它不能独立存在，必须依附于一种或多种载体才能够传递，并按照需要进行处理和存储。同一信息可以依附于不同的载体。

(4) 可再生性。信息在使用过程中经过某些特定处理便能够以其他形式再生。如播放天气预报时可将各地的气温用不同颜色来表示。

(5) 价值相对性。同一条信息只能满足某些群体某些方面的需要。例如，楼市信息对购房者有价值。

(6) 时效性。信息不是一成不变的，它会随着客观事物的变化而变化，反映事物在某一特定时间段内的价值，如交通信号、股市行情、天气预报等。

(7) 真伪性。人们接收到的信息并非所有都是对事物的真实反映，例如诈骗短信和诈骗电话。

此外，信息还具有可转换性、可压缩性、可存储性等特征。

2. 信息技术

1) 信息技术的含义

信息技术(Information Technology，IT)是指管理和处理信息所采用的各种技术的总称。广义上讲，凡是与信息的获取、加工、存储、传递和利用有关的技术都可以称为信息技术。信息技术主要包括计算机与智能技术、通信技术、控制技术和传感技术。

2) 信息技术的发展

信息技术的发展与信息的历史关系密切，其可分为以下五个阶段。

第一阶段：标志为语言的产生，语言的产生和使用推动了信息获取和信息传递技术的发展，但这种方式受到时空的限制。

第二阶段：标志为文字的发明和应用，文字使信息得以长期存储，也使信息可以跨越时空进行传递。

第三阶段：标志为造纸术和活字印刷术的发明和应用，造纸术和活字印刷术的出现扩大了信息记录、存储、传递和使用的范围，使知识的积累和传播有了可靠的保证。

第四阶段：标志为电报、电话、广播、电视的发明和普及，进一步突破了信息使用的时空限制，提高了信息传播效率。

第五阶段：标志为电子计算机、网络等现代信息技术的综合应用，这是一次信息传播和信息处理手段的革命，对人类社会产生了空前的影响，使信息数字化成为可能，信息产业应运而生，人类自此迈入数字化信息时代。

信息技术在不断更新发展，但一些古老的信息技术仍在使用，不能因为出现了新的信息技术就抛弃所有以前的信息技术。

3) 信息技术的发展趋势

信息技术的发展趋势主要有如下几个方面。

(1) 多元化。信息技术的开发和使用将呈现多元化趋势。当今社会各行各业都离不开信息技术，信息技术与其他学科、领域的紧密结合和相互渗透，将引领信息技术朝着多元化方向发展。

(2) 网络化。随着因特网功能的不断增强，人类的很多活动都将通过网络完成，信息技术也在逐步朝着网络化方向发展。

(3) 智能化。智能化体现信息应用的层次与水平，其发展趋势是新一代人工智能。

(4) 多媒体化。多媒体化体现在多媒体技术上。多媒体技术是利用计算机处理声音、图像、文字、视频等信息所使用的技术，如语音输入、网络视频会议等。

(5) 虚拟化。虚拟化体现在虚拟现实技术上，即由计算机模拟生成虚拟的现实世界，如虚拟驾驶等。

4) 信息技术对社会的影响

信息技术在日常生活、办公教育、科学研究、医学保健、军事等方面都有广泛应用。信息技术是一把“双刃剑”，它对社会的影响既有积极的一面，也有消极的一面。

(1) 信息技术产生的积极影响包括：

① 促进社会发展，创造新的人类文明。

② 推动科技进步，加速产业变革，如智能制造、新能源开发、互联网创新等。

③ 提高人们的生活质量和学习效率，如电子购物、网上看病、协同办公、远程培训等。

(2) 信息技术带来的消极影响包括信息泛滥、信息污染、信息犯罪，也可能危害人们的身心健康。

因此，我们要以辩证的观点看待信息技术，客观认识，扬长避短，设法消除其不利影响，合理而充分地发挥其积极作用。

1.4.2.2　信息素养

1. 信息素养的概念

信息素养(Information Literacy)这一概念是由美国信息产业协会主席保罗·泽考斯基(Paul Zurkowski)于 1974 年首次提出的。他把信息素养定义为“利用大量的信息工具及主要的信息源使问题得到解答的技术和技能”，后来又将其解释为“人们在解决问题时利用信息的技术和技能”。

信息素养不仅包括利用信息工具和信息资源的能力，获取、识别、加工、处理、传递和创造信息的能力，还包括以独立自主的学习态度和方法、以批判精神及强烈的社会责任感和参与意识，进行创新思维，解决实际问题的综合信息能力。

信息素养是生活在信息时代的人应具备的一种基本素质，是评价人才综合素质的一项重要指标。

信息素养主要由信息意识、信息知识、信息能力与信息道德组成。

(1) 信息意识：主体对信息的敏感程度和对信息价值的判断能力，是主体捕捉、分析、判断和吸收信息的自觉程度。通俗地讲，面对不懂的东西，能积极主动地去寻找答案，并知道到哪里、用什么方法去寻求答案，这就是信息意识。

(2) 信息知识：主要指主体对信息学基本知识以及信息源和信息工具方面的知识的掌握情况。信息知识既是信息科学技术的理论基础，又是学习信息技术的基本要求。

(3) 信息能力：以各种形式发现、评价、利用和交流信息的能力。这也是信息时代中人们重要的生存能力。

(4) 信息道德：整个信息活动中的道德规范，它是调节信息创造者、信息服务者与信息使用者之间相互关系的行为规范的总和。

信息素养的四大要素共同构成一个不可分割的整体。信息意识是先导，信息知识是基础，信息能力是核心，信息道德是保证。

2. 信息社会责任

信息社会责任是指在信息社会中，个体在文化修养、道德规范和行为自律等方面应尽的责任。信息技术的发展给人类生活、学习带来了诸多便利，但社会成员在享受信息技术带来的便利的同时，也被赋予社会责任，即信息社会责任。

信息社会责任一般有两个含义：一是对信息技术负责，即负责任、合理、安全地使用技术；二是对社会及他人负责，即信息行为不能损害他人权利，要符合社会的法律法规、道德伦理。

在现实生活中要注意以下几点：

(1) 明辨真假信息，约束自身言论。随着各类自媒体的迅速发展，人人都可以在网上发布信息。一方面要注意辨别真假信息，学会考察信息的真实性；另一方面要提高责任感，理性分析，不信谣、不传谣。要通过正规渠道，如官方网站、新闻媒体等获取信息，通过多个来源验证信息，通过逻辑分析辨别信息。

(2) 遵守法律法规，合理使用信息。网络空间同样受法律约束和保护，在网络上的行为必须遵守相关规定。网络上公开发表的网页背景图案、图片、外观设计、程序代码、媒体文件等都具有知识产权，不可随意复制使用，非商业使用必须标注来源，商业用途则必须联系版权所有者商谈使用条款。

(3) 主动保护隐私，科学传播信息。随着信息应用的大量普及，个人信息经常被公开收集，许多 APP 要求开通位置信息，许多网站都记录动作轨迹，提供无密码登录等。网络用户应对个人重点信息、重点应用进行重点关注，如使用强密码并定期更换，谨慎填写重要的个人信息，为上传文件添加标记等，最大限度地保护个人信息。

请扫码学习《中华人民共和国数据安全法》和《中华人民共和国个人信息保护法》的内容。

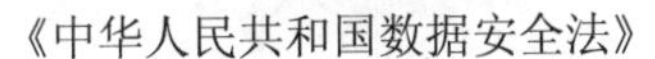

《中华人民共和国数据安全法》

《中华人民共和国个人信息保护法》

1.4.2.3 计算思维

1. 计算思维的提出

计算思维是数字时代人人都应具备的基本技能。计算思维与理论思维和实验思维一起构成了科技创新的三大支柱。

2006 年 3 月，美国卡内基梅隆大学华裔教授周以真在美国计算机权威期刊 *Communication of the ACM* 上将计算思维定义为：计算思维是运用计算机科学的基础概念进行问题求解、系统设计及人类行为理解等涵盖计算机科学之广度的一系列思维活动。2010 年，周以真教授又指出计算思维是与形式化问题及其解决方案相关的思维过程，其解决问题的表示形式应该能有效地被信息处理代理执行。

多年来，学者、教育者和实践者关于计算思维的本质、定义和应用的大量讨论推动了计算思维在社会的普及和发展，但迄今为止，还没有一个统一的计算思维的定义。所有的讨论和研究大致分为两个方向：一是将计算思维作为计算机及其相关领域的一个专业概念，对其原理、内涵等方面进行探究，称为理论研究；二是将计算思维作为教育培训中的一个概念，研究其在大众教育中的意义、地位、培养方式等，称为应用研究。理论研究对应用研究起指导和支撑作用，应用研究是理论研究的成果转化，并研究其体系，两类研究相辅相成，形成对计算思维的完整阐述。

计算思维将逐渐渗入人们的日常生活中。当计算思维真正融入人类活动的整体时，它作为问题求解的有效工具，人人都应当掌握，处处都会使用。

2. 计算思维的特征

计算思维的特征如下：

(1) 计算思维是概念化的，不是程序化的。计算机科学不是计算机编程。像计算机科学家那样去思考，意味着既能够进行计算机编程，还能够在抽象的多个层次上思考。

(2) 计算思维将成为人们的根本技能，而不是刻板的技能。根本技能是人们为了在现代社会中发挥职能所必须掌握的技能，刻板技能意味着机械地重复。

(3) 计算思维是人的思维方式，不是计算机的思维方式。计算思维将成为每个人的基本技能，是人类求解问题的一条途径，但绝非要使人类像计算机那样去思考。计算机是机器，枯燥而且沉闷，人类聪颖而且富有想象力，人类赋予计算机激情。配置了计算设备，人们就能用智慧去解决那些在计算时代之前不敢尝试的问题，实现“只有想不到，没有做不到”的境界。

(4) 计算思维是数学和工程思维的互补与融合。计算机科学既源于数学思维，又源于工程思维。在构建能够与实际世界互动的软件系统时，基本计算设备的限制迫使人们必须计算性地去思考，但又不能只是数学性地思考。

(5) 计算思维是思想，不是人造物。计算思维促使人们去生产各类软件、硬件等人造物品，而这些物品将以物理形态呈现在人们的生活中，更重要的是计算思维还包括人们求解问题、日常生活管理、与他人交流和互动的计算概念。

计算思维的应用领域有生物学、脑科学、化学、经济学、艺术、工程学、社会科学等。计算思维的典型案例有排序问题(如选择排序、冒泡排序等)、汉诺塔问题、旅行商问题等。

习 题 1

一、单选题

1. 1946 年首台电子数字积分计算机 ENIAC 问世后，冯 · 诺依曼在研制 EDVAC 计算机时提出了两个重要的改进，它们是(　　)。

A. 引入 CPU 和内存储器的概念　　B. 采用机器语言和十六进制
C. 采用二进制和存储程序控制的概念　　D. 采用 ASCII 编码系统

2. 我国研制的第一台亿次巨型计算机用(　　)命名。

A. 联想　　B. 奔腾　　C. 银河　　D. 方正

3. 计算机最广泛的应用领域是(　　)。

A. 数值计算　　B. 数据处理　　C. 过程控制　　D. 人工智能

4. 未来计算机发展总的趋势是(　　)。

A. 微型化　　B. 巨型化　　C. 智能化　　D. 数字化

5. 通常所说的计算机的主机是指(　　)。

A. CPU 和内存　　B. CPU 和键盘
C. CPU、内存和硬盘　　D. CPU、内存与 CD-ROM

6. CPU 的主要技术性能指标有(　　)。

A. 字长、运算速度和时钟主频　　B. 可靠性和精度
C. 耗电量和效率　　D. 冷却效率

7. RAM 的特点是(　　)。

A. 海量存储器
B. 存储在其中的信息可以永久保存
C. 一旦断电，存储在其上的信息将全部消失，且无法恢复
D. 只用来存储中间数据

8. 下列设备组中，完全属于外部设备的一组是(　　)。

A. CD-ROM 驱动器、CPU、键盘、显示器
B. 激光打印机、键盘、CD-ROM 驱动器、鼠标

C. 内存储器、CD-ROM 驱动器、扫描仪、显示器

D. 打印机、CPU、内存储器、硬盘

9. 关于计算机语言的描述，正确的是(　　)。

A. 高级语言程序可以直接运行

B. 汇编语言比机器语言执行速度快

C. 机器语言的语句全部由 0 和 1 组成

D. 计算机语言越高级越难以阅读和修改

10. 将十进制数 257 转换成十六进制数是(　　)。

A. 11　　B. 101　　C. F1　　D. FF

11. 下列字符中，ASCII 码值最小的是(　　)。

A. A　　B. 0　　C. a　　D. 空格

12. 在声音的数字化处理过程中，当(　　)时，声音文件最大。

A. 采样频率高，量化精度低　　B. 采样频率高，量化精度高

C. 采样频率低，量化精度低　　D. 采样频率低，量化精度高

13. 下列关于计算机病毒的描述，正确的是(　　)。

A. 正版软件不会受到计算机病毒的攻击

B. 光盘上的软件不可能携带计算机病毒

C. 计算机病毒是一种特殊的计算机程序，因此数据文件中不可能携带病毒

D. 任何计算机病毒一定会有清除的办法

14. RPA 的英文全称是(　　)。

A. Robot Process Automation　　B. Rational Process Automation

C. Robotic Performing Automation　　D. Robotic Process Automation

15. 物联网的体系结构主要由(　　)、网络层和应用层组成。

A. 链路层　　B. 感知层　　C. 设备层　　D. 软件层

16. SaaS 是(　　)的简称。

A. 基础设施即服务　　B. 软件即服务

C. 平台即服务　　D. 硬件即服务

17. 云计算的部署模式包括(　　)。

A. 公有云、私有云和应用云　　B. 基础设施云、平台云和混合云

C. 公有云、私有云和混合云　　D. 基础设施云、平台云和应用云

18. 大数据的特征不包括(　　)。

A. 价值密度高　　B. 数据量大　　C. 数据多样　　D. 数据增长快

19. 1950 年，(　　)给出了人工智能的含义，并提出了一个机器智能的测试模型。

A. 明斯基　　B. 冯•诺依曼　　C. 艾伦•图灵　　D. 温斯顿

20. 区块链的类型不包括(　　)。

A. 公有链　　B. 私有链　　C. 混合链　　D. 联盟链

21. 区块链的六个特征分别是(　　)、开放性、独立性、安全性、匿名性、可追溯性。

A. 通用性　　B. 去中心化　　C. 可靠性　　D. 灵活性

22. 一个完善、良好的虚拟现实系统，应该具有五个特征，它们是(　　)、交互性、多

感知性、构想性、自主性。

A. 沉浸性　　B. 自由性　　C. 娱乐性　　D. 封闭性

23. 总体来说，凡是与信息的获取、加工、(　　)、传递和利用有关的技术都可以称为信息技术。

A. 识别　　B. 显示　　C. 存储　　D. 交流

24. 信息素养主要由信息(　　)、信息知识、信息能力与信息道德组成。

A. 理论　　B. 意识　　C. 素质　　D. 文化

25. 计算思维的定义是由周以真教授于(　　)提出的。

A. 2003 年　　B. 2004 年　　C. 2005 年　　D. 2006 年

二、简答题

1. 画一张表格，从容量、价格、速度、易失性多方面比较内存 ROM、RAM 和硬盘。
2. 结合实际生活，列举大数据、云计算、物联网、区块链和人工智能的应用案例。
3. 简述大数据、云计算、物联网、区块链和人工智能的相互关系。

三、综合实践题

上网查询我国自主研发 CPU 的战略意义，以及我国 CPU 的研究与发展应用现状，以中国需要中国“芯”为主题设计并制作一个演示文稿，然后以宿舍为单位进行交流。

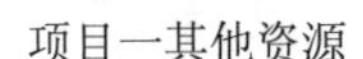

项目一其他资源

项目一习题答案

项目二　了解网络和 Internet 应用

网络作为当前社会信息交流和沟通的基本手段已渗透到我们生产生活中的各个角落。基于 Internet 的各种应用极大地方便了人们的交流沟通。本项目主要介绍计算机网络的基础知识、Internet 基础知识和因特网的基本应用等内容。

教学目标

教学课件

【思维导图】

思维导图全图

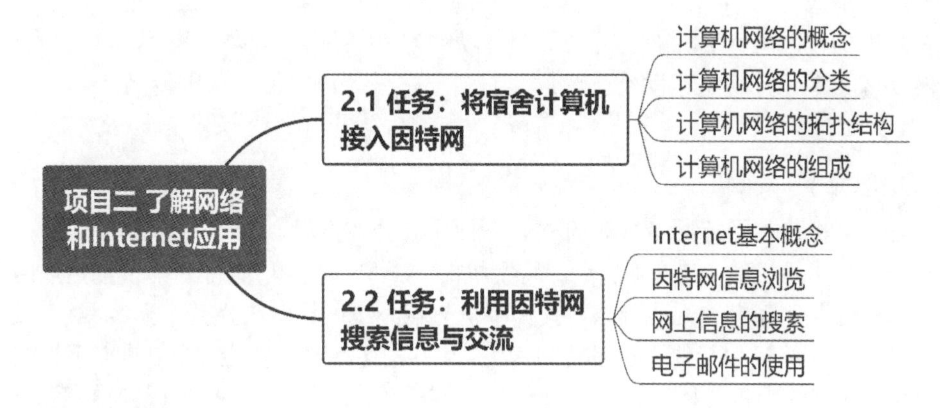

【学习重点】

计算机网络的概念、分类、拓扑结构及组成，Internet 的基本概念与主要应用等。

【学习难点】

计算机网络的概念及组成等。

【项目介绍】

大一新生小张的宿舍共有 6 人，无法多人同时连接网络。小张 6 人商量了一下，决定一起集资组建一个宿舍的局域网，以便他们都能上网学习和娱乐。如何组建宿舍的局域网？需要添置哪些网络设备？如何进行硬件之间的连接?如何进行网络设置并能够连通因特网？这些问题他们都不太清楚，本项目的任务就是学习相关网络知识，以解决这些问题。

本项目由两个任务组成，各任务的主要内容和所涉及的知识点如表 2-1 所示。

表 2-1　各任务的主要内容和知识点

节次	任务名称	主要内容	主要知识点
2.1	将宿舍计算机接入因特网	① 搭建网络环境； ② 查看或配置计算机的 TCP/IP； ③ 查看计算机的网络配置； ④ 测试网络连通性	计算机网络的概念、分类、拓扑结构及组成等
2.2	利用因特网搜索信息与交流	① 网页浏览与信息搜索； ② 使用收藏夹； ③ 保存网页； ④ 使用浏览器收发电子邮件	Internet 基本概念、因特网信息浏览、网上信息的搜索、电子邮件的使用

2.1　任务：将宿舍计算机接入因特网

2.1.1　任务描述与实施

1. 任务描述

大一新生小张等同学都购买了计算机，有的是台式计算机，有的是笔记本电脑。由于学生宿舍附近的校园网 Wi-Fi 信号很差，他们无法使用校园网 Wi-Fi 上网，需要自己动手搭建上网环境。本任务就是帮助小张等同学将自己宿舍的计算机接入因特网。

2. 任务实施

【解决思路】

将宿舍计算机接入因特网有多种方式，下面主要介绍两种。

方式一：使用手机的 WLAN 热点。将手机的 WLAN 热点功能打开，设置热点网络的名称和密码；打开计算机的无线网络，搜索手机热点无线网络，选择某个无线网络并连接。带有无线网卡的计算机和其他手机都可以 WLAN 方式连接到此热点，使用热点手机的流量上网。设置为热点的手机可以连接 5~8 台计算机或手机。这种方式的特点是消耗手机流量，网速较慢。

方式二：使用宽带。多位宿舍成员集资，请因特网服务商(ISP)安装宽带。这种方式的特点是网速快、价格低，既可以无线方式上网，也可以有线方式上网。

如果学生的台式计算机没有安装无线网卡，也可以通过有线方式连网。台式计算机一般都安装了网卡，学生需要制作或购买一根做好水晶头的直连网线(两端线序相同)，然后将网线一端接入计算机的网络端口，另一端接入无线路由器的 LAN 端口即可。如果无线路由器的 LAN 端口不够，可添加一台交换机(5 口的即可)，然后用网线将各台计算机连接到交换机。当然，如果“光猫”有可用的空余 LAN 端口，计算机也可以通过网线直接与“光猫”的 LAN 端口相连。

网络硬件连接之后，需要查看或修改每台计算机的 TCP/IP 配置，必要的话，也可以测试网络的连通性，确保计算机能够正常上网。

本任务涉及的主要知识技能点如下：

(1) 网络硬件的连接。

(2) TCP/IP 的配置。

(3) 网络配置的查看。

(4) 网络连通性的测试。

项目二任务一

【实施步骤】

本任务要求及操作要点如表 2-2 所示。

表 2-2　任务要求及操作要点

任务要求	操作要点
1．搭建网络环境	
方式一：使用手机的 WLAN 热点上网	手机端：以小米手机为例，打开手机，选择“设置”|“个人热点”，打开“便携式 WLAN 热点”功能，单击“设置 WLAN 热点”选项，设置网络名称和密码，单击右上角对钩符号，保存设置信息。 计算机端：在任务栏单击网络连接图标，找到上面设置的手机热点无线网络，选择网络，然后单击“连接”按钮，输入网络安全密钥，等待连接成功
方式二：使用宽带上网	安装宽带：联系当地的联通、电信、移动等公司的因特网服务提供商(ISP)，请安装人员上门安装。安装人员会安装宽带 Modem 和无线路由器，并通过电脑浏览器网址(如 192.168.0.1 等)登录路由器，设置宽带上网相关信息。 无线接入：宽带安装好后，告知学生无线网络的名称和密码，学生即可通过手机或带有无线网卡的计算机连接宽带 Wi-Fi 上网。 有线接入：准备若干根做好水晶头的直连网线，一端连接计算机的网络端口(RJ-45 端口)，一端连接无线路由器的 LAN 端口。 **注意**：可通过观察“光猫”、无线路由器、交换机和计算机网卡的指示灯的显示状态，判断网络信号是否正常。例如，若网卡指示灯和交换机相应端口的指示灯闪烁变化，则说明计算机与交换机之间连接良好；否则，应检查网线连接是否出错
2．查看或配置计算机的 TCP/IP 协议	
无线上网方式	① 右击任务栏上的网络连接图标，在弹出的菜单中单击“网络和 Internet 设置”，打开“网络和 Internet”窗口。 ② 在窗口中单击“WLAN”链接，弹出“WLAN 状态”对话框。 ③ 在对话框中单击指定的网络名称“属性”按钮，弹出对话框，在对话框中可以查看 IP 分配信息
有线上网方式	① 右击任务栏上的网络连接图标，在弹出的菜单中单击“网络和 Internet 设置”，打开“网络和 Internet”窗口。 ② 在窗口中单击“以太网”，弹出“以太网状态”对话框，在对话框中单击“属性”按钮，弹出“以太网属性”对话框。 ③ 在对话框中单击“Internet 协议版本 4(TCP/IPv4)”，然后单击“属性”按钮。 ④ 在对话框中可以选择“自动获得 IP 地址”或者输入为该主机分配的“IP 地址”“子网掩码”“默认网关”“首选 DNS 服务器”“备用 DNS 服务器”等参数，然后单击“确定”按钮

续表

任 务 要 求	操 作 要 点
3. 查看计算机的网络配置	
使用 ipconfig 命令查看网络配置信息	① 单击任务栏上的“搜索”按钮，在搜索框中输入“cmd”命令，单击“命令提示符”应用命令，进入命令提示符状态窗口(DOS 窗口)。 ② 在窗口中输入“ipconfig/all”并按回车键，窗口中将会显示出无线局域网适配器和以太网适配器的 IP 地址等各项配置信息
4. 测试网络连通性	
使用 ping 命令测试网络连通性	① 测试本机网卡是否工作正常。在命令提示符窗口中输入“ping localhost”命令(或者“ping 127.0.0.1”，或者在 ping 命令后加空格和本计算机的 IP 地址)，ping 命令将会发送数据包。如果数据包能够到达目的地，则为正常；如果返回“请求超时”信息，则表示数据包无法到达对方。 ② 测试网络的连通性。在命令提示符窗口中输入 ping 命令后加空格和其他计算机的 IP 地址(或任意一个因特网上的网站域名)，观察是否有数据包返回

【自主训练】

使用 ping 命令测试你的计算机与“百度”网站的连通性。

【问题思考】

如果学校为学生宿舍提供了校园网接口，但是每个宿舍只分配了一个 IP 地址，你有什么办法能实现宿舍成员同时上网？

2.1.2　相关知识与技能

2.1.2.1　计算机网络的概念

计算机网络的概念

计算机网络就是利用通信线路和通信设备将多个具有独立功能的计算机系统连接起来，按照网络通信协议实现资源共享和信息传递的系统。这个定义包含以下四层含义：

(1) 网络中的主体是具有独立功能的计算机系统，即计算机对网络没有依赖性，离开网络也可以自主运行。

(2) 计算机之间在物理上需要使用通信线路和通信设备对其进行连接。

(3) 计算机之间连接的目的是实现资源的共享和信息的传递。

(4) 要想实现资源共享和信息传递，需要参与通信的计算机遵循一定的逻辑规则，即网络通信协议。

计算机网络的主要功能如下：

(1) 信息交换，即通过网络实现计算机之间的信息通信和数据交换。

(2) 资源共享，即共享网络中的硬件、软件和数据资源。

(3) 分布式处理，即网络系统中的多台计算机可以相互协作，共同完成某一任务。

从网络的逻辑功能来看，计算机网络可分为通信子网和资源子网两部分，如图 2-1 所示。

通信子网提供网络通信功能，由网络连接设备(如路由器、交换机等)、通信线路、网络通信协议以及通信控制软件等组成，负责完成网络数据传输和信息交换等工作。

资源子网由计算机系统、外部设备、网络服务器、各种软件资源和信息资源等组成，负责网络中的数据处理，向网络用户提供各种网络资源与网络服务。

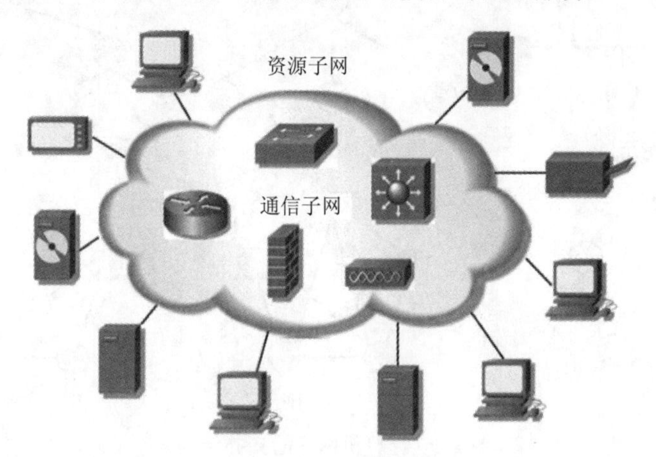

图 2-1　通信子网和资源子网

2.1.2.2　计算机网络的分类

计算机网络的分类

按地理覆盖范围对网络进行划分，是目前最为常用的一种计算机网络分类方法。计算机网络按照覆盖范围的大小，可以分为局域网、城域网和广域网。

1. 局域网

局域网(Local Area Network，LAN)覆盖的地理范围较小(一般限定在 10 km 之内)，多为单位、企业、学校等拥有。局域网的特点是传输速率高，传输延迟低，误码率低，连接费用低，容易建立、管理和配置。目前，所有单位内部的网络均为局域网，例如校园网。

2. 城域网

城域网(Metropolitan Area Network，MAN)覆盖范围介于局域网和广域网之间，可覆盖一个城市，通常使用光纤或微波作为网络的主干通道。城域网的特点是数据传输速率比局域网低，连接费用较高。

3. 广域网

广域网(Wide Area Network，WAN)又称远程网，网络覆盖范围巨大，可覆盖若干个国家和地区，甚至全球，通常租用公用通信线路和通信设备。广域网的特点是数据传输速率低，传输延迟高，误码率高。Internet(因特网)就是最为人们熟知的全球最大的广域网。

2.1.2.3　计算机网络的拓扑结构

计算机网络的拓扑结构

计算机网络的拓扑(Topology)结构是指计算机网络的布局，即将一组设备以什么样的结构连接起来，分为物理拓扑结构和逻辑拓扑结构两个层面的概念。物理拓扑结构是指计算机网络的物理布局，而逻辑拓扑结构则与网络中数据帧的传送机制有关。

基本的网络拓扑结构模型有总线型拓扑、星型拓扑、树型拓扑、环型拓扑和网状拓扑等，如图 2-2 所示。任何一个网络都可以使用其中的一种或几种拓扑来描述。

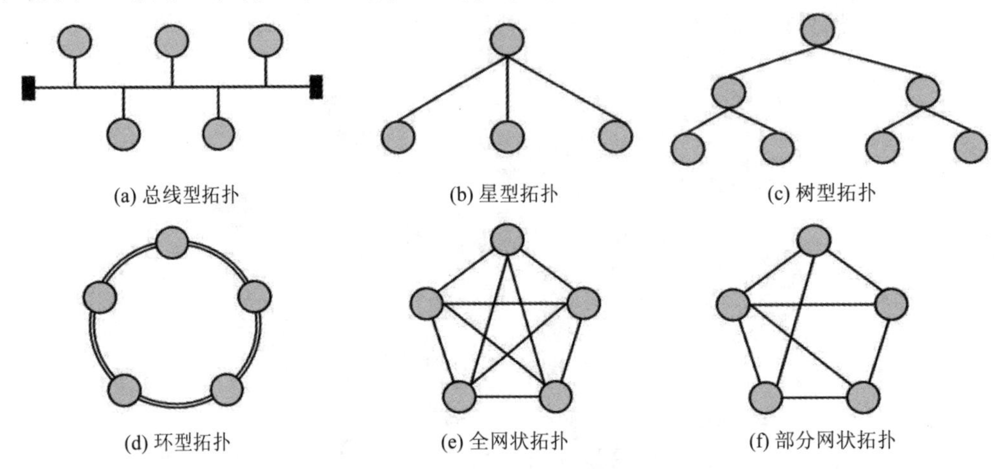

图 2-2　计算机网络的拓扑结构

1. 总线型拓扑

在总线型拓扑结构中，所有的计算机使用一条总线连接起来，计算机之间的通信通过共享该总线来完成。

总线型拓扑结构的特点是结构简单，易于扩展，安装方便，费用低，局部站点故障不影响整体，但如果总线出现故障，则整个网络会陷入瘫痪。

2. 星型拓扑

在星型拓扑结构中，所有的计算机都通过一条专用线路连接到中心节点(典型设备：交换机)，中心节点对各计算机间的通和信息交换进行集中控制和管理。

星型拓扑结构的特点是结构简单，组网容易，便于管理和维护。网络由中心节点控制和管理，但如果中心节点出现故障，则整个网络会陷入瘫痪。

星型(包括扩展星型)拓扑结构是当前局域网中使用最为广泛的一种拓扑结构。

3. 树型拓扑

树型拓扑结构又称为扩展星型拓扑结构，它是一个多层级的星型拓扑结构，即网络中存在多级网络设备的连接。

树型拓扑结构的特点是易于扩展，故障易隔离，可靠性高，对根节点的依赖性大，但如果根节点出现故障，将导致全网不能工作。

树型拓扑结构在稍具规模的局域网组网中被广泛应用。

4. 环型拓扑

在环型拓扑结构中，各个计算机通过一条首尾相连的通信线路连接成一个闭合环路。环中数据将沿一个方向逐站传送。环型网络可以是单向的，也可以是双向的。单向是指所有的传输都是同方向的，每个设备只能和一个邻近节点通信；双向是指数据能够在两个方向上传输，设备可以和两个邻近节点直接通信。

环型拓扑的网络结构简单，各工作站地位相等，但可靠性差，任何一个节点发生故障，都会导致网络瘫痪。环型拓扑结构在早期局域网中曾有应用，目前已经基本被淘汰。

5. 网状拓扑

网状拓扑结构指各网络节点通过通信线路互相连接起来，每个节点至少与其他两个节点相连。网状拓扑结构可分为全网状和部分网状。全网状拓扑结构是指任意两个节点之间均直接连接，特点是可靠性高，但费用高，结构复杂，不易管理和维护，适用于大型广域网，如我国的教育科研网 CERNET 等。局域网中常采用部分网状的拓扑结构。

2.1.2.4　计算机网络的组成

计算机网络的组成

从物理结构的角度来看，计算机网络是由网络硬件系统和网络软件系统两部分组成的。

1. 网络硬件系统

网络硬件系统包括计算机、传输介质以及网络设备等。目前常见的传输介质包括双绞线和光纤，常见的网络设备包括交换机、路由器、无线接入点和光猫等。

1) 双绞线

双绞线(Twisted Pair，TP)是当前网络中最常用的一种传输介质。双绞线如图 2-3 所示，它是由两根具有绝缘层的铜导线按一定密度互相扭绞在一起构成的线对，扭绞的目的是抵消传输电流产生的电磁场，降低信号干扰的程度。网络中使用的双绞线通常是 8 芯(4 对)的，在生产时用不同颜色将它们两两区分。与双绞线连接的物理接口称为 RJ-45 接口。双绞线分为屏蔽双绞线(STP)和非屏蔽双绞线(UTP)两种，目前常用的是超五类非屏蔽双绞线。

图 2-3　双绞线

2) 光纤

光纤(Optical Fiber)是光导纤维的简称，是一种把光封闭在其中并沿轴向进行传输的导波结构。将一定数量的光纤按照特定方式组成缆芯，并且包覆外护层，就形成了光缆。光纤用于实现光信号的传输。

光纤的裸纤一般包括三部分：中心是高折射率的玻璃纤芯，进行光能量的传输；中间为低折射率的硅玻璃形成的包层，为光的传输提供反射面和进行光隔离，并起一定的机械保护作用；最外层是树脂涂覆层，对光纤进行物理保护。光纤如图 2-4 所示。光纤的最大优点是低损耗、高带宽和高抗干扰性；缺点是连接和分支困难，工艺和技术要求高，需配备光电转换设备等。

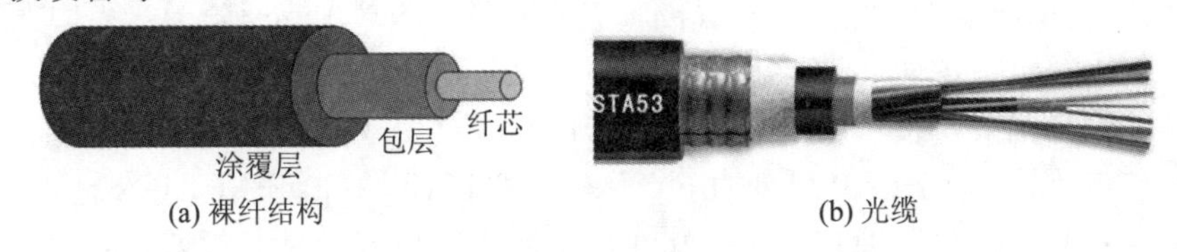

(a) 裸纤结构　　(b) 光缆

图 2-4　光纤

3) 交换机

交换机是当前局域网中应用最为广泛的网络设备，它一般可以提供多个网络端口用于将计算机终端接入到网络中。交换机通过对物理地址的寻址和交换在每一个端口都为接入的计算机提供一个独享的带宽，从而隔绝计算机之间的通信冲突，高效地实现计算机之间的信息传输。

交换机按照是否可配置管理可以分为不可管理交换机(即 SOHO 交换机)以及可网管交换机(即企业级交换机)。SOHO 交换机开机即可使用，不需要也不能进行逻辑配置管理，一般办公室内部、微机机房以及网吧的网络连接使用 SOHO 交换机来实现；企业级交换机可以通过专门的配置接口登录到交换机上进行网络的划分、安全策略的实施等逻辑配置管理，一般成规模的企业网络(例如高校校园网)中使用企业级交换机来实现。交换机如图 2-5 所示。

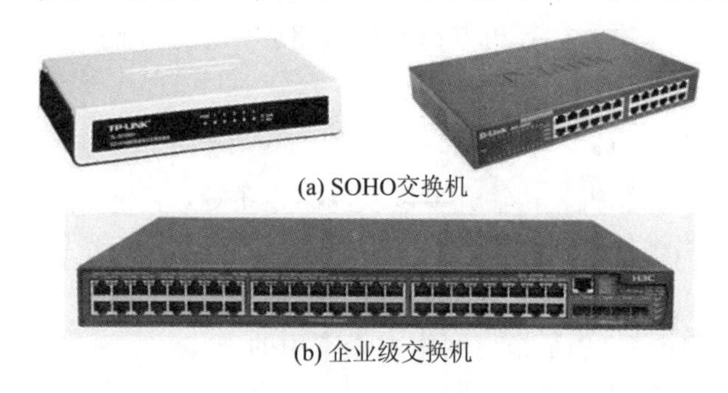

(a) SOHO交换机

(b) 企业级交换机

图 2-5　交换机

4) 路由器

路由器是用于连接不同网络的设备，它为来自不同网络的数据进行路径选择，从而实现网络间的通信。路由器的主要应用领域是因特网，一般局域网内的通信由交换机来实现，而因特网上各网络间的通信由路由器来实现。

路由器也可以分为 SOHO 路由器和企业级路由器两种。SOHO 路由器是整合了传统交换机和路由器的部分功能的一种桌面产品，主要用于办公室内部的网络扩展；而企业级路由器则用于将企业局域网接入到因特网中。路由器如图 2-6 所示。

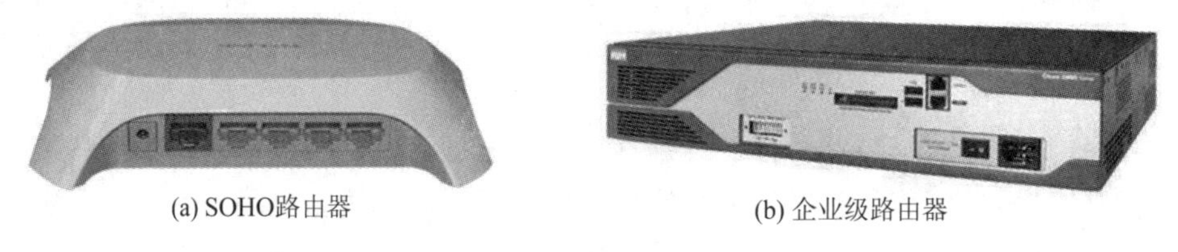

(a) SOHO路由器　　(b) 企业级路由器

图 2-6　路由器

5) 无线接入点

无线接入点(Access Point，AP)负责将无线客户端接入到无线网络中，它向下为无线客户端提供无线网络覆盖，而向上一般通过交换机连接到有线网络中。无线 AP 实现了有线网络和无线网络之间的桥接，用于有线和无线转换。

按照功能的不同，无线 AP 可分为 FAT AP 和 FIT AP 两种。FAT AP 又称为胖 AP，它具有完整的无线功能，可以独立工作。胖 AP 适合于规模较小且对管理和漫游要求都较低的无线网络的部署，尤其是在家庭网络和 SOHO 网络中得到了广泛的应用，平时在小型无线网络中常用的无线路由器实际上集成的就是胖 AP 的功能。FIT AP 又称为瘦 AP，它只能提供可靠的、高性能的射频功能，需要有专门的无线控制器对其进行配置管理，一般大型无线网络覆盖中会使用“无线控制器 + 多个 FIT AP”的方式进行部署。无线 AP 如图 2-7 所示。

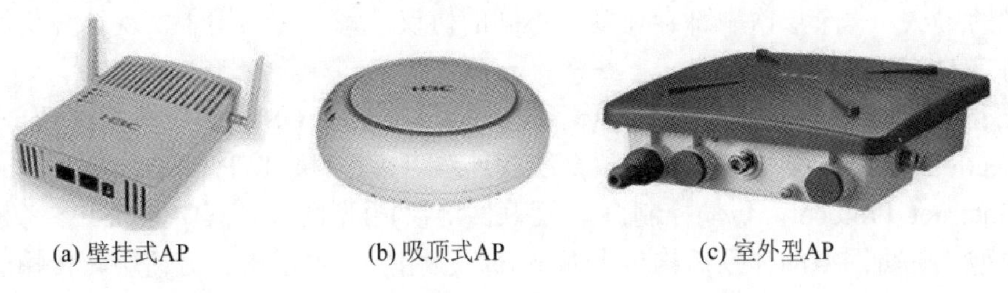

(a) 壁挂式AP　　(b) 吸顶式AP　　(c) 室外型AP

图 2-7　无线 AP

6) 光猫

光猫是“光 Modem”的俗称，即光调制解调器，又称为单端口光端机，一般用在家庭上网中。随着宽带接入技术的不断发展，当前家庭宽带接入中传统的电话线接入已逐渐被光纤接入所替代。针对电话线的接入，在用户端需要使用一个 Modem 来实现数字信号与模拟信号之间的转换，光纤接入同样需要一个类似的设备来实现光电信号的转换以及协议的转换，这个设备就是光猫。光猫向上使用光口连接运营商提供给用户的光纤，向下则使用 RJ-45 接口连接用户网络，从而实现用户局域网的 Internet 接入。光猫如图 2-8 所示。

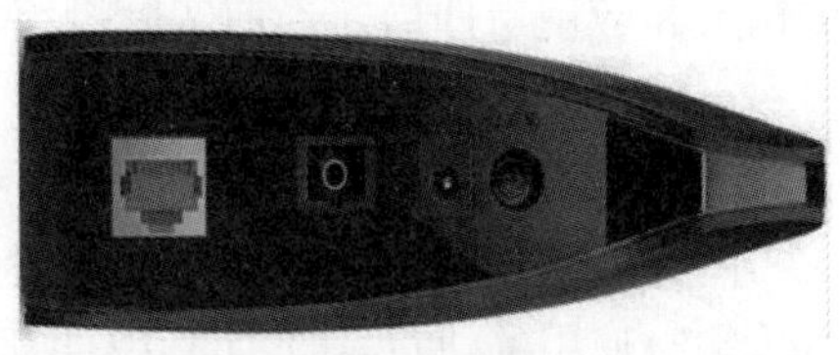

图 2-8　光猫

需要注意的是，由于运营商的不同以及宽带接入时间的不同，当前家庭宽带接入存在多种不同的形式，如电话线入户、网线入户以及光纤入户等。其中，电话线入户用户端需要准备宽带 Modem 来进行信号转换；网线入户是光纤到楼宇，并在楼宇进行转换后，用网线接入用户家庭，即 PON + LAN 模式，该模式不需要用户端准备 Modem；光纤入户需要用户端准备光 Modem。

2. 网络软件系统

网络软件系统包括网络操作系统、网络协议软件以及网络通信软件等。

(1) 网络操作系统：具有网络功能的操作系统，是能够控制和管理网络资源的软件，如 Windows、UNIX 等。

(2) 网络协议软件：规定了网络中计算机和通信设备之间数据传输的格式和传送方式，使它们能够进行正确、可靠的数据传输。

(3) 网络通信软件：可以使用户在不了解通信控制规程的情况下，控制应用程序与多个站点进行通信，并且能对大量的通信数据进行加工和处理。

3. 网络通信协议和网络体系结构

网络通信与现实生活中的通信类似，通信双方都需要遵循一定的规则，而这些规则就是网络通信协议。所谓网络通信协议，是指为使计算机之间能够正确通信而制定的通信规则、约定和标准。网络通信协议通常由语义、语法和时序(定时关系)三部分组成，其中语义定义做什么，语法定义怎么做，时序定义什么时候做。

由于计算机网络本身是一个非常庞大和复杂的系统，其通信的约束和规则显然不是一个网络通信协议可以描述清楚的，这就需要将计算机网络系统进行详细的功能划分，进而针对每一部分功能使用相应的协议进行描述和约束，因此计算机网络实际上被划分成了若干个不同的层次，每个层次中都存在多个不同的协议，每个协议用于实现计算机网络中的某一个特定的功能目标。

根据层次划分的不同，网络的体系结构可以分为 OSI 参考模型(Open Systems Interconnection Reference Model，开放系统互连参考模型)和 TCP/IP(Transmission Control Protocol/Internet Protocol，传输控制协议/互联网协议)模型两种。其中，OSI 参考模型是一个理论模型，它将网络的体系结构自上而下分为应用层、表示层、会话层、传输层、网络层、数据链路层和物理层七层；TCP/IP 模型是一个商业化的开放式模型，它将网络的体系结构自下而上分为网络接入层(又称为网络接口层)、Internet 层(又称为网络层或互连层)、传输层和应用层四层。当前实际网络的体系结构为 TCP/IP 模型。

1) TCP/IP 模型各层的主要功能

(1) 网络接入层。

网络接入层负责处理网络硬件设备与物理介质之间的通信，但并没有指定通过物理介质传输时使用的协议，即 TCP/IP 主机必须通过某种下层协议连接到网络，而具体的协议则可以有很多种。

典型的网络接入层技术包括常见的以太网、FDDI 等局域网技术，用于串行连接的高级数据链路控制(High-level Data Link Control，HDLC)、点到点协议(Point-to-Point Protocol，PPP)技术以及 X.25、帧中继(Frame Relay)和异步传输模式(Asynchronous Transfer Mode，ATM)等分组交换技术。

(2) Internet 层。

Internet 层的主要功能是使主机能够将信息发往任何网络并传送到正确的目标。基于这些要求，Internet 层定义了报文格式及 IP 协议。在 Internet 层，使用 IP 地址来标识网络节点；使用路由协议生成路由信息并根据这些路由信息实现报文的转发，使数据报文能够准确地传送到目的地；使用 ICMP 协议协助管理网络。

(3) 传输层。

传输层位于应用层和 Internet 层之间，主要负责为两台主机上的应用程序提供端到端的连接。TCP/IP 模型中传输层上的协议主要包括传输控制协议(Transmission Control Protocol，TCP)和用户数据报协议(User Datagram Protocol，UDP)。

传输层协议的主要作用包括：提供面向连接或无连接的服务；维护连接状态；对应用层数据进行分段和封装；实现多路复用；可靠地传输数据以及执行流量控制等。

(4) 应用层。

应用层直接与用户和应用程序打交道，负责为软件提供接口以使程序能使用网络服务。常用的网络服务有网络页面传输、文件传输、电子邮件处理、动态 IP 地址分配、远程登录等，对应的应用层协议分别为超文本传输协议(Hyper Text Transfer Protocol，HTTP)、文件传输协议(File Transfer Protocol，FTP)、简单邮件传输协议(Simple Mail Transfer Protocol，SMTP)、第三代邮局协议(Post Office Protocol-Version 3，POP3)、动态主机配置协议(Dynamic Host Configuration Protocol，DHCP)和 Telnet 协议等。

2) TCP/IP 模型中数据的封装与传递

在 TCP/IP 模型中，通信双方通信时需要在对等层之间进行信息的交换，在对等层之间交换的信息单元称为协议数据单元(Protocol Data Unit，PDU)。在实际的通信过程中，对等层之间是无法直接进行通信的，而是需要通过下一层为其提供服务，因此，实际的通信过程如图 2-9 所示。

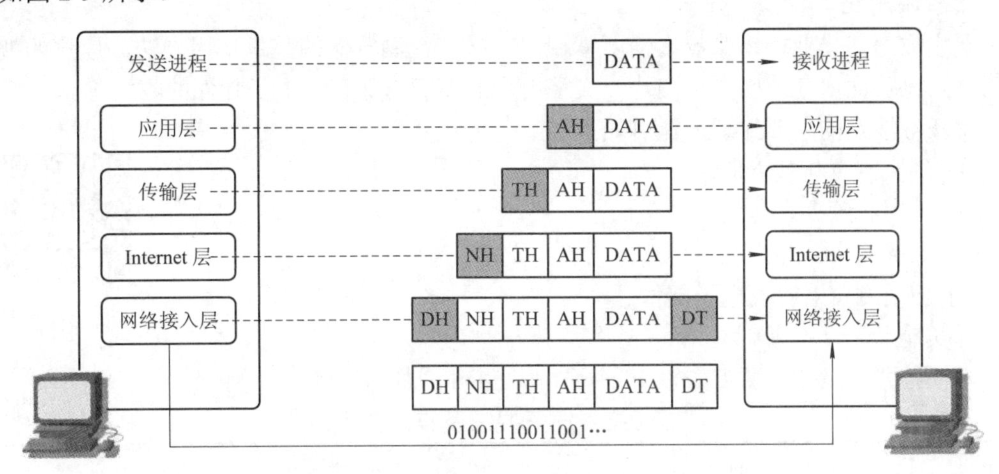

图 2-9　TCP/IP 模型中数据的封装与传递

在发送方，数据从最上层开始，每一层都需要对数据进行封装，即在原数据的基础上增加封装头(有些还会有封装尾)，在封装头中包含有相应封装协议的信息，然后将数据传递给下一层，这样通过层层封装和传递，最后通过物理层的线路将二进制比特流以信号的形式传送给接收方，接收方在接收到数据后，从最下层开始一层一层地解封装并传递给上一层，每一层都会将发送方对等层的封装解掉，并对封装中的协议相关信息进行核对，以确保信息最终被送往正确的应用进程。从整个过程来看，实际的数据传输过程如图 2-9 中的实线箭头所示，但在逻辑上，通信双方对等层发送和接收的 PDU 是一致的，因此可以看作是对等层之间的逻辑通信(即虚线箭头所示)。

实际上，TCP/IP 模型中数据的封装与传递的过程类似于通过邮局发送信件的过程。当需要发送信件时，首先要将写好的信纸放入信封中，然后按照一定的格式书写收信人姓名、收信人地址以及发信人地址，这个过程就是一个封装的过程；当收信人收到信件后，需要将信封拆开，取出信纸，这就是解封装的过程。二者的区别在于信件只需要一次封装，而网络中的数据信息在每一层都需要进行封装。

2.2　任务：利用因特网搜索信息与交流

2.2.1　任务描述与实施

1. 任务描述

辅导员宫老师给同学们布置了一份作业，要求上网浏览“学习强国”网站，搜索全国敬业模范其美多吉先进事迹并学习讨论，然后制作一份职业生涯规划演示文稿并发送到老师邮箱。本任务就是要帮助同学们更好地完成这份作业。

2. 任务实施

【解决思路】

要完成上述作业，小张等人需要掌握以下技能：浏览器的基本使用方法，信息的搜索技巧，网页页面内容或网页中图片、文字内容的下载与保存，电子邮件的收发等。

本任务涉及的主要知识技能点如下：

(1) 浏览网页与搜索信息。

(2) 使用收藏夹。

(3) 保存网页。

(4) 使用浏览器收发电子邮件。

项目二任务二

【实施步骤】

本任务要求及操作要点如表 2-3 所示(以 Edge 浏览器为例)。

表 2-3　任务要求及操作要点

任务要求	操作要点
1. 浏览网页与搜索信息	
(1) 在浏览器中打开百度搜索引擎，搜索“学习强国”相关内容，登录“学习强国”官方网站	① 打开浏览器，在浏览器地址栏中输入百度网址“www.baidu.com”后按回车键或单击“百度一下”按钮打开百度搜索结果页面。 ② 在网页中找到并单击“学习强国”官方链接，打开一个新的选项卡“学习强国”，其网址为“www.xuexi.cn”
(2) 从“学习强国”主页开始，按照由上到下、从左到右的顺序浏览各个版块的内容	单击每一个版块(栏目)的超链接，打开新的选项卡显示栏目内容，滚动鼠标，从上到下浏览内容，之后单击页面最上方的本网页选项卡右边的“×”号关闭选项卡，返回上一级网页。 类似地，在主页中单击下一个版块的超链接，浏览网页
(3) 使用站内搜索，以关键字“其美多吉”搜索全国敬业模范其美多吉的相关介绍，浏览其美多吉的基本情况	单击主页右上方的“搜索”按钮，在搜索框内输入“其美多吉”，单击“搜索”按钮，在结果网页中单击“其美多吉”超链接后将显示页面内容
2. 使用收藏夹	
(1) 将“学习强国”主页添加到收藏夹中	单击窗口右上角的“将此页面添加到收藏夹”按钮，在“添加收藏”对话框的名称框中会自动出现网页标题“学习强国”，也可以修改或重新输入名称，此处保持不变，单击“完成”按钮即可
(2) 关闭浏览器后重新打开浏览器，在新的窗口中从收藏夹打开“学习强国”主页	关闭浏览器后重新打开浏览器。在浏览器窗口中单击“收藏夹”按钮，在收藏夹列表中单击“学习强国”超链接，即可在浏览器中打开该网站主页
3. 保存网页	
访问“学习强国”主页上的某个超链接，将网页保存到 D 盘根文件夹下，文件类型和文件名保持默认	在网页空白处右击，选择“另存为”命令，指定文件的保存位置、保存类型(默认为.html)和文件名

续表

任 务 要 求	操 作 要 点
4. 使用浏览器收发电子邮件	
(1) 使用浏览器向老师或同学的 QQ 邮箱发送一封邮件，同时抄送给自己。邮件主题为“职业生涯规划作业”，附件为 D 盘根文件夹中保存的作业文件，正文为“现将职业生涯规划文件发给您，请查收。”	① 询问同学的 QQ 号码并记录。 ② 打开浏览器，在网址中输入“mail.qq.com”并按回车键，选择“QQ 登录”，输入 QQ 号码和登录密码，登录 QQ 邮箱。 ③ 单击“写信”超链接，在“收件人”框内输入接收人的 QQ 邮箱地址(QQ 号码@qq.com)，单击“添加抄选”按钮，在“抄送”框内输入自己的 QQ 邮箱，在“主题”框内输入邮件主题，在“正文”部分输入邮件正文内容。 ④ 单击“添加附件”超链接，选择 D 盘根文件夹中的文件，单击“打开”按钮，再单击“发送”按钮发送邮件
(2) 接收邮件，阅读最近的一封邮件内容，然后将附件保存到 D 盘根文件夹下	单击“收信”超链接，在右面窗格中将看到邮件列表，单击某封邮件，可阅读邮件内容。如果在邮件主题旁边有个曲别针按钮，则说明邮件有附件。 如果邮件中含有“附件”文件，则可以转存或下载附件文件

【自主训练】

(1) 保存“学习强国”平台上某个网页中的一段文字。

(2) 清除访问浏览器的历史记录。

(3) 使用 QQ 邮箱的“通讯录”功能，把同学的 QQ 邮箱地址添加到自己的通讯录中，以便以后发送邮件时使用。

【问题思考】

(1) 有时设置了浏览器的起始页却不起作用，问题可能出在哪里？怎么解决？

(2) 通过计算机把邮件(包括附件)发送到自己的 QQ 邮箱后，如何把邮件及其附件保存到另外的计算机上或手机上观看？

提示：

(1) 电脑版 QQ 界面上有个信封图标，单击它即可进入 QQ 邮箱。

(2) 若他人或自己向你的 QQ 邮箱发送了邮件，你打开手机后会看到“QQ 邮箱提醒”图标，此时单击信封图标即可进入手机 QQ 邮箱进行邮件阅读或附件保存。也可以通过在手机浏览器中输入“mail.qq.com”进入手机 QQ 邮箱，从而将附件保存到手机上。

2.2.2　相关知识与技能

2.2.2.1　Internet 基本概念

因特网基本概念

Internet 即因特网，由成千上万个不同类型、不同规模的计算机网络组成，是世界上规模最大的计算机网络。Internet 始于美国，其前身是阿帕网(ARPANET)。

由于连接到 Internet 上的网络类型各异，因此为实现不同类型网络之间的通信，Internet

上的所有网络都要使用相同的逻辑体系结构且在特定的层次需遵循相同的协议。Internet 遵循的体系结构为 TCP/IP 模型，使用 TCP/IP 协议簇来约束网络间的通信。

1. IP 地址

1) IP 地址的概念

IP 地址

在 Internet 中，每台主机或网络设备都必须有一个唯一的地址，该地址就是 IP 地址。IP 地址可以理解为人为分配给计算机在网络中的编号地址，用于网络寻址，就像邮政编码用于邮区分拣一样。为了确保计算机之间通信地址的唯一性，IP 地址由 Inter NIC(国际互联网络信息中心)统一管理。每个国家的网络信息中心统一向 Inter NIC 申请 IP 地址，并负责国内 IP 地址的管理与分配。

目前网络中主要使用的是第 4 版 IP 协议(IPv4)。IPv4 中使用 32 位二进制数编码 IP 地址。为便于使用，IP 地址经常写成十进制的形式，由四组数字组成并用圆点“.”分隔，例如 202.207.120.35。每个部分可以是 0～255 之间的十进制数，这种格式的地址称为“点分十进制”地址。

IP 地址由“网络地址(网络编号)”和“主机地址(主机编号)”两部分组成，其各自所占位数由 IP 地址类型决定，这就像电话号码中包含区号和区内编号一样。在一个计算机被分配了一个 IP 地址后，该计算机就属于该 IP 地址中“网络地址”部分表示的“网络”内的成员。Internet 上的其他计算机与该计算机通信时，首先根据该计算机 IP 地址的网络地址找到该网络，再从该网络中寻找该计算机。这个过程和打长途电话的过程是相似的，先根据区号找到电话机所在的地区，再根据电话号码从该区内找到该电话机。

根据网络规模和应用的不同，IP 地址被划分成 A、B、C、D、E 五类。其中：A 类地址的最高位取值为“0”；B 类地址的最高两位取值为“10”；C 类地址的最高三位取值为“110”；D 类地址的最高四位取值为“1110”，作为多播地址使用；E 类地址为保留地址。A、B、C 类 IP 地址为网络中的常用地址，其分类方法如表 2-4 所示。

表 2-4　A、B、C 类 IP 地址的分类方法

类别	第 1 字节范围	网络地址位数	主机地址位数	最大网络数量	每个网络中最大主机数量	IP 地址范围	适用场合
A 类	0～127	8 位	24 位	$2^7-2=126$ (0 和 127 保留，作为特殊用途)	$2^{24}-2=16\ 777\ 214$	1.0.0.0～127.255.255.255	大型网络
B 类	128～191	16 位	16 位	$2^{14}=16\ 384$	$2^{16}-2=65\ 534$	128.0.0.0～191.255.255.255	中型网络
C 类	192～223	24 位	8 位	$2^{21}=2\ 097\ 152$	$2^8-2=254$	192.0.0.0～223.255.255.255	小型网络

通过表 2-4 可以看出，根据 IP 地址的类别就可以确定其网络地址和主机地址。例如：202.207.120.35 是一个 C 类 IP 地址，它的网络地址是 202.207.120，网络内主机地址是 35。

在 IP 地址的使用规则上，要求每台使用 TCP/IP 协议通信的计算机必须配置一个唯一的 IP 地址，一个网络内的计算机必须使用具有相同网络地址的 IP 地址。

2) 子网与子网掩码

在制定网络编码方案时，经常会遇到网络数量不够的问题，解决办法是将主机标识的部分地址作为子网编号，剩下的主机标识作为相应子网的主机标识部分。这样，IP 地址就划分为网络、子网、主机三部分。

要确定 IP 地址中哪部分是子网地址，哪部分是主机地址，这需要采用子网掩码技术。子网掩码是一个与 IP 地址结构相同的 32 位二进制数字，也采用点分十进制表示。在子网掩码中，与 IP 地址的网络位对应的位取值为“1”，与主机位对应的位取值为“0”。

默认情况下，A、B、C 三类网络的子网掩码分别为 255.0.0.0、255.255.0.0、255.255.255.0。如果一个 C 类网络借用了 2 位主机位作为子网位来划分子网，则其对应的子网掩码就是 255.255.255.192。

在网络中，给出 IP 地址时往往需要同时给出子网掩码，以确定所给 IP 地址的网络地址和主机地址以及所处的网络。

3) IPv6 地址

随着 Internet 爆炸性的增长，IPv4 提供的 IP 地址空间正在被逐渐耗尽。为缓解 IP 地址紧张问题，IETF(互联工程任务组)设计了 IPv6 协议，以替代 IPv4 协议。在今后的一段时间内，IPv4 将和 IPv6 共存，并最终过渡到 IPv6。

在 IPv6 中，IP 地址的长度为 128 位，最大地址个数可达 2^{128}，极大地扩充了 IP 地址的数量。IPv6 有三种表示方法，分别是冒号十六进制表示法、零压缩表示法和内嵌 IPv4 的 IPv6 表示法。

2. 域名地址

数字型的 IP 地址不方便记忆，且难于理解，于是 Internet 推出了另一套字符地址方案，即域名(Domain Name)地址。

域名地址

1) 域名地址的结构及域名管理系统

域名地址就是使用助记符表示的 IP 地址。为了便于管理并避免重名，域名由若干个不同层次的子域名构成，并采用“主机域名.三级域名.二级域名.顶级域名”的形式，以标识 Internet 中某一台计算机或计算机组的名称。

域名地址虽然容易记忆，但在数据传输时，因特网上的主机和网络互连设备只能识别 IP 地址，而不能识别域名，因此，当用户通过输入域名来访问网络时，系统要能够根据域名地址找到与其对应的 IP 地址，即将域名地址转换成 IP 地址，这个过程称为域名解析。完成这个转换功能的设备称作域名系统(Domain Name System，DNS)服务器。

DNS 服务器是一台安装有域名解析软件的主机，在因特网中拥有自己的 IP 地址。因特网中有大量的域名服务器，每台域名服务器中都设置了一个数据库，在数据库中保存着它所负责区域内的主机域名和主机 IP 地址的对照表，依据这张对照表实现域名向 IP 地址的转换。

如果一台计算机(如 WWW 服务器)想要别人使用域名地址访问，那么首先要在一个 DNS 服务器中注册，一般是在上一级域名服务器中注册。域名是分级分层设置的，整个域名空间是一个树型结构，如图 2-10 所示。

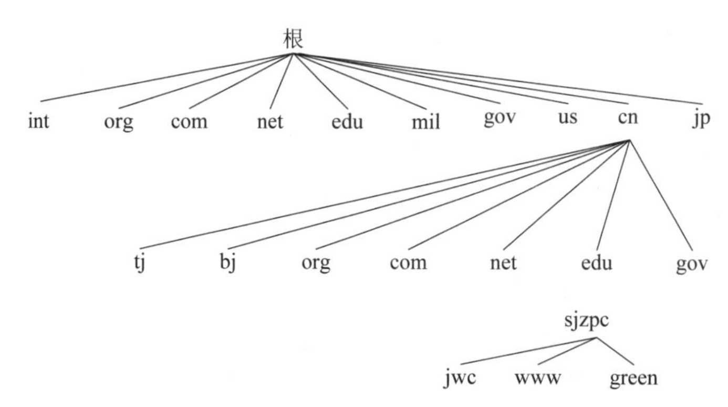

图 2-10　域名空间

各级域名间使用“.”分隔。例如，域名 www.sjzpc.edu.cn 中：

cn 是顶级域名，代表中国，cn 是在 Internet 管理中心注册的域名；

edu 是二级域名，代表教育网，edu 是在中国互联网中心 cn 域名下注册的域名；

sjzpc 是三级域名，代表石家庄邮电职业技术学院，sjzpc 是在教育网 edu 域名下注册的域名；

www 是主机域名，表示一个 Web 服务器，www 是在 sjzpc 域名下注册的域名。

除主机域名外，每级域名下都会设置一个域名服务器和备用域名服务器供下级进行域名注册。

任何一台计算机，如要使用域名地址访问其他计算机，必须在计算机网络连接的 TCP/IP 属性设置中设置 DNS 服务器的 IP 地址。DNS 服务器地址一般要设置两个(一个首选和一个备用)。

2) 域名解析过程

根据域名查找 IP 地址的过程称作域名解析。实际上，域名解析过程是比较复杂的。一般域名在本地域名服务器中没有查到时，本地域名服务器会自动到它的上级域名服务器去查找，依次递归，最终会查到该域名地址所对应的 IP 地址。当然如果每次都这样去查找会影响工作效率，DNS 也采取了一些办法，例如在计算机和各级域名服务器上会暂存查找过的域名，在需要域名解析时，计算机会首先在本机的高速缓存中进行域名解析，不成功时才去上级域名服务器解析。各级域名服务器也采取类似的处理方法，用于提高 DNS 的工作效率。

3. Internet 接入方式

Internet 的接入方式

目前，Internet 的应用越来越普遍，不论是单位用户还是个人用户，都希望能够接入 Internet 以享受 Internet 服务。专门为用户提供 Internet 接入服务的机构(公司或个人)称为 Internet 服务提供商(Internet Service Provider，ISP)。普通用户可以借助于 ISP 将计算机接入 Internet。

随着技术的不断发展，Internet 接入技术的种类不断增多，技术性能也不断改进。用户应根据自己的具体需求，选择最适合自己的、性价比高的 Internet 接入方式。

按接入技术来划分，Internet 接入方式主要有以下几种。

1) 普通电话拨号接入

用户的计算机安装普通拨号调制解调器(Modem，俗称“猫”，有内置和外置两类)，通过普通模拟电话线路将计算机连接到 ISP 端的调制解调器，利用公共交换电话网(Public Switched Telephone Network，PSTN)通过调制解调器拨打 ISP 的拨号号码实现上网。这是早期常用的 Internet 接入方式，其特点是上网方便、花费少，但速度很慢(最高速率为 56 kb/s)，不能实现同时打电话和上网，适用于个人家庭用户或临时用户上网。

2) 综合业务数字网拨号接入(ISDN 接入)

ISDN(Integrated Service Digital Network，综合业务数字网)俗称“一线通”，它是一个全数字的网络，可以将多种业务综合在一个网络中进行传输和处理。也就是说，不论原始信号是文字、数据、语音，还是图像，只要可以转换成数字信号，就能在 ISDN 中进行传输。用户利用一条 ISDN 用户线路，可以在上网的同时拨打电话、收发传真等，就像是有两条电话线一样。ISDN 接入的特点是上网较方便、成本低，但速度慢(纯数据传输率约为 128 kb/s)，适用于个人用户。

3) 数字数据网专线接入(DDN 接入)

DDN(Digital Data Network，数字数据网)接入即平时所说的专线上网方式，其主干传输媒介有光纤、数字微波、卫星信道等，用户端多使用普通电缆和双绞线。DDN 可以为用户提供点对点、点对多点透明传输的数据专线出租电路，为用户传输数据、图像和声音等信息，其通信速率可根据用户需要在 N×64 kb/s(N=1~32)之间选择，速度越快则租用费用越高。这种接入方式租用费用较高，适合于业务量大的单位、机构团体用户或智能化小区使用。

4) 非对称数字用户线接入(ADSL 接入)

DSL(Digital Subscriber Line，数字用户线路)技术是一种将数字信号通过电话线传输，从而实现高速数据传输的技术。DSL 分为对称和非对称两种。

ADSL(Asymmetric Digital Subscriber Line，非对称数字用户线路)是通过普通电话线提供宽带数据业务的技术，它采用频分复用技术把普通电话线分成了电话、上行和下行三个相对独立的信道，从而避免了相互之间的干扰。其特点是可同时提供电话、传真和上网服务，具有不同的上行和下行速度，数据传输带宽由用户独享。在这种接入方式中，用户的计算机需要安装网卡并连接 ADSL Modem，然后连接滤波器(分线盒)，滤波器的作用是分离电话线路中的高频数字信号和低频语音信号。

ADSL 有虚拟拨号和专线接入两种方式，虚拟拨号与电话拨号的使用方式基本一致，专线接入不需要拨号而是直接上网。ADSL 的上行速率为 640 kb/s~1 Mb/s，下行速率为 1 Mb/s~8 Mb/s，ADSL2 的下行速率已经达到了 12 Mb/s，ADSL2+的下行速率已经达到了 24 Mb/s。目前出现了一种更高速的宽带接入方式 VDSL，它在短距离内的最大下行速率可达 55.2 Mb/s，上行速率可达 2.3 Mb/s(将来可达 19.2 Mb/s，甚至更高)。ADSL 是较流行的个人用户或小型企业宽带接入方式。

5) 光纤接入(无源光网络接入)

光纤接入是采用光纤作为主要传输媒体来取代传统双绞线的一种接入方式，具有性价比高、传输速度快、距离远、可靠性高、保密性好等优点，可以提供多种业务。

按照光纤铺设的位置，光纤接入可分为光纤到户(Fiber to the Home，FTTH)、光纤到路边(Fiber to the Curb，FTTC)、光纤到大楼(Fiber to the Building，FTTB)、光纤到办公室(Fiber to the Office，FTTO)、光纤到桌面(Fiber to the Desktop，FTTD)等。其中，FTTB 和 FTTH 是两种常见的光纤接入技术。FTTH 是将一根光纤直接连到用户家庭，在用户家庭(或企业用户)安装光网络单元(Optical Network Unit，ONU)，其特点是传输距离较远而且稳定，连接设备较少，速度较快(可以达到 1 Gb/s 甚至更高)，安装成本较高。FTTB 是将光纤末端接入大楼中，然后在楼内分布各种网络设备，其特点是传输距离较近，连接设备较多，速度通常是 10 Mb/s，安装简单，使用成本低。光纤接入适用于大中型企业。

6) 有线电视网络接入(HFC 接入)

HFC(Hybrid Fiber-Coaxial，混合光纤同轴电缆网)接入是一种基于有线电视网络同轴电缆的接入方式，通过电缆调制解调器(Cable Modem)对数据进行调制并传输，具有专线上网的连接特点。用户接入时需要安装电缆调制解调器，通过有线电视网接入因特网，不需要拨号。

HFC 接入有对称速率和非对称速率两种方式。前者的数据上传和数据下载速率相同，都在 500 kb/s～2 Mb/s 之间；后者的数据上传速率在 500 kb/s～10 Mb/s 之间，数据下载速率在 2 Mb/s～40 Mb/s 之间。HFC 接入方式适用于拥有有线电视网的个人家庭或小型企业。

7) 局域网接入(LAN 接入)

局域网接入方式是利用以太网技术，采用光缆+双绞线的方式对单位或小区进行综合布线的。目前，许多企业、学校和科研单位都建立了自己的局域网，局域网一般采用专线(如光纤或 DDN) 接入 Internet 主干网，当专线将局域网连接到 Internet 之后，局域网就成了 Internet 上的一个子网。局域网上的计算机用户只要安装了网络适配器(网卡)以及相应的软件驱动程序，就可通过网线(双绞线、光纤等)连接到局域网的集线器或交换机上以访问 Internet。

LAN 接入包括专线接入和代理服务器接入两种。通过 LAN 方式接入 Internet 时，需要经过安装网卡的驱动程序、配置 TCP/IP 参数等步骤。如果 ISP 提供 DHCP(动态主机配置协议)服务器，则用户只需把 TCP/IP 配置为“自动获取 IP 地址”，即计算机接入网络时使用动态 IP 地址；如果 ISP 不提供 DHCP 服务，则用户必须先从 ISP 处获取 IP 地址、子网掩码、网关和 DNS 服务器地址，然后人工配置计算机的 IP 地址信息。

LAN 接入方式技术成熟，成本低，速率一般为 10 Mb/s~100 Mb/s，适用于个人用户、小型企业、教育科研机构、政府机构以及企事业单位中已装有局域网的用户。

8) 电力网接入(PLC 接入)

电力网(Power Line Communication，PLC)技术是指利用电力线传输数据和媒体信号的一种通信方式，也称电力线载波。PLC 属于电力通信网，包括 PLC 和利用电缆管道及电杆铺设的光纤通信网等。面向家庭上网的 PLC，俗称电力宽带，属于低压配电网通信。

9) 无线接入

无线接入是指从公用电信网的网络交换节点到用户住地或用户终端之间的全部或部分传输设施采用无线手段，向用户提供固定或移动接入服务的技术。无线接入是通过移动通信网络或者 Wi-Fi、4G、5G 等无线技术进行因特网接入的，其特点是方便、灵活。

无线上网有两种方式，一种是 Wi-Fi 接入，另一种是移动接入。

(1) Wi-Fi 接入：将个人计算机、手持设备等终端以无线方式互相连接。事实上，Wi-Fi

是一个高频无线电信号。安装有无线网卡的计算机可以通过无线接入点(Access Point，AP)的 Wi-Fi 信号上网。在无线局域网中，无线用户与位于几十米半径内的无线接入点通信。

(2) 移动接入：采用无线上网卡接入 Internet。在有手机信号覆盖的任何地方，计算机可以连接无线上网卡，利用 USIM 或 SIM 卡来连接 Internet。另外，开通手机的数据功能并打开 WLAN 无线热点，计算机也可以通过手机热点实现无线上网。在广域无线接入网中，无线接入点由电信提供商管理，并为数万米半径内的用户提供服务。

一般认为，只要上网线路没有连接有线线路，就称为无线上网。

请注意以下几个概念。

(1) Wi-Fi：实际上是一种无线局域网接入技术，它允许电子设备连接到一个无线局域网(WLAN)，为用户提供了无线的宽带互联网访问途径。能够访问 Wi-Fi 网络的地方被称为热点。Wi-Fi 热点是通过在互联网连接上安装访问点来创建的。当一台支持 Wi-Fi 的设备(计算机或手机等)遇到一个热点时，这个设备可以用 Wi-Fi 信号无线上网。

(2) 无线上网卡与无线网卡：是两种不同的设备。无线上网卡指的是无线广域网卡，其形状像 U 盘一样，一般插在计算机的 USB 接口上，内部需要安装手机 USIM 或 SIM 卡，其功能相当于有线的调制解调器，它可以在拥有无线电话信号覆盖的任何地方，利用 USIM 或 SIM 卡连接到互联网上，运营商从 USIM 或 SIM 卡中扣除费用；无线网卡是具有无线连接功能的局域网卡，其作用是通过无线信号将计算机连接到局域网。

(3) 无线 AP 与无线路由器：两者都可以提供 Wi-Fi 上网服务。无线 AP 的功能是把有线网络转换为无线网络，从而拓展无线网络的范围。无线 AP 只提供无线的连接，一般用于大型网络的无线接入。无线路由器(如 SOHO 无线路由器，见图 2-11)是集路由、交换、无线于一体的综合性网络设备，可理解为是带路由功能的无线 AP，可满足无线的接入和有线终端的接入，一般用于家庭等小型网络的无线接入。

图 2-11　SOHO 无线路由器

2.2.2.2　因特网信息浏览

1. WWW 简介

在因特网中一般通过 WWW 方式浏览信息。下面介绍几个有关 WWW 的基本概念。

1) 万维网

万维网(World Wide Web，WWW，通常简写为 Web)是一种建立在因特网上的全球性的、交互的、动态的、多平台的、分布式的、超文本多媒体信息查询系统。

2) 网站、网页和主页

WWW 实际上是一个庞大的文件集合体，这些文件称为网页或 Web 页，存储在因特网上成千上万台计算机中；提供网页的计算机称为 Web 服务器或网站、站点。

一个网站的第一个 Web 页称为主页或起始页。主页一般具有明显的网站风格，体现了网站的特点和服务项目。主页通过建立与其他页面的链接，引导访问者访问网站中的信息资源。

3) 超文本和超链接

一个网页会有许多带下画线的文字、图形或图片等，称为超链接。当单击超链接时，浏览器就会显示出与该超链接相关的网页。具有超链接的文本称为超文本。超文本除文本信息外，还包含图形、声音、图像、视频等多媒体信息，在这些多媒体的信息浏览中引入超文本的概念，就是超媒体。

4) 超文本标记语言

超文本标记语言(Hyper Text Markup Language，HTML)是为服务器制作信息资源(超文本文档)和客户浏览器显示这些信息而约定的格式化语言。所有的网页都是基于 HTML 编写出来的。网页文件的扩展名一般为.htm 或.html。

5) 统一资源定位器

使用 WWW 获取信息时需要标明资源的所在地。在 WWW 中使用统一资源定位器(Uniform Resource Locator，URL)来描述 Web 页的地址和访问它时所使用的协议。URL 又称为网页地址或网址，其格式如下：

协议: //IP 地址或域名[端口号]/路径/文件名

其中：

① 协议：服务方式或获取数据的方法，如 http、ftp、telnet 等；

② IP 地址或域名：存放该资源的主机的 IP 地址或域名；

③ 端口号：在 IP 地址或域名之后有时还需要使用端口号，http 默认的端口号为 80；

④ 路径和文件名：用路径的形式表示 Web 页在主机中的具体位置。

例如：https://www.tsinghua.edu.cn/jwc/index.htm。

6) 超文本传输协议

为了将网页的内容准确无误地传送到用户的计算机上，在 Web 服务器和用户计算机之间必须使用一种特殊的语言进行交流，这就是超文本传输协议(Hyper Text Transfer Protocol，HTTP)。网页在超文本传输协议(HTTP)的支持下运行。

2. 浏览器软件

浏览器相关概念

用户在因特网中进行网页浏览时，需要在本地计算机中运行一种称为浏览器的客户端软件，浏览器能够把超文本标记语言(HTML)描述的信息转换成便于人们理解的形式(网页)呈现出来。浏览器软件使用 HTTP 协议向 Web 服务器发出请求，将网站上的信息资源下载到本地计算机上，再按照一定的规则显示在屏幕上，成为我们看到的网页。

目前常用的浏览器有 Microsoft 公司的 Edge、搜狗浏览器、360 安全浏览器、火狐浏览器(Firefox)、谷歌浏览器等。各种浏览器的主要功能大致相同，具体操作界面有所差异。下面以 Edge 浏览器(版本 124.0.2478.80)为例介绍浏览器的相关操作。

3. 浏览、保存或收藏网页

1) 浏览网页

使用浏览器浏览网页的方法主要有：直接在地址栏中输入网站的网址；在当前 Web 页面中单击超链接进入新的网页；通过历史记录进入网页或通过收藏夹访问网页等。

浏览网页的过程中，按住 Ctrl 键拖动鼠标，可以改变网页文字的大小。

2) 保存网页

Edge 浏览器的使用

浏览网页时可以将感兴趣的网页保存到本机上，方法是：右击页面空白处，选择“另存为”命令，可以将当前浏览的网页保存成文件。保存文件时可以选择保存文件的类型，如“网页，全部”“网页，仅 HTML”“网页，单个文件”等。

如果只需要保存网页上的部分文字信息，则先拖动鼠标选定文字，按 Ctrl + C 键复制文字，然后在其他软件如 Word 中按 Ctrl + V 键粘贴文字。

如果要保存网页上的图片，则在图片上右击鼠标，选择“将图像另存为”命令即可。

3) 添加当前网址到收藏夹

收藏夹是保存 Web 页或站点地址的特殊文件夹。可以将喜欢或经常访问的网址添加到收藏夹中，以便以后再次访问网站时直接从收藏夹网址列表中打开网页。

单击窗口右上方的“将此页面添加到收藏夹”图标☆(或者按 Ctrl+D 键)，可以将当前访问的网页添加到收藏夹中；对于已添加到收藏夹的网页，可单击“编辑此页面的收藏夹”图标★(或者按 Ctrl+D 键)，编辑此页面的收藏夹信息；单击“收藏夹”图标☆可以管理收藏夹，如删除收藏夹中的网址、建立文件夹等，分类管理所收藏的网址等。

4) 使用和管理历史记录

在窗口工具栏左上方的←按钮上按住鼠标，可以查看和管理历史记录。单击窗口右上角的…图标，在弹出的菜单中选择“历史记录”命令(或者按 Ctrl+H 键)，可以更详细地管理历史记录。

4. 浏览器的设置

单击窗口右上角的…图标，在弹出的右侧边栏中选择“设置”命令，在左侧边栏中选择相应的选项。

1) 设置浏览器启动时的起始页

选择“开始、主页和新建标签页”选项，在“Microsoft Edge 启动时”选项区选择“打开以下页面”选项，单击“添加新页面”按钮，在文本框中输入要设置的主页网址，然后单击“添加”按钮。也可以单击“使用所有已打开的标签页”按钮，将当前打开的所有标签页作为启动浏览器时自动打开的起始页。

2) 清除浏览数据

选择“隐私、搜索和服务”选项，然后在“清除浏览数据”区域中单击“选择要清除的内容”按钮，选择要清除的内容后单击“立即清除”按钮。

3) 恢复浏览器的默认设置

选择“重置设置”选项，在右侧边栏单击“将设置还原为其默认值”按钮，再单击“重置”按钮。

【课堂练习 2.1】

在 Edge 浏览器窗口左上方有时会出现一个“主页”图标⌂(也称“开始”按钮)，单击此图标会跳转到指定的一个网址，但有时浏览器窗口不出现这个图标。请设置 Edge 浏览器使这个图标出现，并设置跳转页面为百度官网主页。

2.2.2.3　网上信息的搜索

1. 搜索引擎

搜索引擎是用于组织和整理网上的信息资源、建立信息的分类目录的一种独特的网站。用户连接上这些站点后，通过一定的索引规则，可以方便地查找到所需信息的存放位置。

目前，我国的搜索引擎主要有百度(https://www.baidu.com/)、360 搜索(https://www.so.com/)、搜狗搜索(https://www.sogou.com/)等，国外的搜索引擎主要有 Bing(必应，https://www.bing.com/或 https://cn.bing.com/)等。

2. 搜索引擎的基本搜索功能

大多数搜索引擎都具备基本的搜索功能，如布尔逻辑搜索、词组搜索、截词搜索、字段搜索等。

1) 布尔逻辑搜索

(1) 逻辑“与”：关键词之间通过“+”、空格、“AND”等连接，表示搜索结果中必须同时包含所输入的两个关键词。例如：“教材+高职”，表示搜索同时包含“教材”和“高职”两个关键词的信息。

(2) 逻辑“或”：关键词之间通过“|”或者“OR”来连接，表示搜索结果中至少包含所输入的两个关键词之一。例如：“计算机|电脑”，表示搜索“计算机”或者“电脑”的信息。

(3) 逻辑“非”：表示排除关系，在关键词前使用“-”(减号)或者“NOT”，要求搜索结果中不包含“-”号后面的关键词。例如：“教材 -高中”，表示搜索不包含“高中”的“教材”的信息(注意，在减号前面要输入一个空格)。

2) 词组搜索

词组搜索是指将一个词组(通常使用英文双引号或书名号《》括起来)当作一个整体进行完全匹配。例如：“手机”，可搜索到与手机相关的电影、电视剧等。

3. 百度搜索引擎使用技巧

1) 使用“搜索工具”功能

进入百度首页，输入关键词如“信息技术”，然后按回车键或单击“百度一下”按钮，在搜索结果页面上单击“搜索工具”超链接，可以看到“时间不限”“所有网页和文件”“站点内检索”三个选项。

“时间不限”选项的作用是时间过滤。如“一月内”指的是页面的更新时间是最近一个月。

“所有网页和文件”选项的作用是文件格式过滤。如“Word(.doc)”指的是在页面中只显示搜索到的 Word 文档信息。

“站点内检索”选项的作用是限定要搜索的网站。如在文本框内输入“zhihu.com”，则只在“知乎”网站内搜索信息。注意，文本框内容中不能包含类似“http://”等字样。

2) 使用“高级搜索”功能

单击百度首页右上方的“设置”超链接，在弹出的下拉列表中选择“高级搜索”选项。在对话框的“搜索结果”选项区中可使用布尔逻辑搜索。如在“包含任意关键词”后面的文本框内输入“计算机 电脑”，然后单击“高级搜索”按钮，将会搜索包含“计算机”或者“电脑”的信息，在百度搜索框中会自动显示“(计算机 | 电脑)”关键词。

在高级搜索对话框中还可以从网页更新时间、文档格式、关键词位置、搜索网站等维度限定搜索结果。

注意：在搜索框中还可以使用搜索引擎指令，如：

filetype，用于查询特定文件类型。如“信息技术 filetype:PPT”，表示要搜索与“信息技术”有关的 PPT 格式的信息。

site，用于查询某个特定网站的收录情况，如“北京奥运会 site:sina.com.cn”。

intitle，用于查询在页面标题(title 标签)中包含指定关键词的页面，如“intitle:信息技术”。

2.2.2.4 电子邮件的使用

电子邮件又称为 E-mail，是互联网为用户提供的最广泛的服务项目，它改变了人们以往的通信方式。电子邮件具有速度快、一信多发、自动定时发送等特点。

1. 电子邮件概述

在 Internet 上提供电子邮件服务的服务器称为邮件服务器。当用户在邮件服务器上申请邮箱时，邮件服务器会给用户分配一块存储空间，用于对该用户的信件的处理，这块存储空间就称为邮箱或信箱。一个邮件服务器有许多信箱，每一个电子信箱分别对应不同的用户，这些信箱都有自己的信箱地址，即 E-mail 地址，用户通过自己的 E-mail 地址访问邮件服务器上自己的信箱，然后进行邮件处理。

电子邮件地址的格式如下：

账号名@邮件服务器域名

其中，“@”读作“[at]”，中文意思是“在”。例如，电子邮件地址“zhangs@cptc.cn”标识了一个在域名为 cptc.cn 的邮件服务器上、账号为 zhangs 的 E-mail 信箱。

2. 收发电子邮件的两种主要方式

1) 利用网页方式收发电子邮件

利用网页方式收发电子邮件也称在线收发电子邮件，即通过浏览器直接登录邮件服务器网页，在网页上输入用户名和密码后进入自己的邮箱进行邮件处理。

2) 利用电子邮件应用程序收发电子邮件

利用电子邮件应用程序收发电子邮件也称离线收发电子邮件。一般来说，用户需要在自己的计算机上安装一个 E-mail 客户端程序(如 FoxMail 等)，用户通过这个电子邮件程序进行邮件的收发。发邮件时，首先使用该客户端程序编辑邮件，并发送给邮件服务器，经过 Internet 传递到对方的邮件服务器上；收邮件时，则使用该客户端程序从邮件服务器上接收邮件，然后在本地计算机上阅读接收到的邮件。邮件服务器之间的邮件交换过程是自动完成的，对普通 E-mail 用户完全透明。

这种方式只在收信和发信时才需要上网，发信时不需要考虑对方是否在线。

3. 电子邮件的收发操作

1) 获取邮箱

要使用电子邮件，用户必须有一个自己的邮箱，一般大型网站如新浪、搜狐、网易等都提供免费邮箱供用户申请使用。如果用户已经有 QQ 账号，也可以使用腾讯 QQ 自带的 QQ 邮箱进行邮件收发。

电子邮件及其使用

一般情况下，通过 Web 页面就可以登录邮箱并进行邮件的处理。大部分邮箱在使用上大同小异，在此以 QQ 邮箱为例对邮箱的使用进行介绍。

QQ 邮箱的登录方法有两种：一种是通过域名“https://mail.qq.com/”使用浏览器登录；另一种是在 QQ 界面中单击“信封”图标进入邮箱。

进入邮箱后，在邮箱的左侧是邮箱的操作菜单，可以进行邮件的收发和管理。

2) 写信并发送邮件

(1) 单击邮箱左侧菜单上的“写信”按钮，进入如图 2-12 所示的写信页面，将光标移动到相应位置并填写各项信息。

收件人：指收信人的邮箱地址。如果邮件要发给多个收信人，则各收信人的邮箱地址之间用“,”或“;”隔开，或通过“添加抄送”来实现。

抄送：发送给收件人的同时，将该邮件发送到其他人的邮箱。

主题：邮件的标题。

正文：邮件内容的详细信息。正文内容可以通过“格式”工具栏进行诸如字体、对齐方式等的编辑。

附件：可以是一个或多个文件，如文档、图片、音乐等。在图 2-12 所示的界面中单击“添加附件”按钮，在弹出的对话框中选择需要添加的文件，再单击“打开”按钮即可完成附件的添加。

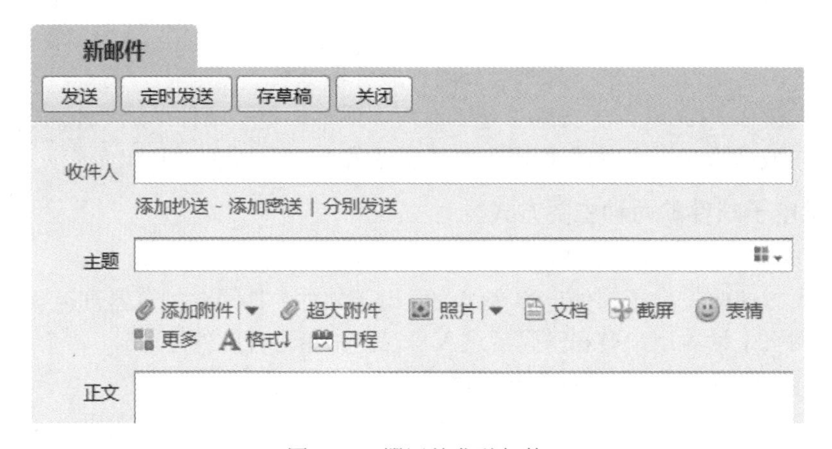

图 2-12　撰写并发送邮件

(2) 邮件写完后，单击“发送”按钮即可将邮件正文和附件一起发送到对方的邮箱中。

3) 接收邮件并处理邮件

(1) 单击邮箱左侧菜单上的“收信”按钮或“收件箱”按钮，在邮箱右侧就会显示出收件箱中的所有邮件列表，其中未读邮件会以加粗的字体表示，如图 2-13 所示。

(2) 单击想要查看的邮件主题，即可查看邮件内容。

在邮件列表左侧有复选框按钮，可以选定一封或多封邮件进行处理。

单击“删除”按钮，可以删除邮件；

单击“转发”按钮，可以将邮件原样地或增加、修改内容后发给其他收件人；

单击“回复”按钮，可以在“正文”处输入回复的内容，无须输入收件人信息，再单击“发送”按钮即可。

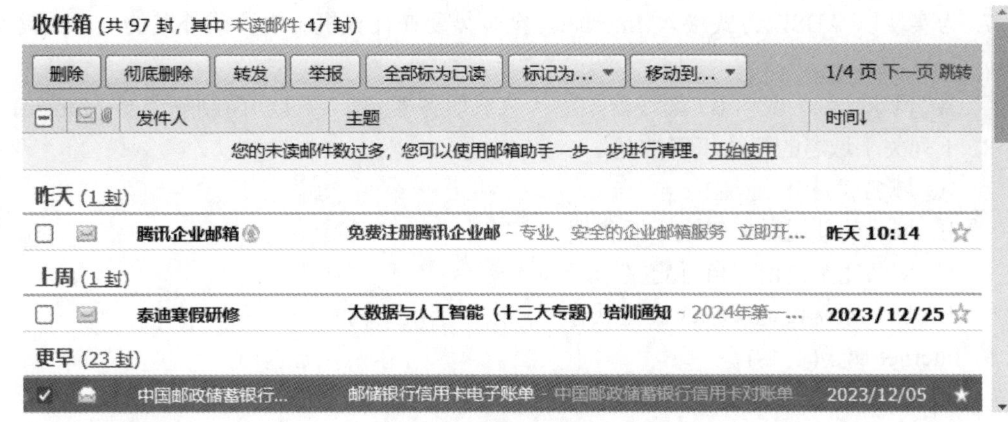

图 2-13　接收并处理邮件

【课堂练习 2.2】

(1) 使用你的 QQ 邮箱给自己发一封邮件，邮件主题和正文自定，将一次课的 PPT 教学课件作为附件(可以是压缩包)同时发送。

(2) 为自己申请一个免费邮箱(如搜狐邮箱、163 邮箱、126 邮箱等)，然后向老师指定的邮箱发送邮件，邮件主题为××申请邮箱成功，其中的××为自己的姓名。邮件内容要包括班级、学号和姓名信息。同时将邮件抄送给自己。

(3) 把自己的手机设置为热点，将电脑或其他同学的手机接入该 WLAN。

习　题　2

一、单选题

1. 计算机网络的主要目标是实现(　　)。

   A. 即时通信　　B. 发送邮件　　C. 运算速度快　　D. 资源共享

2. 计算机网络常用的传输介质中传输速率最快的是(　　)。

   A. 双绞线　　B. 光纤　　C. 同轴电缆　　D. 电话线

3. 按照网络的拓扑结构划分，以太网(Ethernet)属于(　　)。

   A. 总线型网络结构　　B. 树型网络结构

   C. 星型网络结构　　D. 环型网络结构

4. 若网络的各个节点均连接到同一条通信线路上，且线路两端有防止信号反射的装置，则这种拓扑结构称为(　　)。

   A. 总线型拓扑　　B. 星型拓扑　　C. 树型拓扑　　D. 环型拓扑

5. 接入因特网的每台主机都有一个唯一可识别的地址，称为(　　)。

   A. TCP 地址　　B. IP 地址　　C. TCP/IP 地址　　D. URL

6. 下列各项中，非法的 Internet 的 IP 地址是(　　)。

   A. 202.96.12.14　　B. 202.196.72.140

   C. 112.256.23.8　　D. 201.124.38.79

7. 为实现以 ADSL 方式接入 Internet，至少需要在计算机中内置或外置的一个关键设备是(　　)。

A. 网卡　　B. 集线器　　C. 服务器　　D. 调制解调器(Modem)

8. 下列关于域名的说法正确的是(　　)。

A. 域名就是 IP 地址

B. 域名的使用对象仅限于服务器

C. 域名完全由用户自行定义

D. 域名系统按地理域或机构域分层，采用层次结构

9. Internet 属于(　　)。

A. 局域网　　B. 广域网　　C. 全局网　　D. 主干网

10. Internet 实现了分布在世界各地的各类网络的互连，其最基础和核心的协议是(　　)。

A. HTTP　　B. TCP/IP　　C. HTML　　D. FTP

11. 在 Internet 上浏览时，浏览器和 WWW 服务器之间传输网页使用的协议是(　　)。

A. HTTP　　B. IP　　C. FTP　　D. SMTP

12. 要在 Web 浏览器中查看某一电子商务公司的主页，应知道(　　)。

A. 该公司的电子邮件地址　　B. 该公司法人的电子邮箱

C. 该公司的 WWW 地址　　D. 该公司法人的 QQ 号

13. E-mail 的中文含义是(　　)。

A. 远程查询　　B. 文件传输

C. 远程登录　　D. 电子邮件

14. E-mail 地址中@后面的内容是指(　　)。

A. 密码　　B. 邮件服务器名称

C. 账号　　D. 服务提供商名称

15. FTP 是因特网中(　　)。

A. 用于传送文件的一种服务　　B. 发送电子邮件的软件

C. 浏览网页的工具　　D. 一种聊天工具

二、简答题

1. 交换机和路由器的应用领域有什么不同?

2. 请写出至少三个常见的搜索引擎及其网址。

三、综合实践题

上网搜索“网络安全”相关内容，了解网络安全的概念、目的、面临的威胁和保障措施等内容。扫码学习“网络安全”相关资料，重点学习《中华人民共和国网络安全法》中的网络信息安全内容。

《中华人民共和国网络安全法》

《信息安全技术网络安全等级保护基本要求》

请以保障个人信息安全和如何做一名遵纪守法的网络公民为主题，独立设计并制作演示文稿，然后以宿舍为单位进行交流。

项目二其他资源

项目二习题答案

项目三　管理学生电脑资源——Windows 10 操作系统

Windows 的意思是“窗户”，Windows 10 是微软公司研发的跨平台及设备应用的操作系统。操作系统就是一个平台，我们通过这个平台来控制和管理计算机系统的全部资源。本项目介绍 Windows 10 操作系统的相关知识和基本操作。

教学目标

教学课件

【思维导图】

思维导图全图

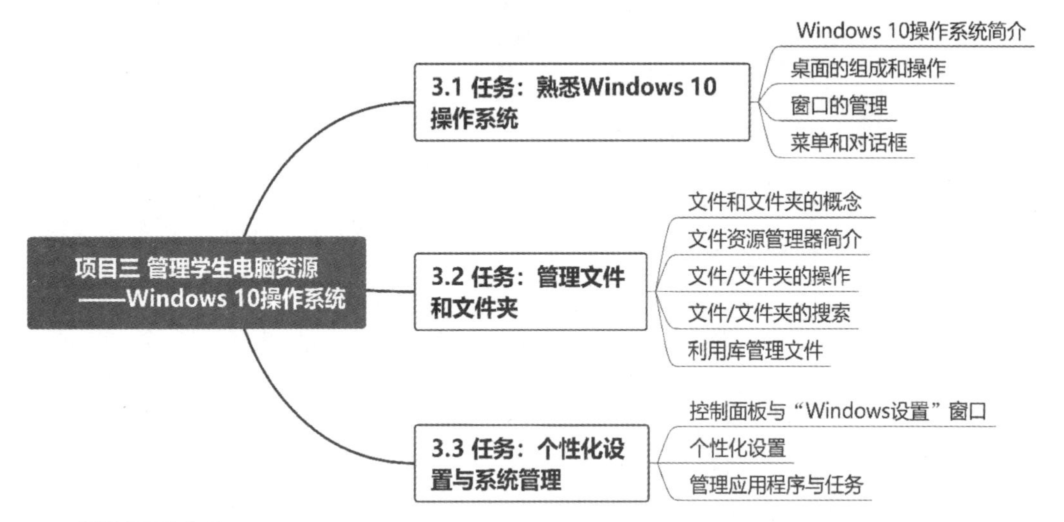

【学习重点】

Windows 的工作界面、文件/文件夹的操作、个性化设置与系统管理、常用附件(记事本、计算器、画图等)的使用等。

【学习难点】

路径的概念、快捷方式的创建、个性化设置与系统管理。

【项目介绍】

小张是大一新生，通过几周对计算机的学习，掌握了计算机的基本操作，但对 Windows

操作系统还不太了解，比如，如何设置桌面图标和任务栏，如何管理文件和文件夹，如何设置桌面背景和锁屏界面等。学习本项目后，这些问题都会得到解决。

本项目由三个任务组成，各任务的主要内容和所涉及的知识点如表 3-1 所示。

表 3-1　各任务的主要内容和知识点

节次	任务名称	主要内容	主要知识点
3.1	熟悉 Windows 10 操作系统	① 桌面图标的基本操作； ② 任务栏的基本操作； ③ “开始”菜单和“开始”屏幕的基本操作； ④ 窗口的基本操作	Windows 10 操作系统简介，桌面的组成和操作，窗口的管理，菜单和对话框
3.2	管理文件和文件夹	① 创建文件和文件夹； ② 复制、移动和重命名文件； ③ 利用文件标记分类文件； ④ 建立快捷方式； ⑤ 搜索文件、设置文件属性并显示隐藏文件； ⑥ 利用库管理文件	文件和文件夹的概念，文件资源管理器简介，文件/文件夹的操作，文件/文件夹的搜索，利用库管理文件
3.3	个性化设置与系统管理	① 设置电脑主题； ② 设置锁屏界面和屏幕保护程序； ③ 设置显示属性； ④ 设置输入法； ⑤ 管理应用程序	控制面板与“Windows 设置”窗口，个性化设置，管理应用程序与任务

3.1　任务：熟悉 Windows 10 操作系统

3.1.1　任务描述与实施

1. 任务描述

最近，小张同学在使用计算机的过程中遇到了几件事令他很困惑。例如，他看到别人的电脑屏幕上的窗口外观和背景图片很新奇，有的人居然不用鼠标也能移动窗口或改变窗口大小，有的人的电脑上不显示任务栏等。本任务的学习能够帮助小张解除上述疑惑。其实这些问题都涉及 Windows 10 中的基本概念和基本操作(如桌面、图标、任务栏、“开始”菜单和对话框等的基本操作等内容)。

2. 任务实施

【解决思路】

本任务主要帮助计算机初学者初步使用计算机，掌握计算机最基本的操作技能。本任务包括四个子任务：桌面图标的操作，任务栏的基本操作，“开始”菜单和“开始”屏幕的基本操作，窗口的基本操作。

项目三任务一

本任务涉及的主要知识技能点如下：

(1) 桌面图标的基本操作，包括调整桌面图标的大小，排列桌面图标，添加桌面图标等操作。

(2) 任务栏的基本操作，包括锁定任务栏，将应用程序固定到任务栏等操作。

(3) “开始”菜单和“开始”屏幕的基本操作，包括在“开始”菜单中启动应用程序，将应用程序固定到“开始”屏幕等操作。

(4) 窗口的基本操作，包括打开、移动、关闭、切换窗口等操作。

【实施步骤】

本任务要求及操作要点如表 3-2 所示。

表 3-2　任务要求及操作要点

任 务 要 求	操 作 要 点
1. 桌面图标的基本操作	
(1) 调整桌面图标的大小。在桌面上显示大图标或中等图标	右击桌面空白处，在弹出的快捷菜单中选择“查看”|“大图标”选项或“中等图标”选项
(2) 排列桌面图标。按项目类型排列桌面上的图标	右击桌面空白处，在弹出的快捷菜单中选择“排序方式”命令，再选择“项目类型”选项
(3) 添加桌面图标。在桌面上添加“控制面板”系统图标	右击桌面空白处，在弹出的快捷菜单中选择“个性化”命令，在窗口中选择“主题”选项卡，单击“桌面图标设置”选项，在对话框中勾选“控制面板”复选框，单击“确定”按钮
2. 任务栏的基本操作	
(1) 锁定任务栏并使用小任务栏按钮	右击任务栏空白处，在弹出的快捷菜单中选择“任务栏设置”选项，在窗口中拖动“锁定任务栏”开关为“开”状态，拖动“使用小任务栏按钮”滑块为“开”状态
(2) 自定义任务栏通知区域的图标，使通知区域不显示音量图标	右击任务栏空白处，在弹出的快捷菜单中选择“任务栏设置”选项，在“通知区域”栏目中单击“打开或关闭系统图标”链接，拖动“音量”开关为“关”状态
(3) 将应用程序“计算器”固定到任务栏	单击任务栏上的放大镜按钮，在搜索框内输入“计算器”，在搜索结果中单击“计算器”应用程序启动“计算器”，右击任务栏上的“计算器”图标，选择“固定到任务栏”选项。 **注意：**如要在任务栏中去掉这个按钮，则右击任务栏上的“计算器”图标，选择“从任务栏取消固定”选项
3. “开始”菜单和“开始”屏幕的基本操作	
(1) 在“开始”菜单中启动“画图 3D”应用程序创建一个图片文件，名称自定	单击“开始”按钮，在“开始”菜单中查找“画图 3D”应用程序，单击“新建”按钮则创建一个图片文件，单击“文件”|“保存”命令为文件命名(名称自定)，然后保存文件
(2) 将“画图 3D”应用程序固定到“开始”屏幕，并调整磁贴的大小为“小”，然后将其移动到“浏览”区域	① 在“开始”菜单中找到“画图 3D”应用程序，右击鼠标，选择“固定到‘开始’屏幕”选项。 ② 右击“画图 3D”磁贴，选择“调整大小”选项，选择“小”选项。 ③ 按住鼠标左键拖动“画图 3D”磁贴到“浏览”区域

续表

任务要求	操作要点
4. 窗口的基本操作	
(1) 在桌面上打开“此电脑”“画图 3D”“计算器”三个窗口，调整这三个窗口的位置和大小，然后并排显示窗口	① 双击桌面上的“此电脑”图标打开“此电脑”窗口；单击任务栏上的“计算器”图标打开“计算器”窗口；单击“开始”屏幕中的“画图 3D”磁贴打开“画图 3D”窗口。 ② 用鼠标拖动每个窗口的标题栏移动窗口，将鼠标指针移至窗口边框上，拖动鼠标改变窗口大小。 ③ 右击任务栏空白处，选择“并排显示窗口”命令排列三个窗口
(2) 切换窗口。依次将三个窗口改变为当前窗口	用鼠标依次单击每个窗口的标题栏或窗口区域中的任意位置
(3) 用三种不同方式依次关闭三个窗口	① 单击“此电脑”窗口，按 Alt＋F4 键关闭窗口。 ② 单击“画图 3D”窗口右上角的“×”图标关闭窗口。 ③ 单击“计算器”窗口，按 Alt＋空格键打开控制菜单，然后单击“关闭”命令(或通过键盘选择“关闭”命令)关闭窗口

【自主训练】

(1) 在“开始”菜单中找到 Word 程序，把它固定到任务栏。

(2) 至少用三种方法快速启动 Word 程序。

【问题思考】

(1) 在任务栏最右侧有个竖长条按钮，它的名称是什么？有何用途？

(2) Windows 的系统图标都有哪些？

3.1.2　相关知识与技能

3.1.2.1　Windows 10 操作系统简介

Windows 10 是微软(Microsoft)公司于 2015 年发布的新一代跨平台及设备应用的操作系统，应用于计算机和平板式电脑等设备。

Windows 10 有家庭版、专业版、企业版、教育版等多个版本，分别面向不同用户和设备，不同版本的功能和组件有所不同。

常见的操作系统

3.1.2.2　桌面的组成和操作

1. Windows 10 的启动与关闭

1) 启动 Windows 10 操作系统

先打开显示器等外部设备电源，再打开计算机主机电源，系统会进行自检，加载驱动程序；硬件检测正确后，系统自行开始引导程序，Windows 系统会自动启动，屏幕显示登录界面。如果系统中设置了多个用户，则需要先选择登录用户，再按要求正确输入登录密码，系统才会呈现 Windows 10 桌面。用不同的用户身份登录，用户将拥有不同的桌面和“开始”菜单。

2) 关闭 Windows 10 操作系统

在结束计算机操作时，要先退出 Windows 10 系统，再关闭显示器等外部设备电源。

单击“开始”按钮，再单击“电源”图标，此时会打开包括“睡眠”“关机”“重启”等选项的子菜单。

① 选择“睡眠”命令，计算机处于低能耗状态，系统自动保存当前打开的文档和程序，硬盘、显卡、CPU 等停止工作，只为内存供电，风扇停止。按鼠标或任意键可唤醒计算机。

② 选择“关机”命令，计算机会关闭所有打开的程序，退出 Windows 系统，同时自动关闭主机电源。

③ 选择“重启”命令，系统关闭所有打开的程序，重新启动操作系统。

2. Windows 10 的桌面

Windows 10 启动后，出现在屏幕上的整个区域称为桌面，它是 Windows 10 开始工作的地方。Windows 10 的桌面包括桌面图标、桌面背景和任务栏。

桌面是 C 盘上的一个特殊文件夹。右击桌面上任意一个文件，在快捷菜单中选择“属性”，在对话框中“位置：”后面显示的信息就是桌面所对应的文件夹名称。

1) 桌面图标

桌面图标是用来表示对象的带有文字名称和图片的标记，它可以表示应用程序、文档、文件夹、快捷方式和设备等对象。桌面图标主要有系统图标、快捷方式图标和文件/文件夹图标三类。

(1) 系统图标：系统自带的一些具有特殊用途的图标，如“回收站”“此电脑”等图标。

(2) 快捷方式图标：又称快捷方式，其标志是图标左下角有一个向上翻的箭头。此图标通常是在安装应用软件时自动生成的或用户为快速启动应用程序而创建的。

(3) 文件/文件夹图标：用户保存在桌面上的文件或文件夹的图标。

2) 桌面背景

桌面背景又称墙纸或桌布，是显示在计算机屏幕上的背景画面，起着丰富桌面内容、美化工作环境的作用。用户可根据自己的喜好，选择个性化的桌面背景。

3) 任务栏

任务栏是位于桌面底部的一个矩形长条区域，如图 3-1 所示，主要由“开始”按钮、程序区、通知区和“显示桌面”按钮组成。

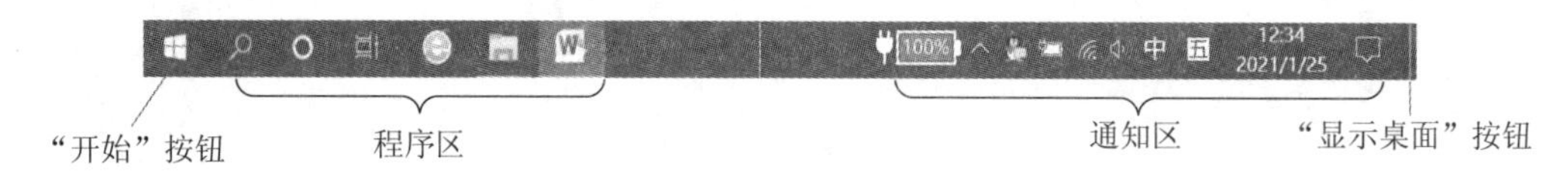

图 3-1　任务栏

(1) “开始”按钮：位于任务栏的最左端。单击“开始”按钮可以打开“开始”菜单。Windows 的所有操作都可以从“开始”菜单开始。“开始”菜单中列出了已安装的程序，这些程序按拼音字母排序。

(2) 程序区：有两类图标，一类是已打开的正在运行的程序和文件图标(图标周围有方块)，单击之可以在多个程序之间进行切换，另一类是固定在任务栏上的快捷启动程序图标，单击之可以启动相应程序。用鼠标左键拖动图标可以改变图标的排列次序。

(3) 通知区：位于任务栏右侧的提示区，一般有“音量”“语言指示器”“网络”和“系统时钟”等按钮。其中的“语言指示器”(或称“语言栏”)用于选择和设置输入法。

(4) “显示桌面”按钮：位于任务栏最右侧。单击它可以隐藏桌面上的窗口而显示桌面内容，再次单击则又返回原来的界面，其快捷键是 Windows+D。

小贴士

可以将常用程序锁定到任务栏，以便快速启动程序。

打开应用程序，在任务栏上右击程序图标，选择“固定到任务栏”命令，则可以将程序固定到任务栏上。右击任务栏上的程序图标，选择“从任务栏取消固定”选项，则可以从任务栏上删除程序图标。

3. 桌面的基本操作

1) 设置桌面上的系统图标

系统图标有“计算机”“回收站”“用户的文件”“控制面板”“网络”五个，可以控制是否在桌面上显示这些图标以及图标的样式。

右击桌面空白处，选择“个性化”选项，在窗口中选择“主题”选项卡，单击右侧窗格中的“桌面图标设置”选项，勾选或取消勾选系统图标前面的复选框并单击“确定”按钮，即可在桌面上添加或删除系统图标。

2) 添加或删除桌面上的快捷图标

当安装程序后，一般会在桌面上添加程序的快捷方式图标。用户可以为常用的程序或文件在桌面上创建快捷图标，当然也可以把常用的文件或文件夹放在桌面上。

单击选定桌面上的快捷图标或普通文件图标，按 Delete 键即可删除。

3) 设置图标的大小及排列

右击桌面空白处，选择“查看”命令，可以设置图标的大小或排列图标。

4. 任务栏的基本操作

右击任务栏上的空白区域，在弹出的快捷菜单中选择“任务栏设置”选项，可以对任务栏进行个性化设置。如通过开启相应项目的开关控制显示或隐藏任务栏上的按钮，设置任务栏自动隐藏，锁定任务栏等。

5. “开始”菜单的基本操作

1) 使用“开始”菜单

“开始”菜单是用户启动计算机程序、访问文件夹和设置计算机的起始位置。

单击屏幕左下角的“开始”按钮或按 Windows 键 ⊞ 或按 Ctrl+Esc 键，即可打开“开始”菜单。

“开始”菜单左侧窗格显示出计算机中的所有程序列表。当用户安装新程序或卸载程序后，所有程序列表也会发生变化。

“开始”菜单右侧窗格显示固定于“开始”屏幕的常用程序磁贴。用户可以通过该窗格快速访问常用程序或文档。

2) 将应用程序固定到“开始”屏幕

一些应用程序在安装完成后会自动固定到“开始”屏幕。右击某个程序，选择“固定到‘开始’屏幕”选项，可将某个应用程序固定到“开始”屏幕。

右击磁贴，选择“从‘开始’屏幕取消固定”选项，可将其从“开始”屏幕中删除。

6. 使用“虚拟桌面”

虚拟桌面功能可以为用户提供多个桌面环境。当在桌面上打开多个窗口时，可以将某些窗口放置在一个单独的虚拟桌面上，以方便操作。

单击任务栏上的“任务视图”按钮，或按 Windows+Tab 键，即可打开虚拟桌面视图窗口。单击“新建桌面”按钮可以新建一个桌面；右击某个虚拟桌面可以为其重命名；在屏幕下方左右移动鼠标可以浏览桌面，单击鼠标即可切换桌面。右击屏幕上方程序窗口，选择“移动到”选项，可将某个窗口移动到其他桌面。

【课堂练习 3.1】

(1) 通过右击桌面操作，隐藏桌面上的所有图标。

(2) 创建一个虚拟桌面，将“桌面 1”和“桌面 2”分别命名为“写作”和“画图”，并在“写作”桌面打开一个 Word 程序窗口，在“画图”桌面打开“画图”软件窗口，切换两个虚拟桌面，观察效果。

3.1.2.3　窗口的管理

窗口是指桌面上的形似窗口的矩形工作区，是用户与产生该窗口的应用程序人机交互的界面。当运行一个应用程序或打开一个文档、文件夹时，就会在屏幕上弹出一个窗口。

1. 窗口组成

大部分窗口都是由一些固定的元素组成的，如控制图标、标题栏、控制按钮、工作区和滚动条等。

1) 控制图标

控制图标即窗口控制菜单按钮的图标，位于窗口的左上角。单击控制图标或按 Alt + 空格键可以打开控制菜单，其中包括对窗口进行移动、改变大小、最小化、最大化、关闭等操作。

2) 标题栏

标题栏位于窗口的最上方，用于显示当前窗口的名称，但有的窗口名称省略。

3) 控制按钮

控制按钮位于窗口的右上角，用于窗口的调整和关闭操作。其包括以下三个按钮。

(1) “最小化”按钮：单击该按钮可将窗口“最小化”成任务栏上的一个图标，程序退至后台，单击任务栏上的图标可将窗口还原。

(2) “最大化”按钮：单击该按钮可将窗口放大到整个屏幕，此时按钮变成“还原”按钮，单击此按钮，窗口还原为最大化以前的尺寸，又变成了。

(3) “关闭”按钮：单击该按钮可关闭当前窗口，并释放其全部占用的系统资源。

4) 工作区

工作区也称操作区，是完成大部分操作任务的区域。

5) 滚动条

滚动条有水平滚动条和垂直滚动条两种。当窗口大小无法显示所有内容时会出现滚动条。用户可以拖动滚动条查看更多的内容，也可以单击滚动条上的空白位置来切换窗口内容。

2. 窗口操作

窗口操作方法如表 3-3 所示。

表 3-3　窗口操作方法

操作内容	常用操作方法
最小化窗口	(1) 单击窗口右上角的“最小化”按钮； (2) 单击任务栏最右端的“显示桌面”按钮； (3) 按 Windows + D 键
最大化/还原窗口	(1) 单击窗口右上角的“最大化”按钮； (2) 双击标题栏空白区域
关闭窗口	(1) 单击窗口右上角的“关闭”按钮； (2) 按 Alt + F4 键； (3) 双击窗口左上角的控制图标
改变窗口大小	将鼠标指针移至窗口边框或窗口角，待鼠标指针变成双向箭头时拖动鼠标
移动窗口	将鼠标指针移至窗口标题栏处，按住左键拖动鼠标，在适当位置释放鼠标
切换窗口	(1) 单击需切换窗口的标题栏或窗口内的任意位置，可使其成为当前活动窗口(活动窗口只能有一个，它是完整可见的)； (2) 单击任务栏上需切换窗口的程序图标； (3) 按 Alt + Tab 键或 Alt + Esc 键； (4) 按 Windows + Tab 键，各窗口会以 3D 形式切换
多窗口排列	右击任务栏空白处，在快捷菜单中选择排列方式。 “层叠窗口”：窗口重叠在一起，只露出每个窗口的标题栏； “堆叠显示窗口”：窗口以纵向平铺方式显示； “并排显示窗口”：窗口以横向平铺方式显示

小贴士

使用键盘也可以操作窗口，如移动窗口位置，改变窗口大小，最小化、最大化或关闭窗口。

方法是：单击窗口左上角的控制图标，或按 Alt + 空格键，或在标题栏空白处右击，然后在控制菜单中执行相应命令。使用键盘上的箭头键选择命令，按回车键执行命令。

3.1.2.4 菜单和对话框

1. 菜单

许多应用程序通过使用菜单完成各种操作。菜单命令以逻辑分组的形式组织，用户通过选择菜单项来执行相应的命令。

1) 菜单的种类

菜单主要有“开始”菜单、控制菜单、快捷菜单、程序功能菜单(下拉菜单)等。

2) 菜单的约定

Windows 10 的菜单中有一些约定的标记，表 3-4 给出了常用标记代表的含义。

表 3-4 菜单项常用标记及其含义

菜单项标记	含 义
灰色的命令	表示该命令在当前状态下不可用
分组线	用于对命令进行分组
带有省略号…	选择该命令后将弹出一个对话框，输入进一步的信息后才能执行命令
后面带有三角 ▸	选择该命令后将弹出一个级联菜单(即子菜单)
前面有复选标记 ✓	类似于开关，可以选中或者不选中某项功能
前面有单选标记 ●	选项标记，在多个选项中选择其中一个
后面有圆括号和字母	组合键，打开菜单后按 Shift+字母可执行命令
快捷键	不必打开菜单，可以直接按键执行命令，如按 Ctrl+C 键

2. 对话框

对话框是用户与系统或应用程序进行交互操作的主要方式，用于命令执行时进行人机对话，显示或提示并等待用户输入信息。

对话框是一种特殊的窗口。它没有控制菜单图标，可以移动和关闭，但不能最大化或最小化。某些对话框在关闭之前不接受应用程序的任何操作，例如，Word 程序的“另存为”对话框。表 3-5 给出了对话框中的常用控件及其作用。

表 3-5 对话框中的常用控件及其作用

控 件 名 称	作 用
选项卡：如 查找(D) 替换(P) 定位(G)	又称标签、页签。一个选项卡包含一组相应的内容。单击选项卡的标签可切换到相应的选项卡下
列表框：如 字形(Y)： 常规 常规 倾斜 加粗	列出了多个选项，直接选择即可。用户可以选择其中一项或几项，有时需要通过滚动条，并配合 Ctrl 或 Shift 键选择其中的某些项内容
下拉列表框：如 单倍行距	单击右边的向下箭头，可以展开列表供用户选择；列表关闭时，显示被选中的信息

续表

控件名称	作　用
复选按钮：如 ☑ 奇偶页不同(O) ☐ 首页不同(P)	列出可以选择的项，可以选择一项或多项，☑表示选中，☐表示不选
单选按钮：如 ◉ 水平(Z) ○ 垂直(V)	用来在一组选项中选择一项，且只能选择一项，◉表示被选中
数值框：如 2 字符	单击该框右边的上下箭头可以改变数值的大小，也可以在数值框中直接输入一个数值
文本框：如 页数:	用于输入文本信息的矩形区域，当鼠标指针移至该框时变成“I”形状，单击落下插入点后，就可由键盘输入文字信息
命令按钮：如 关闭	简称按钮，是带有文字的矩形按钮，单击它可立即执行命令，呈灰色的命令按钮表示在当前状态下不可用
滑标：如	即滑动式按钮，拖动滑标可以改变数值大小，一般用于调整参数

3.2　任务：管理文件和文件夹

3.2.1　任务描述与实施

1. 任务描述

小张的笔记本电脑已经使用了一年多，电脑中的文件越来越多，桌面上的文件也满满当当的，而且文件命名没有规律，文件没有条理地存储在 C、D、E 多个磁盘上，小张每天最为繁忙的工作就是在电脑中“找”文件。如何科学地组织文件结构？如何快速地搜索所需要的文件？这是小张非常渴望学习的知识和技能。本任务正是为解决小张的烦恼而设置的。

2. 任务实施

【解决思路】

项目三任务二

本任务主要学习如何管理计算机中的文件和文件夹，所使用的工具主要是文件资源管理器。要完成文件和文件夹的操作，首先要选定文件和文件夹，然后对选定对象进行操作。大部分的操作都可以通过右击对象，在快捷菜单中选择操作命令来完成。

本任务要用到“项目三 Windows 素材”文件夹，完成任务前请将该文件夹复制到桌面上。

本任务涉及的主要知识技能点如下：

(1) 文件/文件夹的操作，包括文件/文件夹的创建、复制、移动、删除、重命名，利用文件名通配符搜索文件或文件夹等。

(2) 为文件添加标记信息，通过文件标记对文件进行分组管理。

(3) 为应用程序或文件夹创建快捷方式。

(4) 设置文件属性。显示/隐藏具有“隐藏”属性的文件或文件夹。

(5) 利用库管理文件，包括建立库、将文件夹加入库、优化库等。

【实施步骤】

本任务要求及操作要点如表 3-6 所示。

表 3-6　任务要求及操作要点

任 务 要 求	操 作 要 点
1．创建文件和文件夹	
(1) 在 D 盘根文件夹中建立一个名为“我的作业”的文件夹，再在该文件夹中建立一个名为“儿子照片”的文件夹	① 双击桌面上“此电脑”图标进入文件资源管理器窗口，在右窗格中双击 D 盘进入 D 盘根文件夹，右击右窗格空白处，在快捷菜单中选择“新建”|“文件夹”命令，右击生成的“新建文件夹”文件名，选择“重命名”，将其修改为“我的作业”。 ② 双击“我的作业”进入该文件夹，在其中建立名为“儿子照片”的文件夹
(2) 在 D 盘“我的作业”文件夹中建立一个名为“我的信息”的文本文档，其中写入三行文字，分别是班级、学号和姓名	① 双击 D 盘“我的作业”文件夹进入该文件夹，右击空白处，在快捷菜单中选择“新建”|“文本文档”命令，右击生成的“新建文本文档”文件名，选择“重命名”，将其修改为“我的信息.txt”。 ② 双击“我的信息.txt”打开该文档，在窗口中输入三行文字，分别是班级、学号和姓名。 **注意：**常用文件如 Word 等文档的扩展名在系统中可以设置为显示或不显示，若设置为不显示，则在为文件重命名时不用再输入扩展名
2．复制、移动和重命名文件	
(1) 将桌面上的“项目三 Windows 素材”文件夹复制到 D 盘根文件夹并重命名为“Win”	① 在桌面上单击选定“项目三 Windows 素材”文件夹，按 Ctrl + C 键将其复制到剪贴板；进入 D 盘根文件夹窗口，按 Ctrl + V 键粘贴剪贴板内容。 ② 右击“项目三 Windows 素材”文件夹，选择“重命名”，输入名称“Win”
(2) 将 D 盘“Win”文件夹中的“照片 C”文件夹移动到 C 盘根文件夹	进入 D 盘“Win”文件夹，单击选定“照片 C”文件夹，按 Ctrl + X 键剪切文件夹，进入 C 盘根文件夹，按 Ctrl + V 键粘贴文件夹
3．利用文件标记分类文件	
(1) 为 D 盘“照片 D”文件夹中的每张照片输入标记信息，分别用 bb、mm、er 标记爸爸、妈妈和儿子	进入“照片 D”文件夹，在窗口功能区中单击“查看”选项卡，使用“大图标”显示；单击选中“详细信息窗格”选项，使窗口最右侧显示文件的详细信息；逐一单击每张照片，根据照片上的人物，输入文件的标记。分别对爸爸、妈妈和儿子使用 bb、mm、er 标记，多个人物时标记间用分号分隔，输入每张照片的标记后要单击“保存”按钮
(2) 分类照片。将“照片 D”文件夹中的照片分成爸爸、妈妈、儿子三组	在窗口功能区中单击“查看”|“分组依据”选项，选择“标记”选项，即可将照片分为三组

续表

任 务 要 求	操 作 要 点
4．建立快捷方式	
(1) 在桌面上为 C 盘根文件夹中的“照片 C”文件夹建立一个快捷方式，名称默认	进入 C 盘根文件夹，右击“照片 C”文件夹，选择“发送到”|“桌面快捷方式”命令
(2) 在 D 盘“我的作业”文件夹中为桌面上的“项目三 Windows 素材”文件夹建立名为“素材”的快捷方式	① 右击桌面上的“项目三 Windows 素材”文件夹，按 Ctrl + C 键复制； ② 进入 D 盘“我的作业”文件夹，右击空白处，选择“粘贴快捷方式”命令，然后将快捷方式文件改名为“素材”
5．搜索文件，设置文件属性并显示隐藏文件	
(1) 从 D 盘“我的作业”文件夹开始搜索所有以“作业”文件名结尾的、扩展名为“.txt”的文件，将其属性设置为仅有“隐藏”属性	双击 D 盘“我的作业”文件夹进入其窗口，在右上角搜索框内输入“*作业.txt”并单击转到按钮 →，在搜索结果窗口中按 Ctrl + A 键全选文件，右击选中区域，在快捷菜单中选择“属性”，在对话框中勾选“隐藏”复选框，单击“高级”按钮，取消勾选“文件属性”栏目中“可以存档文件”前面的复选框
(2) 设置 Windows 使之显示(或不显示)文件扩展名和隐藏文件	在文件资源管理器窗口中单击功能区的“查看”按钮，在“显示/隐藏”选项组中勾选(或取消勾选)“文件扩展名”和“隐藏的项目”复选框
6．利用库管理文件	
(1) 建立一个名为“旅游照片”的库，将 D 盘“照片 D”文件夹和 C 盘“照片 C”文件夹(其中的照片已设置好标记)加入该库中	① 在文件资源管理器窗口的左窗格中，右击“库”图标，选择“新建”|“库”选项，右击“新建库”并选择“重命名”命令，将名称改为“旅游照片”。 ② 右击 D 盘“照片 D”文件夹，选择“包含到库中”选项，再选择“旅游照片”库。采用同样的方法将 C 盘“照片 C”文件夹加入库中
(2) 将“旅游照片”库优化为“图片”库，先按拍摄月份排列库中的照片，再按标记排列照片	① 右击“旅游照片”库，选择“属性”选项，在对话框中单击“优化此库”下拉列表，选择“图片”选项并单击“确定”按钮。 ② 在“旅游照片”库窗口的右窗格空白处右击鼠标，在快捷菜单中选择“排列方式”|“月”选项按月份排列照片，再选择“排列方式”|“标记”选项按标记排列照片
(3) 按标记 er 搜索照片，并将包含有儿子的全部照片复制到 D 盘“儿子照片”文件夹中	① 在“旅游照片”库窗格右上角的搜索框内输入“jpg”进行搜索，打开“搜索”选项卡(在此处搜索关键字输入什么都可以，只要打开“搜索”选项卡即可)。 ② 单击搜索框右侧的“×”开始新的搜索。在功能区单击“搜索”选项卡，在“优化”选项组“其他属性”下拉列表中选择“标记”，在搜索框内输入“er”(显示为“标记：er”)，单击“转到”按钮按标记搜索 ③ 按 Ctrl + A 键全选搜索到的文件，按 Ctrl + C 键复制，进入“儿子照片”文件夹，按 Ctrl + V 键粘贴

【自主训练】

(1) 彻底删除 D 盘根文件夹中的“Win”文件夹。

(2) 在“旅游照片”库中搜索爸爸和妈妈的合影照片。

提示：直接在搜索框内输入“标记：bb ␣ 标记：mm”，实现多个标记的搜索。

【问题思考】

(1) 进行“优化库”的目的是什么？

(2) 进入一个包括图片的普通文件夹和进入一个图片库之后，文件排列和分组方式有哪些不同？

3.2.2　相关知识与技能

3.2.2.1　文件和文件夹的概念

文件和文件夹的概念

1. 文件的概念

文件是数据在计算机中的组织形式。计算机中的任何程序和数据都是以文件的形式保存在计算机的外存储器(如硬盘、U 盘等)中的。文件的范围很广，应用程序、文字资料、图片资料或数据库等均可作为文件。

2. 文件的命名规则

每个文件都有自己唯一的文件名，操作系统通过文件名对文件进行组织和管理。文件名的命名规则如下：

(1) 文件名由主文件名和扩展名两部分组成，中间用“.”隔开。其格式为：主文件名.扩展名。主文件名也称基本文件名；扩展名也称后缀，一般由创建文件的软件自动生成。主文件名最多由 255 个字符组成，包括英文、数字、汉字及大部分符号。

(2) 文件名中不能出现斜线(/ 或 \)、大于号(>)、小于号(<)、竖线(|)、冒号(:)、引号(")、问号(?)、星号(*)等字符。

(3) 系统保留用户命名文件时的大小写格式，但文件名中不区分大小写字母。

(4) 同一文件夹中不能有相同的文件或文件夹名称。

3. 文件的类型

扩展名用来标识文件的类型，Windows 中不同类型的文件以不同的图标显示。

常用的文件类型及其对应的扩展名如表 3-7 所示。

表 3-7　文件类型及其对应的扩展名

文件类型	部分扩展名举例	说　　明
可执行文件	.com、.exe	由相应的程序代码组成，双击程序图标即可启动程序
文本文件	.txt	由字符、字母和数字组成
图像文件	.bmp、.jpg、.gif	存放图片信息
声音文件	.mid、.wav、.mp3	数字形式的声音文件
视频文件	.avi、.mp4、.asf	数字形式的视频文件
办公文件	.doc、.docx、.xls、.xlsx、.ppt、.pptx、.wps、. et、.dps	如微软公司开发的办公软件 Word、Excel、PowerPoint 等，国产金山软件公司开发的 WPS Office 办公软件等

4. 通配符

搜索文件时，可以在文件名中使用通配符来表示一批文件。通配符有“ ? ”和“ * ”两个，其中“?”表示任意一个字符，“ * ”表示任意多个字符。

5. 关联的概念

关联是指将某种类型的文件同某个应用程序通过扩展名联系起来，以便在打开任何具有此类扩展名的文件时，自动启动该应用程序。例如，Word 程序和.docx 类型的文档关联等。

6. 文件夹的概念

在 Windows 中，文件夹的图标默认是一个黄色的小书包(这个图标也可以自定义)。文件夹也称为目录，是存放文件或文件夹的容器。通常将一些相关的文件和文件夹“分门别类”地存放在同一个文件夹中，以便查找和使用。

每个子文件夹都可以包含任意数量的文件或子文件夹。文件夹的命名规则和文件的命名规则相同，通常不使用扩展名。文件夹中不允许有相同名字的子文件夹或文件，不同文件夹中的文件和子文件夹可以同名。

7. 路径的概念

在 Windows 10 中，文件的存储方式呈树型结构。文件夹树的最高一层称为根文件夹，根文件夹用“\”表示。

路径是指文件或文件夹在文件夹树中的位置，使用以“ \ ”隔开的一系列文件夹名称来表示。路径有绝对路径和相对路径两种表示方法。

绝对路径是从磁盘根文件夹开始构成的路径。如 D:\Test 表示 D 盘根文件夹中的 Test 文件或文件夹。

相对路径是从当前文件夹开始构成的路径。如 D:Test 表示 D 盘当前文件夹中的 Test 文件或文件夹。要注意 D:\Test 和 D:Test 的不同。

一个文件或文件夹的绝对路径表示只有一种，而相对路径表示有多种(在相对路径中可使用“.”表示当前文件夹，“..”表示父文件夹)。

在 Windows 10 中，单击地址栏空白处，即可获得所打开文件夹(称“当前文件夹”)的绝对路径。

8. 快捷方式的概念

快捷方式提供了一种简便的工作捷径。

可以为程序、文档、文件夹等对象在任何位置建立快捷方式，以方便地找到并打开对象。例如，为某个常用的应用程序在桌面上建立一个快捷方式，打开快捷方式即可运行所对应的程序。快捷方式是一个连接对象的特殊的小文件，它不是对象本身，而是指向对象的指针。删除快捷方式并不会删除对象本身。

快捷方式图标的左下角有一个向上翻转的小箭头。快捷方式的名字可以和原文件同名或者另外命名，其扩展名是 .lnk，但通常不显示。可以给一个对象在多个不同的位置创建多个快捷方式。

9. 剪贴板及其使用

剪贴板是在内存中开辟的一个临时存储空间，用来临时存储被剪切或复制的信息，是 Windows 程序之间交换信息的场所。剪贴板的基本操作有剪切、复制、粘贴三种。

(1) 剪切：将选中的信息从原位置剪切下来，存入剪贴板(快捷键是 Ctrl + X)。

(2) 复制：将选中的信息复制到剪贴板，原来的信息不变(快捷键是 Ctrl + C)。

(3) 粘贴：将剪贴板中的信息复制到指定位置，剪贴板中的信息不变(快捷键是 Ctrl + V)。

剪切或复制的内容会临时存放在剪贴板上，一次剪切或复制可以多次粘贴，直到下一次剪切或复制操作才会更新剪贴板上的内容。

另外，撤销最近一次操作的快捷键是 Ctrl + Z。

注意：按 Windows+V 键可以打开剪贴板，查看剪贴板中的内容。

3.2.2.2 文件资源管理器简介

文件资源管理器是 Windows 系统提供的资源管理工具，用户通过它可以查看计算机中的所有资源，可以对文件或文件夹进行复制、移动等各种操作。

1. 打开和关闭文件资源管理器

打开文件资源管理器的方法有以下几种。

方法一：按 Windows + E 键(即 + E 键)。

方法二：右击“开始”按钮，在快捷菜单中选择“文件资源管理器”。

方法三：单击任务栏上的磁盘图标。

双击任意一个文件夹也可以打开“文件资源管理器”窗口。

单击窗口右上角的“×”按钮即可退出文件资源管理器。

2. 文件资源管理器窗口的组成

文件资源管理器的窗口界面如图 3-2 所示。

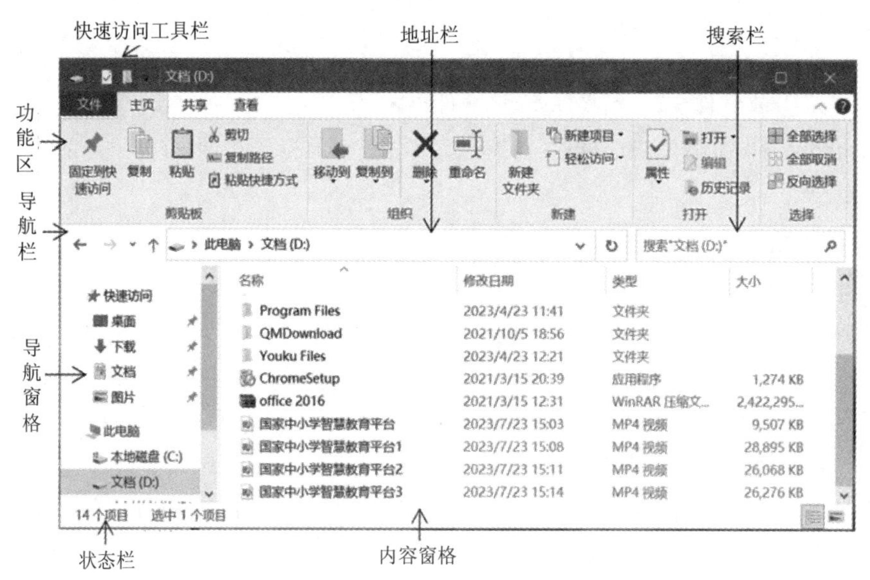

图 3-2　文件资源管理器的窗口界面

窗口中的有些元素在本项目前面部分已有介绍，下面主要介绍文件资源管理器窗口特有的元素。

1) 快速访问工具栏

快速访问工具栏位于窗口左上角，有“属性”按钮、“新建文件夹”按钮和“自定义快速访问工具栏”按钮。单击按钮可以增加或减少快速访问工具栏按钮。

2) 功能区

Windows 10 中的“文件资源管理器”采用了功能区模式。功能区把命令按钮放在一个带状、多行的区域内。功能区由多个“选项卡”组成，每个选项卡中的命令和选项按钮又分为不同的选项组。

通常情况下，Windows 10 的功能区显示四个选项卡，分别是“文件”“主页”“共享”和“查看”。单击功能区右上方的“最小化功能区”按钮可以将功能区最小化，再次单击此按钮将再次展开功能区。执行“查看”|“显示”命令，可以选择是否显示“导航窗格”等窗格。

3) 导航栏

导航栏由一组导航按钮组成，包括←、→、⌄、↑按钮。

“返回”按钮←：返回到浏览的前一个位置窗口。

“前进”按钮→：按照用户浏览的先后步骤浏览。

“最近浏览的位置”按钮⌄：打开最近浏览过的位置列表。

“上移到”按钮↑：按照浏览窗格中文件夹的层次关系返回上一层文件夹，最终回到“桌面”。

4) 地址栏

地址栏用于显示当前窗口的名称或具体路径。单击文件夹名称，则打开并显示该文件夹中的内容；单击文件夹名称后的分割箭头>，则显示该文件夹中的子文件夹名称，再单击子文件夹名称，将切换到该子文件夹。

单击地址栏中的空白处，则地址栏中会显示路径。

5) 搜索栏

搜索栏用于搜索当前窗口中的文件和文件夹。在搜索框中输入关键字(可以是关键字的一部分)，系统将从当前文件夹开始进行搜索。在搜索结果中，会用不同颜色标记搜索的关键字。

6) 导航窗格

导航窗格以树形图的方式提供了“快速访问”“此电脑”“网络”等节点。用户可以通过这些节点快速切换到需要跳转的位置。每个节点可以展开或收缩。

7) 内容窗格

内容窗格是窗口主体区，用于显示当前文件夹中的内容。拖动内容窗格与导航窗格、预览窗格或者详细信息窗格之间的分隔线(竖线)，可以调整内容窗格的宽度。

8) 预览窗格和详细信息窗格

“预览窗格”用于预览选定文件的内容。“详细信息窗格”用于显示选定对象的属性信息。这两个窗格只能显示一个，都会显示在内容窗格右侧部分。

9) 状态栏

状态栏位于窗口底部，用于显示与当前操作有关的信息，如项目总数、选中的项目数等。应用程序不同，状态栏显示的内容也不同。

单击功能区中的“查看”|“选项”命令，再单击“文件夹选项”对话框中的“查看”选项卡，可以在“高级设置”列表中勾选“显示状态栏”复选框来显示状态栏。

3. 设置文件/文件夹的查看方式和排序方式

为了能够方便地浏览文件和文件夹，可以设置文件和文件夹的查看方式，或改变文件和文件夹的排序方式。

1) 设置查看方式

打开要查看的文件或文件夹窗口，在“查看”选项卡的“布局”选项组(如图 3-3 所示)中可以看到有“超大图标”“大图标”“中图标”等八种浏览方式。单击某个按钮，在右下方的内容窗格中将以相应的方式显示。

右击窗口空白区域，在快捷菜单中选择“查看”选项，也可以选择查看方式。

单击窗口右下角的“在窗口中显示每一项的相关信息”按钮 和“使用大缩略图显示项”按钮 ，也可以在“详细信息”和“大图标”之间进行切换。

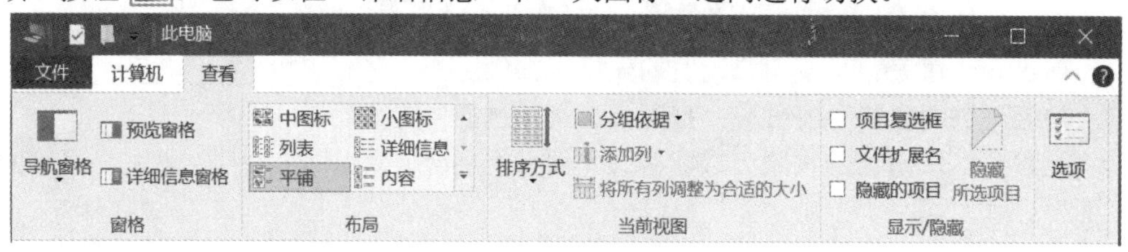

图 3-3 设置查看方式

2) 设置排序方式

可以按照文件或文件夹的名称、大小、类型和修改日期进行排列显示。

单击“查看”|“当前视图”|“排序方式”按钮，在弹出的下拉菜单中选择排序方式。或者右击窗口空白处，在弹出的菜单中选择所需的排序方式。

另外，在“详细信息”显示方式下，单击文件列表上方的“名称”“大小”“类型”“修改日期”列标题，也可按相应项目排序显示，再次单击列标题将反序排列。左右拖动列标题可调整信息的显示顺序。

3) 设置分组依据

通过对文件或文件夹进行分组，也可以实现快速浏览的目的。右击窗口空白处，在快捷菜单中选择分组依据(名称、修改日期、类型、大小等)。单击其中的“更多”选项，可以选择想要在文件夹中显示的项目的详细信息。

4) 选择显示/不显示隐藏文件/文件夹

在文件夹窗口中单击“查看”选项卡，在“显示/隐藏”选项组中勾选“隐藏的项目”复选框，这样隐藏的文件或文件夹将以浅色显示。不勾选“隐藏的项目”复选框，则不显示隐藏的项目。

5) 选择显示/不显示文件扩展名

默认情况下，Windows 10 不显示已知文件类型的文件扩展名(即不显示已在系统中备案文件的扩展名)，如果需要显示其扩展名，则单击“查看”选项卡，在“显示/隐藏”选项组中勾选“文件扩展名”复选框。

单击“查看”选项卡中的“选项”按钮，会打开“文件夹选项”对话框，其中包含“常规”“查看”“搜索”三个选项卡，可以详细地设置文件或文件夹的查看方式和搜索方式。

【课堂练习 3.2】

查看 C 盘 Windows 文件夹中最大的文件、建立时间最早的文件或文件夹。

小贴士

是否显示隐藏的文件/文件夹的设置，以及是否显示已知文件类型的文件扩展名，这两项设置都是针对整个系统而言的，即在一个文件夹窗口中进行了设置后，在其他所有的文件夹窗口中均生效。

3.2.2.3 文件/文件夹的操作

文件和文件夹的操作

文件/文件夹的操作主要在文件资源管理器或“此电脑”窗口的“主页”选项卡中进行，也可以右击对象或右击窗口空白处，在快捷菜单中选择需要的操作。

1. 选定文件/文件夹

Windows 的操作特点是“先选定，再操作”。选定的对象呈反相显示，选定方法如表 3-8 所示。

表 3-8 各种对象的选定方法

要选定的对象	操 作 方 法
单个对象	单击文件或文件夹图标
多个连续的对象	方法一：头尾单击。单击第一个，按住 Shift 键，再单击最后一个。 方法二：鼠标框选。将鼠标指针移至第一个对象旁边的空白处，然后拖动鼠标使虚线框框住要选中的对象。在窗口最下方的状态栏上会显示所选定的对象个数
多个不连续的对象	先单击一个对象，然后按住 Ctrl 键再单击选定其他对象
全部对象	在窗口中按 Ctrl + A 键，或单击“主页”|“选择”|“全选选择”命令
反向选定	先选定不需要的对象，然后单击“主页”|“选择”|“反向选择”命令

2. 创建文件/文件夹

确定要创建文件的位置后，右击鼠标，在快捷菜单中选择“新建”命令，再选择所需要的文件类型如“DOCX 文档”“文本文档”等，然后将文件改名。

确定要创建文件夹的位置后，右击鼠标，在快捷菜单中选择“新建”|“文件夹”命令，即可在文件夹中创建一个空文件夹，文件夹名反相显示，可以直接输入需要的文件名。也可以单击“主页”|“新建文件夹”命令创建文件夹。

3. 移动、复制、重命名、删除文件/文件夹

移动、复制、重命名及删除文件/文件夹的方法如表 3-9 所示。

表 3-9　移动、复制、重命名及删除文件/文件夹的方法

文件/文件夹的操作	操作方法			
	使用快捷键	使用鼠标拖动	使用快捷菜单	使用“主页”选项卡
移动	选定对象，按 Ctrl + X 键剪切，然后在目标位置的空白处按 Ctrl + V 键粘贴	选定对象并拖动鼠标，到目标位置后松开鼠标(如果在不同磁盘之间进行移动操作，则按 Shift 键拖动)	选定对象，右击鼠标，在快捷菜单中选择“剪切”命令，然后在目标位置右击，在快捷菜单中选择“粘贴”命令	选定对象，执行“主页”|“组织”|“移动到”命令，在子选项中选择目标位置
复制	选定对象，按 Ctrl + C 键，然后在目标位置的空白处按 Ctrl + V 键	选定对象，按 Ctrl 键拖动鼠标(有“+”号出现)，到目标位置后松开鼠标(如果在不同磁盘之间进行复制操作，则直接拖动)	选定对象，右击鼠标，在快捷菜单中选择“复制”命令，然后在目标位置右击，在快捷菜单中选择“粘贴”命令	选定对象，执行“主页”|“组织”|“复制到”命令，在子选项中选择目标位置
重命名	选定对象，按 F2 功能键(或再次单击鼠标)，然后输入新文件名	—	选定对象，右击鼠标，在快捷菜单中选择“重命名”命令，然后输入新文件名	选定对象，执行“主页”|“组织”|“重命名”命令，然后输入新文件名
删除	选定对象，直接按 Delete 键。如果要永久删除，则按 Shift + Delete 键	选定对象，直接将其拖动到回收站图标	选定对象，右击鼠标，在快捷菜单中选择“删除”命令(如果要永久删除，则按 Shift 键操作)	选定对象，执行“主页”|“组织”|“删除”命令，在子选项中选择“回收”或“永久删除”命令

注意：

(1) 由于文件可能与某种应用程序建立了关联，因此如果错误地更改了文件的扩展名，则可能破坏该文件和某应用程序的关联，从而造成文件无法使用的错误。当修改文件扩展名时，系统会弹出“重命名”提示框，选择“是”将完成更改文件名的操作，选择“否”则保持原来的文件名。如果扩展名是隐藏状态，则不会出现改掉扩展名的情况。

(2) 文件夹名称必须在文件夹的父文件夹窗口中进行更改。不能对已经打开的文件夹进行重命名。

(3) 如果事先选定了多个对象，则可以同时移动、复制或删除多个对象。

(4) 如果删除文件夹，则该文件夹和各级子文件夹及其内容将一并被删除。

4. 还原被删除的文件/文件夹

1) 还原被删除的文件/文件夹

如果误删文件或文件夹，可借助“回收站”进行恢复。方法是：双击桌面上的“回收站”图标，打开“回收站”窗口，选定准备还原的对象后右击鼠标，然后在快捷菜单中选择“还原”命令，即可将选定的对象恢复到删除前的位置。

2) 清空回收站

单击“回收站工具”选项卡中的“清空回收站”按钮，可将回收站内的所有文件及文件夹彻底删除，释放所占据的磁盘空间。

小贴士

“回收站”是硬盘上的一块存储空间，是一个特殊的文件夹，专门用来存放用户删除的硬盘上的文件。如果发现误删了文件，可以将该文件从回收站中还原到原来的位置。

回收站中的内容被删除后不借用工具软件采取特殊方式是不能恢复的。U 盘或网络驱动器中的对象删除后不会放入回收站，而是永久删除。

右击桌面上的“回收站”图标，在快捷菜单中选择“属性”命令，可以设置回收站的大小。C 盘回收站大小默认为磁盘容量的 10%，可以在“最大值”文本框内设置回收站的大小。

5. 查看和修改文件/文件夹属性

方法一：选定文件或文件夹，右击并在快捷菜单中选择“属性”命令，在对话框中选择“常规”选项卡，根据需要勾选“只读”和“隐藏”属性，单击“高级”按钮，可设置更多的属性(存档、索引、压缩、加密等)。

方法二：选定文件或文件夹，单击窗口“主页”选项卡中的“属性”按钮，在对话框中操作。

为文件设置“只读”属性后，文件只能打开、显示或执行，除非将文件另存为其他名字，否则不能保存修改的内容，但是可以被改名或删除。对于文件系统来说，文件夹的只读属性没有实际意义。

为文件或文件夹设置“隐藏”属性后，文件或文件夹将被隐藏，在系统默认情况下，窗口中将看不到隐藏的对象，用户不能对隐藏对象进行操作。如果要显示隐藏的对象(以浅灰色显示所有已设置“隐藏”属性的对象)，需要更改系统的显示文件属性。方法是：单击窗口中的“查看”选项卡，勾选“隐藏的项目”复选框。也可以单击“选项”命令，在“文件夹选项”对话框中单击“查看”选项卡，再单击选定“显示隐藏的文件、文件夹和驱动器”单选按钮。

文件的“存档”属性用于备份程序，通过文件的存档属性识别文件是否备份过或修改过。

【课堂练习 3.3】

在 D 盘中将一个文件和一个文件夹设置为隐藏属性，看能否看到隐藏后的对象。

如果看不到，则设置显示它们；如果还能看到，则设置不显示它们。

6. 创建快捷方式

可以为经常使用的程序、文件、文件夹、打印机或网络中的计算机等对象创建快捷方式，通过快捷方式可以快速打开对象。

创建快捷方式

例如，经常要操作 D 盘 AA 文件夹中的 BB 文件夹，现在要在桌面上的 CC 文件夹中为它创建一个名为 KJ 的快捷方式，创建方法如表 3-10 所示。

表 3-10　创建快捷方式的方法

当前文件夹	方　法	操 作 步 骤
CC	右击空白处，“新建”|“快捷方式”	在 CC 文件夹中右击空白处，在快捷菜单中选择“新建”|“快捷方式”命令，在对话框的“请键入对象的位置”文本框内输入对象的路径“D:\AA\BB”，再单击“下一步”按钮(或单击“浏览”按钮，在列表框中选定对象)，输入快捷方式的名称“KJ”
AA	复制，粘贴快捷方式	进入 AA 文件夹，右击 BB 文件夹并选择“复制”命令，进入 CC 文件夹，右击并选择“粘贴快捷方式”命令，修改名称
AA	右键拖动法	同时打开 AA 文件夹和 CC 文件夹窗口，按住鼠标右键，把 BB 文件夹从 AA 文件夹拖动到 CC 文件夹，释放鼠标时选择“在当前位置创建快捷方式”命令，然后修改名称
AA	右击对象，“创建快捷方式”	进入 AA 文件夹，右击 BB 文件夹，选择“创建快捷方式”命令，将在 AA 文件夹中创建快捷方式，并为快捷方式改名，然后将其移动到 CC 文件夹
AA	右击对象，“发送到”|“桌面快捷方式”	进入 AA 文件夹，右击 BB 文件夹，选择“发送到”|“桌面快捷方式”命令，为快捷方式改名，然后将其移动到 CC 文件夹

【课堂练习 3.4】

使用至少三种方法为 D 盘中的一个文件夹如“D:\Winkt”在桌面上建立快捷方式。

3.2.2.4　文件/文件夹的搜索

有时用户需要查看某个文件或文件夹的内容，却忘记了文件或文件夹的存放位置，此时利用 Windows 的搜索功能即可解决用户的问题。根据搜索参数的不同，搜索可分为简单搜索和高级搜索两种。

1. 简单搜索

在“文件资源管理器”窗口中，选定要开始搜索的文件夹，单击地址栏右侧的搜索框，在搜索框中输入要搜索的关键字，在输入的同时，系统就开始在当前文件夹及其子文件夹中进行搜索，并在窗口中显示匹配的结果。

在搜索关键字中可以使用通配符 ? 和 *，以便实现模糊查找。

2. 高级搜索

使用简单的按名称搜索可能会得到比较多的结果，用户查找所需文档比较麻烦，这时可以使用系统提供的搜索工具，使用多个条件进行高级搜索，以缩小搜索范围。

方法是：在搜索结果窗口中选择“搜索”选项卡，然后单击“优化”选项组中的按钮。可以选择“修改日期”“类型”“大小”“其他属性”等属性搜索。

注意：当在非索引位置进行搜索时，Windows 将仅搜索文件名而不是其内容。如需要按内容搜索，则单击“高级选项”按钮，然后打开“文件内容”选项，Windows 将进行更深入的搜索并找到文件中的单词，但可能需要更长时间。

单击“搜索”选项卡“选项”选项组中的“高级选项”|“更改索引位置”命令按钮，可以更改计算机索引设置，让 Windows 索引更多文件夹，以提高搜索速度。这与“开始”菜单中用于搜索的索引相同。

小贴士

① 任务栏上的搜索框常用于搜索应用程序，可搜索桌面上的、库里面的以及已经建立索引的文件夹中的内容。

② 文件资源管理器窗口右上部的搜索框，默认的搜索范围是当前文件夹，默认按文件名称搜索。

3.2.2.5　利用库管理文件

利用库管理文件

1. 库的概念及功能

“库”是 Windows 10 提供的一种高效管理文件的模式，利用库功能可以对视频、图片、文档和音乐等资料进行统一管理，提高工作效率。

“库”是一个抽象的组织结构，用户可以把某种类型的多个文件夹(可以在不同磁盘上，包括可移动磁盘)“包含”到一个库中，使它们逻辑上“集中”在一起，如同网页收藏夹一样，只要单击库中的一个对象(类似超链接)就能很快打开库中的文件，而不论文件实际存储在什么位置。当需要搜索文件时，只需要打开这个库，在库窗格的搜索框中一次性按关键字搜索即可。对于不同类型的库，还提供了更为方便的搜索选项，使得搜索工作简单而轻松。找到文件后，就可以对文件进行各种操作，而不必定位到文件的实际存储位置。

可以认为“库”是一个特殊的文件夹，不同的是“库”可以收集存储在多个位置的文件。“库”登记了那些文件(夹)的位置，以方便 Windows 管理。收纳到库中的内容除它们各自占用的磁盘空间外，几乎不会再额外占用磁盘空间。建立包含关系后，“库”实际上指向文件的存储位置，从而让用户看到那些文件。

2. 库的基本操作

1) 创建新库

默认情况下，在 Windows 10 的文件资源管理器左窗格(“导航窗格”)中不显示“库”，如果要显示“库”，则单击功能区中的“查看”选项卡，再单击“导航窗格”下拉列表中的“显示库”选项。

在 Windows 10 中，默认有“视频”“图片”“文档”“音乐”四个库。这些默认库都与系统盘(一般为 C 盘)的“用户”文件夹关联。如果意外删除了默认库，可以在导航窗格中右击库名称，然后在快捷菜单中选择“还原默认库”命令将其还原。

用户可以根据需要建立自己的库，方法是：在文件资源管理器窗口左侧的“导航窗格”中右击“库”图标，在快捷菜单中选择“新建”|“库”命令，然后输入库的名字。

2) 把文件夹加入库

建立好“库”后，就可以将文件夹加入到“库”中，方法是：右击文件夹，在快捷菜单中选择“包含到库中”，再选择所需的库名称。

把某个文件夹加入“库”后，在库中将会显示文件夹中的文件，但其实它们仍然存储在其原始位置。“库”中的文件或文件夹会随着原始文件夹的变化而自动更新。

3) 优化库

在导航窗格中右击库名称，在快捷菜单中选择“属性”命令，出现库属性对话框，在“优化此库”的下拉列表中选择和库内容所对应的选项。系统只能对文档、视频、音乐、图片进行优化，其他的内容只能选择“常规项”。优化的结果就是系统能够根据库所对应的内容进行风格化的排序，例如，对于“图片”，可以按月、天、分级和标记进行排序等。

4) 设置库的默认保存位置

每个库都有一个默认的文件保存位置。当对文件执行“另存为”操作时，如果文件位置选择了某个库，而没有指定文件夹，则该文件将保存在库的默认保存位置，即一个特定的文件夹中。设置库的默认保存文件夹位置的方法如下：

右击库名称，在快捷菜单中选择“属性”命令，在库的属性对话框的“库位置”列表框中选择一个文件夹，然后单击“设置保存位置”按钮，使文件夹左侧显示 ✔ 符号。

5) 删除库与库改名

(1) 删除库。右击库名称，在快捷菜单中选择“删除”命令可以删除库。库删除后，其中包含的文件夹的实际存储位置上的数据不会被删除。删除后的库可以从回收站进行还原。

(2) 库改名。右击库名称，在快捷菜单中选择“重命名”命令可以为库改名。

修改和删除库中的文件或文件夹时，相应的源文件夹中的数据会发生改变，所以要谨慎操作。

3.3　任务：个性化设置与系统管理

3.3.1　任务描述与实施

1. 任务描述

小张是某学院学生会计算机网络服务部的成员，近来，他在维护学院计算机软、硬件系统时遇到了一些比较棘手的问题。例如，有些计算机启动时自动启动的程序很多，速度很慢；有时无法结束运行着的程序；如何设置个性化桌面背景；如何直接进入自己喜欢的汉字输入法而免去多次切换等。本任务正是为解决这些问题而设置的。

2. 任务实施

项目三任务三

【解决思路】

小张遇到的问题大都属于“软故障”，主要涉及 Windows 系统的资源管理和控制问题，大部分问题都需要使用“控制面板”程序或“Windows 设置”窗口完成。

本任务涉及的主要知识技能点如下：

(1) 设置个性化桌面，包括设置桌面主题、背景和颜色等。

(2) 设置锁屏界面和屏幕保护程序。

(3) 设置显示器屏幕分辨率等属性。

(4) 设置输入法，包括添加或删除输入法及设置默认输入法等。

(5) 管理应用程序，包括使用任务管理器结束任务、卸载应用程序等。

【实施步骤】

本任务要求及操作要点如表 3-11 所示。

表 3-11　任务要求及操作要点

任务要求	操作要点
1. 设置电脑主题	
(1) 设置主题为内置的“Beauty of China PREMIUM”	右击桌面空白处，在快捷菜单中选择“个性化”，在窗口中单击“主题”选项，在“更改主题”文字下方选择“Beauty of China PREMIUM”主题
(2) 设置颜色为“浅色”“海沫绿”，不透明，在“标题栏和窗口边框”显示	在主题设置界面右窗格中，单击“颜色”选项，在“选择颜色”下拉列表中选择“浅色”，关闭“透明效果”开关，在颜色区域选择“海沫绿”，勾选“标题栏和窗口边框”复选框
(3) 修改主题并以“我的主题1”为名称保存	在主题设置界面右窗格中，单击“保存主题”按钮，将主题命名为“我的主题 1”，单击“保存”按钮
2. 设置锁屏界面和屏幕保护程序	
(1) 设置锁屏界面背景图片为自己喜欢的一张图片	右击桌面空白处，在快捷菜单中选择“个性化”，在窗口中单击“锁屏界面”选项，在右窗格的“背景”下拉列表中选择“图片”选项，单击自己喜欢的一张图片，或者单击“浏览”，选择电脑中的一张图片，打开“在登录屏幕上显示锁屏界面背景与图片”开关按钮，按 Windows + L 键进入锁屏界面观看效果
(2) 设置屏幕保护程序为“3D 文字”，文本内容为操作者的姓名，等待时间为 1 分钟	在设置锁屏界面右窗格中，单击“屏幕保护程序设置”超链接，从“屏幕保护程序”下拉列表中选择“3D 文字”选项，单击“设置”按钮，在弹出的对话框的“自定义文字”框里输入操作者的姓名，在“等待”数值框中设置时间为 1 分钟，勾选“在恢复时显示登录屏幕”复选框，单击“确定”按钮

续表

任 务 要 求	操 作 要 点
3. 设置显示属性	
(1) 设置显示器亮度为中等，打开夜间模式	右击桌面空白处，在快捷菜单中选择“显示设置”，在右窗格中拖动“更改内置显示器的亮度”滑块至中部，打开“夜间模式”按钮
(2) 设置屏幕图标和字体为150%，设置合适的分辨率	在“显示设置”界面中，单击“更改文本、应用等项目的大小”下拉列表框，选择显示缩放比例为 150%。 单击“显示屏幕分辨率”下拉列表框，选择推荐的显示屏幕分辨率
4. 设置输入法	
(1) 删除一种输入法	单击设置窗口中的“主页”链接进入 Windows 设置中心。单击“时间和语言”链接，再单击左窗格中的“语言”选项，出现“语言”设置界面；单击“首选语言”选项组中的“中文(简体，中国)”链接，再单击“选项”，然后在“键盘”选项组中单击要删除的输入法，再单击“删除”按钮
(2) 添加一种输入法	在“语言”设置界面中，单击“首选语言”选项组中的“中文(简体，中国)”链接，再单击“选项”，然后在“键盘”选项组中单击“添加键盘”按钮，选择要添加的输入法
(3) 设置默认输入法	进入“高级键盘设置”界面，在“替代默认输入法”选项组中的下拉列表中选择默认的输入法
5. 管理应用程序	
(1) 使用任务管理器关闭某个应用程序(如 Word)	首先启动 Word 程序，然后右击任务栏空白处，选择“任务管理器”命令，在“任务管理器”窗口单击“进程”选项卡，右击 Microsoft Word 程序，选择“结束任务”命令
(2) 卸载一个不需要的应用程序(如“地图”)	在“开始”屏幕中找到并右击要卸载的程序，然后选择“卸载”命令，在弹出的对话框中确认卸载

【自主训练】

(1) 设置屏幕图标和字体为 100%显示。

(2) 下载一种自己喜欢的汉字输入法如“搜狗五笔输入法”等安装并使用。

【问题思考】

桌面背景图片可以使用多张图片以幻灯片形式放映，锁屏背景也可以以幻灯片形式放映，这两种背景各在什么情况下出现？

3.3.2　相关知识与技能

Windows 10 的设置中心

3.3.2.1　控制面板与“Windows 设置”窗口

在 Windows 10 中，有两个用于系统设置的工具集，一是传统的“控制面板”程序，二是“Windows 设置”窗口。

“控制面板”程序集中了配置系统的全部应用程序，但对于 Windows 10 移动版用户来说，其界面并不友好。新的“Windows 设置”窗口旨在取代“控制面板”程序，但其功能还未完善，所以“控制面板”程序并没有被完全抛弃，只是隐藏得更深了。

单击桌面上的“控制面板”系统图标，或者在任务栏上的搜索框内输入“控制面板”或“Control”关键字，在搜索结果中单击“控制面板应用”，均可打开“控制面板”窗口。

按 Windows+I 键即可打开“Windows 设置”窗口，如图 3-4 所示(也可以单击或右击“开始”按钮并选择“设置”命令打开此窗口)。

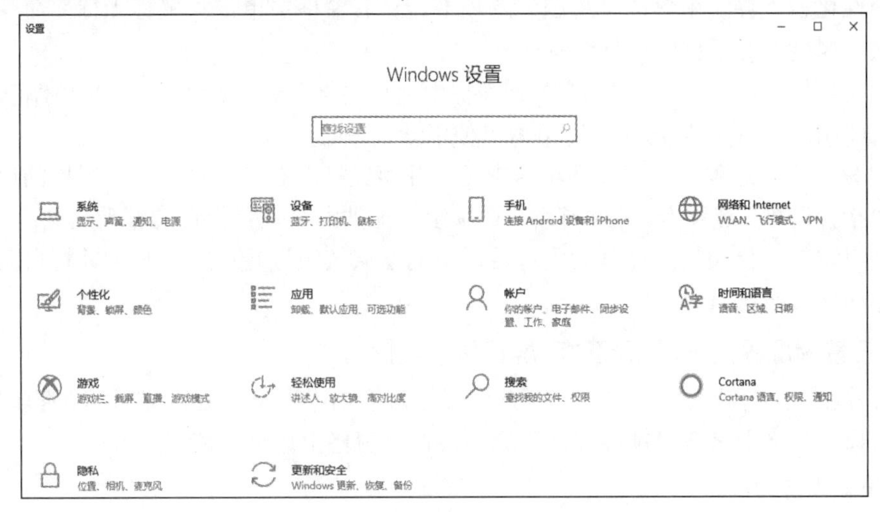

图 3-4　Windows10 的设置窗口

3.3.2.2　个性化设置

1. 设置电脑主题

Windows 10 提供了多种主题，每个主题都集合了桌面背景、颜色、声音和鼠标光标等元素，设置某个主题后，这些元素都将随之改变。

右击桌面空白处，选择“个性化”|“主题”选项，在右侧窗格中“更改主题”文字下方选择一个主题，此时可以在右窗格上方看到更改主题样式后的效果，窗口颜色与外观发生了变化。如有需要也可以下载主题并使用。或先选择一个内置的主题，然后修改某个或某些主题元素，形成自定义主题并保存。自定义主题也可以删除。

2. 设置个性化桌面背景

右击桌面空白处，在快捷菜单中选择“个性化”命令，在窗口中选择“背景”，在“背景”列表中选择背景样式选项。

如选择“图片”：在现有图片列表中选择图片，或单击“浏览”按钮，在对话框中选择图片。单击“选择契合度”下拉列表可选择图片契合度，如“填充”“适应”等。

如选择“纯色”：在背景色列表中选择背景色，在预览区域可以看到背景效果。

如选择“幻灯片放映”：可选择“图片”文件夹中的图片，或单击“浏览”按钮，选择提前准备好的图片文件夹，把文件夹中的图片作为放映对象。还可选择图片切换频率和是否无序播放。

3. 设置个性化颜色

右击桌面空白处，选择“个性化”|“颜色”选项，在“选择颜色”下拉列表中选择“浅

色”、“深色”或“自定义”一种颜色模式。拖动“透明效果”滑块可以调整透明效果。在“最近使用的颜色”或者“Windows 颜色”列表中选择一种颜色。

4. 设置鼠标光标

用户可根据自己的实际情况对鼠标进行设置，以符合自己的使用习惯。

在个性化设置界面中单击“主题”选项卡，在右窗格中单击“鼠标光标”命令，在弹出的“鼠标属性”对话框中进行设置。

(1)“指针”选项卡。在“自定义”列表框中选择要修改的鼠标指针形状(如“正常选择”等)。如要使用默认的指针形状，则单击“使用默认值”按钮。

(2)“鼠标键”选项卡。在此选项卡中可以互换鼠标左右键、设置双击鼠标的速度。

(3)“指针选项”选项卡。在“移动”选项组中拖动滑块设置指针的移动速度；勾选“贴靠”选项组中的“自动将指针移动到对话框中的默认按钮”复选框，则指针将自动移动到对话框中的默认按钮上。

5. 设置锁屏界面、屏幕超时和屏幕保护程序

锁屏界面、屏幕超时和屏幕保护程序可以通过右击桌面空白处，选择“个性化”选项，然后在窗口左窗格中单击“锁屏界面”选项，在右窗格中进行设置。

1) 设置锁屏界面

Windows 10 操作系统的锁屏功能主要用于保护电脑的隐私安全，还可以保证在不关机情况下省电，其锁屏所用的图片称为锁屏界面。设置方法如下：

在“锁屏界面”设置右窗格中单击“背景”下拉列表，选择“Windows 聚焦”“图片”“幻灯片放映”中的一种锁屏背景，然后打开“在登录屏幕上显示锁屏界面背景与图片”开关按钮。

如果选择“图片”选项，则可以从“选择图片”文字下方选择一张图片，或者单击“浏览”按钮，从电脑中选择一张图片。如果选择“幻灯片浏览”选项，则需要选择一个保存有多张图片的文件夹。

小贴士

当用户暂时离开电脑，不想让其他人看到屏幕内容时，可以按 Windows + L 键使系统进入锁屏状态，屏幕上显示锁屏界面。

单击鼠标或触动键盘后出现系统登录界面，输入必要的登录信息即可解除锁屏，系统恢复正常工作(如果账户设置了密码，则需要输入密码)。

2) 设置屏幕超时

在“锁屏界面”右窗格中单击“屏幕超时设置”，打开“电源和睡眠”界面，可以设置屏幕关闭时间和电脑睡眠时间，即多长时间后关闭屏幕和多长时间后让电脑睡眠。

3) 设置屏幕保护程序

设置屏幕保护程序的目的一是使电脑个性化，二是通过提供密码保护来增强计算机的安全性。设置方法是：在“锁屏界面”右窗格中单击“屏幕保护程序设置”，在对话框的

“屏幕保护程序”列表中选择一种效果如“变幻线”等，设置“等待”分钟数值，然后勾选“在恢复时显示登录屏幕”复选框。

小贴士

屏幕保护程序最初用于保护 CRT 显示器，防止显示器长时间保持静态画面，造成屏幕上的荧光物质老化，缩短显示器的寿命。对于 LED(液晶显示器)，一般采用关闭显示器的方法保护屏幕，使用屏幕保护程序反而会影响显示器的寿命。

6. 设置显示属性

右击桌面空白处，选择“显示设置”选项，然后在窗口右窗格中进行显示属性的设置。

1) 设置亮度和颜色

拖动“更改内置显示器的亮度”滑块，可以调节显示器的亮度。拖动“夜间模式”按钮，可以打开或关闭夜间模式。

2) 设置缩放与布局

单击“更改文本、应用等项目的大小”下拉列表框，可以选择显示缩放比例。

单击“显示屏幕分辨率”下拉列表框，可以选择合适的显示屏幕分辨率。

单击“显示方向”下拉列表框，可以选择“横向”“纵向”“横向(翻转)”“纵向(翻转)”等显示方向。

7. 设置输入法

1) 启动或关闭语言栏

在 Windows 10 任务栏右侧一般会显示语言栏图标如 中 拼 ，单击“中”字可以切换中英文输入法状态；单击“拼”字会打开系统中已安装的汉字输入法列表，在列表中单击 语言首选项 选项，在弹出的窗口右窗格中单击“拼写、键入和键盘设置”链接，在“高级键盘设置”界面中可以启动/关闭语言栏(通过勾选或取消勾选“使用桌面语言栏(如果可用)”复选框来控制)。语言栏可以自行定义，不同汉字输入法其语言栏也不尽相同。

2) 添加或删除输入法

Windows 10 系统自带了微软拼音、微软五笔输入法等，用户可以根据需要将这些输入法添加到语言栏中，以方便使用。不需要的输入法可以删除。如果系统自带的输入法不能满足需求，用户也可以根据需要下载并安装其他的输入法，如搜狗拼音输入法等。

右击“开始”按钮，执行“设置”|“时间和语言”|“语言”|“首选语言”|“中文(简体，中国)”|“选项”，在“键盘”选项组中单击“添加键盘”按钮可添加输入法；单击要删除的输入法可以删除输入法(注意：只能添加系统自带的输入法和本机已经安装的输入法)。

为了方便汉字输入，可以打开输入法工具栏。方法是：在“语言选项”窗口中选择某种汉字输入法(如“微软拼音”)，单击“选项”|“外观”，打开“输入法工具栏”开关。

3) 设置默认的输入法

在“高级键盘设置”界面中，单击“替代默认输入法”选项组中的下拉列表，可以设置默认的输入法。

小贴士

汉字输入常用的快捷键(可以自定义)如下：

中/英文切换：Ctrl +空格或 Shift 键；

输入法切换：Ctrl + Shift 键或 Windows + 空格键；

中/英文标点切换：Ctrl + . 键；

全角/半角切换：Shift+空格键。

3.3.2.3　管理应用程序与任务

1. 运行应用程序

方法一：单击“开始”按钮，从“开始”菜单中选择要运行的应用程序。

方法二：使用搜索框启动应用程序。按 Windows + Q 键在任务栏上打开搜索框，在搜索框中输入程序名称部分关键字，在搜索到的程序列表中单击程序名称即可运行程序。

方法三：双击与应用程序关联的文档启动应用程序。

2. 关闭应用程序

单击应用程序窗口右上角的“关闭”按钮 ☒，或按 Alt + F4 键，或执行“文件”|“退出”命令，均可关闭应用程序。

3. 卸载应用程序

1) 添加或删除 Windows 组件

在任务栏搜索框内输入“控制面板”，搜索“控制面板”应用并打开控制面板窗口，单击右上方的“查看方式”下拉列表，选择“大图标”显示。单击“程序和功能”图标打开“程序和功能”窗口，单击左窗格中的“启用或关闭 Windows 功能”选项，弹出“Windows 功能”窗口，在功能列表中选中或取消选中 Windows 功能组件。如果复选框填充■，则表示仅启用该功能的一部分。不要轻易删除 Windows 组件，否则可能会影响系统的正常工作。

2) 卸载应用程序

可使用“控制面板”中的“程序和功能”来卸载程序。在“卸载或更改程序”列表中选择要卸载的程序，然后单击“卸载”按钮，或者右击要卸载的程序，选择“卸载/更改”命令，按对话框提示进行卸载操作。

注意：卸载软件不等于简单地删除软件文件，卸载的同时也要修正软件对系统的改动，以及清理软件遗留下来的垃圾文件。

4. 任务管理器

任务管理器是 Windows 提供的可以查看计算机当前正在运行的程序、进程和服务的程序。联网的计算机还可以通过任务管理器查看网络的使用情况。

计算机使用过程中，可能会出现某个应用程序不再响应用户的操作且不能正常关闭其窗口的这种类似“死机”的情况，此时可尝试使用“任务管理器”来关闭这个应用程序。

任务管理器窗口中有“进程”“详细信息”等多个选项。在“进程”选项卡下找到要关闭的应用程序，或者在“详细信息”选项卡下找到要关闭的进程，右击鼠标，在快捷菜单中选择“结束任务”命令，即可将程序强制退出。如果程序较大或正在前台工作，系统会弹出提示框，单击“立即结束”按钮，才能结束程序。

进入任务管理器有以下方法。

方法一：右击任务栏空白处，在快捷菜单中选择“任务管理器”选项。

方法二：按 Ctrl + Shift + Esc 键。

方法三：按 Ctrl + Alt + Delete 键，在列表中选择“任务管理器”功能。

5. 减少系统启动项

减少无关的系统启动项能够提高 Windows 系统性能。

按 Windows+I 键进入“Windows 设置”窗口，单击“应用”|“启动”选项，在窗格中可以看到开机启动的应用和服务，拖动开关滑块可以控制自动启动项目。

此外，可以通过第三方工具(如 360 安全卫士等)对系统启动项进行优化。

【课堂练习 3.5】

(1) 设置鼠标的双击速度为适中。如果习惯使用左手，则设置为左手模式。

(2) 至少以两种方法进入任务管理器。启动 Word 应用程序，通过任务管理器将其关闭。

习　题　3

一、单选题

1．在 Windows 中，通过按(　　)键可以打开窗口的控制菜单。

A．Alt + F4　　B．Alt + 空格　　C．Shift + F4　　D．Ctrl + 空格

2．关闭当前窗口可以按(　　)键。

A．F4　　B．Alt + F4　　C．Shift + F4　　D．Ctrl + F4

3．在 Windows 中，用于在已打开的窗口之间进行切换的快捷键是(　　)。

A．Ctrl + Tab　　B．Alt + Tab　　C．Shift + Tab　　D．Ctrl + Shift

4．在 Windows 文件资源管理器中，配合使用(　　)键可选定一组不连续的文件。

A．Ctrl　　B．Alt　　C．Shift　　D．Tab

5．在 Windows 中，用于选中某个文件夹中全部内容的快捷键是(　　)。

A．Ctrl + A　　B．Alt + A　　C．Shift + A　　D．Tab + A

6．在 Windows 文件资源管理器中，选定文件或文件夹后，将其拖曳到指定位置，可完成对文件或文件夹的(　　)操作。

A．复制　　B．移动或复制　　C．移动　　D．重命名

7．在 Windows 中，如果要将 AA 文件夹中选定的文件移动到 BB 文件夹中，应该在 AA 文件夹中选定文件后按(　　)键，再到 BB 文件夹中按(　　)键。

A．Ctrl + C，Ctrl + V　　B．Ctrl + C，Ctrl + X

C．Ctrl + X，Ctrl + V　　D．Ctrl + Z，Ctrl + V

8．文件名中第一个字符为 A，第三个字符为 D，最后一个字符为 E，扩展名为.docx 的文件表示为(　　)。

A. A?D?E.DOCX　　B. A*D*E.DOCX

C. A?DE.DOCX　　D. A?D*E.DOCX

9．C 盘 AA 文件夹的 BB 文件夹中有一个文件为 abc.txt，该文件的绝对路径是(　　)。

A. C: AA\BB\abc.txt　　B. C\AA\BB\abc.txt

C. C:\AA\BB\abc.txt　　D. C:\AA BB abc.txt

10．要打开“Windows 设置”窗口，可使用的快捷键是(　　)。

A. Windows+A　　B. Windows+I　　C. Windows+Q　　D. Windows+E

二、简答题

1. 在计算机中，什么是绝对路径，什么是相对路径？在 C 磁盘根文件夹的 Windows 文件夹中有个名为 Help 的文件夹，它的绝对路径是什么？

2. 在 Windows 10 中，进入任务管理器常用的三种操作方法是什么？

三、综合实践题

近年来，随着国际信息安全形势的变化，信息安全成为各个国家关注的重点。使用信息技术作为攻击手段，对国家基础设施、人民群众财产安全造成损害的案件屡屡发生。发展自主可控的国产操作系统是打造信息安全壁垒的基础，是国家信息安全发展的必经之路。

请上网查询或扫码学习“发展国产操作系统的重要性”阅读资料，了解国产操作系统发展研究及应用推广现状，独立设计并制作演示文稿，然后以宿舍为单位进行交流。

发展国产操作系统的重要性

项目三其他资源

项目三习题答案

项目四　制作校园周刊
——Word 2016 文档处理

Word 2016 是一款文字处理软件，是 Microsoft Office 2016 办公组件之一。该软件具有文字编辑、表格处理、图文混排等功能，广泛用于办公文档、书籍杂志编辑和排版等。本项目以校园周刊的制作为例系统学习 Word 2016 的应用。

教学目标

教学课件

【思维导图】

思维导图全图

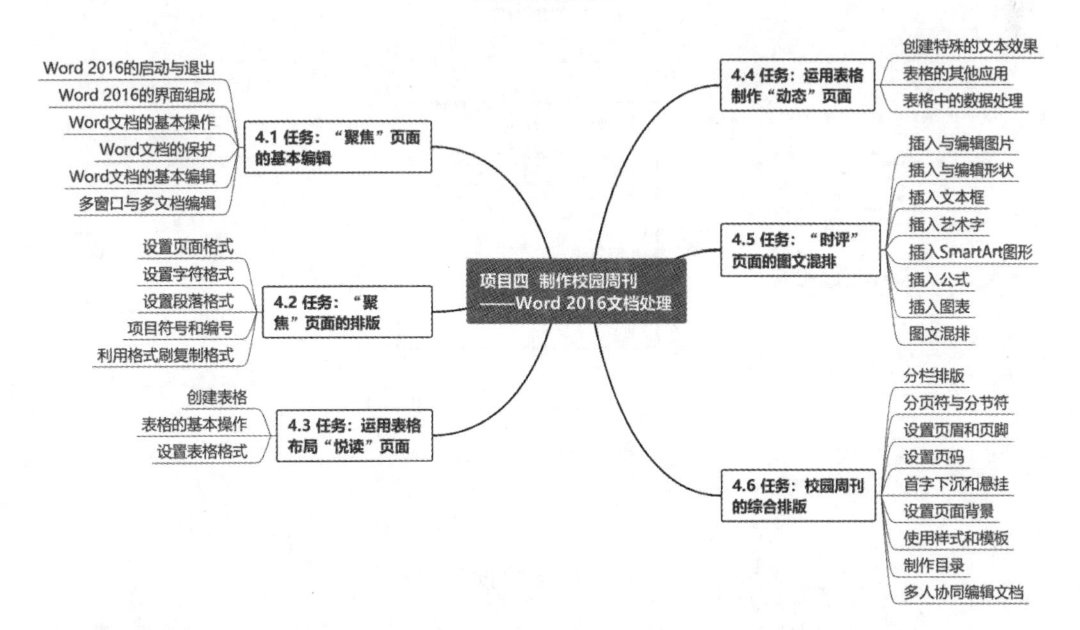

【学习重点】

Word 文档操作、文档编辑与排版、表格制作、各种对象的插入与编辑、图文混排等。

【学习难点】

查找与替换、图文混排、样式与目录等。

【项目介绍】

《校园周刊》是学校文化建设的重要传播媒介，在进行学校信息宣传、丰富校园生活中发挥着重要作用。本项目以《校园周刊》几个典型页面的编辑排版作为教学任务，介绍Word文档的基本编辑、图文混排及表格处理等操作方法。图4-1展示了本项目所制作页面的总体效果。

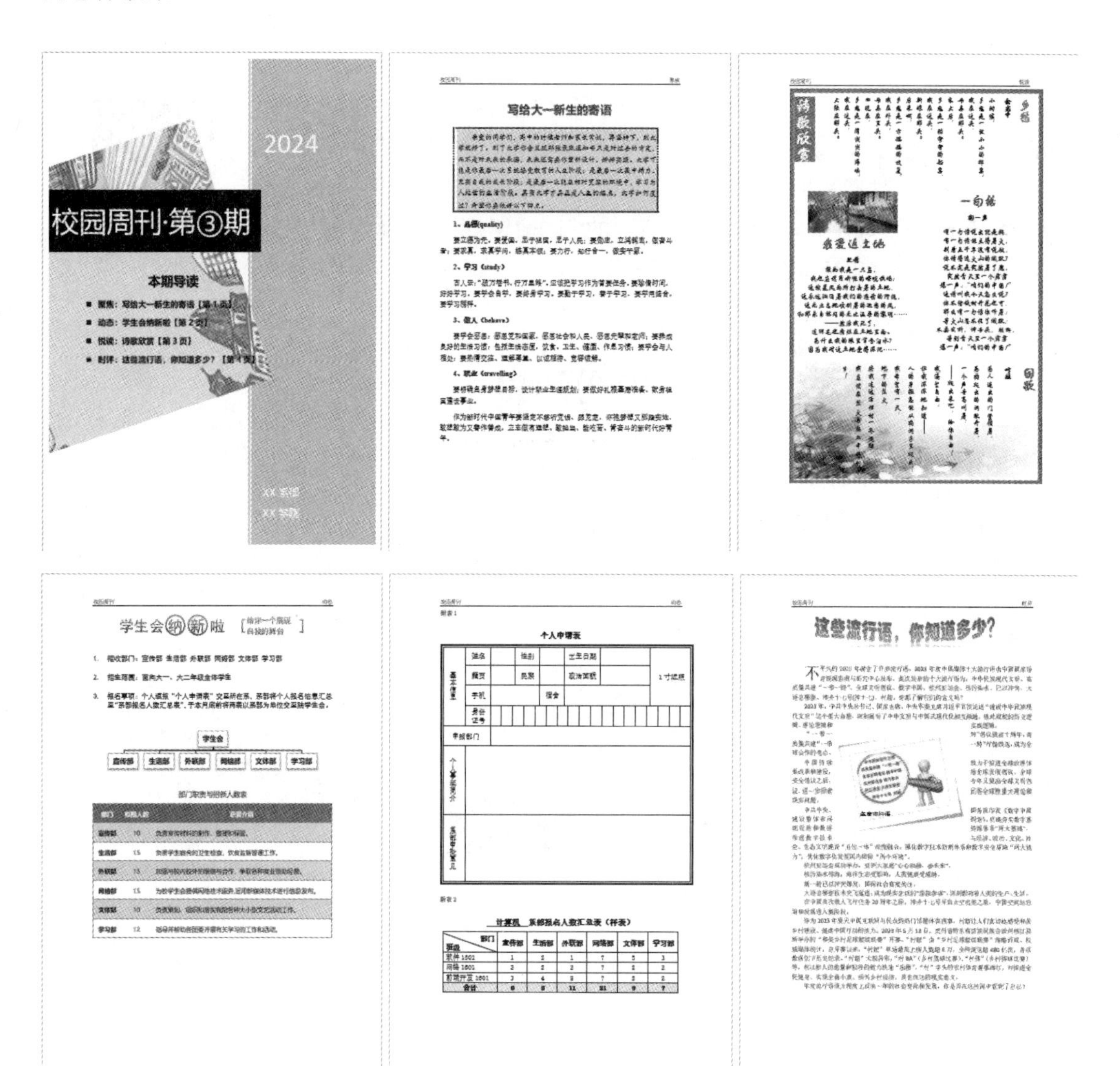

图4-1　校园周刊效果图

本项目由六个任务组成，各任务的素材文件和效果示例文件都保存在“项目四 Word”文件夹中。各任务的主要内容和所涉及的知识点如表4-1所示。

表 4-1　各任务的主要内容和知识点

节次	任务名称	主要内容	主要知识点
4.1	“聚焦”页面的基本编辑 (素材：聚焦素材.docx)	① 建立 Word 文档； ② 输入文本； ③ 插入其他文件中的文字； ④ 查找与替换； ⑤ 互换段落位置； ⑥ 文档的保护	文档的新建、保存、另存、关闭；文字录入；查找与替换；文档的保护
4.2	“聚焦”页面的排版 (素材：聚焦.docx)	① 页面设置； ② 字体设置； ③ 段落设置； ④ 边框与底纹设置	文本或段落的选定、复制、剪切、粘贴；纸张大小、纸张方向和页边距的设置；字体、段落格式的设置；边框和底纹的设置
4.3	运用表格布局“悦读”页面 (素材：悦读素材.txt，配图.jpg，背景图.jpg)	① 建立名为“悦读.docx”的文档，并在其中建立表格； ② 设置表格行高、列宽和对齐方式； ③ 设置诗歌文本及其单元格格式； ④ 插入图片并设置格式； ⑤ 设置表格边框	表格的建立；表格的对齐方式；行高/列宽的调整；单元格的合并与拆分；单元格文字方向的设置；单元格内容的对齐方式；表格边框的设置
4.4	运用表格制作“动态”页面 (素材：动态素材.docx)	① 设置特殊文本格式； ② 插入并编辑 SmartArt 图形； ③ 文本转换成表格； ④ 套用表格样式； ⑤ 绘制斜线表头； ⑥ 表格中的公式计算	特殊字符格式的设置(带圈字符，双行合一)；项目编号；插入并编辑 SmartArt 图形；文本转表格；套用表格样式；制作斜线表头；表格中的公式计算
4.5	“时评”页面的图文混排 (素材：时评素材.docx，流行语.png)	① 使用“艺术字”； ② 设置首字下沉； ③ 使用文本框制作图注； ④ 进行图文混排	艺术字的制作；首字下沉；图片的编辑(改变大小、对齐、组合、环绕及位置设置等)；文本框的编辑(改变大小、内部间距、线条与填充色)
4.6	校园周刊的综合排版 (素材：全刊.docx，高楼.jpg)	① 使用“封面向导”制作封面； ② 设置页面分节； ③ 设置页眉、页脚和页码	“封面向导”的使用；项目编号的使用；分节符、分页符、分栏符的设置；页眉、页脚和页码的设置

4.1　任务：“聚焦”页面的基本编辑

4.1.1　任务描述与实施

1. 任务描述

图 4-2 显示的是校园周刊“聚焦”页面局部的制作效果。本任务要完成该页面 Word 文档的创建以及文字的基本编辑工作，包括文字的输入、基本编辑、查找与替换、文档保护等操作。

写给大一新生的寄语

亲爱的同学们，高中的时候老师和家长常说，再坚持下，到大学就好了。到了大学你们会发现那张录取通知书只是对过去的肯定，而不是对未来的承诺，未来还需要你们重新设计、好好实践。大学可能是你最后一次系统接受教育的人生阶段；是最后一次集中精力、充实自我的成长阶段；是最后一次能在相对宽容的环境中，学习为人处世的生活阶段。其实大学才真正是人生的起点，大学如何度过？希望你们要做好以下四点。

图 4-2　“聚焦”页面局部样图

2. 任务实施

【解决思路】

新建名为“聚焦.docx”的 Word 文档；输入样图中的文字；插入“聚焦素材.docx”文档的内容；运用查找与替换功能修改文档内容；在“另存为”对话框中为文档设置打开密码和修改密码。

项目四任务一

本任务涉及的主要知识技能点如下：

(1) Word 文档的操作，包括新建、打开、保存或另存、关闭等。

(2) 基本编辑，包括输入文本和插入其他文件中的文字。

(3) 查找与替换。

(4) 文档的保护。

【实施步骤】

本任务要求及操作要点如表 4-2 所示。

表 4-2　任务要求及操作要点

任务要求	操作要点
1. 建立 Word 文档(新建名为“聚焦.docx”的 Word 文档，按默认文件类型保存到 D 盘上)	
(1) 启动 Word 程序，新建 Word 文档	双击桌面上的 Word 快捷方式图标，或通过“开始”菜单启动 Word 应用程序，然后单击 Word 启动窗口右窗格中的“空白文档”按钮，Word 会新建一个名为“文档 1”的文档

续表

任 务 要 求	操 作 要 点
(2) 以“聚焦.docx”为文件名保存文档	单击“文件”|“保存”或“另存为”命令，设置“保存位置”为“D 盘”，“保存类型”为“Word 文档”，输入文件名“聚焦.docx”
2. 输入文本	
参照样图输入文字	在编辑区单击鼠标可定位插入点；按退格键可删除光标左侧的字符，按 Delete 键可删除光标右侧的字符；在中文标点符号状态下，按“\”键可输入中文顿号“、”
3. 插入其他文件中的文字	
将“聚焦素材.docx”文件中的文字插入到本文档末尾	单击“插入”|“文本”|“对象”右侧的箭头按钮，选择“文件中的文字”，在“插入文件”对话框中选择素材所在的文件夹，选择文件类型为“所有文件(*.*)”，并从列表中选择“聚焦素材.docx”文件，单击“插入”按钮(也可以通过复制/粘贴方法插入文件内容)
4. 查找与替换	
(1) 将文章中所有的“你们”替换为“你”	单击“开始”|“编辑”|“替换”，在“查找和替换”对话框中，设置“查找内容”为“你们”，“替换为”为“你”，然后单击“全部替换”按钮
(2) 将文章中所有手动换行符“↓”替换为段落标记“↲”	将光标放在“查找内容”框内，单击“更多”|“特殊格式”，选择“手动换行符”；将光标放在“替换为”框内，在“特殊格式”中选择“段落标记”；单击“全部替换”按钮
5. 互换段落位置	
将文章中“3、职业”与“4、做人”两个小标题及下面的内容进行位置互换，并修改编号	① 选定上面的段落，按 Ctrl + X 键剪切，将光标放在下面段落的下一段落之首，按 Ctrl + V 键粘贴。 或者，选定下面的段落，按 Ctrl + X 键剪切，将光标放在上面段落的上一段落之首，按 Ctrl + V 键粘贴。 ② 修改相应的编号
6. 文档的保护	
(1) 将文档的打开密码设置为 A17a，修改密码设置为 B17b	单击“文件”|“另存为”|“浏览”命令，单击“工具”|“常规选项”，输入密码并确认密码，之后保存文档、关闭文档
(2) 删除为文档设置的打开密码和修改密码	用正确的密码打开文档，与设置密码的过程类似，按 Delete 键删除密码并确定

【自主训练】

在“聚焦.docx”文档中按下列要求继续进行查找/替换操作，并保存文档。

(1) 将文章小标题中的英文半角“.”替换为中文标点顿号“、”。

(2) 通过替换功能将文章中所有的“空行”删除。

(3) 将文章中的英文半角小括号替换为中文全角小括号。

(4) 将文章中的双引号及其中的字符设置成标准色红色。

(5) 使用鼠标拖动的方法重新完成“互换段落位置”子任务。

提示：

(1) 将光标置于第一个小标题开头，按 Ctrl+H 键打开“查找和替换”对话框，在“替换”选项卡中单击“搜索：”下拉列表框并选择“向下”选项，再单击“查找下一处”按钮，找到结果后，如需替换则单击“替换”按钮(系统完成替换后会自动查找下一处)，如不需替换则单击“查找下一处”按钮。重复此操作，逐一查找并确认是否替换。

(2) 将光标置于“查找内容”框中，单击“更多”|“特殊格式”，选择“段落标记”两次(^p^p)；将光标置于“替换为”框中，选择“特殊格式”中的“段落标记”一次(^p)，执行全部替换。如果连续空行较多，则需多次执行替换。如文章末尾还有多余空行，可手工删除。

(3) 先替换左半括号，再替换右半括号。

(4) 将光标置于“查找内容”框中，然后输入“*”(含双引号)，勾选“使用通配符”；将光标置于“替换为”框中，不输入任何内容，然后单击“更多”|“格式”|“字体”，选择红色，执行全部替换。

(5) 选定下面的段落，拖动到上面段落首行最左侧。

【问题思考】

(1) 本任务中如果在某次查找/替换操作中涉及格式设置，如查找红色文本，则在下一次进行新的查找/替换时上一次所设置的格式会自动携带下来。如何清除？

(2) 本任务中关于小括号的替换操作能否对整对括号一次性替换？

(3) 在使用“插入”|“文本”|“对象”命令方法插入一个文本文档时应注意什么？

4.1.2　相关知识与技能

4.1.2.1　Word 2016 的启动与退出

1．常用的启动方法

Word 2016 的启动与其他 Windows 应用程序一样有多种方法，主要方法如下。

(1) 单击任务栏上的“开始”菜单按钮，在“所有应用”列表中找到并单击“Word 2016”。

(2) 单击任务栏上的搜索按钮，在搜索框内输入“WORD”(可以只输入前几个字符，大小写字母均可)，单击“Word 2016”命令。

(3) 如果在桌面上创建了 Word 的快捷方式，则双击 Word 的快捷方式图标。

(4) 如果已经将 Word 程序固定在任务栏上，则单击任务栏上的 Word 图标。

(5) 双击打开一个已经存在的 Word 文档。

2．常用的关闭/退出方法

Word 2016 的关闭/退出有多种方法，主要方法如下。

(1) 当只有 Word 程序窗口而没有任何 Word 文档打开时，通过单击窗口标题栏右侧的“关闭”按钮或按 Alt+F4 键等关闭窗口方法，均可关闭/退出 Word 程序。

(2) 右击任务栏上的 Word 程序按钮，单击“关闭所有窗口”按钮，可关闭 Word 程序，同时关闭所有 Word 文档。

(3) 通过按 Ctrl+Alt+Del 键在任务管理器中关闭 Word 程序。

4.1.2.2　Word 2016 的界面组成

启动 Word 2016 以后，打开的窗口便是 Word 2016 的工作界面，该界面由快速访问工具栏、标题栏、功能区、编辑区、状态栏等部分组成，如图 4-3 所示。

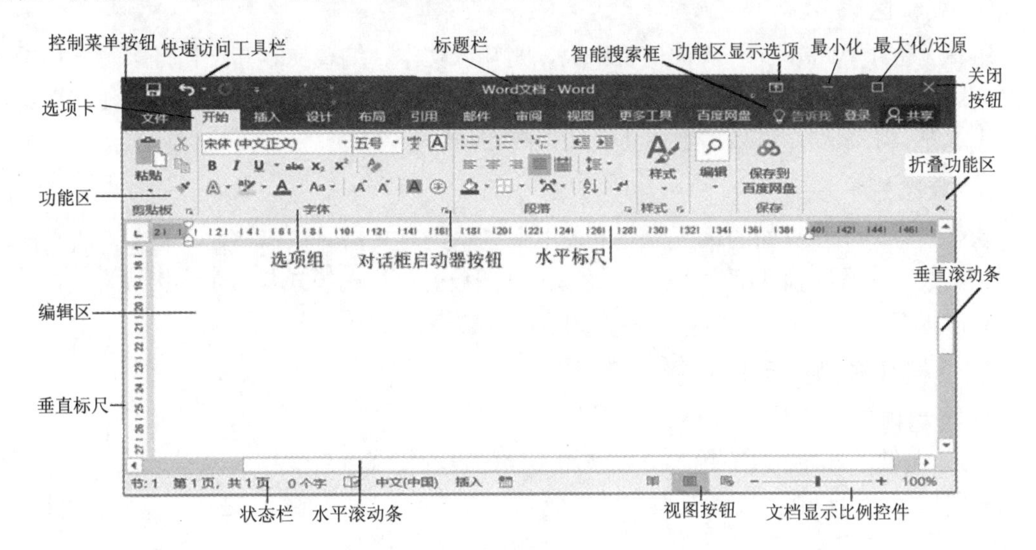

图 4-3　Word 2016 的工作界面

1. 快速访问工具栏

快速访问工具栏位于工作界面左上角，用于显示“保存”“撤销”“恢复”等经常使用的工具按钮，用户可以根据需要添加或删除工具按钮。单击快速访问工具栏右侧的小箭头按钮，在打开的下拉菜单中通过勾选或取消勾选相应命令，即可在快速访问工具栏中添加或删除命令按钮。如果要添加其他命令按钮，则选择菜单中的“其他命令”选项。

2. 标题栏

标题栏位于工作界面的最顶端，用于显示文档名称、文档格式及软件名称。

3. 功能区

功能区位于标题栏下方，默认由“文件”“开始”“插入”等多个选项卡组成。每个选项卡下面划分为多个“组”，每个组中有若干个命令按钮。有的选项组右下角有一个小按钮，称为对话框启动器按钮，单击它可以打开对话框或窗格。功能区中的各个组会自动适应窗口的大小，并会根据当前操作对象的不同自动出现相应的功能按钮。

在编辑文档的过程中，为了扩大文档编辑区的范围，可以单击功能区右上侧的^符号来最小化/还原功能区。

小贴士

Word 2016 允许用户自定义功能区，用户既可以创建新的选项卡，也可以在选项卡中创建新组，还可以控制既有选项卡的显示与否。单击“文件”|“选项”命令，打开“Word 选项”对话框，选择“自定义功能区”选项，可以自定义功能区。

4. 智能搜索框

智能搜索框是 Word 2016 的新增功能，通过它可轻松得到相关操作的说明。例如，在智能搜索框中输入关键词“样式”，此时会显示一些有关样式的选项，根据需要进行操作即可。

5. 编辑区

编辑区位于 Word 工作界面的正中央，是输入文本、编辑文本和文档排版等各种操作的工作区域。当文档内容超出窗口范围时，通过拖动滚动条上的滚动块，可以使文档窗口上、下或左、右滚动，以显示被挡住的文档内容。

6. 状态栏

状态栏位于工作界面的最下方，主要用来显示当前文档的状态参数，如文档的当前页码、总页数、字数、插入/改写状态、拼写和语法检查、视图模式与显示比例等。

右击状态栏中的空白区域，可以添加或删除状态栏中所列出的信息。

7. 文档视图和显示比例

1) 文档视图

Word 提供了五种视图，用户可以使用不同的查看模式查看文档的内容。单击状态栏右侧的视图按钮，可以在“阅读视图”“页面视图”“Web 版式视图”之间切换；在“视图”选项卡“视图”选项组中可以选择“大纲视图”或“草稿”视图。

(1) 页面视图：默认的视图模式，是最接近打印效果的视图，可以看到文档的外观，主要包括页眉、页脚、图形对象、分栏设置、页面边距等元素。

(2) 阅读视图：以图书的分栏样式显示文档，让人感觉在阅读书本。可通过键盘的左、右方向键切换页面，按 Esc 键退出阅读模式。

(3) 大纲视图：以大纲形式查看文档，可以清晰地显示文档的多级标题，层次分明，特别适合多层次文档的阅读，多用于显示、修改或创建文档的大纲，不显示页面边界、页眉、页脚和图片等元素。

(4) Web 版式视图：以网页的形式显示文档，适用于发送电子邮件和创建网页。

(5) 草稿视图：只显示标题和正文，不显示页面边距、分栏、页眉、页脚和图片等元素，用于快速显示文本信息，是最节省计算机系统硬件资源的视图模式。

2) 显示比例

可以根据需要调整 Word 文档的显示比例，调整方法主要有以下几种：

(1) 状态栏最右侧是文档显示比例控件，单击“+”号或“-”号可以放大或缩小显示比例，拖动滑块也可以调整显示比例。

(2) 单击“-”号左边的“%”按钮，或单击“视图”选项卡中的“显示比例”按钮，均可弹出“显示比例”对话框，从中选择显示比例。

(3) 按住 Ctrl 键，然后滚动鼠标滑轮，也可以调整显示比例。

【课堂练习 4.1】

(1) 检查电脑中任务栏的快速启动区有没有 Word 图标，桌面上有没有 Word 应用程序的快捷方式，如没有，请建立，然后通过它们启动 Word。

(2) 在快速访问工具栏上增加一个“打印预览和打印”命令按钮，然后单击此按钮预览文档打印效果。

(3) 设置状态栏，使状态栏上显示“节”“行号”“列”信息。

4.1.2.3　Word 文档的基本操作

1. 文档的操作

文档的基本操作包括文档的创建、打开、保存与关闭等。

1) 创建文档

(1) 创建空白文档。

可以用以下两种方法创建空白文档。

方法一：先启动 Word，再保存文件。

启动 Word 2106 程序后，单击界面右侧的“开始”屏幕中的“空白文档”按钮，即可新建空白 Word 文档。新建文档的默认文件名称为“文档 1”。

在 Word 界面中，单击“文件”|“新建”命令，再单击“空白文档”按钮，也可以创建新文档。或者按 Ctrl + N 键立即创建一个新的空白文档。

方法二：先创建文件，再启动 Word。

进入要创建文件的磁盘和文件夹，右击鼠标，选择“新建”命令，再选择“DOCX 文档”，即可创建一个空白文件；之后修改文件名并双击，即可启动 Word。

(2) 创建联机文档。

联机文档指利用网络上的 Word 模板来快速创建包含一定内容和样式的文档。这种利用模板创建文档的方法可以有效提高编辑文档的效率。

在 Word 界面中，单击“文件”|“新建”命令，在“搜索联机模板”文本框中输入模板关键字，如“学习”，按回车键后系统进行联机搜索，在搜索结果界面中单击某个模板如“教育宣传册”缩略图，然后单击“创建”按钮，Word 将根据所选模板创建文档。

小贴士

在启动 Word 2016 时，默认会出现“开始”屏幕界面，可以在“文件”|“选项”|“常规”|“启动选项”中取消“此应用程序启动时显示开始屏幕”设置，这样，以后启动 Word 2016 时或启动后新建文档时即可跳过“开始”屏幕，直接进入空白页。

用同样的方法，可设置 Excel 2016、PowerPoint 2016 在启动时显示/不显示“开始”屏幕。

2) 保存文档

保存文档就是把内存中的文档写入磁盘中，以便长期保存。保存时需要为文档命名，应遵循文件命名的“三要素”，即文件的保存位置、文件名(主文件名)、文件类型(扩展名)。

编辑文档过程中一定要注意保存文档，因为所编辑的文档临时保存在计算机内存中，如果电脑“死机”或突然断电，当前编辑的内容就会丢失。

(1) 手动保存文档。

① 保存新建的 Word 文档(还没有正式命名时)。

单击快速访问工具栏中的 按钮，或者单击“文件”|“保存”命令，或者按 Ctrl + S 键或 Shift+F12 键，系统都会弹出“另存为”选项面板，用户根据需要从中选择保存位置即可。常用的保存位置有以下几种。

OneDrive：用户可登录自己的 Microsoft 账号进行云存储，以便从任何位置访问文件并与任何人共享。

这台电脑：即本机，可从右侧的列表中选择最近访问过的文件夹进行保存。

浏览：单击此图标，将弹出“另存为”对话框。在“另存为”对话框中需要输入保存位置、文件名、保存类型等内容，之后，单击“保存”按钮。其中：“保存位置”框用于指定要保存的磁盘和文件夹路径(从下拉列表选择或直接输入)；“文件名”框用于输入文件名称；“保存类型”下拉列表框用于选择文件类型，默认为“Word 文档(*.docx)”，为便于安装低版本 Word 程序的用户查看文档内容，可保存为“Word 97-2003 文档(*.doc)”等兼容模式。

② 保存已命名的 Word 文档。

单击快速访问工具栏中的 按钮，或者单击“文件”|“保存”命令，或者按 Ctrl + S 键，系统只会将内存中的内容保存到磁盘文件中，并不会弹出“另存为”对话框。

③ 将文件另外保存。

单击“文件”|“另保存”命令或按 F12 键，在“另存为”选项面板中选择保存位置，之后在“另存为”对话框中输入或选择不同保存位置或文件名。

(2) 自动保存文档。

Word 提供了自动保存功能，可以设置定时保存，以保障文档安全。操作步骤如下：

单击“文件”|“选项”命令，在“Word 选项”对话框中单击“保存”选项，选中“保存自动恢复信息时间间隔”复选框，然后在“分钟”框中输入要自动保存文件的时间间隔。

勾选“保存自动恢复信息时间间隔”复选框，并设置自动保存文档的时间间隔。

勾选“如果我没保存就关闭，请保留上次自动保留的版本”复选框，表示如果非法退出 Word，则重新打开 Word 时将恢复到上次自动保存的位置。

3) 打开文档

打开文档就是将文档从外存(如磁盘)读到内存的过程。打开文档的方法主要有以下几种。

(1) 对于最近打开过的文档，右击任务栏上的 Word 图标，从弹出的列表(称为跳转列表)中选择文档将其打开。

(2) 在计算机中找到文档的存储位置(磁盘和文件夹)，双击要打开的文档。或者右击文档图标后选择“打开”命令，或选择“打开方式”后再选择用“Word 2016”程序打开文档。

(3) 在 Word 窗口中，单击“文件”|“打开”命令，或者按 Ctrl+O 键或 Ctrl+F12 键将会出现“打开”控制面板。在“打开”控制面板中，可根据情况选择“最近”“OneDrive”“这台电脑”“浏览”等选项打开文档。

单击“浏览”按钮，将出现传统的“打开”对话框，选择文档的保存位置、文件类型和文件名，单击“打开”按钮，即可打开文档。

在启动 Word 2016 时，单击“开始”屏幕左侧的“Word 最近使用的文档”列表中的文档即可打开文档。单击“打开其他文档”图标，也将出现“打开”控制面板。

注意：在“打开”对话框中可以选择多种方式来打开文档。

(1) 打开非 Word 文档。

Word 默认打开的文件类型为“所有 Word 文档”，如果需要打开其他类型的文档，则需在“打开”对话框中单击“所有 Word 文档”下拉按钮，在列表中选择文件类型。

(2) 以只读或副本方式打开文档。

在“打开”对话框中单击 打开(O) ▾ 按钮右侧的箭头按钮，在下拉列表中选择文档的打开方式，如图 4-4 所示。

①“以只读方式打开”选项：打开的文档不允许用户修改，即使修改也不能保存。

②“以副本方式打开”选项：将以“副本”为前缀创建文档副本并打开文档。

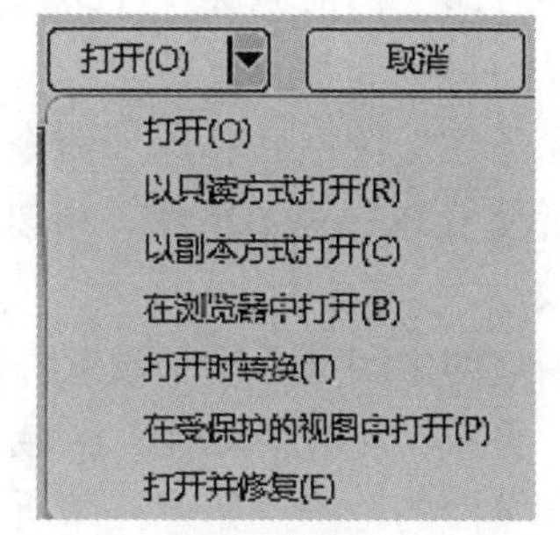

图 4-4　打开文档的几种方式

(3) 同时打开多个文档。

在“打开”对话框中，先选定一个文档名称，然后按住 Ctrl 键或 Shift 键选定连续或不连续的多个文档，再单击“打开”按钮。

小贴士

应避免在 U 盘等可移动媒体上打开并长时间编辑文件。建议将文件复制到计算机硬盘再用 Word 打开。因为在编辑文档的过程中，可能会大大增加 U 盘的读写次数，使 U 盘发热严重而影响其使用寿命。此外，在保存文档时容易卡顿或死机，从而造成文档内容丢失。

4) 关闭文档

关闭当前 Word 文档(即使只有一个文档，也不会关闭 Word 程序)主要有以下方法：

(1) 单击“文件”|“关闭”命令。

(2) 按 Ctrl+W 键或 Ctrl+F4 键。

关闭当前文档窗口(如只有一个文档，关闭文档时会同时关闭 Word 程序)主要有以下方法：

(1) 单击标题栏右侧的“关闭”按钮☒，或者按 Alt+F4 键。

(2) 使用窗口控制菜单关闭窗口。如双击标题栏最左端的控制菜单按钮、单击控制菜单按钮或右击标题栏空白处后选择“关闭”命令。

(3) 将鼠标指针移至任务栏的 Word 程序按钮上，再单击文档缩略图右上角的关闭按钮。

(4) 右击任务栏上的 Word 程序按钮，单击“关闭窗口”或“关闭所有窗口”按钮。关闭文档时，如果文档内容还未保存，则会出现一个信息框，询问是否保存文档。

小贴士

关闭 Word 程序与关闭 Word 文档的区别：关闭 Word 程序指结束 Word 程序的运行，同时关闭所有 Word 文档；关闭 Word 文档指结束对当前文档的编辑，Word 程序可以不关闭。

5) 预览和打印文档

在打印文档前应进行打印预览，通过打印预览，可以观察到排版的不足，以便及时修改，从而得到满意的效果。

单击“文件”|“打印”命令，在窗口右侧可以预览文档的打印效果。拖动右侧的滚动条或者使用 PgUp/PgDn 键，可以翻页预览。左右拖动右下方的显示比例滑块，可以控制视图的大小。

窗口的中间部分用于设置打印参数。单击“打印机”下拉按钮选择打印机，根据需要修改“份数”，在“设置”区域单击“打印所有页”按钮，在打开的下拉列表中可以设置要打印页面的范围，如“打印所有页”“打印所选内容”“打印当前页面”“自定义打印范围”等，在“页数”框内可指定要打印的页码，如 1，3，5-7 等。

单击“打印”按钮即可开始打印。

小贴士

通过设置打印选项可以使打印结果更符合实际需求。单击“文件”|“选项”，在“Word 选项”对话框中单击“显示”，可以在“打印选项”选项组中设置打印选项；单击“高级”，可以在“打印”选项组中进一步设置选项。如选择“使用草稿品质”选项，能够以较低分辨率打印文档，从而降低耗材费用，提高打印速度。

【课堂练习 4.2】

使用两种不同的方法(一种是先启动 Word 程序再保存文件，另一种是先创建空文件再启动 Word 程序)，在 D 盘根文件夹中建立一个文件名为“名言.docx”的 Word 文档，文档内容为：

勿以恶小而为之

勿以善小而不为

2. 文档的录入

1) 输入文字

在编辑区单击鼠标，可以看到不断闪烁的竖线光标，这就是插入点，它表示进行编辑的位置。在文档中输入文字时，文字会显示在光标所在的位置上。

在输入过程中，当输入内容达到行尾时，Word 将自动换行，当输入完一段文字时，按回车键结束，此时段落结束处会出现一个“↲”符号，称为段落标记符。

每个自然段的第一行一般都需要向右缩进两个汉字，在录入过程中不必手工输入这两个空格，以后可以通过段落格式设置“首行缩进”来自动完成。

对于输错的文字，可以删除或修改，方法参见 4.1.2.5 中的“3.文本的删除”。

2) 输入标点和特殊符号

(1) 输入中文标点符号。

标点符号如逗号、句号、单引号、双引号、括号等有中文和英文之分。中文标点符号有顿号，而英文中没有；中文的单引号、双引号有左右之分，而英文的引号不分左右。

英文标点符号直接通过键盘输入。输入中文标点符号时，应切换到中文输入法状态，单击输入法指示器中的中/英文标点切换按钮，使之变为 状态，这时按“\”或“/”键会出现顿号“、”，按圆点键会出现句号“。”，按逗号、单引号、双引号等符号键也会出现相应的中文标点符号。

(2) 使用“符号”对话框输入特殊符号。

单击“插入”选项卡“符号”选项组中的“符号”命令按钮，在打开的列表中列出了文档中近期使用过的一些符号，单击符号即可将其插入文档中。如果没有列出所需的符号，则单击“其他符号”命令，打开“符号”对话框(也可以在插入点右击鼠标，在快捷菜单中选择“插入符号”命令打开该对话框)，如图 4-5 所示。双击符号或选择符号后单击“插入”按钮即可输入相应符号。在“符号”选项卡的“字体”下拉列表框中可以选择需要的字体。不同的字体有不同的符号列表。选中字体后，还可在右方“子集”下拉列表框中选择符号类别，以加快查找符号的速度。

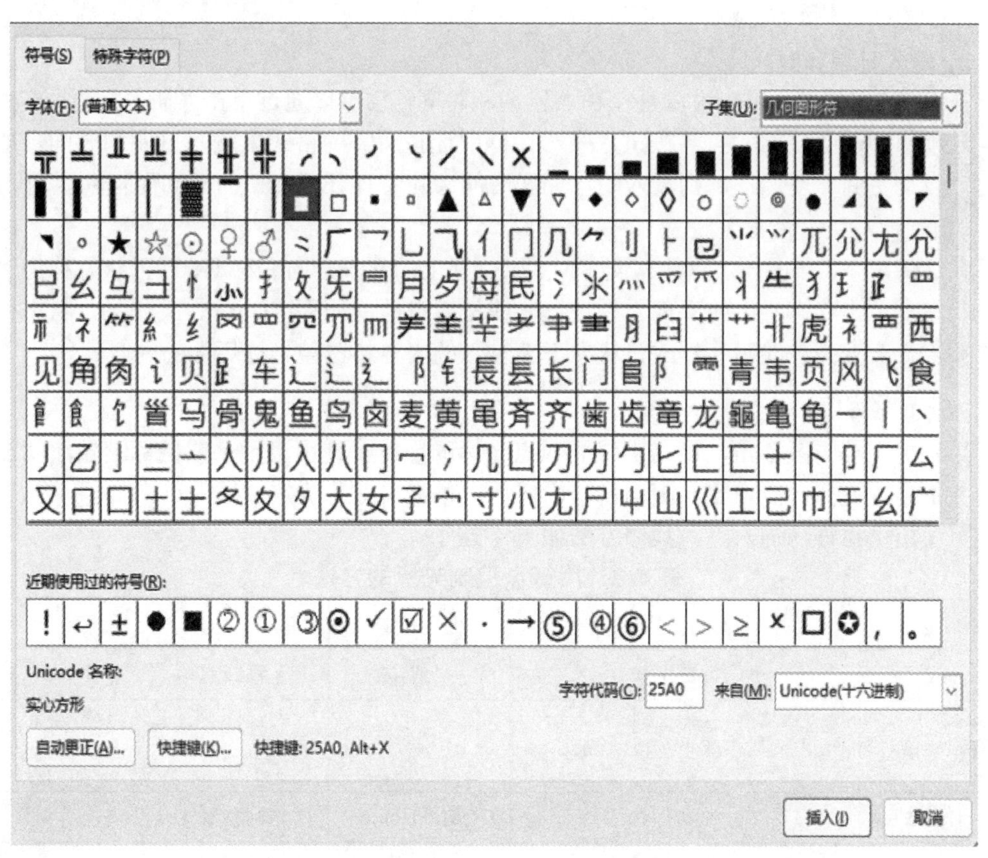

图 4-5　“符号”对话框

小贴士

每个符号(普通符号、特殊符号，包括汉字)都有一个“字符代码”，在文档中先输入符号的字符代码，再按 Alt+X 键，即可快速输入该符号。

(3) 使用输入法的软键盘输入特殊符号。

许多汉字输入法都提供软键盘，打开输入法后，单击输入法指示器中的软键盘按钮 ，在弹出的列表中选择一种符号类别，如“希腊字母”，在弹出的软键盘中单击相应符号即可。完成输入后，再次单击软键盘按钮，即可关闭软键盘。

对于搜狗拼音输入法，可以单击输入法指示器中的软键盘按钮，选择“软键盘”再单击右上角的键盘按钮，或者选择“符号大全”选项，均可输入特殊符号。还可以使用“v 模式”输入特殊符号。输入 v1～v9 可显示不同类别的符号，按“+”、“-”或“>”、“<”键可翻页查找并选择字符。

【课堂练习 4.3】

(1) 在 Word 文档中使用插入“符号”对话框方法，查询“A”“I”“国”“!”的字符代码并记录，然后利用字符代码和 Alt+X 键方法输入这几个字符。

(2) 使用“软键盘”输入“✓”“☑”“⊙”符号。

3) 输入日期和时间

在 Word 文档中，用户可以直接输入日期和时间，也可以通过单击“插入”选项卡“文本”选项组中的 日期和时间 按钮，在对话框中选择所需的格式来输入日期和时间。如果选定“自动更新”复选框，则输入的日期和时间会随着打开该文档的时间而自动更新。

4) “插入”/“改写”状态

默认情况下，当在插入点输入文本时，原位置上的文本会向右移动，这种状态称为“插入”状态。单击状态栏上的“插入”按钮，或按键盘上的插入键(Insert 或 Ins)，状态栏上的“插入”会变为“改写”，改写状态下新输入的内容将覆盖光标后面的内容。

3. 光标定位

用鼠标在编辑区单击，可以实现插入点光标的定位。使用滚动条或鼠标滚轮滚动窗口内容并不会改变插入点位置。滚动窗口内容后，单击鼠标才能定位插入点。

可使用键盘移动插入点，具体方法如表 4-3 所示。

表 4-3　用键盘控制光标的方法

键盘按键	作　　用	键盘按键	作　　用
↑或↓	上一行或下一行	←或→	左移或右移一个字符
Ctrl +↑或↓	上一段落或下一段落段首	Ctrl +←或→	左移或右移一个汉字(词语)或英文单词
Home	光标到行首	Ctrl + Home	光标移到文档开头
End	光标到行尾	Ctrl + End	光标移到文档尾部

续表

键盘按键	作　用	键盘按键	作　用
PgUp	向上翻屏	Ctrl + PgUp	光标移到上页顶端
PgDn	向下翻屏	Ctrl + PgDn	光标移到下页顶端
Ctrl + G 键 (或 F5 键)	打开光标定位框，输入页号后按回车键，即可定位到指定页	Shift + F5 键	刚刚打开 Word 文档时，可将插入点移到上次退出 Word 时最后一次的编辑位置

另外，在 Word 2016 中，当刚刚打开一个文档时，会在编辑区右下方弹出一个“欢迎回来！从离开的位置继续：”的提示窗口，同时还显示上次的编辑时间(如“星期五”“昨天”等)，单击提示窗口中的超链接，即可将光标定位到上一次结束编辑时的位置。

4.1.2.4　Word 文档的保护

保护文档包括多个方面，如只想给特定人查看、不想让人随意改动、不允许复制引用内容等。保护文档的方法有多种，下面重点介绍通过“另存为”对话框为文档设置密码和导出 PDF 文档的方法。

1．在“另存为”对话框中为文档设置密码

单击“文件”|“另存为”命令，在“另存为”对话框中执行“工具”|“常规选项”命令，在“常规选项”对话框中设置相应密码、确认密码并保存文档即可。注意，密码可以是字母、数字和符号，其中字母区分大小写。

1) 设置修改密码，限制修改文档

在“常规选项”对话框中，只在“修改文件时的密码”框中输入密码并确认密码。设置完成后，再次打开文档时会弹出“密码”对话框，正确输入密码才可以修改文档。如果不知道密码，可以单击“只读”按钮以只读方式打开文档并查看文档内容，但无法修改文档。

如果要取消设置的密码，可先用正确的密码打开文档，在“常规选项”对话框的相应密码框内按 Delete 键删除密码字符(一般显示为星号)并保存文件。

2) 设置打开密码，限制打开文档

在“常规选项”对话框中，只在“打开文件时的密码”框中输入密码并确认密码。设置完成后，再次打开文档时会弹出“密码”对话框，正确输入密码才可以打开文档。打开文档后，可以查看或修改文档。如果不知道密码，则无法打开文档。

3) 设置打开密码和修改密码，限制打开和修改文档

为文档同时设置打开密码和修改密码后，打开密码正确才能打开文档。如果打开密码正确而修改密码不正确，则以只读方式打开文档。

2．导出 PDF 文档

执行“文件”|“导出”|“创建 PDF/XPS 文档”功能，或者执行“文件”|“另存为”命令，在对话框的“保存类型”下拉列表中选择“PDF”类型，将 Word 文档转换成 PDF 文件，这样也可以保护文档。单击“选项”按钮，在对话框中勾选“使用密码加密文档”复选框，可以对 PDF 文档设置打开密码。

另外，单击“审阅”选项卡“保护”选项组中的“限制编辑”命令可限制用户编辑文档，如只允许用户填写窗体等。也可以使用“文件”|“信息”|“保护文档”功能保护文档。

4.1.2.5　Word 文档的基本编辑

1. 文本的选定

选定文本是文字操作最基础的“动作”。绝大部分 Word 操作的第一步就是正确选定要操作的内容。选定文本时，可以使用键盘，也可以使用鼠标，用鼠标选定文本更方便、高效。

Word 文档页面的最左侧空白区域称为“选定区”，当将鼠标指针放在此区域时，鼠标指针会变成空心箭头形状。

常用的选定文本的方法如表 4-4 所示。

表 4-4　选定文本的方法

方法	选定对象	操作说明
鼠标方法	任何数量的文本	在编辑区单击文本起点，拖动鼠标到文本终点。如要选定多行，则建议先向下拖动，再从左向右拖动
	一个词语或单词	在编辑区双击
	一个西文句子	在编辑区按住 Ctrl 键并单击句中任意位置
	一行	在选定区单击鼠标
	多行	在选定区从某行开始向下拖动鼠标
	一个段落	在选定区双击鼠标，或在编辑区三击鼠标
	连续文本或段落	在要选定区域的首字符前单击，按住 Shift 键，再在要选定区域的尾字符后单击
	不连续文本或段落	先选定一个区域，再按住 Ctrl 键选定其他区域
	矩形块文本	在编辑区按住 Alt 键拖动鼠标
	整个文档	在选定区三击鼠标，或按 Ctrl 键单击鼠标
键盘方法	左边/右边的字符	使用 Shift+←或→键
	上/下行同一位置之间的字符	使用 Shift+↑或↓键
	到行首	使用 Shift+Home 键
	到行尾	使用 Shift+End 键
	上一屏	使用 Shift+PgUp 键
	下一屏	使用 Shift+PgDn 键
	到本段首	使用 Shift+Ctrl+↑键
	到本段尾	使用 Shift+Ctrl+↓键
	整个文档	使用 Ctrl+A 键

在“开始”选项卡的“编辑”选项组中，单击“选择”命令按钮 选择 右侧的箭头按钮，在列表中选择更多的选定方式，如“选定所有格式类似的文本”等。

用鼠标单击文档中任意位置或通过键盘移动光标，即可取消选定。

2. 文本的复制与移动

复制文本就是将一些文本重现在另外位置。对复制来的文本进行简单修改，可提高文本输入效率。

移动文本就是将文档中的一些文本从一个地方移动到另一个地方。

Word 中复制和移动文本的方法，与在 Windows 中复制和移动文件或文件夹的方法相同。一般是先选定文本，再使用“开始”选项卡“剪贴板”选项组中的命令按钮，或使用快捷菜单或快捷键完成。复制与移动文本的具体方法如表 4-5 所示。一次复制或剪切，可以多次粘贴。

表 4-5　复制与移动文本的方法

操作方式	复　制	移　动
“剪贴板”按钮	单击，在目标位置单击	单击，在目标位置单击
右键快捷菜单	将鼠标指针放在选定内容上，右击鼠标，选择“复制”命令，在目标位置右击鼠标，选择粘贴选项粘贴	将鼠标指针放在选定内容上，右击鼠标，选择“剪切”命令，在目标位置右击鼠标，选择粘贴选项粘贴
鼠标拖动	按住 Ctrl 键，用鼠标左键拖动选定的内容，到目标位置后，先释放左键，再释放 Ctrl 键	用鼠标左键拖动选定的内容，到目标位置后释放左键
右键拖动文本	将鼠标指针放在选定内容上，按右键拖动指针到目标位置，选择“复制到此位置”命令	将鼠标指针放在选定内容上，按右键拖动指针到目标位置，选择“移动到此位置”命令
快捷键	选定要复制的内容后按 Ctrl + C 键，在目标位置按 Ctrl + V 键	选定要移动的内容后按 Ctrl + X 键，在目标位置按 Ctrl + V 键

有时直接粘贴后可能达不到预期效果，这时需要单击“粘贴”按钮下面的箭头，使用“选择性粘贴”，或者选择合适的粘贴选项粘贴。

例如，在 Excel 中复制内容，进入 Word 文档中适当位置，右击鼠标后会弹出“粘贴选项”框，如图 4-6 所示。从左到右各图标含义依次是保留源格式(保留原始内容的格式)、使用目标样式、链接与保留源格式、链接与使用目标格式、图片、只保留文本。有的操作也会出现“嵌套表”“合并表格”“覆盖单元格”等选项。应根据具体情况在目标位置适当选定对象，同时选择合适的粘贴选项。

图 4-6　粘贴选项

【课堂练习 4.4】

打开“课堂练习 4.4”素材文件夹中的 Word 文档和 Excel 文档，选定 Excel 文档中的 A1：C4 单元格区域，按 Ctrl+C 键复制，然后在 Word 文档中以不同方式进行选择性粘贴。

(1) 将光标放在左上角单元格中，使用“合并表格”方式粘贴。

(2) 将光标放在右下角单元格中，使用“合并表格”方式粘贴。

(3) 选定 Word 表格，使用“合并表格”方式粘贴。

(4) 选定 Word 表格，使用“只保留文本”方式粘贴。

(5) 将光标放在 Word 表格下方，使用“合并表格”方式粘贴。

3. 文本的删除

删除文本的方法主要有以下三种：

(1) 按退格键(Backspace 键)，删除光标左边的内容，每按一下删除一个字符或汉字。

(2) 按 Del 键(Delete 键)，删除光标右边的内容，每按一下删除一个字符或汉字。

(3) 选定要删除的文本后，按 Backspace 键或者 Del 键，删除被选定的内容。

4. 撤销与恢复/重复

(1) 撤销：撤销最近进行的操作，单击快速访问工具栏上的“撤销”按钮即可(或按 Ctrl + Z 键)。如要撤销多项操作，应单击“撤销”按钮旁的下拉箭头，从列表中选择要撤销的一系列操作，然后单击。

(2) 恢复：还原用“撤销”命令撤销的动作，单击快速访问工具栏上的恢复按钮即可。也可按 Ctrl + Y 键或 F4 键进行恢复操作。

(3) 重复：在恢复所有已撤销的操作时，“恢复”命令将变为“重复”，其按钮为，单击它可重复最近的一次操作(可重复的操作包括插入、删除、设置格式等，甚至是输入文本操作，但不包括移动光标和选定内容等操作)。

例如，要将多处文本的颜色都设置为红色，不必一处一处设置，可以先将某一处文本设置为红色，然后逐个选定每一处需要设置颜色的文本(或一次全部选定剩余各处)，按 F4 键或 Ctrl + Y 键重复最近的设置颜色操作。

5. 检查文档

Word 具有拼写和语法检查功能，可以在输入文本的同时检查错误。单击“审阅”选项卡“校对”选项组中的“拼写和语法”按钮，打开“拼写检查”任务窗格，在任务窗格中会显示检查出来的第一处可能的错误。在文档中一般用红色波浪线标记单词或短语的拼写错误，用绿色波浪线标记语法错误(当然，这种错误标识仅仅是一种修改建议)。在带有波浪线的文字上右击，会弹出快捷菜单，其中列出了修改建议。可直接修改错误，或从修改建议中选择一个修改方案，再选择“更改”或“全部更改”命令更改文本，或选择“忽略”或“全部忽略”命令不做修改。

如果要取消拼写和语法检查，则选择“文件”|“选项”命令，在“Word 选项”对话框中选择“校对”选项，在其中进行设置。

6. 查找与替换

1) 查找文本

查找与替换

利用 Word 的“查找”功能可以快速、准确地在文档中查找特定文本。

单击“开始”|“编辑”|“查找”命令，或使用 Ctrl + F 键，将出现导航窗格。如果选中了“视图”|“显示”选项组中的“导航窗格”复选框，则 Word 窗口中也会出现导航窗格。

在导航窗格的文本框中输入要查找的内容，系统将显示查找到的文本匹配项个数，并将找到的文本高亮显示。

单击导航窗格中的▲或▼按钮，可以向上或向下定位查找到的文本。

如果在查找前选定要查找的内容后再按 Ctrl+ F 键，则打开导航窗格后会将已经选定的内容作为要查找的内容，可省略输入要查找的内容。

2) 替换文本

替换功能就是将文档中的某些文本替换成指定的其他文本。例如，要将文档中全部的“低炭”替换为“低碳”，可利用 Word 的替换功能。

单击“开始”|“编辑”|“替换”命令，或使用 Ctrl + H 键，弹出“查找和替换”对话框，如图 4-7 所示，在“查找内容”框中输入(或提前选定)要替换的内容，在“替换为”框中输入用来替换的新内容，然后根据需要单击相应按钮完成替换操作。

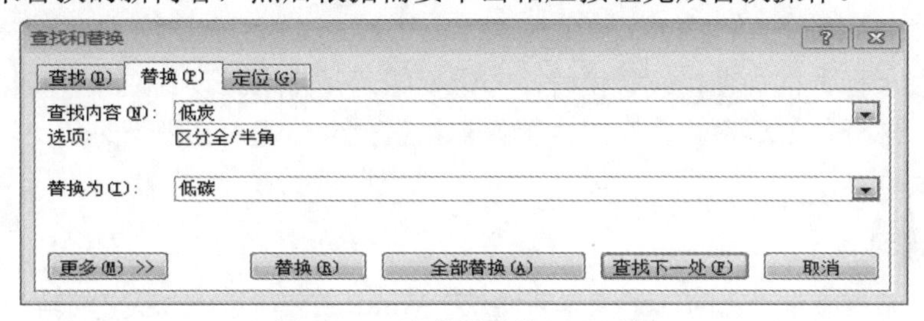

图 4-7　“查找和替换”对话框

图 4-7 中，主要按钮的作用如下。

(1) “替换”按钮：替换当前位置这一处的内容，然后继续查找下一处。

(2) “全部替换”按钮：一次性全部替换文档中的相应内容。

(3) “查找下一处”按钮：不替换当前位置这一处的内容，直接继续查找下一处。

通过有选择地单击“替换”和“查找下一处”按钮，可以按需替换每一处查找到的文本。

3) 高级查找与替换

在“查找和替换”对话框中，单击下方的“更多”按钮将展开该对话框的隐藏区域，如图 4-8 所示。通过设置更多搜索选项可实现高级查找和替换，如区分/不区分大小写字母，带格式的查找和替换等。

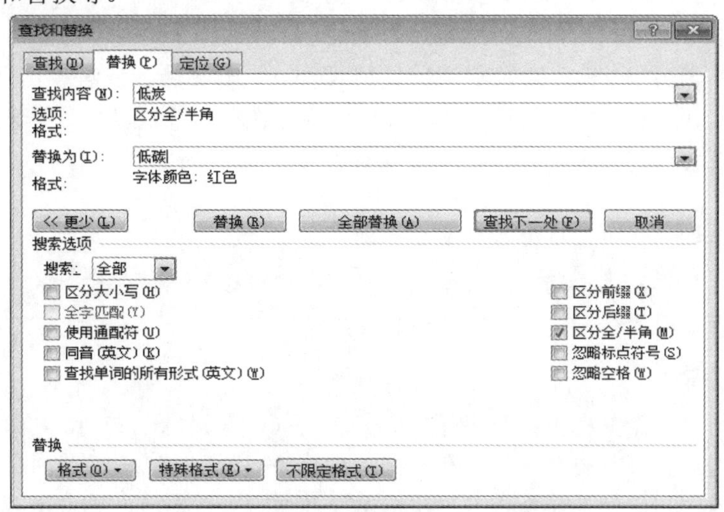

图 4-8　查找和替换的“更多”选项对话框

图 4-8 中，主要选项和按钮的作用如下。

(1) “搜索”范围选项：用于设置查找和替换的方向，有“向下”“向上”“全部”三种选项，默认为“全部”选项。

(2) “区分大小写”复选框：区分字母的大小写形式。

(3) “使用通配符”复选框：可以在查找或替换文本中使用“?”和“*”通配符。

(4) “区分全/半角”复选框：区分全角字符和半角字符。

(5) “格式”下拉按钮：包括“字体”“段落”“样式”等，可以查找有格式设置的文本，或将文本替换成带格式的文本(如将“低炭”替换为红色的“低碳”等)。

(6) “特殊格式”下拉按钮：用于查找或替换文档中的特殊字符，例如“段落标记”“手动换行符”等。

注意：在进行带格式查找或替换时，一定要明确是将格式设置在“查找内容”部分还是“替换为”部分。如果格式内容或位置设置错误，应单击对话框下方的“不限定格式”按钮取消格式设置。

【课堂练习 4.5】

打开配套素材文件“党的二十大报告全文”Word 文档，分别查找“创新”“信息”“教育”词语在报告中出现的次数和位置，并阅读相关内容。

4.1.2.6　多窗口与多文档编辑

1. 窗口的拆分

可以将 Word 的文档窗口拆分为两个窗口，将一个文档的两部分分别显示在两个窗口中，从而方便地编辑文档。具体方法是：执行“视图”|“窗口”|“拆分”命令，用鼠标拖动屏幕中的水平线，以调节两个窗口的大小。执行“视图”|“窗口”|“取消拆分”命令，即可将两个窗口合并为一个。

2. 多窗口间的编辑

Word 允许同时打开多个文档进行编辑，一个文档对应一个窗口。

单击“视图”|“窗口”|“切换窗口”命令按钮，在下拉列表中会列出被打开的文档名，文档名前方有√图标的表示当前文档窗口。单击文档名或者单击任务栏上 Word 图标中的文档，可以切换当前文档窗口。执行“视图”|“窗口”|“全部重排”命令，可以将所有文档窗口排列在屏幕上。可以对各文档窗口的内容进行剪切、复制、粘贴等操作。

多个文档编辑后，可逐个保存和关闭文档。可以将鼠标指针移至任务栏的 Word 图标上，再单击指定文档右上角的关闭按钮关闭文档；也可以右击任务栏上的 Word 图标，执行“关闭所有窗口”命令，一次性关闭所有文档。

3. 并排查看

默认情况下，一个文档占用一个窗口。如果要同时编辑两个文档，可使用窗口并排功能。具体方法是：打开需要并排的两个文档，执行“视图”|“窗口”|“并排查看”命令，根据需要选择“同步滚动”命令。若再次单击“并排查看”命令，则取消并排比较。

4.2　任务："聚焦"页面的排版

4.2.1　任务描述与实施

1．任务描述

图 4-9 显示的是校园周刊"聚焦"页面的制作效果。本任务主要完成该页面文字的排版工作，包括页面的设置、字体格式的设置、段落格式的设置、段落的边框与底纹的设置等。

2．任务实施

【解决思路】

打开上一任务建立的"聚焦.docx"文档，参照样图，按要求设置页面属性、字体格式和段落格式。

写给大一新生的寄语

亲爱的同学们，高中的时候老师和家长常说，再坚持下，到大学就好了。到了大学你会发现那张录取通知书只是对过去的肯定，而不是对未来的承诺，未来还需要你重新设计、好好实践。大学可能是你最后一次系统接受教育的人生阶段；是最后一次集中精力、充实自我的成长阶段；是最后一次能在相对宽容的环境中，学习为人处世的生活阶段。其实大学才真正是人生的起点，大学如何度过？希望你要做好以下四点。

1、品德(quality)

要立德为先。要爱国，忠于祖国，忠于人民；要励志，立鸿鹄志，做奋斗者；要求真，求真学问，练真本领；要力行，知行合一，做实干家。

2、学习（study）

古人云："破万卷书，行万里路"。应该把学习作为首要任务。要珍惜时间，好好学习。要学会自学，要终身学习。要勤于学习，善于学习，要学用结合，要学习榜样。

3、做人（behave）

要学会感恩：感恩党和国家，感恩社会和人民，感恩先辈和老师；要养成良好的生活习惯：包括生活态度，饮食、卫生、健康、作息习惯；要学会与人相处：要热情交往、理解尊重、以诚相待、宽容谅解。

4、职业（travelling）

要明确自身梦想目标，设计职业生涯规划；要做好扎根基层准备，献身祖国建设事业。

作为新时代中国青年要坚定不移听党话、跟党走，怀抱梦想又脚踏实地，敢想敢为又善作善成，立志做有理想、敢担当、能吃苦、肯奋斗的新时代好青年。

图 4-9　"聚焦"页面样图

本任务涉及的主要知识技能点如下：

项目四任务二

(1) 页面的设置，包括设置纸张大小、纸张方向和页边距等。

(2) 字体的设置，包括设置字体、字号、加粗、倾斜、渐变填充等。

(3) 段落的设置，包括设置项目符号、对齐方式、行间距、首行缩进、边框和底纹等。

(4) 利用格式刷复制格式。

【实施步骤】

本任务要求及操作要点如表 4-6 所示。

表 4-6　任务要求及操作要点

任 务 要 求	操 作 要 点
1. 页面设置	
设置纸张为 A4，页边距上、下均为 2 厘米，左、右均为 3.17 厘米，页眉、页脚到边界的距离均为 1.5 厘米	单击“布局”|“页面设置”选项组右下角的对话框启动器按钮，打开“页面设置”对话框，分别在“页边距”“纸张”“版式”选项卡中设置
2. 字体设置	
(1) 标题行“写给大一新生的寄语”字符格式： 字体为微软雅黑，字号为 20 磅，加粗； 字体颜色采用渐变填充中的一种预设渐变样式	① 选定标题行文字，在“开始”|“字体”选项组中设置字体、字号和加粗字形。 ② 选定标题行，单击“字体”选项组“字体颜色”右侧的箭头按钮 A ，在下拉列表中选择“渐变”|“其他渐变”，在窗格中单击“文本填充”|“渐变填充”，选择一种预设渐变样式，并选择一种“类型”和“方向”
(2) 设置正文第一自然段(“亲爱的同学们……”)的字体为楷体，字号为小四	选定第一自然段，设置字体为楷体，字号为小四
(3) 设置其余段落(“1、品德……好青年。”)的中文文字为宋体、西字文字为 Times New Roman，字号为小四	选定从第一个小标题开始的其余段落文字内容，单击“开始”选项卡，再单击“字体”选项组右下角的对话框启动器按钮，打开“字体”对话框，在“中文字体”中选择“宋体”，在“西文字体”中选择“Times New Roman”，在“字号”中选择“小四”
(4) 对四个小标题设置“加粗”字形	选定第一个小标题，然后配合 Ctrl 键选定其他小标题，单击“加粗”按钮 **B** 。 **注意**：也可以利用格式刷复制小标题格式
3. 段落设置	
(1) 标题行：单倍行距，居中对齐，段前、段后均设置为“0 行”，特殊格式为“无”	选定标题行或将光标置于标题所在段落中，单击“开始”|“段落”选项组中的对话框启动器按钮，在“段落”对话框中设置“对齐方式”“间距”“特殊格式”
(2) 标题行外的其余段落：行距 1.2 倍，首行缩进 2 字符，段前 0.5 行	选定除标题外的段落，在“段落”对话框中设置格式。行距选择“多倍行距”，输入“1.2”；特殊格式选择“首行缩进”，磅值输入“2 字符”；段前间距设置为“0.5 行”
(3) 第一自然段：左缩进、右缩进均为 3 字符	将光标置于第一自然段中，在“段落”对话框中设置“缩进”参数
4. 边框与底纹设置	
将第一自然段(“亲爱的同学们……”)的边框样式设置为深红色双波浪线，底纹填充效果设置为“橙色，个性色 2，淡色 80%”	将光标置于第一自然段中，单击“开始”|“段落”|“边框和底纹”右侧的箭头按钮 ，单击“边框和底纹”，在对话框中单击“边框”选项卡，单击“方框”，选择样式和颜色，“应用于”选择“段落”；单击“底纹”选项卡，选择“填充”效果

【自主训练】

在“聚焦.docx”文档中按下列要求进行操作，不保存文档。

(1) 将标题行文字的字符间距加宽 2 磅，并添加黄色底纹。

(2) 为各小标题行文字添加蓝色双波浪线。

提示：

(1) 选定文字，在“字体”对话框中选择“高级”|“间距”，选择“加宽”，输入磅值；在“段落”选项组中单击“底纹”按钮右侧的箭头按钮，选择颜色。

(2) 选定文字，在“字体”对话框中选择“下画线线型”和“下画线颜色”。

【问题思考】

(1) 什么情况下需要对同一段文字既设置中文字体又设置西文字体?

(2)“字体”选项组和“段落”选项组中的边框和底纹功能有何不同?

4.2.2　相关知识与技能

4.2.2.1　设置页面版式

在建立新文档时，Word 已经自动设置了默认的纸张大小、纸张方向和页边距等页面属性。用户可以根据需要重新设置这些内容。在打印输出之前要设置好页面版式，因为这直接影响版面的美观与输出要求。

1. 设置纸张大小

纸张的大小和方向不仅会对打印输出的最终结果产生影响，而且会对当前文档的工作区大小和工作窗口的显示方式产生直接影响。

默认情况下，Word 使用 A4 幅面的纸张来显示文档，纸张大小为 21 厘米 × 29.7 厘米。

在“布局”选项卡的“页面设置”选项组中单击“纸张大小”命令按钮，在打开的下拉列表中可以直接选择标准的纸张大小，如 A4、B5 等。也可以单击列表中的“其他纸张大小”选项，在弹出的对话框的“纸张大小”下拉列表中选择更多的纸张类型，再选择“自定义大小”选项，输入纸张的“宽度”和“高度”值。

2. 设置页边距

页边距指文档边缘与页面边线的空白距离。合理设置页边距可以达到节约纸张的目的。

单击“布局”|“页面设置”|“页边距”命令按钮，在打开的下拉列表中选择预置的页边距。在列表中选择“自定义边距”选项，在弹出的对话框中可以自定义上、下、左、右四个页边距数值。

3. 设置纸张方向

纸张方向一般分为横向和纵向两种。单击“布局”|“页面设置”|“纸张方向”命令按钮，在打开的下拉列表中可以选择“纵向”或“横向”纸张方向。

注意：也可以单击“布局”选项卡“页面设置”选项组右下角的对话框启动器按钮，在“页面设置”对话框中通过“页边距”“纸张”“版式”等选项卡设置纸张大小、方向和页边距。

4.2.2.2　设置字符格式

在 Word 中，字符格式是指字符所包含的属性，如字体、字号、字形、字体颜色、下画线、字符边框、字符底纹等。

设置字符格式有两种方式：一是在输入字符之前设置字符格式，之后输入的字符将按预先设置的格式显示；二是先输入字符，然后选定需要设置格式的文字内容，再设置字符格式，其格式只对选定的文字起作用。

1. 使用“开始”选项卡“字体”选项组的按钮设置

字体设置

首先选定要设置字符格式的文本，然后单击“开始”选项卡“字体”选项组(如图 4-10 所示)中的相应命令按钮设置格式。

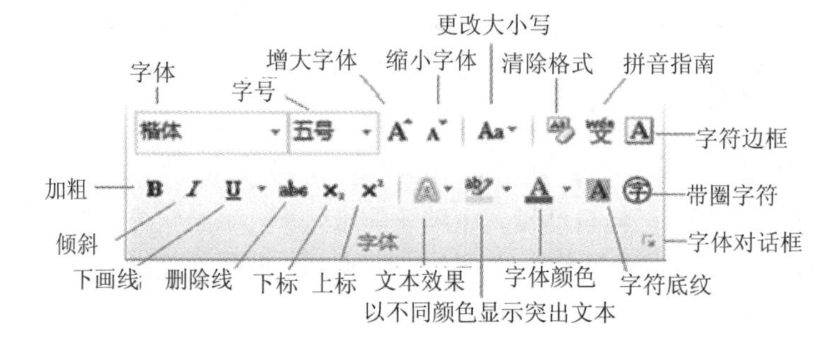

图 4-10　“字体”选项组中的命令按钮

1) 设置字体、字号、字形

(1) 字体。

文档的外观很大程度上是由其字体决定的。字体是指文本的形体、文字的风格(即单个字符的外观)。Windows 系统提供了多种字体，如宋体、黑体等，如果用户要使用更多的字体，则需另行安装。

字体分中文字体和西文字体两类。中文字体(如黑体)对汉字起作用，西文字体(如 Times New Roman)对西文字体起作用。同一段文字既有中文又有西文时，应分别设置中、西文字体。

单击“字体”框旁边的箭头按钮，在列表中选择所需要的字体。也可以直接在字体框中输入所需要的字体名称或其前几个字母，如 Arial 等。

(2) 字号。

字体的大小即字号。字号有两种表示方法：一种是中文表示，使用“号”，字号越大，则字越小，如四号字比五号字大等；另一种是数字表示，使用“磅”，数值越大，则字越大，如 10.5 磅(相当于五号字)的字比 8 磅(相当于六号字)的字大等。目前排版中，“号”与“磅”字号并存使用，互为补充(注：1 磅=0.3527 毫米≈0.35 毫米)。Word 中默认字号磅值最大为 72 磅，最小为 5 磅。

单击“字号”框旁边的箭头按钮，在列表中选择所需要的字号。也可以直接在字号框中输入所需要的磅值，其数字范围为 1～1638。

一般来说，一篇文章的标题和正文应设置不同的字号。标题应醒目，通常要大一些；多级标题时，各级标题的字号也应有所区别。

(3) 字形。

分别单击“加粗”按钮B、“倾斜”按钮I、“下画线”按钮U(对应的快捷键分别是 Ctrl+B、Ctrl+I、Ctrl+U)，可对选定字符设置加粗、倾斜、下画线等字形格式。还可以单击“下画线”按钮旁边的箭头按钮，在列表中选择下画线类型。

2) 设置字符的修饰效果

(1) 字体颜色。为文档中的特殊内容设置不同的颜色，不但可以给人以赏心悦目的感觉，也能够突出文档的重点内容。单击A按钮旁边的箭头按钮，可设置字体颜色。

(2) 字符边框A。可设置或撤销字符的边框格式。

(3) 字符底纹A。可设置或撤销字符的底纹格式。

(4) 突出显示。单击“以不同颜色突出显示文本”命令按钮旁边的箭头按钮，在列表中选择要突出显示的颜色。

(5) 文本效果和版式。单击A按钮旁边的箭头按钮，在列表中选择字符的外观效果，如轮廓、阴影、映像、发光等。

2. 使用“字体”对话框设置

右击所选文字，在快捷菜单中选择“字体”命令，或者单击“字体”选项组右下角的对话框启动器按钮，在“字体”对话框的“字体”和“高级”选项卡中可以设置更多的字符格式。

1) “字体”选项卡

在“字体”选项卡中，可设置中文字体、西文字体、字形(常规、加粗、倾斜)、字号、字体颜色、下画线、着重号、删除线、上标、下标等修饰效果，也可以隐藏某些文字，使其不被显示或打印。

2) “高级”选项卡

在“高级”选项卡中可设置字符的缩放、间距和位置。

字符缩放指在原来字符大小的基础上缩放字符尺寸。缩放值小于 100%时为长形字，缩放值大于 100%时为扁形字。

字符间距指相邻两个字符之间的距离。在“间距”下拉列表框中可选择“标准”、“加宽”或“紧缩”选项，在对应的“磅值”框中输入具体数值。

字符位置指相对于标准位置，提高或降低字符的位置。在“位置”列表框中可选择“标准”、“提升”或“降低”选项，在对应的“磅值”框中输入具体数值。

小贴士

在计算机中打开一个在其他计算机上编辑的文档时，可能会出现文档中字体变样的情况，这是因为计算机中没有安装相应字体库。解决方法有以下两种。

方法一：通过上网下载相应字体文件(扩展名为.ttf)，然后安装字体，或将字体文件复制到字体库文件夹(C:\Windows\Fonts)再打开文档。

方法二：单击“文件”|“选项”|“保存”命令，选中“将字体嵌入文件”选项，然后保存文件，即可将文档中所用字体一并保存，这样文档在其他未安装这种字体的计算机中就会正常显示。

小贴士

使用浮动工具栏也可以设置常用的文字格式。

在 Word 中选定文字时，将鼠标指针移到被选定文字的右侧位置后会出现一个半透明状态的浮动工具栏，使用该工具栏可以设置字体、字号、项目符号、样式等格式。

如果不出现浮动工具栏，则可单击“文件”|“选项”|“常规”命令，然后勾选“选择时显示浮动工具栏”复选框。

4.2.2.3　设置段落格式

段落是由一个或几个自然段构成的。在输入一段文字后按回车键“Enter”，会产生一个“↵”符号，那么这段文字就以回车符为标志形成一个段落。这个符号称为段落标记，它不仅标识一个段落的结束，还存储着该段落的格式信息。

段落设置

设置段落格式是指设置整个段落的外观，包括段落的对齐方式、缩进、行距、段落间距、项目符号、边框和底纹等。

段落格式的设置对象是“段落”，而“字体”格式的设置对象是“字”，两者的属性不同。如果要设置一个段落的格式，可以将插入点放在段落中任何位置；如果要设置多个段落的格式，需要首先选定段落。

设置段落格式的方法有以下几种：

(1) 使用功能区按钮。单击“开始”|“段落”选项组中的相应按钮，如图 4-11 所示。

(2) 使用对话框。右击选定的段落并在快捷菜单中选择“段落”命令，或者单击“开始”选项卡或“布局”选项卡中的“段落”选项组右下角的对话框启动器按钮 ，在“段落”对话框中设置段落格式。

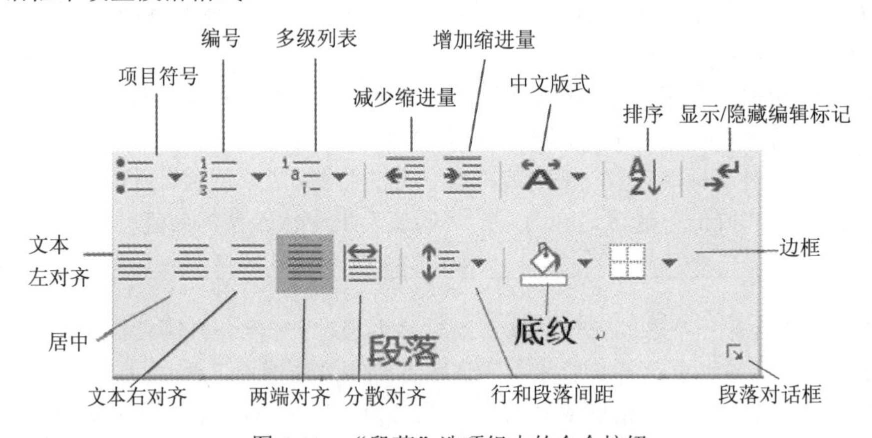

图 4-11　“段落”选项组中的命令按钮

1. 段落对齐方式

段落的水平对齐方式是指页面中的段落在水平方向上的对齐方式，包括文本左对齐、居中、文本右对齐、两端对齐和分散对齐五种方式。可直接单击图 4-11 中的对齐按钮或在

“段落”对话框中进行段落的水平对齐方式设置。

(1) “文本左对齐”：段落内容与页面左边界或段落左缩进的位置对齐。

(2) “居中”：段落内容沿页面左、右边界居中对齐。

(3) “文本右对齐”：段落内容与页面右边界或段落右缩进的位置对齐。

(4) “两端对齐”：段落内容同时与页面左、右边界或段落左、右缩进的位置对齐，最后一行不是满行时则左对齐。

对于纯中文段落，“文本左对齐”和“两端对齐”的效果相同。

(5) “分散对齐”：段落内容沿页面的左、右边界等距离分散排列，最后一行不是满行时也首尾对齐。

段落的垂直对齐方式是指段落相对于上或下页边界的距离，包括顶端对齐、居中、两端对齐和底端对齐四种方式，在“布局”选项卡“页面设置”对话框的“版式”选项卡中设置。

2. 段落缩进

段落缩进是指段落相对于左、右页边界的距离。缩进格式有以下四种。

(1) 左缩进：段落左边至页面左边的距离。

(2) 右缩进：段落右边至页面右边的距离。

(3) 首行缩进：每一段落的第一行的左缩进，也就是我们常说的“第一行空几格”。中文习惯首行缩进两个汉字。

(4) 悬挂缩进：每一段落除第一行外的其他各行的左缩进距离。

用鼠标直接拖动水平标尺上的段落缩进标记(有“左缩进”“首行缩进”“悬挂缩进”“右缩进”四个标记)也可以大致设置段落缩进格式。如果在拖动缩进标记时同时按住 Alt 键，则会显示标尺读数，便于准确定位。

3. 制表位

1) 制表位的概念及用途

键盘上的 Tab 键叫作制表键。在 Word 文档中，当光标在表格中时，每按一下 Tab 键，光标会向右移动一个单元格，按 Shift+Tab 键，则光标向左移动一个单元格。当光标不在表格中时，默认情况下，每按一下 Tab 键，光标插入点就会自动向右侧移动 2 个字符的距离，定位到一个新的位置，这个位置被称为“制表位”。顾名思义，制表位就是按 Tab 键时光标能够到达的预定的位置。

我们可以为一个段落在水平方向上设置任意个、任意间距的制表位，这样就将段落中每一行划分成了多个栏段，类似于公共汽车线路上的“站”。

为段落设置制表位的方法是在 Word 的水平标尺上放置一些特定的符号，这些符号叫作制表符，通过这些制表符来标记每一个制表位所在的位置。换句话说，制表符在水平标尺上的位置就叫作制表位。

制表位的主要作用是自动对齐文字。使用制表位可以指定文字缩进的距离或一栏文字的开始位置，可以不用表格就能把文字排列得像有表格一样整齐，从而提高排版效率。为段落设置制表位后，每按一下 Tab 键，光标会向右移动到下一个制表位。段落各行中同一制表位处的文本会按制表符的类型自动对齐，不需要使用空格键人工对齐。

2) 五种制表符

Word 中有五种制表符，分别是：左对齐式制表符、居中式制表符、右对齐式制表符、小数点对齐式制表符、竖线对齐式制表符。

位于 Word 水平标尺左侧和垂直标尺上方交叉处的按钮如“ ∟ ”称为制表符选择按钮。

当将鼠标指针停在制表符选择按钮的上方时，会显示制表符名称。用鼠标左键单击这个按钮，它会在五种制表符选择按钮之间切换。

∟(左对齐式制表符)按钮：用于设置文本的起始位置。键入文本时，文本将与制表位左侧对齐。

⊥(居中式制表符)按钮：用于设置文本的中间位置。键入文本时，文本将与制表位中心对齐。

┘(右对齐式制表符)按钮：用于设置文本的右端位置。键入文本时，文本将移动到它左侧。

⊥(小数点对齐式制表符)按钮：用于使数字按小数点对齐，小数点位于相同位置。

|(竖线对齐式制表符)按钮：不定位文本，用于在制表符的位置插入一条竖线。

3) 制表位的设置

将光标放在某一个段落中，在水平标尺上单击鼠标，标尺上会产生一个与标尺最左端同样类型的制表符，这样就设置了一个制表位。将光标放在段落中的某一行上，在标尺上就能看到为本段落所设置的制表符(位)。

将鼠标指针移至标尺的某个制表符上，并向上或向下将其拖离标尺，即可删除该制表位。

选定段落，单击“开始”选项卡“段落”选项组中的对话框启动器按钮，在对话框中单击左下角的“制表符”按钮，在“制表位”对话框中可精确设置各个制表位的位置、对齐方式、制表符的前导符等信息。

单击“设置”按钮可设置制表符或更新制表位的位置。

单击“清除”按钮可清除所选定的制表位。

单击“全部清除”按钮可清除全部存储的制表位位置标记。

制表位案例

注意：

(1) 制表位属于段落属性，它对整个段落起作用。当将光标放在某一行上设置制表位时，将对光标所在的那一个段落起作用。按回车键后会产生出下一个段落，新段落也会与上一个段落具有同样的制表位设置。

(2) 如果有多个段落(往往是一个段落只有一行)需要设置同样的制表位，可事先选定多个段落一并设置。

(3) 可以在输入文本之前设置制表位，也可以在输入文本之后设置制表位。

(4) 使用标尺设置制表位时，按住 Alt 键单击标尺上的制表位，可以精确地测量两个制表位之间的距离。

(5) 可以利用格式刷将某个段落的制表位复制到其他段落。

4. 行间距与段间距

行间距即行距，指的是段落内部各行之间的距离。行距有“单倍行距”“1.5 倍行距”“最小值”“固定值”“多倍行距”等，各选项含义如下：

(1) “单倍行距”：该行最大字体的高度加上一小段额外间距。

(2) “1.5 倍行距”：单倍间距的 1.5 倍。

(3) “最小值”：行间距的最小数值，是系统给定的值，用户不能改变。如果行距值较小而行内含有大的字符，Word 会自动增加行距，以保证字符完整显示。

(4) “固定值”：固定的行距值，以点为单位。如果行距值较小而行内含有大的字符，会出现字符不能完整显示的情况。

(5) “多倍行距”：任意的行距倍数。如要求 1.2 倍行距，则应选择“多倍行距”，然后在“设置值”中输入“1.2”。

段间距是指当前段落与其前、后段落之间的距离。段间距有“段前”间距和“段后”间距两种。

5. 段落边框和底纹

为了使文档美观，或是突出显示某些内容，常常为这些内容加上边框或底纹。

1) 设置段落边框

设置段落边框是指为整段文字设置边框。单击“开始”|“段落”选项组中边框按钮田▾右侧的箭头按钮，从弹出的列表中选择边框格式，或者选择“边框和底纹”命令，在对话框的“边框”选项卡中进行设置。应根据需要在“应用于”下拉列表框中选择将格式应用于“文字”或“段落”。

2) 设置段落底纹

设置段落底纹是指为整段文字设置背景颜色。单击“开始”|“段落”选项组中底纹按钮▾右侧的箭头按钮，从弹出的列表中选择适当的颜色。

注意：“字体”选项组中的字符边框 A 和字符底纹 A 命令只能设置简单的效果，而“段落”选项组中的“边框和底纹”功能则更加丰富。另外，为段落添加底纹后，行与行之间没有间隙。

4.2.2.4 项目符号和编号

“项目符号”和“编号”是放在文本前的圆点、数字或其他符号，起强调作用。使用项目符号和编号，能够使文档的层次结构更清晰、更有条理。

项目符号是一种平行排列标志，各项目没有特别顺序；而编号则能够表示先后顺序。

1. 创建项目符号

选定要设置项目符号的段落，在“开始”|“段落”选项组中单击“项目符号”按钮☰▾右侧的箭头按钮，在下拉列表中选择相应的符号。也可以选择“定义新项目符号”命令，在对话框中设置项目符号的字符、图片、字体、对齐方式等。

2. 创建编号

选定要设置编号的段落，在“开始”|“段落”选项组中单击“编号”按钮☰▾右侧的箭头按钮，在下拉列表中选择相应的编号。也可以选择“定义新编号格式”命令，在对话框中自行定义其他编号。为段落设置编号后，按 Enter 键进入下一段落时，新的段落会在上一个段落编号的序号上自动编号。

如果要取消段落中的项目符号或编号，应先选定段落，再在“项目符号”或“编号”下拉列表中选择“无”。

3．自动编号

Word 提供了自动添加项目符号和编号功能，在以“1.”“a.”等字符开始的有文本内容的段落中按下回车键，下一段开始将出现“2.”“b.”等自动编号(按 Ctrl+Z 键可取消这个自动编号)。如果要结束自动编号，则在输入内容后连续按两次回车键。

如果对项目符号和编号格式不满意，可选定段落并右击，在快捷菜单中选择“调整列表缩进”功能，在对话框中设置“编号位置”“文本缩进”“编号之后”选项。默认情况下，“编号之后”的值是“制表符”，编号与文本之间的距离较大，可以选择“空格”(编号与文本之间添加一个空格)或“不特别标注”(表示删除制表符，编号与文本之间没有间隔距离)选项，也可以按住 Alt 键在水平标尺上单击产生制表符并左右拖动制表符调整编号与文本之间的距离。

> **小贴士**
>
> 取消自动项目符号和编号功能的方法：执行“文件”|“选项”|“校对”命令，再单击“自动更正选项”按钮，在“自动更正”对话框中选择“键入时自动套用格式”选项卡，取消勾选“自动项目符号列表”和“自动编号列表”复选框。

4.2.2.5　利用格式刷复制格式

如果文档中有若干不连续的文本或段落要设置相同的格式，可以先对其中的一个设置格式，然后使用“格式复制”功能将其格式复制到其他文本或段落上，从而提高效率。

1．复制文本格式

选定已设置好的要作为样板格式的文本，单击“开始”|“剪贴板”选项组中的 格式刷 按钮，此时，该按钮下沉显示，且鼠标指针变为一个刷子形状；将鼠标指针移至要复制格式的文本开始处，拖动鼠标到要复制格式的文本的结束处，然后释放鼠标按键。

单击格式刷一次，只能刷一次，双击格式刷可以刷多次。完成格式复制后再次单击 格式刷 按钮或按 Esc 键释放格式刷。

2．复制段落格式

选定已设置好的要作为样板格式的段落(要包括段落标记)，然后单击 格式刷 按钮，接着单击目标段落中的任意位置。

3．清除格式

清除格式是指将设置的格式恢复到默认状态。清除方法是选定要清除格式的文本或段落，然后单击“字体”选项组中的“清除所有格式”按钮 。也可以先选定使用默认格式的文本或段落，然后用格式刷将该格式复制到要清除格式的文本或段落上。

【课堂练习 4.6】

(1) 将文章中的某段文字设置为左右缩进 2 字符，悬挂缩进 2 字符。

(2) 输入算式：$(1101)_2 = (13)_{10}$，$c^2 = a^2 + b^2$。要求：输入上下标时应用格式刷。

(3) 将某段文字设置为二号、蓝色(标准色)、空心、黑体、倾斜、居中，并添加黄色底纹。

提示：在“字体”对话框中设置，单击“高级”|“文字效果”，“文本填充”选择“无填充”，“文本边框”选择“实线”，“颜色”选择蓝色。

4.3　任务：运用表格布局“悦读”页面

4.3.1　任务描述与实施

1．任务描述

图 4-12 显示的是校园周刊“悦读”页面的制作效果。本任务的主要目的是学习利用表格进行文档内容布局的方法。

图 4-12　“悦读”页面的制作效果

2．任务实施

【解决思路】

新建空白文档，在文档中插入一个 4 行 2 列的表格，参照图 4-13 设置表格的行高和列宽等属性，利用表格进行版面内容布局；在单元格中放入相应的文字和图片对象，最后设置表格的边框和底纹，以“悦读.docx”为文件名保存文档。

本任务涉及的主要知识技能点如下：

(1) 表格的制作。

(2) 表格对齐方式的设置，行高与列宽的调整，单元格的合并与拆分。

(3) 单元格文字方向及单元格内容对齐方式的设置。

(4) 表格边框的设置。

行高：固定值6厘米

行高：固定值2.5厘米

行高：固定值7.7厘米

行高：固定值7厘米

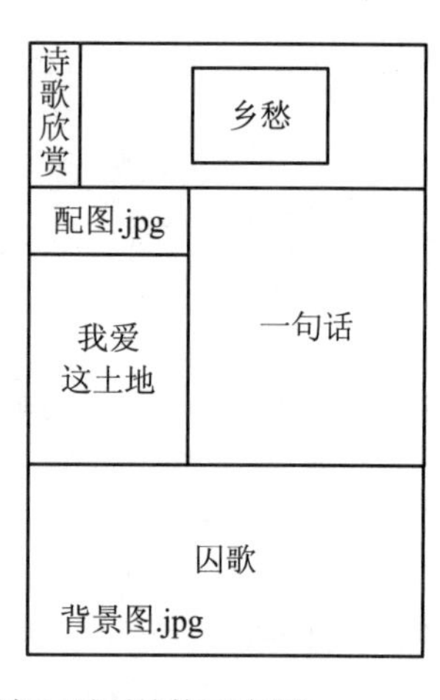

图 4-13　“悦读”页面结构示意图

项目四任务三

【实施步骤】

本任务要求及操作要点如表 4-7 所示。

表 4-7　任务要求及操作要点

任 务 要 求	操 作 要 点
1．建立名为“悦读.docx”的文档，并在其中建立表格	
建立一个 4 行 2 列的表格	新建空白文档，将其另存为“悦读.docx”。 单击“插入”｜“表格”｜“表格”下拉按钮，拖动鼠标生成一个 4 行 2 列的表格
2．设置表格的行高、列宽和对齐方式	
(1) 参照样图设置行高：第 1～4 行分别为 6 厘米、2.5 厘米、7.7 厘米、7 厘米(均为固定值)	单击表格第 1 行任意一个单元格，单击“表格工具-布局”｜“表”｜“属性”，在对话框中的“行”标签中勾选“指定高度”，输入高度“6”，选择“固定值”，然后单击“下一行”，采用同样的方法设置其他行的行高
(2) 参照样图，大致调整前两行各列的宽度	选定左上角的单元格(鼠标指针移至单元格左侧，变为黑色实心右上角箭头)，然后拖曳单元格右侧边线，调整第 1 行各列宽度。 选定第 2、3 行左侧的两个单元格，拖动右边框线调整列宽度。下列操作中可随时调整列宽以容纳相关文字
(3) 参照样图，合并第 2、3 行右侧的两个单元格，合并第 4 行的两个单元格	选定要合并的若干个单元格，右击鼠标并选择“合并单元格”命令
(4) 设置表格居中对齐	将光标置于表格中，单击“表格工具”｜“布局”｜“属性”，在“表格”选项卡中设置对齐方式为“居中”(或者单击表格左上角的 ⊞ 符号选定表格，然后单击“段落”选项组中的“居中”按钮)

续表一

<table>
<tr><th>任 务 要 求</th><th>操 作 要 点</th></tr>
<tr><td colspan="2">3. 插入文字素材，设置“诗歌欣赏”文本及其单元格格式</td></tr>
<tr><td>(1) 参照样图，在指定单元格中插入四首诗歌的文字内容</td><td>打开“悦读素材.txt”文件，通过复制/粘贴方式分别插入文件中的文字</td></tr>
<tr><td>(2) 在左上角的单元格(第 1 行第 1 列)中输入“诗歌欣赏”文字，并设置以下格式。
字体：方正舒体；字号：28 磅；字符底纹：默认底纹；字体颜色：主题颜色中的“橙色，个性色 2，深色 25%”；文字方向：竖排；单元格对齐方式：中部两端对齐</td><td>① 单击左上角的单元格，输入“诗歌欣赏”；选定四个字，在“开始”选项卡的“字体”选项组中设置字体、字号、字符底纹、字体颜色。
② 将光标置于单元格中，单击“表格工具-布局”|“对齐方式”|“文字方向”按钮，再单击“中部两端对齐”按钮</td></tr>
<tr><td colspan="2">4. 设置《乡愁》《囚歌》两首诗歌的格式</td></tr>
<tr><td>文字方向：竖排；单元格对齐方式：中部两端对齐。
标题：方正舒体、二号、加粗，颜色为主题颜色中的“橙色，个性色 2，深色 50%”。
作者名：方正舒体、小四、加粗、黑色，段前距、段后距均为 0.5 行。
内容：华文行楷、小四、黑色，《乡愁》内容行距为固定值 16 磅，《囚歌》内容行距为固定值 23 磅</td><td>① 将光标放在单元格中，在“表格工具-布局”选项卡的“对齐方式”选项组中设置文字方向。
② 在“开始”选项卡的“字体”选项组中设置字体、字号，单击“字体颜色”按钮A·右侧的箭头按钮，选择主题颜色。
③ 在“开始”选项卡的“段落”选项组中设置行距和段间距</td></tr>
<tr><td colspan="2">5. 设置《我爱这土地》《一句话》两首诗歌的格式</td></tr>
<tr><td>文字方向：横排；单元格对齐方式：水平居中。
作者名：段前距、段后距均为 0，诗歌内容行距为固定值 15 磅。
其他格式要求同《乡愁》《囚歌》诗歌</td><td>将光标放在单元格中，参照上面两首诗歌设置单元格格式。
可以同时选定两首诗歌相应内容，一并设置字体或段落格式</td></tr>
<tr><td colspan="2">6. 插入图片并设置格式</td></tr>
<tr><td>(1) 插入“配图.jpg”图片，锁定纵横比，调整图片高度为 2.5 厘米</td><td>将光标放在单元格中，单击“插入”|“插图”|“图片”，选择“配图.docx”文件；单击图片，单击“图片工具-格式”选项卡“大小”选项组右下角的对话框启动器按钮，勾选“锁定纵横比”选项，输入高度值 2.5 厘米</td></tr>
<tr><td>(2) 设置配图所在单元格的对齐方式为“水平居中”</td><td>选定配图所在单元格，单击“表格工具-布局”，再单击“对齐方式”选项组第 2 行第 2 列的“水平居中”按钮</td></tr>
<tr><td>(3) 插入“背景图.jpg”图片，调整位置与尺寸，使之充满所在单元格</td><td>将光标放在最后一个单元格中，插入“背景图.jpg”图片。单击图片，拖动鼠标调整图片的位置，拖动图片周围的控制点改变图片尺寸，使之充满所在单元格(可以先设置图片的“环绕文字”方式为“四周型”)</td></tr>
<tr><td>(4) 将背景图片衬于文字下方</td><td>单击图片，单击“图片工具-格式”|“排列”|“环绕文字”|“衬于文字下方”命令</td></tr>
</table>

续表二

任 务 要 求	操 作 要 点
7. 设置表格边框	
外边框：样式为列表中的倒数第三种，颜色为主题颜色中的“橙色，个性色 2，深色 25%”，宽度为 4.5 磅。 内边框：无	选中整个表格，单击“表格工具-设计”|“边框”，在“边框”下拉列表中选择“边框和底纹”，在“边框”设置中选择“自定义”，设置外边框的样式为列表中的倒数第三种，颜色为主题颜色中的“橙色，个性色 2，深色 25%”，宽度为 4.5 磅，单击预览窗格中的四条边线。 单击预览窗格中的中间线条，去除内边框线

【自主训练】

(1) 选中本任务中衬于表格下方的背景图。

(2) 上网搜索本任务中四首爱国诗歌的作者介绍、诗歌赏析等内容；搜索四首诗歌的朗诵视频并观看。

【问题思考】

(1) 在设置表格的行高或列宽时，什么情况下应该选定整个表格，或将光标置于表格的任意一个单元格中？什么情况下应该选定某些行或列？

(2) 为整个表格设置边框和为表格中的部分单元格设置边框，在操作上有何不同？设置前应如何选定？“边框和底纹”对话框中的“应用于”选项应如何选择？

(3) 在本任务操作中有时会出现找不到文字或边框的主题颜色，如“橙色，个性色 2，深色 25%”，应如何解决？

提示：可能当前打开的 Word 文档是兼容模式，可单击“文件”|“信息”|“转换”兼容模式命令，再单击“设计”|“文档格式”|“颜色”命令按钮，选择“Office”主题颜色(第一种)。

小贴士

选中衬于下层图片的方法：单击“开始”|“编辑”|“选择”|“选择窗格”命令，在选择窗格中会出现当前页面上各种形状的名称列表，单击某名称即可选中相应的对象，也可以配合 Ctrl 键选择多个对象。

4.3.2　相关知识与技能

表格是一种简洁而有效的数据表达方式，其结构严谨，效果直观。运用表格可以有效提升 Word 文档的信息量和可读性。

表格具有分类数据的作用。运用表格可以对若干同类型数据对象的多种属性进行比较，也可以对报刊版面、网页页面进行版面布局等。一张表格可以代替许多文字描述，因此有“文不如字，字不如表”的说法。

表格由一组水平排列的“行”和一组垂直排列的“列”组成，行与列相交的方框称为“单元格”。单元格是表格的基本单元。在单元格中可以输入文字、数字、图形和图片等信息。

下面以图 4-14 中的“教师信息表”表格制作为例学习表格制作相关内容。

<table>
<tr><td rowspan="5">照
片</td><td>姓名</td><td></td><td>性别</td><td></td></tr>
<tr><td>职称</td><td></td><td>职务</td><td></td></tr>
<tr><td>办公邮箱</td><td colspan="3"></td></tr>
<tr><td>所在系所</td><td colspan="3"></td></tr>
<tr><td>研究方向</td><td colspan="3"></td></tr>
<tr><td>个人简介</td><td colspan="4"></td></tr>
</table>

要求

表格 6 行 5 列：第1～4行行高为 0.8 厘米，第5行行高为 1.6 厘米，第 6 行行高为 3 厘米；各列列宽分别为 3 厘米、2.5 厘米、 3 厘米、2.5 厘米、3厘米；表中文字为仿宋、小四号、加粗；“照片”两字竖排。

所有单元格对齐方式为水平、垂直均居中，整个表格水平居中；表格外框线为 1.5 磅双实线、绿色，内框线为 0.75 磅单实线；最后一行的底纹为其他颜色，RGB 值分别为204、204、255。

图 4-14　教师信息表

4.3.2.1　创建表格

表格的制作

单击“插入”选项卡“表格”选项组中的“表格”命令按钮，在打开的“插入表格”面板(如图 4-15 所示)中创建表格。创建表格的方法有以下几种。

1．使用网格创建表格

在“插入表格”面板中拖动鼠标选中合适的行数和列数，释放鼠标即可在页面上插入一个表格。通过这种方法插入的表格最多为 8 行 10 列，表格会占满整个页面的全部宽度，用户可以通过修改表格属性设置表格的尺寸。

2．使用“插入表格”对话框创建表格

在“插入表格”面板中单击“插入表格”命令按钮，在“插入表格”对话框中输入表格的“列数”和“行数”(如图 4-16 所示)，然后根据需要选择“固定列宽”、“根据内容调整表格”或“根据窗口调整表格”选项，最后单击“确定”按钮。

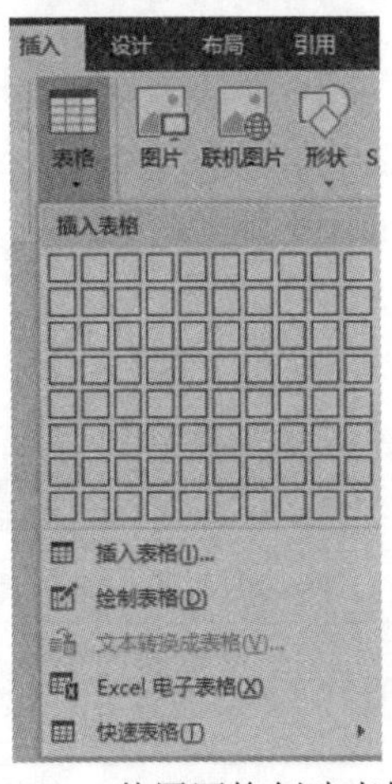

图 4-15　使用网格创建表格

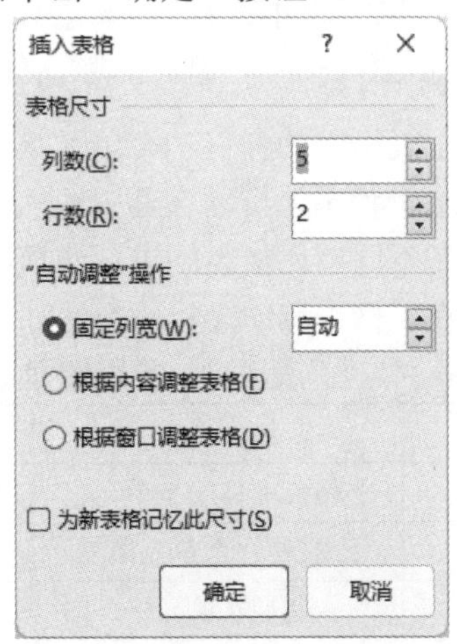

图 4-16　使用“插入表格”对话框创建表格

3．通过表格模板创建表格

Word 提供了一组表格模板，表格模板包含示例数据、外观样式、字体格式等，可以帮助用户快速创建所需要的表格。在“插入表格”面板中单击“快速表格”命令按钮，在出现的表格样式菜单中选择一种适合的表格模板进行内容编辑，可以快速创建带格式的表格。

4．手动绘制表格

在“插入表格”面板中单击“绘制表格”命令按钮，则光标变为铅笔状，在页面中移动鼠标指针即可绘制表格的边框。通常是先画外边框，再画里边框。在“表格工具-布局”选项卡的“绘图”选项组中，可使用“橡皮擦”工具擦除边框线。按 Esc 键可结束绘制或擦除状态。在“表格工具-设计”选项卡的“边框”选项组中单击相应按钮即可设置表格边框线样式、粗细和颜色。使用“边框刷”工具可以复制边框线外观样式。

注意：如果表格中的横线都一样长、竖线都一样高，则这样的表格称为规则表格。对于不太规则的表格，可以先按规则表格来创建，然后通过合并和拆分单元格操作对表格进行修改。对于非常不规则的表格，一般采用手动绘制方法来创建。

小贴士

如果创建的表格在页面中的第 1 行，当希望在表格上方输入表标题文字时，需要在表格上方插入一行空行。简便的操作是：将光标放在表格第 1 行的单元格中，然后单击“表格工具-布局”选项卡中的“拆分表格”命令按钮。

5．通过插入“Excel 电子表格”创建表格

在“插入表格”面板中单击“Excel 电子表格”命令按钮，将会在当前位置插入一个 Excel 电子表格。

【课堂练习 4.7】

(1) 新建 Word 文档，参照图 4-14 所示的“教师信息表”手工创建一个表格。

(2) 利用表格模板创建一个表格。

4.3.2.2　表格的基本操作

1．输入表格内容

用鼠标单击表格中的任何一个单元格时，光标插入点就会出现在该单元格中，这时这个单元格处于编辑状态，可以在其中输入文字、各种符号甚至图形、图片等内容。可以使用键盘或鼠标在不同单元格之间进行切换，进而定位插入点。

使用键盘在表格中移动光标的方法如表 4-8 所示。

表 4-8　使用键盘在表格中移动光标的方法

键盘按键	作　　用	键盘按键	作　　用
↑或↓	上移或下移一个单元格	←或→	左移或右移一个单元格(或字符)
Tab	右移一个单元格	Shift+Tab	左移一个单元格
Alt+Home	到行首单元格	Alt + End	到行尾单元格
Alt+PgUp	到列首单元格	Alt+PgDn	到列尾单元格

有时，编辑完表格后，可能会发现表格比较乱，利用“表格工具-布局”选项卡“单元格大小”选项组中的“自动调整”功能可以方便地调整表格。

首先选定要调整的表格或表格的若干行、列、单元格，在“表格工具-布局”选项卡“单元格大小”选项组中的命令按钮区，单击“自动调整”箭头按钮，在弹出的下拉菜单(如图4-17 所示)中选择表格自动调整方式。

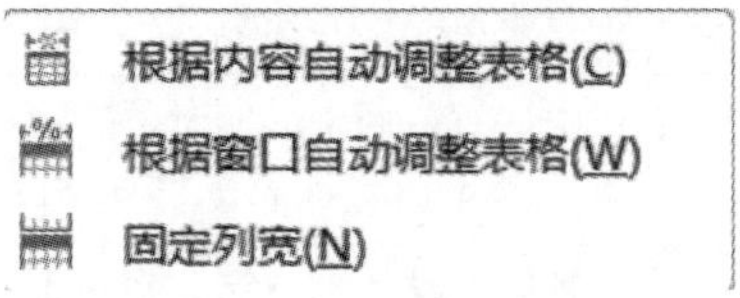

根据内容自动调整表格(C)
根据窗口自动调整表格(W)
固定列宽(N)

图 4-17　“单元格大小”选项组中的自动调整命令

(1) 根据内容自动调整表格：根据单元格中的内容多少自动调整相应的单元格大小，表格的大小也随之变动。

(2) 根据窗口自动调整表格：根据单元格中的内容多少及窗口宽度自动调整相应单元格大小，增减某个单元格的内容时，其他单元格的大小会随之反向变动，但表格的大小不变。

(3) 固定列宽：固定已选定的单元格或列的宽度，当单元格内容增减时，单元格列宽不变，若内容太多，则会自动加大单元格的行高。

小贴士

可以将表格中的每个单元格看作是独立的文档来输入文字。在每个单元格中都可以输入多个文档段落。可以用“段落”对话框来设置单元格的段落属性，也可以通过拖动窗口中的水平标尺上的缩进按钮来设置单元格的段落属性。

当光标放在表格中的某个单元格时，在水平标尺上会出现“左缩进”“右缩进”“首行缩进”等按钮，如果不慎改变了单元格的左、右缩进按钮的位置，则可能会发生其中的文字不能靠近左边框线或右边框线的情况。解决的方法是调整缩进按钮的位置。

2．选定表格对象

所谓表格对象，指的是一张表格(整体对象)，以及表格中的行、列、单元格等元素。表格的操作同样具有“先选定、后操作”的规则要求，必须先正确选定要操作的表格对象，再对表格对象进行操作。使用键盘或鼠标都可以选定表格对象。

表格对象的选定方式如表 4-9 所示。

另外，单击表格中的任意单元格，选择“表格工具-布局”选项卡，在“表”选项组中单击“选择”按钮，也可以选择表格、行、列或单元格。

在表格之外的文本编辑区单击鼠标，即可取消表格对象的选定。

注意：

(1) 仅当光标插入点位于表格中的单元格时，或者选定了任何一个表格对象时，才会出现“表格工具”选项卡。

(2) 在选定整个表格时，不要选定表格之外的任何内容，比如表格外的标题，或者表格下方的段落标记等。

(3) 拖动表格左上角的“全选”按钮可以移动表格。拖动表格右下角的空心小方块符号可以缩小或放大表格。

表 4-9　表格对象的选定方式

选定对象		选定方式
单元格	一个	将光标移至单元格左边界，当光标变为 ↗ 形状时单击鼠标
	连续多个	在表格中向右、向下或向右下方拖动鼠标；或单击欲选定区域的左上角单元格，按 Shift 键再单击欲选定区域的右下角单元格
	不连续多个	配合 Ctrl 键拖动鼠标可选定多个不连续的单元格
整行	一行	将光标移至表格左侧的选定栏上，当光标变为 ↗ 形状时单击鼠标
	连续多行	将光标移至表格左侧的选定栏上，按住鼠标左键向上或向下拖动鼠标
	不连续多行	配合 Ctrl 键在表格左侧的选定栏拖动鼠标
整列	一列	将光标移至列的上方，当光标变为 ⬇ 形状时单击鼠标
	连续多列	将光标移至列的上方，按住鼠标左键向左或向右拖动鼠标
	不连续多列	配合 Ctrl 键在表格列上方单击或拖动鼠标
表格	整个表格	(1) 将光标移至表格左上角，单击“全选”按钮(四方向箭头) ✥； (2) 用选定连续行、连续列或连续单元格的方法选定整个表格； (3) 许多情况下，只要将光标放在表格的任意一个单元格中，Word 就视同选定了整个表格

3．插入、删除行或列

1) 插入列

首先选定要插入列的位置(如单击某一列上方的箭头符号 ⬇)，然后执行插入列命令。

方法一：选择“表格工具-布局”选项卡，单击“行和列”选项组中的“在左侧插入”或“在右侧插入”命令。

方法二：选定列之后右击鼠标，在快捷菜单中选择“插入” | “在左侧插入列”或“在右侧插入列”命令。

如果要插入连续的多列，应在插入前选定相同数目的连续列，然后使用上述方法。

2) 插入行

插入行和插入列的方法基本相似。不同之处在于选择的是“行”而不是“列”。

小贴士

将光标定位在表格右下角的单元格中，按下 Tab 键，即可在表格的末尾插入一个新行。连续按 Tab 键可插入多行。单击某行最右面单元格外侧，按下回车键，即可在该行下面插入新行。

3) 删除行或列

删除整行、整列或整个表格，可以先选定行、列或表格，再单击“剪切”按钮或按 Ctrl

+X 键。或者在“表格工具-布局”选项卡的“行和列”选项组中单击“删除”按钮，在下拉列表中选择“删除单元格”、“删除列”、“删除行”或“删除表格”命令。

可以选定多个连续的或不连续的行或列一并删除。

注意：表格的操作具有和文本不同的特性。如果只想删除表格中的内容而不删除表格对象本身，可以在选定整个表格、单元格、行或列后按 Delete 键。

4．插入、删除单元格

插入、删除单元格与插入行或列的方法有所不同。执行操作命令后，会引起单元格附近的其他单元格的位置变化，为了确保表格的完整性和准确性，系统会弹出对话框，与用户进行交互。

1) 插入单元格

将光标放置于某个单元格中或选定某个单元格，在“表格工具-布局”选项卡中单击“行和列”选项组右下角的对话框启动器按钮，此时弹出“插入单元格”对话框[如图 4-18(a)所示]，有四种插入单元格的方式可供选择。

(1) 活动单元格右移：插入单元格后，在插入点位置的单元格将向右移动。

(2) 活动单元格下移：插入单元格后，在插入点位置的单元格将向下移动。

(3) 整行插入：在所选单元格的上面插入一空行。

(4) 整列插入：在所选单元格的左侧插入一空列。

如果要插入多个单元格，应事先选择相同数目的单元格。

2) 删除单元格

类似插入单元格。首先选定要删除的单元格，然后右击鼠标，在快捷菜单中选择“删除单元格”命令，或执行“表格工具-布局”|“行和列”|“删除”下拉列表中的“删除单元格”命令，在如图 4-18(b)所示的“删除单元格”对话框中选择删除方式。

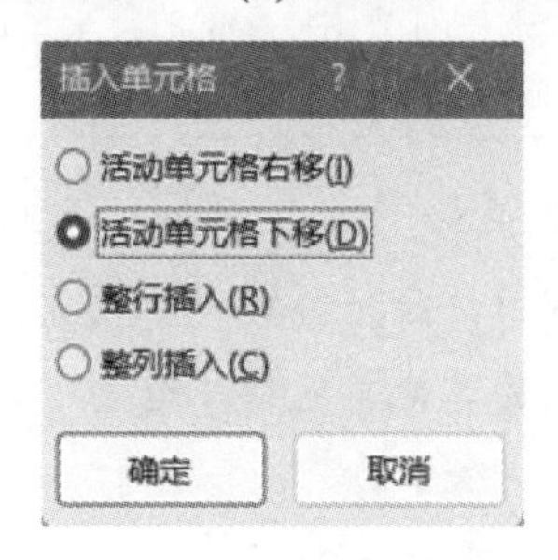

(a) “插入单元格”对话框

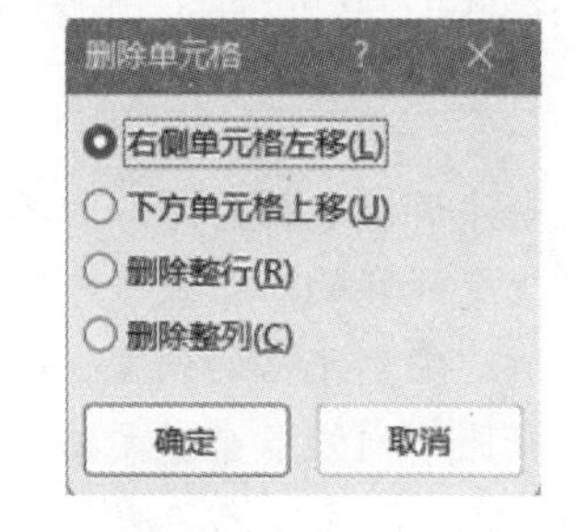

(b) “删除单元格”对话框

图 4-18　“插入单元格”和“删除单元格”对话框

> **小贴士**
>
> 选定行、列、单元格或表格对象，然后右击鼠标，可以在快捷菜单中选择相应命令，插入或删除表格对象。

5．调整行高和列宽

通常情况下有三种方法可以设置表格的行高和列宽。

1) 拖动边框线大致调整表格的行高和列宽

选定要调整宽度的列，或将鼠标指针移至要调整宽度的列的右边线，当鼠标指针变成双竖线双向箭头形状时按住左键拖动鼠标，直到得到所需的列宽再松开鼠标。向右拖动鼠标是增加列宽，向左拖动鼠标是减小列宽。

行高的调整与列宽的调整类似。将鼠标指针移至要调整高度的行的下边线，当鼠标指针变成双横线双向箭头形状时按住左键上下拖动鼠标，即可调整行高。

2) 用“单元格大小”选项组命令准确设置行高和列宽

(1) 将光标放置在要设置行高或列宽的单元格中，或根据需要选定要设置高度或宽度的行或列。

(2) 如图4-19所示，在“表格工具-布局”选项卡“单元格大小”选项组的命令按钮区，可使用行高微调按钮或列宽微调按钮调整行高或列宽，或直接在框中输入“高度”或“宽度”的值(最小值)。

“分布行”功能可以使表格中某些行的行高相同，“分布列”功能则可以使表格中某些列的列宽相同。

选定要平均分布行高的行，或选定要平均分布列宽的列，单击“分布行”或“分布列”命令按钮，会在不改变表格总体大小的情况下，平均分布所选定的行或列的尺寸，使表格外观整齐统一。

也可以选定整个表格，然后右击鼠标，在弹出的快捷菜单中选择“平均分布各行”或“平均分布各列”命令实现对整个表格的行或列的平均分布。

另外，也可以单击如图4-19所示的“自动调整”箭头按钮，在弹出的如图4-17所示的下拉菜单中选择行高或列宽的自动调整方式。

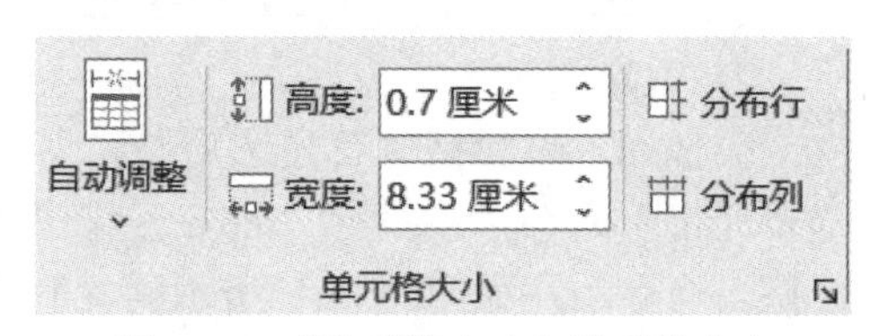

图4-19　“单元格大小”选项组命令

> **小贴士**
>
> 用鼠标拖动法调整表格中部分单元格列宽的方法：
>
> 先选定要改变列宽的一个或多个单元格，再用鼠标拖动所选定区域的右边线，这样调整的只是所选定单元格的列宽，处在同一列的其他单元格不受影响。如果不选定单元格，则处在同一列的各个单元格的列宽一并调整。
>
> 如按住Alt键再用鼠标拖动法调整列宽，在水平标尺上会显示出各列的宽度。
>
> 行高调整与此类似。

3) 在“表格属性”对话框中准确设置行高和列宽

将光标放置在要设置行高或列宽的单元格中，或根据需要选定要设置属性的表格对象。

单击图4-19“单元格大小”选项组中的对话框启动器按钮，可打开如图4-20所示的“表格属性”对话框。单击“表格工具-布局”选项卡“表”选项组中的“属性”命令按钮，也可以打开“表格属性”对话框。

“表格属性”对话框中各选项卡的功能如下。

(1) “表格”选项卡：用于设置表格的属性，如表格宽度、整体表格的对齐方式、文字是否环绕表格等。

(2) “行”选项卡(如图 4-21 所示)：用于设置准确的行高。可使用“固定值”或“最小值”高度设置行高，并通过单击 上一行(P) 按钮或 下一行(N) 按钮来确定目标行。

图 4-21 中“允许跨页断行”复选框的功能是：如果当前行的内容不能完整地在当前页面中显示，则自动断行将其余部分在下一页中显示出来，表格中的某一行内容将分别在两个页面中显示。

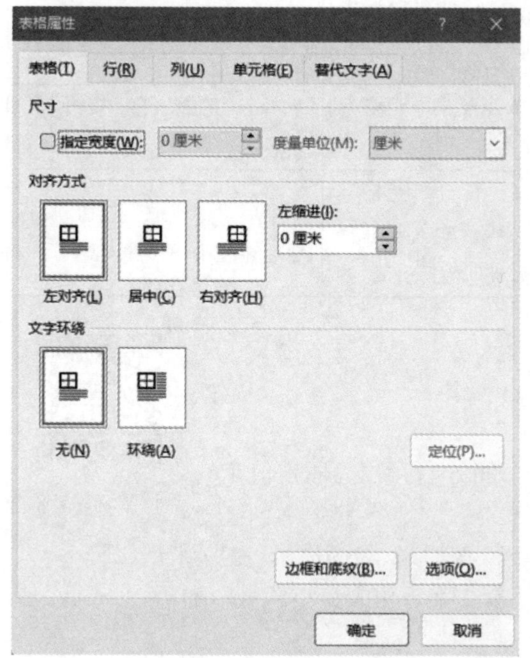

图 4-20　“表格属性”对话框

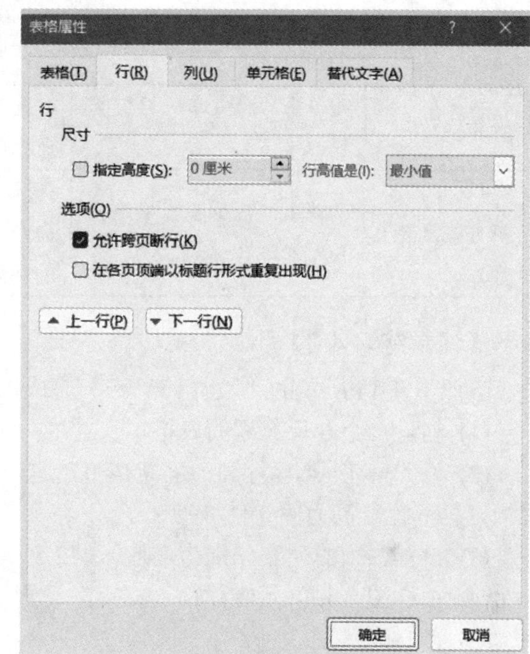

图 4-21　“表格属性”对话框中的“行”选项卡

(3) “列”选项卡：用于设置列宽。可通过单击 前一列(P) 按钮或 后一列(N) 按钮来确定目标列。

(4) “单元格”选项卡：用于设置单元格的宽度、单元格内的文字在垂直方向上的对齐方式，以及单元格边距(即文字到单元格边框线的距离)等。

(5) “替代文字”选项卡：用于设置表格的标题与说明文字。这些文字主要是针对网络而言的，当 Web 浏览器在加载表格的过程中或表格丢失时将显示这些文字。

小贴士

“表格属性”对话框是一个综合设置表格参数的工作区域，其中包含表格的属性(尺寸、对齐方式、文字环绕)、行与列的属性、单元格的属性(大小、对齐、单元格边距等)，在这个对话框中可以完成一系列表格参数的设置。

6. 合并与拆分单元格

在实际应用中，我们经常会用到结构不规则的表格。通过合并与拆分单元格，可以将规则的表格修改成我们所需要的结构不规则的表格。

合并单元格是指将两个或多个连续的单元格合并为一个单元格，操作前需要选定要合并的单元格；拆分单元格是指将一个单元格拆分成多个单元格，操作前需要将光标放置于要拆分的单元格中。具体操作方法如表 4-10 所示。

表 4-10　合并和拆分单元格的操作方法

操作内容	操作方法		
	单击“表格工具-布局”选项卡“合并”选项组中的相应按钮	按右键，在快捷菜单中操作	用“表格工具-布局”选项卡“绘图”选项组中的按钮绘制
合并单元格	单击“合并单元格”按钮	选择“合并单元格”命令	单击“绘制表格”按钮，然后在表格中画线
拆分单元格	单击“拆分单元格”按钮	选择“拆分单元格”命令，然后输入要拆分的行数或列数	单击“橡皮擦”按钮，然后在表格中擦线

【课堂练习 4.8】

课堂练习 4.8

参照图 4-14 所示的“教师信息表”完成以下操作。

(1) 创建一个 6 行 5 列的表格。

(2) 设置第 1～4 行行高为固定值 0.8 厘米，第 5 行行高为固定值 1.6 厘米，第 6 行行高为固定值 3 厘米。

(3) 设置各列的列宽分别为 3 厘米、2.5 厘米、3 厘米、2.5 厘米、3 厘米。

(4) 按样图合并单元格并输入文字，设置所有文字为仿宋、小四号、加粗。

4.3.2.3　设置表格格式

为了使表格变得美观，需要对表格格式进行设置，包括设置表格的对齐方式，设置表格的边框和底纹等。

1．设置表格的对齐方式

1) 设置表格中内容的对齐方式

要设置表格中内容的对齐方式，先要选定表格中的单元格、行、列或整个表格，再通过如图 4-22 所示的“表格工具-布局”选项卡“对齐方式”选项组中的相应按钮进行设置。

图 4-22 中左侧的九个按钮对应九种对齐方式。上下方向的三行按钮是垂直对齐方式，依次是靠上对齐、中部对齐、靠下对齐。左右方向的三列按钮是水平对齐方式，依次是两端对齐、居中对齐、右对齐。正中央的“水平居中”按钮，可以使文字在单元格内水平和垂直都居中。

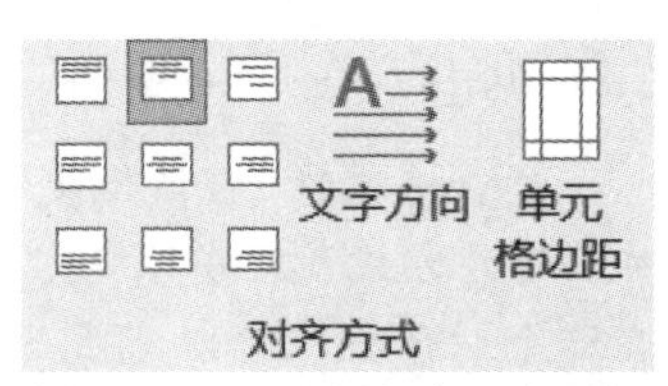

图 4-22　“对齐方式”选项组

2) 设置整个表格的对齐方式

整个表格的对齐方式是指整个表格在页面中的对齐方式，是以整个表格为对象的对齐，其操作方法与普通文本段落对齐相同。设置对齐格式有以下两种方法。

方法一：选定表格，单击“开始”|“段落”|“居中”按钮。

方法二：选定表格，单击“表格工具-布局”|“表”|“属性”命令按钮，在“表格属性”对话框“表格”选项卡的“对齐方式”中选择“居中”按钮。

3) 更改文字方向

单元格中的文字可以以多种方式排列。更改文字方向主要有以下两种方法。

方法一：将插入点放在单元格中，或选定要设置格式的一个或多个单元格，切换到“表格工具-布局”选项卡，在“对齐方式”选项组中单击“文字方向”按钮。单击该按钮可以在横向文字与纵向文字之间循环切换。

方法二：右击选定表格对象，从弹出的快捷菜单中选择“文字方向”命令，在打开的对话框中选择文字的排列方式。

2. 设置表格边框

为了美化表格，可以为整个表格或者部分单元格设置边框和底纹。其中表格的边框线可以设置为不同的颜色、样式、宽度或者无框线。

在设置边框时，首先选定要设置边框线的对象，例如整个表格、若干行、若干列或若干单元格。如果要为整个表格设置边框，可以将光标放在表格的任意一个单元格中。

设置表格边框通常有以下方法。

1) 通过边框设置快捷菜单设置边框

打开边框设置快捷菜单有以下两种方法。

方法一：在“开始”选项卡的“段落”选项组中单击“边框”命令按钮右侧的箭头按钮，如图 4-23 所示，从列表中选择边框线样式。

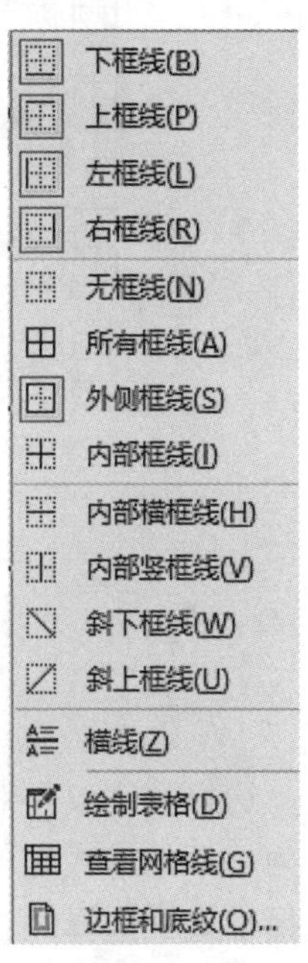

图 4-23　边框设置快捷菜单

方法二：在“表格工具-设计”选项卡的“边框”选项组(如图 4-24 所示)中单击“边框”命令按钮下侧的箭头按钮。如果单元格没有相应的边框线，则单击边框线按钮会设置边框线，再次单击边框线按钮会去掉边框线。

在“边框”选项组中可以选择主题边框样式，或选择边框样式、线条粗细、笔的颜色，以设置所需的边框线类型。单击“边框刷”也可以绘制边框线，如果要结束边框线绘制，需再次单击“边框刷”。

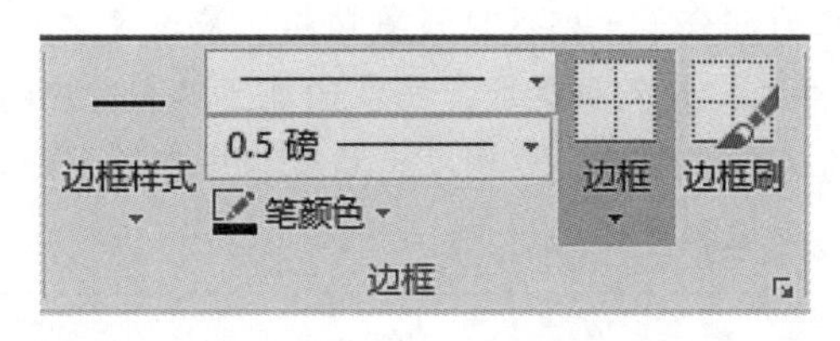

图 4-24　“边框”选项组

2) 通过“边框和底纹”对话框设置边框

打开“边框和底纹”对话框(如图 4-25 所示)主要有以下方法。

方法一：单击边框设置快捷菜单(如图 4-23 所示)中最下方的“边框和底纹”命令按钮。

方法二：单击“表格工具-设计”选项卡“边框”选项组中的对话框启动器按钮。

方法三：单击“表格工具-布局”选项卡“表”选项组中的“属性”命令按钮，在“表格属性”对话框中单击“表格”选项卡中的“边框和底纹”命令按钮。

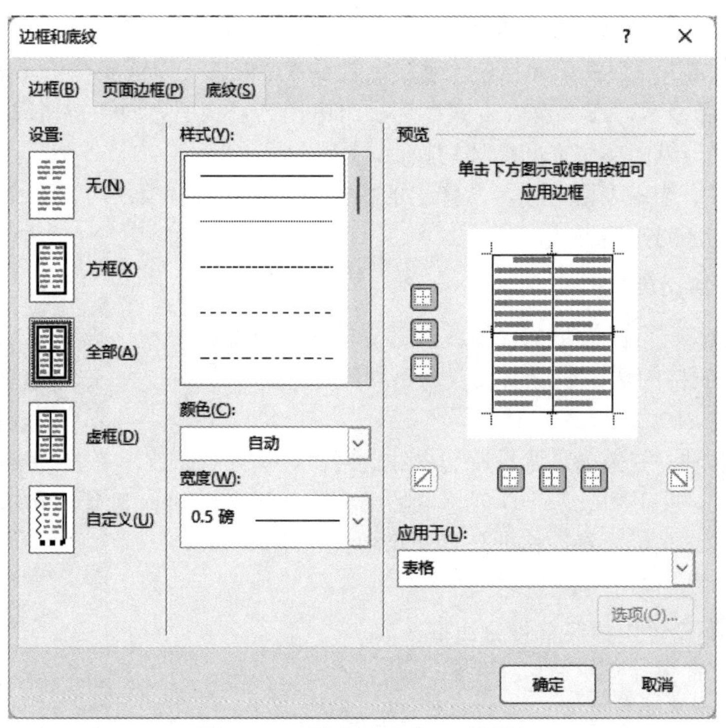

图 4-25　“边框和底纹”对话框

在“边框和底纹”对话框的“边框”选项卡中，可以灵活地设置边框线的多种参数。其中最为灵活的方式是使用“自定义”方式，选定设置的对象后，一般按下列步骤进行设置：选择样式；选择颜色；设置宽度；在右侧预览区选择作用范围。

预览区下方的“应用于”下拉列表，用于选择边框格式的应用对象，如“表格”“单元格”等。

小贴士

在设置表格边框时，如果将光标置于表格中或选定整个表格，则可以设置表格整体的外边框和内边框；如果只为部分单元格区域设置边框，应选定单元格区域，然后在“自定义”边框界面中选择边框样式、颜色和宽度，并在预览区单击对应的边框线。

在为表格设计复杂的边框格式时，要树立大局观。应遵循先外部、再内部，先整体、再局部的原则，要有全局意识和整体观念。

3．为表格设置底纹

在图 4-25 所示的“边框和底纹”对话框中，单击“底纹”选项卡，可以为表格、行、列或单元格设置底纹。设置底纹包括填充颜色和图案等。

单击“表格工具-设计”选项卡，在“表格样式”选项组中单击底纹按钮下侧的箭头按钮，从弹出的菜单中也可以设置底纹填充颜色。

【课堂练习 4.9】

参照图 4-14 所示的“教师信息表”，完成以下表格格式设置操作。

(1) 设置所有单元格内容的对齐方式为水平、垂直均居中。

(2) 设置整个表格水平对齐。

(3) 设置“照片”两字竖排。

(4) 设置表格外框线为 1.5 磅双实线，颜色为标准色中的绿色，内框线为 0.75 磅单实线。

(5) 设置最后一行的底纹为其他颜色，RGB 值分别为 204、204、255。

课堂练习 4.9

4．表格自动套用格式

表格自动套用格式是指将一些预先设置好的表格格式应用到表格上，这些表格格式包括系统预先设置的字体、边框、底纹、颜色等。使用自动套用格式可以快速完成表格样式的设置，不但节省时间，而且表格更加美观、大方。

选定要设置格式的表格，或者将光标置于表格中的任意位置；在“表格工具-设计”选项卡的“表格样式”选项组中单击“其他”按钮，在展开的列表中选择所需要的表格样式，如图 4-26 所示。

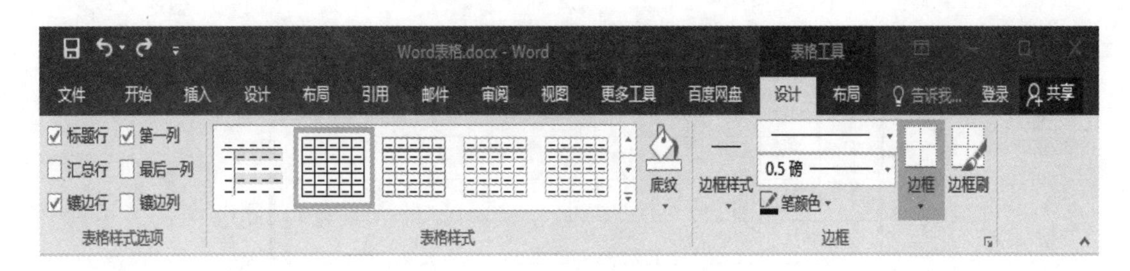

图 4-26　选择预置的表格样式

4.4　任务：运用表格制作“动态”页面

4.4.1　任务描述与实施

1．任务描述

图 4-27、图 4-28 显示的是校园周刊“动态”页面的制作效果。本任务的主要目的是进一步学习表格的制作方法，包括不规则表格的制作、表格内数据的公式计算、特殊文本效果的创建和 SmartArt 图形的制作等内容。

学生会纳新啦　［给你一个展现 自我的舞台］

1. 招收部门：宣传部 生活部 外联部 网络部 文体部 学习部

2. 招生范围：面向大一、大二年级全体学生

3. 报名事项：个人填报“个人申请表”交至所在系，系部将个人报名信息汇总至“系部报名人数汇总表”，于本月底前将两表以系部为单位交至院学生会。

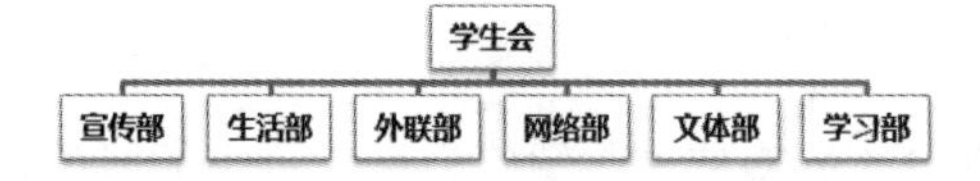

部门职责与招新人数表

部门	拟招人数	职责介绍
宣传部	10	负责宣传材料的制作、整理和保管。
生活部	15	负责学生宿舍的卫生检查，饮食监督管理工作。
外联部	15	加强与校内校外的联络与合作，争取各种商业赞助经费。
网络部	15	为校学生会提供网络技术服务,运用新媒体技术进行信息发布。
文体部	10	负责策划、组织和落实我院各种大小型文艺活动工作。
学习部	12	指导并帮助各团委开展有关学习的工作和活动。

图 4-27　“动态”页面的制作效果(1)

附表 1

个人申请表

<table>
<tr><td rowspan="4">基本信息</td><td>姓名</td><td></td><td>性别</td><td></td><td>出生日期</td><td></td><td rowspan="3">1 寸近照</td></tr>
<tr><td>籍贯</td><td></td><td>民族</td><td></td><td>政治面貌</td><td></td></tr>
<tr><td>手机</td><td colspan="2"></td><td>宿舍</td><td colspan="2"></td></tr>
<tr><td>身份证号</td><td colspan="6"></td></tr>
<tr><td colspan="2">申报部门</td><td colspan="6"></td></tr>
<tr><td>个人事迹简介</td><td colspan="7"></td></tr>
<tr><td>系部审批意见</td><td colspan="7"></td></tr>
</table>

附表 2

<u>计算机</u>系部报名人数汇总表（样表）

部门 / 班级	宣传部	生活部	外联部	网络部	文体部	学习部
软件 1501	1	2	1	7	5	3
网络 1601	2	2	2	7	2	2
前端开发 1601	3	4	8	7	2	2
合计	**6**	**8**	**11**	**21**	**9**	**7**

图 4-28　“动态”页面的制作效果(2)

2. 任务实施

【解决思路】

打开“动态素材.docx”文档，根据要求设置文本格式；添加项目编号；绘制学生会组织结构图；将“部门职责与招新人数表”部分的文本转换成表格；修改附表 1 的结构和边框样式；绘制附表 2 斜线表头，运用公式完成各部门报名人数的统计，设置表格底纹。

本任务涉及的主要知识技能点如下：

(1) 特殊字符格式的设置。

(2) SmartArt 图形的绘制与编辑。

(3) 文本与表格的转换。

(4) 套用表格样式。

(5) 斜线表头的制作。

(6) 表格中的公式计算。

项目四任务四

【实施步骤】

本任务要求及操作要点如表 4-11 所示。

表 4-11　任务要求及操作要点

任 务 要 求	操 作 要 点
1. 编辑纳新宣传文本，设置特殊文本格式	
(1) 打开“动态素材.docx”，将其另存为“动态.docx”文件	打开“动态素材.docx”文档，单击“文件”|“另存为”命令，将其命名为“动态.docx”
(2) 设置标题行字体颜色为渐变填充，预设颜色为“中等渐变-个性色 1”，类型为“线性”，方向为“线性向下”，只保留最左面和最右面两个渐变光圈	选定标题行文字，单击“开始”|“字体”|“颜色”|“渐变”中的“其他渐变”，在右侧的窗格中选择“渐变填充”选项，在“预设渐变”下拉列表中选择第 3 行第 1 列样式，设置类型和方向。 **注意**：删除渐变光圈的方法是：选中某个渐变光圈并按 Delete 键，或单击右侧的按钮，或者直接将光圈拖出去
(3) 为“纳新”两字加圈	逐一选定“纳新”两字，单击“开始”|“字体”|“带圈字符”按钮，在对话框中选择“样式”中的“增大圈号”按钮
(4) 将“给你一个展现自我的舞台”文字设置为双行合一，并加中括号	选定“给你……舞台”文字，单击“开始”|“段落”|“中文版式”|“双行合一”按钮，勾选“带括号”复选框，括号样式选择中括号“[]”
(5) 为标题行下面的三段文字设置项目编号样式“1.”“2.”“3.”	选定三个段落，单击“开始”|“段落”|“编号”按钮，选择编号样式
2. 制作组织结构图	
(1) 插入“组织结构图”	单击“插入”|“插图”|“SmartArt”|“层次结构”中的“组织结构图”
(2) 修改组织结构图	单击某个节点，按 Delete 键删除不需要的节点；双击节点，可编辑节点文字内容。也可以右击图形边框，选择“显示文本窗格”命令，在文本窗格中编辑节点文字内容。 右击一个节点，在快捷菜单中选择“添加形状”，即可在节点前面或后面、上方或下方增加一个节点

续表

任 务 要 求	操 作 要 点
(3) 设置组织结构图格式：使用SmartArt样式中的“细微效果”；设置主题颜色为“彩色轮廓-个性色1”；设置字体为微软雅黑、12号、加粗；设置整体图形高度为2.2厘米	① 选中整个图形，单击“SmartArt 工具-设计”选项卡，再单击“SmartArt 样式”选项组的“其他”按钮，从样式列表中选择“细微效果”样式。 ② 单击“更改颜色”按钮，选择颜色。 ③ 在“开始”|“字体”选项组中设置字体、字号和字形格式。 ④ 在“SmartArt 工具-格式”选项卡的“大小”选项组中设置图形高度
3．制作“部门职责与招新人数表”表格	
(1) 将“部门职责与招新人数表”一行下方的七个段落转换成表格	选定“部门职责与招新人数表”一行下方的七个段落，单击“插入”|“表格”|“表格”|“文本转换成表格”命令，再单击“确定”按钮
(2) 设置整个表格居中对齐，表格标题居中对齐；调整列宽；设置第1行和第1、2列单元格内文字“水平居中”对齐	① 分别选定表格和表格标题，单击“开始”|“段落”|“居中”按钮设置对齐方式；拖动列间边框线调整列宽。 ② 分别选定第1行和第1、2列单元格区域，在“表格工具-布局”|“对齐方式”选项组中设置对齐方式
(3) 套用表格样式：套用“内置”样式中的“网格表2-着色1”样式	选定表格，在“表格工具-设计”选项卡的“表格样式”列表中选择“内置”的表格样式
4．修改附表1	
(1) 将“手机”后面的两个单元格合并为一个，将“宿舍”后面的两个单元格合并为一个；将“身份证号”右侧的单元格拆分为18列	① 合并单元格：分别选定“手机”后面的两个单元格和“宿舍”后面的两个单元格，右击鼠标并选择“合并单元格”命令。 ② 拆分单元格：选定“身份证号”右侧的单元格，右击鼠标并选择“拆分单元格”命令，输入1行18列
(2) 设置最后两行最左一列单元格文字方向为竖排	选定最后两行最左一列单元格，单击“表格工具-布局”|“对齐方式”|“文字方向”按钮，或选定单元格后右击鼠标并选择“文字方向”命令
(3) 设置表格边框：外边框为外粗内细线型，内边框为1磅单实线线型	选定表格，单击“表格工具-设计”|“边框”|“边框”按钮，在下拉列表中选择“边框和底纹”命令，在“边框和底纹”对话框中选择“边框”选项卡，再选择“自定义”方式，选择外粗内细线型，单击预览区中的外边框；选择1磅单实线线型，单击预览区中的内边框线
(4) 调整最后两行单元格列宽	选定表格最后两行，用鼠标拖动左右单元格中间的竖线
5．修改附表2	
(1) 在左上角单元格中绘制斜线表头	选定“部门”两字，设置右对齐，选定“班级”两字，设置左对齐；单击“表格工具-设计”|“边框”|“边框”箭头按钮，选择斜下框线按钮
(2) 用公式计算各部门人数合计	将光标置于“合计”右侧的单元格，单击“表格工具-布局”选项卡“数据”选项组中的“公式”按钮 fx 公式，在对话框的“公式”栏中输入公式“=sum(above)”，单击“确定”按钮；将公式复制并粘贴到右侧的五个单元格中，然后选定整个表格，按F9功能键更新公式结果
(3) 设置最后一行的底纹为主题颜色中的“蓝色，个性色1，淡色80%”	选定最后一行，单击“表格工具-设计”|“表格样式”|“底纹”命令，在主题颜色列表中选择底纹样式

【自主训练】

使用两种方法为本任务附表 2 设置斜线表头。

【问题思考】

在输入本任务附表 2 中“合计”一行的多个公式后，有哪几种方法能更新公式结果？

4.4.2　相关知识与技能

4.4.2.1　创建特殊的文本效果

特殊文本效果有改变文字方向，为文字添加拼音，设置纵横混排，设置“合并字符”与“双行合一”等，这些效果在 Word 中都可以轻松实现。

1. 改变文字方向

通常情况下文字是以水平方式排列的。如有需要可以更改文字方向使某些段落的文字或整篇文档的文字以垂直方式排列。

选定要改变方向的文本，单击“布局”|“页面设置”|“文字方向”按钮，在下拉列表中选择文字的排列方向。选择“文字方向选项”命令，可以设置应用范围是“整篇文档”还是“插入点之后”。

2. 为文字添加拼音

选定需要添加拼音的文字，单击“开始”|“字体”|“拼音指南”按钮，在打开的“拼音指南”对话框中自动生成拼音，用户可以设置对齐方式、字体、字号、偏移量等参数。

3. 设置纵横混排

通常的文字以横向排列，若希望其中有些文字以纵向排列，则应使用“纵横混排”功能。选中需要纵向排列的文字，单击“开始”|“段落”|“中文版式”按钮，在下拉列表中选择“纵横混排”命令，即可将文字设置为纵向排列。

4. 设置“合并字符”与“双行合一”

“合并字符”功能可以将最多 6 个文字合并到一起，使文字排列成上、下两行。用户可以设置合并字符的字体、字号。设置“合并字符”的方法是：选中要合并字符的文字，单击“开始”|“段落”|“中文版式”按钮，在下拉列表中选择“合并字符”命令。

设置“双行合一”与设置“合并字符”类似，请读者自行学习。

4.4.2.2　表格的其他应用

1. 表格与文本的转换

1) 将文本内容转换为表格

可以将多行文本转换成一个表格，前提条件是每行文本都必须以统一的符号分隔各项内容。常用的分隔符有段落标记、逗号、空格、制表符 Tab 键或其他符号。转换方法如下：

选定要转换为表格的文本，然后单击“插入”选项卡“表格”选项组中的“表格”按钮，在下拉列表中选择“文本转换成表格”命令，在弹出的对话框(如图 4-29 所示)的“文字分隔位置”选项组中选择相应的分隔符。

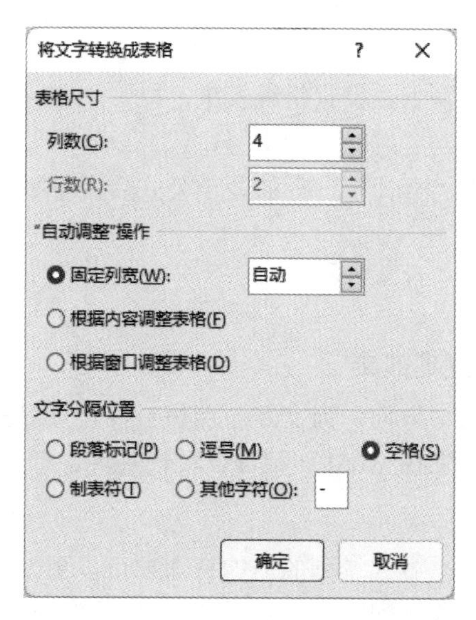

图 4-29　“将文字转换成表格”对话框

2) 将表格内容转换为文本

可以将表格中的内容转换为文本，以达到只提取表格中内容而去掉表格的目的。转换方法如下：

选定表格，或将光标置于表格的任意一个单元格中，单击“表格工具-布局”选项卡，在“数据”选项组中单击“转换为文本”命令按钮(如图 4-30 所示)，在“表格转换成文本”对话框中选择“文字分隔符”(如图 4-31 所示)。

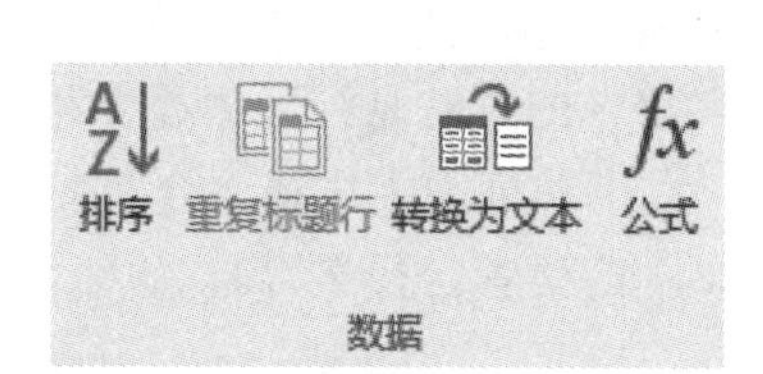

图 4-30　“转换为文本”命令按钮

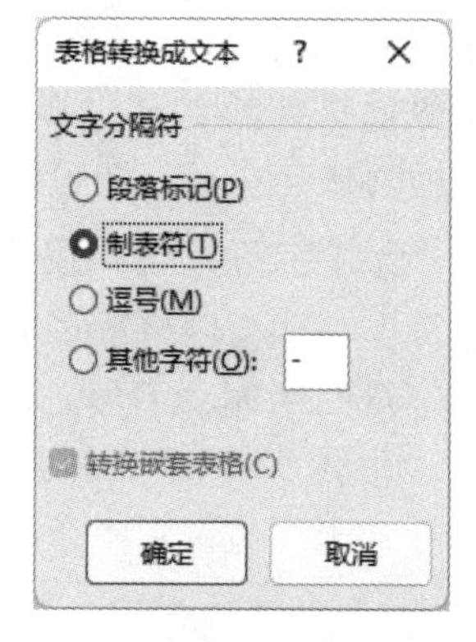

图 4-31“表格转换为文本”对话框

选择什么样的文字分隔符(如逗号)，所生成的文本行中将会用什么样的分隔符(如逗号)分隔原表格中的各列内容。如选择“制表符”为文字分隔符，则表格中的内容转换成文本时，其文本的位置保持不变。

如果选择“转换嵌套表格”选项，则可以将嵌套表格中的内容同时转换为文本。

2．标题行重复

在 Word 表格的应用中，经常会遇到一些长表格，其内容超过了一页。默认情况下，只有第一页有列标题行而其他页没有。当我们在查看其他页中的表格数据时，因为很难记清楚表格每一列数据对应的含义是什么，不得不返回到第一页去查看列标题，这非常不便。

使用表格标题行重复功能，可以使上述问题轻松解决。方法如下：

从表格的第一行开始，选定一行或多行作为表格的标题行，在“表格工具-布局”选项卡的“数据”选项组中单击“重复标题行”命令按钮，设置标题行重复有效。如再次单击此按钮，则标题行重复无效。

小贴士

表格上方的文字称为“表名”或“表头”，表格的前几行用于标识列属性的文字称为“表标题”。通常，人们总是在表的上方插入一行用于输入表名，这样做无法使用“重复标题行”功能使每页的表都显示表名。如需要每页重复表名，应在表格的第一行之上再插入一行，将本行单元格合并为一个单元格，并设置此行的上、左、右边框不显示边框线，然后选中包含表名和表标题的前几行，执行“重复标题行”命令。

3. 制作斜线表头

在表格的编辑中，往往需要在表头中加入斜线，以便在斜线单元格中添加表格项目的名称。单斜线表头可以用以下方法制作。

方法一：单击选定要添加斜线的单元格，在“表格工具-设计”选项卡的“边框”选项组中单击“边框”下拉列表按钮，选择“斜下框线”/“斜上框线”即可。

方法二：单击“表格工具-布局”|“绘图”|“绘制表格”命令按钮，此时光标变为笔形工具，直接在单元格中绘制斜线。

在表头中输入文字时，应使用回车键和空格键调整文字位置，如使斜线下方的文字左对齐，斜线上方的文字右对齐等。

双斜线表头或多斜线表头的制作，可以使用“绘图工具-格式”选项卡“插入形状”选项组中的“直线”命令按钮手工绘制。

4. 拆分与合并表格

在表格应用中，可以根据实际需要将一个表格拆分成两个或多个表格。但是表格只能从行拆分，不能从列拆分。

将光标置于表格中要拆分的起始行上，在“表格工具-布局”选项卡的“合并”选项组中单击“拆分表格”命令按钮，即可从光标所在行将表格上下拆分成两个表格。如果按 Delete 键删除两个表格之间的内容及段落标记，又可以合并两个表格。

【课堂练习 4.10】

课堂练习 4.10

对图 4-28 所示的“附表 2”做以下修改：

(1) 为“计算机”三个字添加拼音。

(2) 在“合计”行上方增加 30 个以上的班级行，使表格页面超过 1 页；利用表格的标题行重复功能，使每页表格都有同样的表头和表标题行。

(3) 将表格改为双斜线表头，表头中的文字分别是“班级”“人数”“部门”。

4.4.2.3 表格中的数据处理

表格中的数据处理

1. 使用公式计算表格数据

在 Word 的表格中，可以利用 Word 自带的函数完成简单的数据计算。下面以表 4-12 为例介绍 Word 中的数据计算和排序方法。

表 4-12 学生成绩表

姓名	数学	英语	计算机	总分	平均分
张林	98	95	100		
李立	78	82	90		
王宏	89	80	88		

1) 求和

例如，计算表 4-12 中每个学生的“总分”，步骤如下：

(1) 将光标放在“张林”一行“总分”下方的单元格中。

(2) 单击“表格工具-布局”|“数据”|“公式”命令按钮 *fx*，打开“公式”对话框，在公式框内将会显示“=SUM(LEFT)”公式，其含义是要计算本单元格左侧各单元格中数据之和，单击“确定”按钮即可出现计算结果。

(3) 使用同样的方法，将光标放在“李立”一行“总分”下方的单元格中，当公式框内显示“=SUM(ABOVE)”公式时，将 ABOVE 修改为 LEFT，单击“确定”按钮即可得到计算结果。“王宏”的总分计算可类似处理。

注意：

(1) 不能直接在表格的单元格中手工输入公式，但可以在公式对话框中输入或编辑公式。公式必须以“=”开头。

(2) Word 中的公式按钮 *fx* 默认是对单元格上方的数据求和，公式不符合要求时需要修改公式。公式中的字符需要在英文半角状态下输入，字符不区分大小写。

由于每个学生的总分计算公式是相同的，因此可以将第一个学生的总分公式复制/粘贴使用，而不必一一输入公式计算。方法是：

(1) 选定“张林”的总分公式，按 Ctrl+C 键复制。

(2) 选定下面两个学生的“总分”单元格，按 Ctrl+V 键粘贴公式。

(3) 选定下面的两个公式，按 F9 键重新计算。

小贴士

Word 表格中的公式是以域的形式存储的，如果所引用的单元格数据发生了更改，公式计算结果不会自动更新。

选定某个单元格中的公式并右击鼠标，可以在快捷菜单中选择公式编辑有关功能。“更新域”可以重新计算选定的公式；“编辑域”可以编辑修改公式；“切换域代码”可以使公式显示域代码或显示公式结果。

更新公式结果的简捷方法是：选定含有公式的一个或多个单元格，或者选定整个表格，然后按 F9 键。

2) 求平均值

例如，计算表 4-12 中每个学生的“平均分”，步骤如下：

(1) 将光标放在“张林”一行“平均分”下方的单元格中。

(2) 单击“表格工具-布局”|“数据”|“公式”命令按钮 fx，会出现默认的求和函数 SUM 的公式，此时需要修改函数及其参数。方法是：删除公式框中除“=”外的全部字符，将光标放在“=”后，单击“粘贴函数”下拉列表选择“AVERAGE”函数，在其后的括号中输入参数“B2:D2”，完整公式为“=AVERAGE(B2:D2)”，然后单击“确定”按钮。

(3) 第一个学生的平均分计算后，要将这个平均分公式复制到下面两个单元格中，并对每个公式括号中的单元格地址进行修改，分别改为“=AVERAGE(B3:D3)”和“=AVERAGE(B4:D4)”。

注意：

(1) Word 表格中的单元格有名称，使用“列标+行号”编号方式，列标用字母表示，行号用数字表示。例如，表格中的第 1 行第 1 列的单元格名称为 A1，第 2 行第 2 列的单元格名称为 B2 等。

(2) 在“公式”对话框中有个“编号格式”下拉列表，用于控制公式结果的显示格式，如“0”表示取整数(四舍五入后)，“0.00”表示取 2 位小数(四舍五入后)等。

如果要进行复杂的数据处理，应在 Word 中插入 Excel 对象，使用 Excel 电子表格完成。

小贴士

在 Word 的“公式”对话框中，可以单击“粘贴函数”下拉列表选择其他函数，如 SUM(求和)、AVERAGE(求平均值)、MAX(求最大值)、MIN(求最小值)等；函数参数 LEFT、RIGHT、ABOVE、BELOW 方位词分别表示左方、右方、上方、下方。

2. 表格数据排序

制作表格的目的是为了合理有序地存放数据，以便于对数据进行查询和计算。表格中的任何数据都可以按照升序(如 A～Z，0～9)或降序(如 Z～A，9～0)的顺序排序。排序方式由表格中的数据类型及数据列数决定。

例如，将表 4-12 中的数据按“总分”由高到低排序，步骤如下：

(1) 选定表格或单击表格中的任意单元格。

(2) 单击“表格工具-布局”|“数据”|“排序”命令按钮，打开“排序”对话框，在“主要关键字”框中选择“总分”，在“类型”框中选择“数字”，单击“降序”单选按钮，然后单击“确定”按钮。

注意：

(1) 如果要求“总分”相同的情况下再按“计算机”成绩由高到低排序，则应在“次要关键字”框中选择“计算机”字段，在“类型”框中选择“数字”，然后单击“降序”单选按钮。如果有必要，还可以设置第三关键字。

(2) “公式”对话框中的“列表”选项组有“有标题行”和“无标题行”单选按钮。如果选择“有标题行”，则表格标题行不参与排序；如果选择“无标题行”，则表格标题行也会参与排序。

(3) 对于文本类型数据，排序“类型”也可以选择“拼音”和“笔画”等。

【课堂练习 4.11】

完成表 4-12 中的数据计算。

课堂练习 4.11

(1) 计算表中每个学生的“总分”“平均分”(保留 1 位小数)。

(2) 修改每个学生的“计算机”成绩(改为 90、95、80)，重新完成总分和平均分计算。

(3) 将表中的数据按“总分”降序、“计算机”降序排序。

4.5 任务：“时评”页面的图文混排

4.5.1 任务描述与实施

1. 任务描述

图 4-32 显示的是校园周刊“时评”页面的制作效果。本任务主要是学习图元素的编辑方法以及图文混排操作，包括图片、形状、文本框等图元素的基本编辑与格式设置，以及图形与文字的混排设置。

这些流行语，你知道多少？

不平凡的 2023 年诞生了许多流行语。2023 年度中国媒体十大流行语由中国国家语言资源监测与研究中心发布，此次发布的十大流行语为：中华民族现代文明、高质量共建“一带一路”、全球文明倡议、数字中国、杭州亚运会、核污染水、巴以冲突、大语言模型、神舟十七号(神十七)、村超。你都了解它们的含义吗？

2023 年，中共中央总书记、国家主席、中央军委主席习近平首次论述“建设中华民族现代文明”这个重大命题，深刻阐明了中华文明与中国式现代化相互融通、彼此成就的历史逻辑、理论逻辑和实践逻辑。

“一带一路”倡议提出十周年，高质量共建“一带一路”行稳致远，成为全球合作的亮点。

中国持续致力于推进全球治理体系改革和建设，继全球发展倡议、全球安全倡议之后，今年又提出全球文明倡议，进一步探索回答全球性重大理论和现实问题。

中共中央、国务院印发《数字中国建设整体布局规划》明确夯实数字基础设施和数据资源体系“两大基础”，推进数字技术与经济、政治、文化、社会、生态文明建设“五位一体”深度融合，强化数字技术创新体系和数字安全屏障“两大能力”，优化数字化发展国内国际“两个环境”。

杭州亚运会成功举办，亚洲大家庭“心心相融，@未来”。

核污染水排海，海洋生态受影响，人类健康受威胁。

新一轮巴以冲突爆发，国际社会高度关注。

大语言模型技术突飞猛进，成为现实生活的“虚拟参谋”，深刻影响着人类的生产、生活。

在中国首次载人飞行任务 20 周年之际，神舟十七号开启太空出差之旅，中国空间站应用和发展进入新阶段。

作为 2023 年夏天中国互联网与民众的热门话题体育盛事，村超让人们真切地感受和美乡村建设、健康中国行动的活力。2023 年 5 月 13 日，贵州省黔东南苗族侗族自治州榕江县所举办的“和美乡村足球超级联赛”开赛。“村超”由“乡村足球超级联赛”缩略而成。权威媒体统计，自开赛以来，“村超”单场最高上座人数超 6 万，全网浏览超 480 亿次，各项数据创下历史纪录。“村超”大放异彩，“村 BA”(乡村篮球比赛)、“村排”(乡村排球比赛)等，也以惊人的能量和独特的魅力快速“出圈”。“村”字头的农村体育赛事蹿红，对推进全民健身、实现全面小康、振兴乡村经济，具有深远的现实意义。

年度流行语很大程度上反映一年的社会变化和发展，你是否在这些词中看到了自己？

图 4-32　“时评”页面样图

注意：“时评”页面样图是 2023 年流行语。读者应从教材配套资源的“项目四 Word”文件夹中获取最新年度的“时评素材.docx”文档和“流行语.jpg”图片，然后参照图 4-32 编辑文档，最后生成“时评.docx”文档。

2. 任务实施

【解决思路】

从教材配套的素材文件夹中打开“时评素材.docx”文档，编辑并美化文档，最后将其另存为“时评.docx”。首先将标题设置为艺术字效果，设置第一段首字下沉，然后分别插入图片、为图片添加文本框图注，进行图文混排。

本任务涉及的主要知识技能点如下：

(1) 图片的插入和编辑。

(2) 文本框的创建和编辑。

(3) 图文混排。

(4) 艺术字的使用。

项目四任务五

【实施步骤】

本任务要求及操作要点如表 4-13 所示。

表 4-13　任务要求及操作要点

任务要求	操作要点
1. 为标题文字设置艺术字效果	
(1) 插入艺术字：使用列表中第 2 行第 2 列的样式	① 打开“时评素材.docx”文档，将其另存为“时评.docx”。 ② 选定标题文字(不包括行尾的回车符)，单击“插入”|“文本”|“艺术字”，使用列表中第 2 行第 2 列的样式
(2) 设置艺术字字体为华文琥珀、一号字	单击艺术字外边框，单击“开始”选项卡，在“字体”选项组中设置字体字号
(3) 设置艺术字文本效果，使用“转换”中的“正 V 形”	选中艺术字外边框，单击“绘图工具-格式”|“艺术字样式”|“文本效果”，使用“转换”中的“正 V 形”
2. 设置第一段文字首字下沉	
设置正文第一段文字首字下沉 2 行	将光标置于正文第一段，单击“插入”|“文本”|“首字下沉”|“首字下沉选项”，单击“位置”中的“下沉”，并输入下沉行数
3. 插入“流行语.png”图片，添加图注，并进行图文混排	
(1) 在正文第三段中插入图片“流行语.png”，设置图片尺寸缩放为 80%，图片环绕方式为“四周型”	① 将光标定位到第三段中，单击“插入”|“插图”|“图片”按钮，在“插入图片”对话框中选择素材文件夹中的“流行语.png”图片文件，单击“插入”按钮。 ② 右击图片，单击“大小和位置”|“大小”命令，在对话框中勾选“锁定纵横比”复选框，输入高度或宽度为 80%。 ③ 右击图片，单击“大小和位置”|“文字环绕”命令，将“环绕方式”设置为“四周型”

续表

任 务 要 求	操 作 要 点
(2) 添加高 1 厘米、宽 2.5 厘米的文本框图注，在其中输入文字“年度流行语”，设置字体字号为黑体、小四号，无填充颜色，无形状轮廓，设置文本框的“内部边距”左、右值为 0 厘米	① 单击“插入”｜“文本”｜“文本框”中的“简单文本框”，删除框中文字，输入“年度流行语”，单击文本框，单击“绘图工具-格式”，在“大小”选项组中输入高 1 厘米、宽 2.5 厘米。 ② 右击文本框，选择“设置形状格式”命令，在右侧窗格中选择“形状选项”，单击“填充与线条”按钮，设置“填充”为无填充，“线条”为无线条；单击“布局属性”按钮，单击“文本框”选项，在“左边距”和“右边距”微调框内输入或调整数值为 0 厘米
(3) 设置图片与文本框的对齐方式为“左对齐”且“底端对齐”，然后将两者组合	单击选定图片，按住 Ctrl 键或 Shift 键再单击文本框(确保两者同时选定)，单击“图片工具-格式”｜“排列”｜“对齐”按钮设置对齐方式，然后单击“组合”命令。 **注意：**如果不能同时选定两个对象，需要将图片或文本框设置为“四周型”环绕；如果图片遮挡住了文本框，需要选定图片，设置图片“下移一层”
(4) 设置图片与文本框的组合对象为“四周型”环绕，位置为水平距页面右侧 7 厘米，垂直距段落下侧 1 厘米	① 右击组合后的对象，选择“其他布局选项”，在“文字环绕”选项卡中选择“环绕方式”为“四周型”。 ② 单击“位置”选项卡，在“水平”选项组中选定“绝对位置”，调整其后的数值为 7 厘米，在“右侧”下拉列表中选择“页面”；在“垂直”选项组中选定“绝对位置”，调整其后的数值为 1 厘米，在“下侧”下拉列表中选择“段落”
(5) 设置图片样式为“旋转，白色”	单击选定图片，在“图片工具-格式”选项卡“图片样式”选项组的样式列表中选择“旋转，白色”

【自主训练】

(1) 对于本任务中的艺术字标题，试用插入“文本框”的方法制作出同样的效果。

(2) 重新插入并编辑图片与文本框。要求：将图片高度、宽度值均设置为 6.2 厘米；图片与文本框设置为垂直“顶端对齐”、水平“右对齐”，然后组合，设置组合后的对象为“四周型”环绕，位置为水平距页边距右侧 9 厘米，垂直距段落下侧 2 厘米。

【问题思考】

(1) 嵌入型图片能否直接与其他图片或文本框同时选定？如何做才能同时选定？

(2) 比较四周型环绕与紧密型环绕的区别。

小贴士

嵌入型图形/图片不能与其他图形/图片对象同时选定。如需要将多个图形/图片组合操作，应首先将嵌入型图形/图片的环绕方式设置为非嵌入型。

4.5.2 相关知识与技能

在 Word 中可以方便地插入图片、图形和艺术字等特殊对象，从而创建图文并茂的文档。

4.5.2.1 插入与编辑图片

1. 插入图片

插入图片

将光标定位在要插入图片的位置，单击“插入”|“插图”|“图片”按钮，在“插入图片”对话框中选择要插入的图片文件，单击“插入”按钮，即可将图片插入文档中。

插入的图片可以是本机中的图片、联机图片和屏幕截图。

> **小贴士**
>
> 快速插入图片的方法：直接将图片文件拖曳到 Word 文档中的适当位置；或者使用复制/粘贴方式，将其他文档、网页或磁盘中的图片直接粘贴到 Word 文档中。

2. 编辑与美化图片

单击选定文档中的图片后，会出现“图片工具-格式”选项卡，利用该选项卡中各选项组的按钮可以编辑和美化图片。

1) 调整大小和角度

(1) 调整大小。选定图片，此时图片四周将出现八个缩放控制点和一个旋转控制点，将光标移至四个角端的控制点上，当光标变为双向箭头时按住左键拖曳鼠标，可以等比例改变图片的大小，拖动边线中间的控制点，则只改变图片的长度或宽度。

在“大小”选项组中可以直接输入“高度”或“宽度”值设置图片大小。默认状态下调整“高度”或“宽度”其中一个值时，另一个值会自动改变。

如果要分别设置高度、宽度值，则单击“大小”选项组右侧的对话框启动器按钮，在打开的“布局”对话框(如图 4-33 所示)中操作。

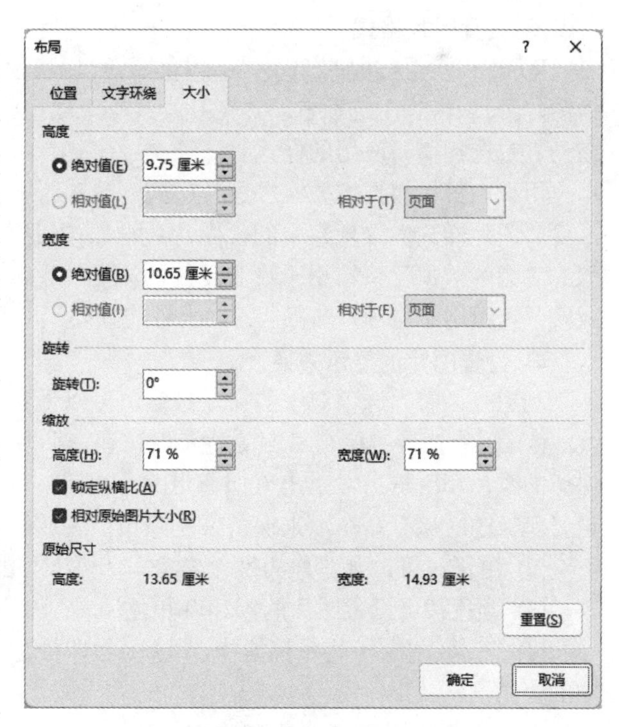

图 4-33　“布局”对话框

在“高度”“宽度”选项组中输入具体数值设置高度和宽度，在“缩放”选项组中设置高度与宽度的比例。

如果选中“锁定纵横比”复选框，则图片尺寸将按比例调整；如果取消勾选复选框，则可以分别设置高度和宽度。例如：要将图片大小设置为原始尺寸的 90%，应勾选“锁定纵横比”，然后输入“高度”或“宽度”任意一个百分比数值。

如果要恢复图片的原始尺寸，可单击“重置”按钮。

右击图片从快捷菜单中选择“大小和位置”选项也可以打开“布局”对话框。

(2) 调整角度。选定要旋转或翻转的图片，用鼠标拖动图片上方的旋转控制点，可以任意旋转图片。在“排列”选项组中单击 旋转 按钮，可以对图片旋转相应角度。

2) 裁剪与删除图片

如果只需要图片的一部分，则可以裁剪图片。选定要裁剪的图片，在“大小”选项组中单击“裁剪”按钮，图片四周会出现黑色的控制点，将鼠标指针移至控制点上并拖动鼠标，可将鼠标指针经过的部分裁剪掉，然后单击文档其他位置，完成裁剪操作。单击“裁剪”按钮下方的箭头按钮，选择“裁剪为形状”命令，可以将图片裁剪为某种形状。

注意：

(1) 图片裁剪后，裁剪的部分只是被隐藏而已，它仍然是作为图片文件的一部分而保存(执行“调整”|“重设图片”|“重设图片和大小”命令还可以恢复为原图片)。如果要删除被裁剪的部分，则执行“调整”|“压缩图片”命令，并选择“删除图片的剪裁区域”选项。

(2) 删除被裁剪部分的图片后，无法恢复为原始图片，从而可防止其他人查看被裁剪的部分图片。

3) 设置图片格式

Word 预设了常用的 28 种图片样式，可以快速地将其应用于插入的图片。方法是：在“图片工具-格式”选项卡的“图片样式”选项组中，单击“图片样式”右侧的其他按钮，在列表中选择需要应用的样式。

用户也可以根据需要在“图片样式”选项组中自行设置图片格式。

“图片样式”选项组中的“图片边框”按钮用于设置图片的轮廓颜色、线条粗细和线型；“图片效果”按钮用于设置图片的视觉效果，如阴影、映像、发光、棱台等；“图片版式”按钮用于将图片转换为 SmartArt 图形。

4) 设置图片的显示效果

利用“调整”选项组中的命令按钮，可以设置图片的显示效果。

(1) 删除背景：单击“删除背景”按钮，图片上将出现选择区域，拖动鼠标选择需要保留的颜色和区域后，单击“保留更改”按钮。也可以使用“标记要保留的区域”或“标记要删除的区域”命令，来保留或删除指定区域的颜色。

(2) 更正：可设置图片的锐化/柔化、亮度/对比度等。

(3) 颜色：可设置图片的饱和度和色调。

(4) 艺术效果：可将铅笔素描、塑封、影印等艺术效果应用到图片上，类似于 Photoshop 中的“滤镜”效果。

5) 设置图片位置和文字环绕方式

默认情况下，插入文档的图片将作为字符插入 Word 文档中，其位置会随着其他字符的改变而改变，用户不能自由移动图片。通过为图片设置文字环绕方式，可以自由移动图片的位置。

合理设置图片和文字的位置关系，可以让文档排列得美观得体，具体内容详见 4.5.2.8 “图文混排”部分。

4.5.2.2　插入与编辑形状

Word 中提供了许多现成的形状，称自选图形，包括线条、矩形、基本形状、箭头汇总、流程图、标注、星与旗帜等。用户可以轻松地在文档中绘制这些形状，或利用这些形状组合出更复杂的形状，并可以对其进行修饰。

1．插入形状

插入自选图形的步骤如下：

(1) 单击“插入”选项卡“插图”选项组中的“形状”按钮下方的箭头按钮，在打开的下拉列表中选择一种形状(如图 4-34 所示)。

(2) 当鼠标指针变成十字形时，选定绘制形状的起点并按住鼠标左键拖动，调整图形到合适大小后，释放鼠标。

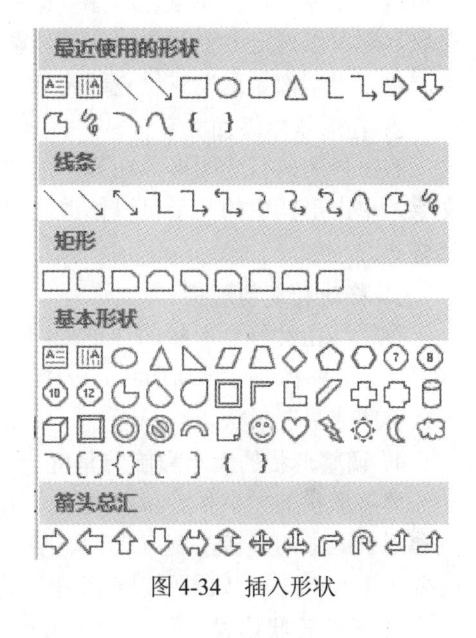

图 4-34　插入形状

为避免出现因其他文本的增删而导致图形位置错乱的现象，手工绘图最好在画布中进行。尤其是插入多个图形时，使用画布是一个好习惯。画布的作用是定位图形，给出图形所占空间的边界，把图形固定在一个区域中当成一个整体，画布里面的图形不会被拖出画布，使多个对象的创建和排列变得轻松方便。在画布中也可以插入图片、文本框、艺术字等其他对象。

单击“插入”|“插图”|“形状”|“新建绘图画布”命令即可在文档中插入空白画布，接着向其中插入图形。也可以像形状一样对画布设置填充、边框和效果等格式。

如果希望在插入图形时自动出现画布，可单击“文件”|“选项”|“高级”命令，勾选“编辑选项”中的“插入自选图形时自动创建绘图画布”复选框。

小贴士

绘制形状时，按住 Shift 键，可以画出水平直线、竖直直线、45°角直线，以及正圆形和正方形；按住 Ctrl 键，可以画出从原点向外展开的圆。

2．编辑与美化形状

选定形状，会出现“绘图工具-格式”选项卡，利用其中的命令按钮可以编辑和美化形状。

单击“形状样式”选项组的对话框启动器按钮后会弹出“设置形状样式”窗格(或右击形状，在快捷菜单中选择命令)，单击“大小”选项组的对话框启动器按钮后会弹出“布局”对话框，在其中可以设置更多的形状格式内容。

1) 选定形状

单击鼠标可选定一个形状。如果要选定多个形状，可按住 Ctrl 键或 Shift 键，然后分别单击要选定的形状。如果要选定的形状比较集中，也可以用鼠标框选形状。对于选定的多个对象，可以一并设置格式。

当插入多个图形或图片时，可能会造成一些图形或图片被覆盖。此时可以先选定一个可见的图形或图片，然后多次按 Tab 键逐个选定每个对象，从而选定被隐藏的对象。

另外，单击“绘图工具-格式”或“图片工具-格式”选项卡“排列”选项组中的“选择窗格”命令，或者单击“开始”选项卡“编辑”选项组中的“选择”箭头按钮，选择“选择窗格”命令，均会弹出“选择”窗格，单击对象名称可以选定对象，按住 Ctrl 键并单击对象名称可以选定多个对象；单击对象名称右侧的“显示/隐藏”按钮可以设置是否显示对象；单击“全部显示”或“全部隐藏”命令可以全部显示或全部隐藏对象。

2) 在形状中添加文字

右击封闭的自选图形，在弹出的快捷菜单中选择“添加文字”命令，可以为形状添加文字，单击形状中的文字可以修改文字。可通过“开始”选项卡中的相关命令按钮设置文字格式。

3) 移动和复制形状

将鼠标指针移至形状的边框处(不要放在八个句柄上)，当鼠标指针变成四个方向的箭头时，拖动鼠标即可移动形状。按住 Ctrl 键拖动即可复制形状。也可以使用剪切/复制/粘贴方式移动或复制形状。

4) 调整形状的大小和旋转角度

调整形状的大小和旋转角度的方法与调整图片的方法相似，通过拖动形状周围的控制点和形状上方的旋转控制点进行调整。如果要保持原形状的比例，则拖动四个角的控制点时要按住 Shift 键；如果要以形状中心为基点缩放，则拖动控制点时要按住 Ctrl 键。

5) 设置形状格式

合理设置形状格式可以美化形状。可通过“绘图工具-格式”选项卡“形状样式”选项组中的命令按钮设置形状格式；或右击形状，在快捷菜单中选择“设置形状格式”命令，在“设置形状格式”窗格中设置。

6) 对齐、叠放与组合多个图形

当文档中有多个图形对象时，为了使页面整齐美观，同时方便图文混排，经常需要对多个对象进行对齐操作、叠放顺序调整和组合操作。

(1) 对齐多个图形。

选定要对齐的多个图形，单击“绘图工具-格式”选项卡“排列”选项组中的“对齐”按钮，从下拉列表中选择对齐方式。

(2) 调整图形的层次关系。

选定一个图形或图片，在“绘图工具-格式”或“图片工具-格式”选项卡的“排列”选项组中单击“上移一层”或“下移一层”等命令按钮，可以调整图形或图片的叠放次序；如果要将图形或图片置于正文下方，则单击“下移一层”箭头按钮并在列表中选择“衬于文字下方”命令。

另外，单击“选择窗格”命令按钮，也可以在“选择”窗格中调整对象的叠放次序。

(3) 组合/取消组合多个图形。

选定要组合的图形对象，在“排列”选项组中单击“组合”命令按钮，从弹出的下拉列表中选择“组合”命令，可将多个图形组合为一个图形对象。

单击组合后的图形对象，再次单击“组合”命令按钮，从弹出的下拉列表中选择“取消组合”命令，可将组合图形对象分离为独立的图形。

绘制图形

【例 4.1】 绘制图 4-35 中的同心圆。要求：三个圆均为正圆，半径分别为 0.5 厘米、1 厘米、1.5 厘米；从小到大三个圆分别填充红色、黄色、蓝色，无轮廓；设置最小的圆的透明度为 20%；三个圆圆心对齐。

图 4-35　绘制图形练习

操作要点：

(1) 按住 Shift 键绘制正圆。

(2) 使用“形状样式”选项组中的“形状填充”命令填充颜色，选择“其他填充颜色”命令设置图形的透明度，在“形状轮廓”列表中选择“无轮廓”。

(3) 在“大小”选项组中设置圆的高度和宽度(值均为半径的 2 倍)。

(4) 在“排列”选项组中设置形状的层次；利用“对齐”按钮设置三个圆水平居中、垂直居中。

【课堂练习 4.12】

课堂练习 4.12

绘制图 4-35 中的五角星、圆角矩形按钮、兔子圆形图。要求：

(1) 五角星为正五角星，高度、宽度均为 1.5 厘米，渐变填充颜色为从黄色到红色，类型为“射线”，方向为“从中心”。

(2) 圆角矩形按钮高 0.9 厘米、宽 2.4 厘米，无轮廓，浅蓝色填充。

(3) 兔子圆形是一个半径为 1 厘米的正圆，轮廓线为 1 磅蓝色实线，背景填充为素材图片“兔子.png”，添加文字“兔子”，文字颜色为黑色。

提示：

(1) 按住 Shift 键绘制正五角星，按住 Shift 键绘制兔子正圆。

(2) 右击形状，在快捷菜单中选择“添加文字”命令添加文字。

4.5.2.3　插入文本框

文本框是一种可移动、可调大小的能够存放文本、图形或图片的矩形容器。使用文本框可以将文档中的对象很方便地放置到文档页面的指定位置，而不必受段落格式、页面设置等因素的影响，从而达到美化和快速准确排版的目的，进一步增强了图文混排效果。

1. 插入内置文本框

Word 提供了一些内置的文本框，它们是一些预置的版式。

单击“插入”选项卡“文本”选项组中的“文本框”按钮，打开文本框内置样式面板，选择适当的文本框样式后，即可在文档中快速插入所选样式的文本框。

2. 绘制文本框

如果要手动绘制文本框，则单击“插入”|“文本”|“文本框”按钮旁边的箭头按钮，在列表中选择“绘制文本框”或“绘制竖排文本框”选项，此时鼠标指针变为十字形，在需要插入文本框的地方按住左键拖动鼠标，当文本框大小合适时释放鼠标。在文本框中可以输入文字，插入图片、表格等对象，并且可以对它们进行格式设置。

也可以对选定的文本增加文本框。选定文本，然后执行“插入”|“文本”|“文本框”|“绘制文本框”或“绘制竖排文本框”命令，将自动为文本加上文本框。

右击文本框，在快捷菜单中选择“设置形状格式”命令，即可出现“设置形状格式”窗格，其中的“形状选项”用于设置文本框形状的格式，“文本选项”用于设置文本框内文字本身的格式。例如，在“文本选项”中单击“布局属性”按钮，可以设置文本框的内部边距(即文本框内文字与四个边框线之间的距离)。

由于文本框本身是一种图形对象，因此可以像形状一样进行形状编辑和格式设置。

小贴士

绘制一个文本框，并为其设置了边框线条、填充、字体、内部边距等格式，然后选定这个文本框，右击并在快捷菜单中选择“设置为默认文本框”命令，以后新建的文本框就能保持该文本框的格式。对于形状，也有类似功能。

【课堂练习 4.13】

在 Word 文档中插入图 4-36 所示的程序流程图。其功能是：由键盘输入若干整数，求其中的最大值(当输入的数据为−1 时，程序结束)。

课堂练习 4.13

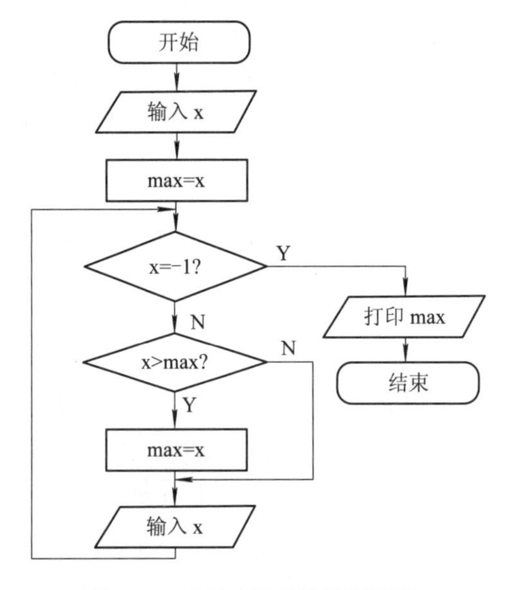

图 4-36　求最大值的程序流程图

4.5.2.4　插入艺术字

艺术字是具有特殊效果的文字，它结合了文本和图形的特点，能够使文本具有图形的某些属性，可以对文档起到一定的装饰作用。在 Word、Excel 和 PowerPoint 中都可以使用艺术字。

单击“插入”选项卡“文本”选项组中的艺术字按钮，在打开的下拉列表中选择一种艺术字样式，此时在文档中会出现内容为“请在此放置您的文字”的文本框，在编辑区的艺术字文本框占位符中输入需要的文字，然后利用“开始”选项卡中的相应命令按钮即可设置字体、字号等格式。

单击插入的艺术字，功能区中会出现“绘图工具-格式”选项卡。

单击“艺术字样式”选项组中的命令，可以更改艺术字的样式，重新设置文本的填充效果，文本轮廓的线型、粗细和颜色，艺术字的外观效果等。

单击“形状样式”选项组中的命令，可以设置艺术字文本框的填充效果，文本框轮廓的线型、粗细、颜色和外观效果等。具体操作类似于形状对象的操作。

4.5.2.5　插入 SmartArt 图形

SmartArt 图形是信息与观点的视觉表达形式，它不需要太多的文字说明，就可以直观地表达流程、层次结构、循环等信息，能够以视觉形态快速、轻松、有效地传达信息。

1. 插入 SmartArt 图形

定位光标，在“插入”选项卡的“插图”选项组中单击按钮，在“选择 SmartArt 图形”对话框(如图 4-37 所示)中选择所需要的 SmartArt 图形。对话框中左侧是图形类型列表，中间是所选类型的样式列表，而右侧是所选列表样式的名称和说明。

单击图形中的“文本”字样可以输入文字。

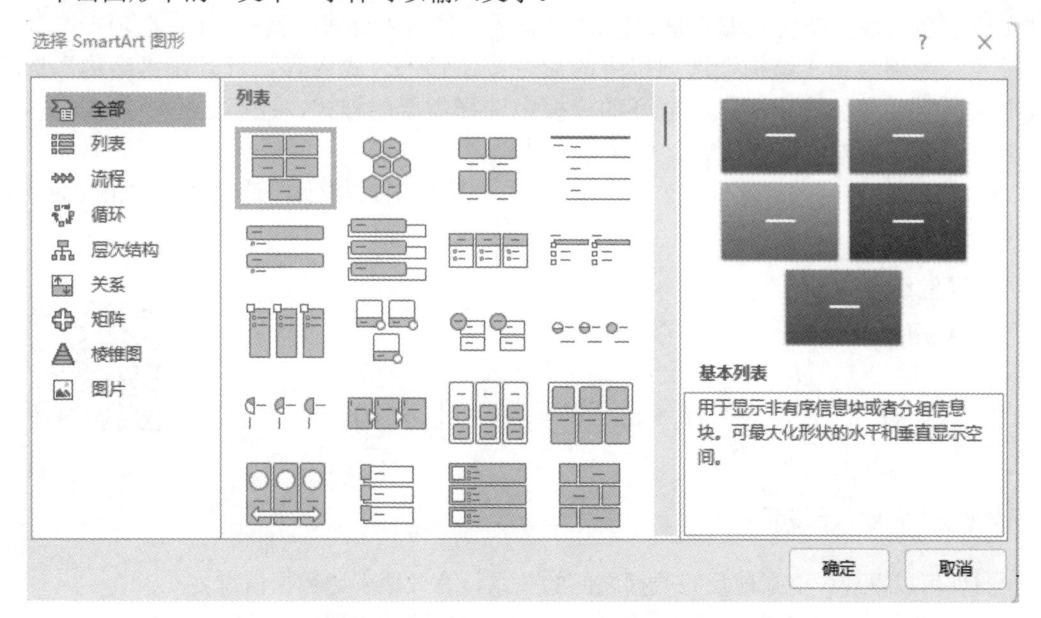

图 4-37　“选择 SmartArt 图形”对话框

2. 修改 SmartArt 图形

1) 添加或删除形状

选定 SmartArt 图形的一个形状，单击“SmartArt 工具-设计”选项卡，在“创建图形”选项组中单击添加形状按钮，选择“在前面添加形状”等选项，则在当前形状前面、后面或上方、下方添加形状。

在“SmartArt 工具-设计”选项卡中，还可以更改 SmartArt 图形的样式和版式。

2) 更改整个图形的样式

选定 SmartArt 图形，在“SmartArt 工具-格式”选项卡的“形状样式”选项组中单击样式右下角的“其他”按钮，在打开的下拉列表中选择要使用的样式。

3) 更改整个图形的颜色

选定 SmartArt 图形，在“SmartArt 工具-设计”选项卡的“SmartArt 样式”选项组中单击“更改颜色”按钮，在打开的下拉列表中选择颜色。

> **小贴士**
>
> 单击 SmartArt 图形后，在功能区会出现“SmartArt 工具-设计”和“SmartArt 工具-格式”选项卡，用户可以更改 SmartArt 图形中各个形状的格式，如形状的外形、样式、大小以及文字效果等。

4.5.2.6 插入公式

如果要插入 Word 内置的公式，可单击“插入”|“符号”|“公式”命令按钮π下方的箭头按钮，在弹出的下拉列表中选择所需要的公式。

如果要插入特定的公式，可在“公式”下拉列表中选择“插入新公式”命令，此时文档中会出现一个公式编辑框，同时功能区会显示“公式工具-设计”选项卡，利用“符号”选项组和“结构”选项组中的命令按钮输入公式内容。可以在“结构”选项组中选择需要的公式模板，在展开的模板中选择需要的样式，在虚线框中输入内容。单击公式编辑框外的任何位置，可结束公式输入。

单击公式，将插入点定位到公式框中，利用“公式工具-设计”选项卡中的相应命令即可修改公式。

【课堂练习 4.14】

在 Word 文档中插入公式：

$$y=\sqrt{a}+\frac{b}{c}，\quad S_i=\sum_{k=1}^{n}\alpha_{ik}\times\beta_{ki}，\quad I=\sqrt{\frac{1}{b-a}}\int_a^b f^2(t)\,\mathrm{d}x$$

课堂练习 4.14

4.5.2.7 插入图表

图表可以直观、清晰地反映数据之间的关系，有效地表达数据信息。

单击“插入”|“插图”|“图表”命令按钮，在“插入图表”对话框中选择图表类型，

即可插入一张图表和一个 Excel 表格，在 Excel 表格中输入或修改数据会自动更新图表。拖动 Excel 表格中示例数据区域右下角可以扩大或缩小图表数据区域，关闭 Excel 表格窗口即结束图表插入操作。右击图表并选择“编辑数据”，打开 Excel 表格后可编辑图表数据。也可以通过“图表工具-设计”和“图表工具-格式”选项卡编辑图表。

4.5.2.8　图文混排

无论是图片、形状、文本框还是艺术字等对象，插入文档之后都需要与页面中周围的文本内容混合排列，这就是“图文混排”。

1. 设置图片或图形在页面中的位置关系

选定图片或图形对象，在“图片工具-格式”或“绘图工具-格式”选项卡的“排列”选项组中单击“位置”下拉按钮，可在列表中选择图片或图形在文本中的位置形式。也可以在列表中选择“其他布局选项”命令，在打开的“布局”对话框的“位置”选项卡中进行设置。

2. 设置图片或图形与页面文字的环绕方式

选定图片或图形对象，在“图片工具-格式”或“绘图工具-格式”选项卡的“排列”选项组中单击“环绕文字”按钮，在打开的下拉列表中选择一种文字环绕方式。也可以在列表中选择“其他布局选项”命令，在打开的“布局”对话框的“文字环绕”选项卡中进行设置。

图片或图形与页面文字的环绕方式共有八种，每种环绕方式的含义如下。

(1) 嵌入型：默认的环绕方式，指图片或图形直接在文档的插入点位置嵌入到文字中，它是相对于浮动而言的，可以看作是一个字符，其位置不能随意移动。这种类型的图不能与其他图同时选定，所以无法进行多图间的对齐与组合等操作。

(2) 四周型：最常用的环绕方式，指文字在图片或图形周围以矩形边界环绕排列。

(3) 紧密型环绕：文字在图片或图形周围以紧密的方式环绕排列，即沿着图形外轮廓进行排列，尽可能地少留空白。

(4) 穿越型环绕：与紧密型环绕类似，但是可以在开放式图形或图片的内部环绕排列文字。

(5) 上下型环绕：文字排列在图片或图形的上方或下方。

(6) 衬于文字下方：图片或图形衬于文字下一层，文字的排列不受图片或图形的影响。

(7) 浮于文字上方：图片或图形浮在文字上一层，文字的排列不受图片或图形的影响。

(8) 编辑环绕顶点：这种排列方式的效果就是紧密型环绕，但是可以编辑顶点，从而能够有效地控制文字与图形之间的距离。

3. 图文混排的一般步骤

图文混排的一般步骤如图 4-38 所示。

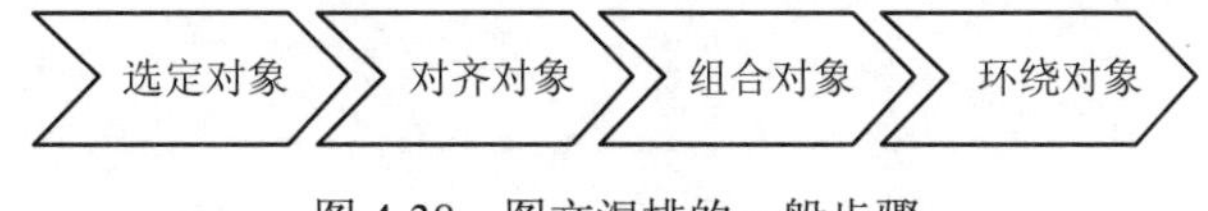

图 4-38　图文混排的一般步骤

(1) 选定对象。经常需要将多个图片或图形对象选定，以便进行后续操作。一定要将每张图片或每个图形设置为非嵌入型环绕，否则它无法与其他对象同时选定。

(2) 对齐对象。选定多个对象后，在“图片工具-格式”或“绘图工具-格式”选项卡的“排列”选项组中单击“对齐”按钮，在下拉列表中选择相应的对齐方式。

(3) 组合对象。选定对齐排列好的多个对象，在“图片工具-格式”或“绘图工具-格式”选项卡的“排列”选项组中单击“组合”按钮，在下拉列表中选择“组合”命令。

(4) 环绕对象。选定组合后的对象，在“排列”选项组中单击“文字环绕”按钮，在下拉列表中选择对象的环绕方式。

【课堂练习 4.15】

课堂练习 4.15

(1) 在 Word 文档中输入下列文字(宋体、四号)：

牡丹象征着国家繁荣富强，在中国传统文化中具有高贵、美丽等象征意义，常被用作吉祥图案，表达人们对美好生活的向往和追求。

(2) 在文档中插入一张牡丹图片(网络下载或使用教材配套素材中的图片)；设置图片高度为 5 厘米；利用“图片工具-格式”选项卡中的按钮调整图片亮度/对比度；在图片下方插入文本框，内容为“中国的国花：牡丹”，宋体、五号，设置文本框无填充、无线条；设置图片与文本框水平居中并组合，设置组合后对象的“环绕文字”效果为“四周型”。

4.6　任务：校园周刊的综合排版

4.6.1　任务描述与实施

1. 任务描述

本任务是建立图 4-39 所示的校园周刊完整版，生成“全刊.docx”文档。

图 4-39　封面效果图

2. 任务实施

【解决思路】

打开“全刊.docx”文档，利用封面向导功能制作校园周刊封面；在文档中适当位置插入分节符将文档分为五节，为不同节设置不同的页眉、页脚和页码，最后保存文档。

参照图 4-40 所示的要求进行页眉/页脚的设置。

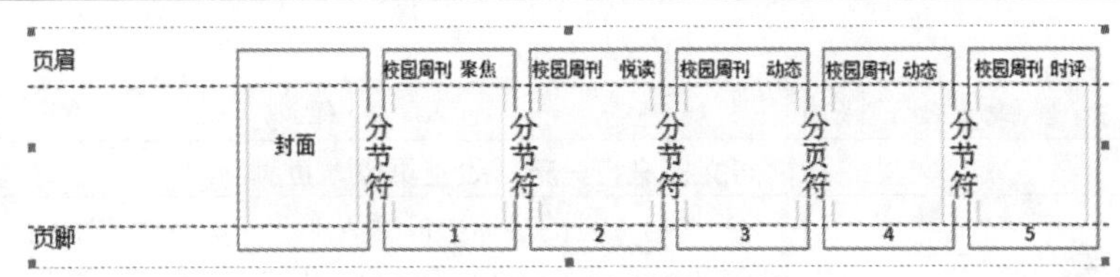

图 4-40　页眉/页脚的设置要求

本任务涉及的主要知识技能点如下：

(1) “封面向导”的使用。

(2) 分页符、分节符的设置。

(3) 页眉、页脚和页码的设置。

项目四任务六

【实施步骤】

本任务要求及操作要点如表 4-14 所示。

表 4-14　任务要求及操作要点

任 务 要 求	操 作 要 点
1. 打开“全刊.docx”文档，使用“封面向导”插入封面	
(1) 使用“封面向导”制作“运动型”样式的封面	单击“插入”|“页面”|“封面”命令，选择“运动型”样式封面
(2) 在各占位符中输入文字，并设置格式： 在右上方[年份]控件处输入年份，字体和字号默认； “校园周刊·第③期”字体为微软雅黑，字号为 48 磅； 在封面末行输入系部名称(如“××系部”)和学院名称(如“××学院”)，字体为微软雅黑，字号为 16 磅； 删除“日期”内容控件	① 在右上方[年份]控件处输入年份或单击“今日”按钮使用当年的年份，字体和字号保持默认。 ② 在[标题]内容控件处输入文字“校园周刊·第③期”(“·”和“③”可以使用软键盘或输入法工具栏输入)，可使用“开始”选项卡“字体”选项组中的相关命令按钮设置字体和字号。 ③ 在[作者]内容控件处输入系部名称，在[公司]内容控件处输入学校名称。 ④ 选定并右击[日期]内容控件，在弹出的快捷菜单中选择“删除内容控件”命令删除控件，然后按 Delete 键删除内容。或直接选定控件内容按 Delete 键删除
(3) 更换并调整图片。 更换图片为素材文件夹中的“高楼.jpg”图片，参照样图大致调整图片的大小和角度；为图片重新着色：“橙色，个性色 6，浅色”	① 右击封面图片，在快捷菜单中选择“更改图片”命令，选择“高楼.jpg”文件，单击“插入”按钮。 ② 单击选定图片，在图片边框线上会出现控制点，拖曳图片边框角上的控制点可等比例调节图片大小，拖曳图片边框上的控制点可变比例调节图片大小。将光标移至图片旋转控制点后，按住鼠标左键左右移动，可旋转图形。 ③ 选定图片，单击“图片工具-格式”选项卡，在“调整”选项组中单击“颜色”下拉按钮，选择“重新着色”中的“橙色，个性色 6，浅色”样式
(4) 使用文本框制作“本期导读”。 设置文本框字体为微软雅黑、加粗，标题为二号、居中，其余内容为四号，行距均为单倍行距； 设置文本框“形状填充”为“无填充颜色”，“形状轮廓”为“无轮廓”； 为四个条目设置项目符号“■”	① 单击“插入”|“文本”|“文本框”中的“绘制文本框”命令，拖曳出一个文本框，输入相关内容，设置字体、字形和字号，设置文本框中的标题居中对齐。 ② 调整文本框边缘改变其大小，使每个条目占一行；选定各条目段落，设置行距为单倍行距；单击选定文本框，单击“绘图工具-格式”选项卡，在“形状样式”选项组的“形状填充”下拉列表中选择“无填充颜色”，在“形状轮廓”下拉列表中选择“无轮廓”。 ③ 选中四个条目内容，单击“开始”|“段落”|“项目符号”命令，选用“■”样式

续表

任 务 要 求	操 作 要 点
2．对文档进行分节，设置页眉、页脚	
(1) 在文档中适当位置插入分节符，将文档分为五节。第 1 节为封面，第 2 节为“聚焦”，第 3 节为“悦读”，第 4 节为“动态”(共 2 页)，第 5 节为“时评”页面	① 在第 1 页的最后一行插入“下一页”分节符。将光标定位于第 1 页(封面页)最后一行，单击“布局”｜“页面设置”｜“分隔符”右侧的箭头按钮，选择“分节符”中的“下一页”类型。 ② 类似地，在第 2 页、第 3 页和第 5 页的最后一行插入分节符，共插入四个分节符。 **注意：** (1) 右击状态栏，单击“节”，可使状态栏左侧显示当前页所在的“节”号以方便分节。另外，在“草稿”视图中也可以查看或删除分节符。 (2) 也可以在后一节的第一行行首插入分节符。 (3) 如有多余页面，要使用删除空行的方法删除
(2) 为文档设置页眉。 封面不要页眉； 第 2 节至第 5 节的页眉均为左右两栏式，左栏均为“校园周刊”，右栏分别是“聚焦”“悦读”“动态”“时评”	① 双击文档中的页眉区域，调出“页眉和页脚工具-设计”选项卡，依次切换到第 1 节至第 5 节，在“选项”选项组中取消“首页不同”选项。 ② 为第 2 节插入页眉。切换到第 2 节，在“导航”选项组中，取消“链接到前一条页眉”按钮的选定状态，使本节页眉不链接前一节的页眉；单击“页眉和页脚”选项组“页眉”按钮下方的箭头按钮，选择“内置”中的“空白(三栏)”样式；将页眉中左侧占位符中的内容修改为“校园周刊”，删除中间占位符中的内容，将右侧占位符中的内容修改为“聚焦”。 ③ 单击“导航”选项组中的“下一节”按钮，依次切换到后面各节，类似第 2 节的操作，先断链接，再修改页眉中右侧占位符中的内容。 ④ 单击“关闭页眉和页脚”按钮或双击正文区域，退出页眉和页脚设计状态
(3) 为文档设置页脚和页码。 封面不要页脚和页码； 第 2 节至第 5 节的页码设置在页面底端中部，从“1”开始连续编号	① 双击文档中的页脚区域，调出“页眉和页脚工具-设计”选项卡，依次切换到第 1 节至第 5 节，在“选项”选项组中取消“首页不同”选项。 ② 切换到第 5 节，在“导航”选项组中，选定“链接到前一条页眉”按钮，使本节页脚链接前一节的页脚；单击“页码”按钮，选择“设置页码格式”命令，选中“续前节”选项。 ③ 单击“导航”选项组中的“上一节”按钮，依次切换到第 4 节、第 3 节，选定“链接到前一条页眉”按钮，并设置页码“续前节”。 ④ 切换到第 2 节，取消选定“链接到前一条页眉”按钮，单击“页码”按钮，选择“页面底端”中的“普通数字 2”样式，再单击“页码”按钮，选择“设置页码格式”命令，调整“起始页码”微调框，选择从“1”开始编页码。 ⑤ 单击“关闭页眉和页脚”按钮或双击正文区域，退出页眉和页脚设计状态

【自主训练】

(1) 删除本任务中第 1、2 节之间的分节符，将文档分为四节，然后实现同样的页眉效果。

(2) 将“本期导读”栏目中各条目前面的项目符号改为实心菱形符号。

【问题思考】

(1) 如何查看分节符？如何删除分节符和分页符？

(2) 如何删除文档中已经建立的封面？

4.6.2　相关知识与技能

4.6.2.1　分栏排版

可以将整个文档内容或部分文档内容设置为分栏显示，产生出报纸、杂志中经常使用的多栏排版效果。分栏可以使版面美观，也便于阅读。

1) 设置分栏

首先，选定要设置分栏的段落内容(注意，所选内容不能包含最后一段之后的空的回车符)。如果不选定文档内容，则表示对整篇文档设置分栏。

然后，单击“布局”|“页面设置”|“分栏”命令按钮，在下拉列表中选择一种分栏类型，或者在列表中选择“更多分栏”选项，在打开的“分栏”对话框(如图 4-41 所示)中进行自定义设置，如可以设置栏数，设置各栏栏宽相等，或分别设置各栏的宽度和间距，在“应用于”下拉列表框中选择分栏的范围等。如果要设置栏间分隔线，则勾选“分隔线”复选框。

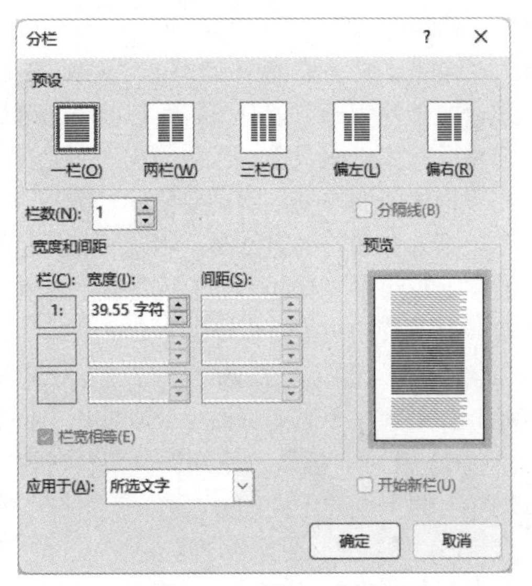

图 4-41　“分栏”对话框

注意：当采用多栏形式设置文本时，通常文本以栏出现的次序进行填充，仅在一栏填满后才填充下一栏。如果想让一些文本放入下一栏，应在这些文本前手工插入分栏符。方法是：将光标放在想进入下一栏的文本前，单击“布局”|“页面设置”|“分隔符”|“分栏符”命令按钮。

2) 修改或取消分栏

如果要修改已存在的分栏，可将插入点移动到要修改的分栏位置，打开“分栏”对话框进行处理。如果要取消分栏，可将插入点移动到已设置分栏的文本，打开“分栏”对话框，选择“一栏”选项。

4.6.2.2　分页符与分节符

1. 分页符

分页符是标记一页结束并开始下一页的点。当文本或表格等内容填满当前页时，Word

将自动转到下一页，并在两页之间插入一个“自动分页符”。如果文本内容没有填满当前页，但其他内容想在新的一页开始时，可通过插入分页符的方法来实现。插入的分页符也称为手动分页符、人工分页符或硬分页符。

插入分页符的方法是：将光标插入点置于需要的地方，单击“布局”选项卡“页面设置”选项组中“分隔符”右侧的箭头按钮，在打开的选项中单击“分页符”选项。也可以按 Ctrl+Enter 键插入分页符。

分页符显示为一条虚线，若在“页面视图”中看不见分页符，则选定“开始”选项卡“段落”选项组中的“显示/隐藏编辑标记”命令按钮，即可显示分页符。切换到“草稿”视图，可以看到分页符和分节符。

如果要删除人工分页符，可选定分页符后按 Delete 键删除。

2. 分节符

节是文档格式的一个单位，是 Word 用来划分文档的一种方式。默认方式下，Word 将整个文档视为一节。分节符可以将 Word 文档分成几节，然后为每一节分别设置不同的页面格式，如纸张大小、纸张方向、页边距、页眉、页脚、页码等。如果要在一个文档中使用不同的版面布局，就需要插入分节符，然后根据需要设置每节的页面布局。

插入分节符的方法是：将光标插入点置于需要的地方，单击“布局”选项卡“页面设置”选项组中“分隔符”右侧的箭头按钮，在打开的选项中单击要使用的分节符类型。

分节符的类型有以下四种：

(1) 下一页。在插入“下一页”分节符的地方，Word 会强制分页，新的节从下一页开始。如果想在不同的页面上分别应用不同的页面设置，可以使用此类分节符。

(2) 连续。插入“连续”分节符时，文档不被强制分页，并在同一页开始新的节。在同一页面上创建不同的分栏样式时，经常使用这种分节符。

(3) 偶数页。在插入“偶数页”分节符后，新的一节会从其后的第一个偶数页面开始(以页码编号为准)。

(4) 奇数页。在插入“奇数页”分节符后，新的一节会从其后的第一个奇数页面开始(以页码编号为准)。

分节符显示为一条双横线，选定分节符，按 Delete 键即可删除。

4.6.2.3　设置页眉和页脚

页眉和页脚分别位于页面顶部和底部，通常用来显示文档的附加信息，如文档名、作者名、章节名、单位名称、徽标、页码等，可以是文字、图片等对象。只有在页面视图和打印预览时才能看到页眉和页脚效果。

1. 插入页眉或页脚

(1) 单击“插入”|“页眉和页脚”|“页眉”或“页脚”命令按钮，在打开的下拉列表中选择一种样式。此时，Word 进入页眉和页脚设计状态，正文黯淡显示，表示不能编辑。

(2) 将光标移动到页眉或页脚的编辑区，输入页眉或页脚内容。

(3) 单击“页眉和页脚工具-设计”|“关闭页眉和页脚”按钮，或者按 Esc 键，或者双击正文中任意位置，均可退出页眉和页脚的设计状态，回到正文编辑状态。

2．编辑页眉或页脚

双击页眉或页脚进入页眉或页脚编辑状态，利用“开始”选项卡即可设置页眉或页脚的字符及段落格式。选定页眉或页脚内容，按 Delete 键即可删除页眉或页脚。

3．分“节”设置页眉或页脚

如果要为文档中的不同页面设置不同的页眉或页脚，应首先将文档分为多个“节”，然后为每一“节”设置页眉或页脚。通过选中或取消“链接到前一条页眉”选项，可以使相邻“节”具有相同或不同的页眉或页脚。

4．页眉和页脚选项

1) 同一节内，首页的页眉(或页脚)与其他页不同

在设置页眉时有时会出现某一节中的第 1 页没有页眉的现象，此时应在“页眉和页脚工具-设计”选项卡的“选项”选项组中取消勾选“首页不同”复选框。如果勾选此选项，则该节中的首页的页眉(或页脚)与其他页的页眉(或页脚)需要分别设置。

2) 同一节内，奇偶页设置不同的页眉(或页脚)

在“页眉和页脚工具-设计”选项卡的“选项”选项组中勾选“奇偶页不同”选项，即可将同一节内的奇偶页设置为不同的页眉(或页脚)。

小贴士

删除页眉文字下方一条横线的方法：双击页眉区域，选定页眉文字及其后的段落标记，单击“开始”｜“段落”｜“边框”下拉按钮，在“边框和底纹”对话框的“边框”选项卡中选择“无”，应用于“段落”。

4.6.2.4　设置页码

当一篇文章包含多页时，为了便于阅读，往往需要插入页码。操作步骤如下：

单击“插入”选项卡“页眉和页脚”选项组中的“页码”按钮，在下拉列表中选择一种页码格式。

若要设置页码的格式，可从“页码”下拉列表中选择“设置页码格式”命令，在对话框中进行设置。在“编号格式”下拉列表中可以选择页码格式，如“1,2,3,” “I,II,III,”等。默认情况下，页码从 1 开始编号，也可以设置“页码编号”微调框指定起始页码。

4.6.2.5　首字下沉和悬挂

首字下沉和悬挂就是将段落中的第一个字放大数倍或更换字体，并以下沉或悬挂的方式显示，以使文字更加美观和个性化。

将光标置于要设置首字下沉效果段落中的任意位置，单击“插入”选项卡“文本”选项组中的“首字下沉”按钮，选择“无”“下沉”“悬挂”选项进行设置，或选择“首字下沉选项”按钮，然后设置首字下沉的字体、下沉行数、“距正文”距离等选项。

设置首字下沉效果后，Word 会将该字从行中剪切下来，为其添加一个图文框。将指针移至图文框的边框上双击，在打开的“图文框”对话框中可以对该字进行编辑。

4.6.2.6 设置页面背景

可以根据需要对页面进行装饰，如添加水印效果，设置页面颜色、页面边框、稿纸格式等。

1) 水印效果

为了声明版权、强化宣传或美化文档，可以为文档添加水印。方法是：单击“设计”选项卡“页面背景”选项组中的“水印”按钮，从列表中选择一种水印样式；也可以选择“自定义水印”，使用文字水印或图片水印。

2) 设置页面颜色

单击“设计”选项卡“页面背景”选项组中的“页面颜色”按钮，从列表中选择一种主题颜色；也可以选择“其他颜色”选项，在“颜色”对话框中自定义 RGB 颜色值。

3) 设置页面边框

单击“设计”选项卡“页面背景”选项组中的“页面边框”按钮，在“边框和底纹”对话框中设置页面边框，设置方法类似于设置表格边框；还可以从“艺术型”下拉列表中选择艺术型页面边框。

【课堂练习 4.16】

(1) 在页脚插入页码。样式：加粗显示数字，“第 X 页共 Y 页”(X 表示当前页数，Y 表示总页数)水平居中。

(2) 插入内容为“计算机文化基础”的页眉，去掉页眉下的横线。

(3) 对一段文字进行分栏操作，要求分为等宽的两栏，栏间间距为 1 字符，栏间加分隔线。

课堂练习 4.16

(4) 为页面添加内容为“锦绣中国”的文字水印。

(5) 将页面的背景颜色设置为黄色(标准色)。

4.6.2.7 使用样式和模板

1. 样式

样式是指用一个名称保存的预先设置好的多种文本格式的集合。使用样式可以直接将文字或段落设置成事先定义好的格式。这一功能使得用户能够在整个文档中快速、轻松地应用一组统一的格式，显著提升了排版效率和质量。

Word 自带的样式称为内置样式，用户可直接采用。用户也可以修改某个内置样式再行使用，或新建自定义样式，以备应用。

在文档中应用了某一样式后，如果要修改样式，则应用了该样式的所有内容将自动更新，实现“一改全改”，这不仅提高了格式修改效率，也保证了格式统一。

1) 样式的应用与管理

(1) 浏览样式。

单击“开始”选项卡，在“样式”选项组上方的列表框中会显示一部分样式名称，这个列表框称为“样式库”或“快速样式库”，新建的样式和最近使用过的样式都会显示在样式库中。选定文本或段落对象后，单击“样式库”中的样式名称就会应用该样式，右击样式名称可以选择“修改”“重命名”命令修改或重命名该样式。如选择“从样式库中删除”命令，则在“样式库”列表中将不再显示该样式，但该样式并没有被删除。

单击“样式库”右侧的“其他”按钮，在样式列表框中将显示出样式库中全部的样式，但显示的并不是 Word 中全部的样式。在列表框中可选择“创建样式”“清除格式”“应用样式”等命令，当将鼠标指针移至命令时会显示操作说明信息。

单击“样式库”选项组右侧的对话框启动器按钮，将打开“样式”窗格(如图 4-42 所示)，窗格的上方是样式列表框，样式名称后面带有 a 符号的表示字符样式，带有↵符号的表示段落样式。单击样式名称右侧的箭头按钮，选择“添加到样式库”命令，可将样式添加到样式库。

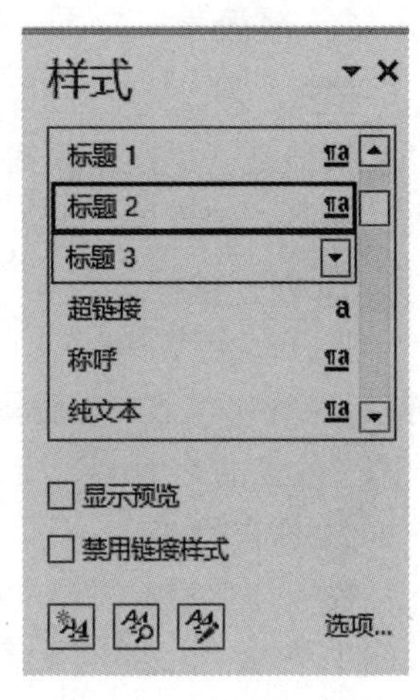

图 4-42 “样式”窗格

“样式”窗格最下方有“新建样式”“样式检查器”“管理样式”和“选项”按钮。单击“选项”按钮，在“选择要显示的样式”列表框中可选择样式列表框中显示的样式名称，如选择“所有样式”则会显示系统中全部的样式。

(2) 应用样式。

选定要使用样式的文本或段落，单击“开始”选项卡“样式”选项组“样式库”中的样式名称，则所选内容将应用该样式。如果“样式库”中没有所需的样式，则打开并单击“样式”窗格列表框中的样式名称。

(3) 查看样式包含的格式信息。

选定文本或将光标定位于段落中，在“开始”选项卡“样式”选项组上方的样式列表中将会显示文本或段落所使用的样式(样式名称被框起)。

在“样式”窗格中，单击样式名称，该样式相应的格式信息就会显示出来。

(4) 修改样式。

内置样式和自定义样式均可以修改。在“样式”窗格中，选定要修改的样式名称，单击右侧的箭头按钮，从弹出的列表中选择“修改”命令，在“修改样式”对话框中进行格式内容的修改。修改样式后，文档中所有应用该样式的文本格式将自动更新。

(5) 删除样式。

对已创建的不再使用的样式可以删除，以节省样式列表空间，便于显示出更多有用的样式。内置样式只能修改而不能删除。在“样式”窗格中，单击“样式”窗格左下角的“管理样式”按钮，在“编辑”选项卡中选中要删除的样式，单击“删除”按钮并确认删除。样式删除后，文档中凡是应用该样式的文本都自动应用默认的正文样式。也可以在“样式”窗格中单击样式名称右侧的箭头按钮，从弹出的列表中选择“删除”命令删除样式。

2) 创建自定义样式

(1) 在如图 4-42 所示的“样式”窗格中，单击“样式”窗格左下角的“新建样式”按钮，打开“根据格式化创建新样式”对话框。

(2) 在对话框的“名称”文本框中输入样式名称，在“样式类型”下拉列表中选择样式类型(段落、字符等)，样式名称要尽量有意义并且不能同内置样式同名。

在“样式基准”下拉列表中列出了当前文档中的所有样式，如果要创建的样式与其中某个样式比较接近，则选择该样式后，新样式将会继承所选择的样式，稍加修改即可。

在“后续段落样式”下拉列表中显示了当前文档中的所有样式。在列表中选择一个样式，在编辑文档过程中按回车键后，转到下一段落时将自动套用所选择的这个样式。

单击对话框左下角的 格式(O) ▾ 按钮，在弹出的菜单中可以设置字体、段落等格式。设置完毕后单击“确定”按钮，新创建的样式将出现在“样式”窗格列表框和“样式库”中。

2. 模板

模板实际上是一种框架，是某种文档的模型，它包含了一系列文字和样式等项目。每个文档都是基于某个模板建立的，模板文件的扩展名是.dotx。用户可以使用系统内置的模板、网络上的模板，也可以创建个性化的模板。

1) 创建模板

打开一个 Word 文档，为文档设置好必要的样式，根据需要输入文字、图片等内容(也可以是空白文档)，然后执行“文件”|“另存为”命令，选择文件类型为“Word 模板”，输入一个文件名保存。注意，不要改动模板文件的保存路径(一般为“自定义 Office 模板”)。

2) 使用模板

模板创建好后，双击模板文件名，将自动创建一个基于该模板的文档。也可以在 Word 界面中单击“文件”|“新建”命令，在“新建”界面中选择“个人”选项卡，再选择指定的模板文件。新建的文档中将包含模板文件中的全部样式，可直接用于文档格式设置。

4.6.2.8　制作目录

目录是 Word 文档中各级标题及每个标题所在页码的列表。通过目录可以了解文档的整体结构，也可以实现文档内容的快速浏览。目录中的标题均以超链接形式显示，用户只需按住 Ctrl 键单击目录中的目录项标题，即可跳转到文档中的相应位置。

1. 创建目录

创建目录的前提是对文档中要作为目录项的各级标题进行格式化，主要是指定其大纲级别以标识目录项。因此，创建目录通常需要标识目录项和生成目录两个步骤。

制作目录

1) 将各级标题标识为目录项

将文档中要作为目录内容的各级标题标识为目录项，通常有以下几种方式。

(1) 利用内置标题样式。

选定文档中要作为目录项的标题，单击“开始”选项卡“样式”选项组中的快速样式库列表右下方的“其他”按钮，选择“标题 1”“标题 2”等样式将其应用到标题。

如果对内置的标题样式的字体格式或段落格式不满意，可以在应用内置标题样式之前或之后(甚至生成目录后)修改内置标题样式(不要修改其大纲级别)。

(2) 利用大纲视图。

单击“视图”选项卡，选择“大纲视图”，选定要作为目录项的标题，使用大纲工具“升级”“降级”等按钮，或从“正文文本”下拉列表框中选择各级标题的大纲级别如“1 级”“2 级”等，系统会自动为不同大纲级别的标题设置内置的标题样式如“标题 1”“标题 2”等。

(3) 利用“添加文字”功能。

选定文档中要作为目录项的标题，单击“引用”选项卡“目录”选项组中的“添加文字”下拉按钮，在下拉列表中选择“1 级”“2 级”“3 级”三种级别将其应用到标题。

另外，可以在为各级标题设置段落格式时指定其对应的大纲级别，或者自己定义样式(需要指定大纲级别)，然后将样式应用于各级标题。

2) 生成目录

将光标定位在要插入目录的位置(一般在文档的开头)，单击“引用”选项卡“目录”选项组中的“目录”下拉按钮，在下拉列表中选择生成目录方式。

(1) 使用“自动目录 1”或“自动目录 2”命令生成目录。

选择“自动目录 1”或“自动目录 2”命令，可以一键生成该文档的标题目录。所生成的目录使用默认的目录格式，最多为三个目录级别。使用这种方式生成目录的局限性是：为各级标题设置的内置标题样式必须是“标题 1”~“标题 3”，或者为各级标题设置的大纲级别必须是“1 级”~“3 级”。

(2) 使用“自定义目录”命令生成目录。

选择“自定义目录”命令可打开“目录”对话框，选择“目录”选项卡，在对话框中有“显示页码”“页码右对齐”“制表符前导符”等选项供选择，可以选择目录格式(“古典”“流行”等)，指定目录“显示级别”，也可以单击“选项”或“修改”按钮自定义目录格式。

2. 修改目录

生成目录后，可以执行“自定义目录”命令，在“目录”对话框的“目录”选项卡中修改目录，然后替换当前目录。主要有以下几种情况需要修改目录。

(1) 当需要个性化指定“有效样式”和各级“目录级别”的对应关系时。

例如，要利用“标题 2”~“标题 4”标题样式生成三级目录；又如，文档中的标题既使用了内置的标题样式，又使用了自定义的标题样式，但要求只使用内置的标题样式或者只使用自定义的标题样式来生成目录。

在“目录”对话框中单击“选项”按钮，然后在“有效样式”列表中找到各级目录标题使用的样式名称(可以是内置的标题样式或自定义样式)，在“目录级别”下方的框中输入对应的级别序号(如 1、2、3 等)，删除目录中不需要的样式所对应的级别序号，最后单击“确定”按钮(注意：同一种目录级别可以与多种样式对应，可以同时对应自定义样式和 Word 内置的标题样式)。

(2) 通过修改目录来设置目录区域中各级目录项的字体、段落格式。

常规的做法是：先生成目录，再手工设置目录区域中各目录项的字体和段落格式。此做法的缺点是在更新目录后还需要再次设置其格式。而当使用“来自模板”目录格式生成目录时，只需在“目录”对话框中单击“修改”按钮，并在“样式”对话框中修改目录区域中各级目录项的字体或段落格式即可。以后更新目录时不必再次设置目录格式。

3. 更新目录

当文档内容发生变化时，可能导致目录项或对应页码发生变化，此时需要对目录进行更新。可根据情况选择“只更新页码”或“更新整个目录”选项。

更新目录的方法主要有以下几种：

(1) 单击“引用”选项卡，在“目录”选项组中单击“更新目录”按钮。

(2) 右击目录文本，在快捷菜单中选择“更新域”命令。

(3) 单击目录区域，直接按 F9 功能键。

(4) 如果是使用“自动目录 1”或“自动目录 2”命令生成的目录，则先单击目录区域，再单击左上方的更新目录按钮 更新目录。

4. 删除目录

删除目录的方法主要有以下几种：

(1) 单击“引用”选项卡，在“目录”选项组的“目录”下拉列表中选择“删除目录”命令。

(2) 选定整个目录，按 Delete 键。

(3) 如果是使用“自动目录 1”或“自动目录 2”命令生成的目录，则先单击目录区域，再单击左上方的目录按钮，在下拉列表中选择“删除目录”命令。

选定整个目录，按 Ctrl+Shift+F9 键可以中断目录与正文的链接，将目录转换为普通文本，从而直接编辑或打印目录。

说明：

(1) Word 中的目录包括标题目录、图表目录和引文目录等，本书中的目录仅指标题目录。

(2) 在为文档各级标题应用样式或设置大纲级别的过程中，单击“视图”选项卡，勾选“导航窗格”复选框，可以在导航窗格中清晰地浏览各级标题的层次结构。

【课堂练习 4.17】

课堂练习 4.17

长文档排版练习。对教材配套资源“项目四 Word”素材文件夹中的“毕业论文(素材).docx”文档进行排版(字体均为宋体，行距为固定值 23 磅)。要求如下：

(1) 创建或修改样式并应用。

使用样式统一设置章、节、条的格式，以及致谢、参考文献等标题格式，正文部分中除表标题、图名称外的文字和段落格式。

章标题(如“1 ...”“2 ...”等)格式：宋体，小三号，加粗，段前、段后间距为 6 磅(或 0.5 行)，大纲级别为 1 级。

节标题(如“1.1 ...”“2.1 ...”等)格式：宋体，四号，加粗，段前、段后间距为 6 磅(或 0.5 行)，大纲级别为 2 级。

条标题(如“1.1.1 ...”“2.1.1 ...”等)格式：宋体，小四号，加粗，段前、段后间距为自动，行距为固定值 23 磅，大纲级别为 3 级。

致谢、参考文献等标题格式：按章标题格式设置，但要居中对齐。致谢、参考文献页面要出现在目录中(大纲级别为 1 级)。

正文部分中除表标题、图名称外的文字和段落格式：宋体，小四号，两端对齐，段前、段后间距为 0，行距为固定值 23 磅，每个自然段首行缩进 2 个中文字符。

(2) 生成目录。

在“摘要”页之后、正文页之前插入目录，目录为三级目录，包括章、节、条标题内容和所在页码。

(3) 分节并设置页码。

封面至目录页之前各页不加页码；目录页使用大写罗马数字，从“Ⅰ”开始编页号；正文(包括致谢、参考文献等页面)统一编写页码，使用阿拉伯数字，从“1”开始编页号。页码置于页面底端，居中。

提示：

(1) 修改内置的标题 1、标题 2、标题 3 样式并应用于章、节、条标题；按要求的格式创建一个名为“致谢等标题”的样式应用于致谢、参考文献等标题段落；创建一个名为“论文正文”的样式应用于正文段落。

(2) 利用标题样式，使用“引用”|“目录”|“自动目录”命令生成目录。

(3) 将文档分为三节。目录页之前为第 1 节，目录页为第 2 节，目录页之后为第 3 节。第 1 节不设置页码，第 2、3 节单独设置页码。

4.6.2.9　多人协同编辑文档

1. 利用 Word 的“修订”功能，实现多人协同编辑文档

在“审阅”选项卡的“修订”选项组中单击“修订”按钮，在下拉列表中选择“修订”命令，即可进入文档修订状态；保存文档后，可将文档发送给其他人。

当其他人编辑文档时，在文档中会自动标注修改内容。删除的内容用删除线标记，添加的内容用下画线标记，不同作者的更改用不同的颜色表示。

收到他人编辑的文档后，在“更改”选项组中，可单击“接受”按钮，在下拉列表中选择接受修改的方式，或单击“拒绝”按钮，在下拉列表中选择拒绝修改的方式。单击“上一条”或“下一条”按钮可以逐条显示修订标记。

再次单击“审阅”选项卡“修订”选项组中的“修订”命令将结束修订状态。

2. 利用主控文档和子文档，实现多人协同编辑文档

在 Word 中可以将一篇长文档拆分成多个子文档，由多人分头协作完成编辑。也可以将多人编辑的多个文档合并为一个大文档。这个大文档称为“主控文档”，其他小的文档称为子文档。主控文档不是简单地把各个子文档内容合并起来，它保存了子文档的链接，编辑的子文档内容会在主控文档中体现，在主控文档中编辑的子文档也会体现在子文档中。在主控文档中可以显示出全部文档的内容，并能统一设置文档的格式，甚至生成目录、设置页码等。

1) 拆分文档

首先创建或打开一个文档，将要作为子文档的首行都设置为“标题 1”样式。单击“视图”选项卡并切换到“大纲视图”，单击“主控文档”选项组中的“显示文档”按钮展开选项组。逐一选定标题和其内容，或一并选定各标题及内容，单击“创建”按钮，系统会将拆分的子文档分别用线框围起来。单击“保存”按钮，保存文档。建议将其保存到一个

文件夹中，这样文件夹中将会产生一个主控文档和各个子文档文件，子文档的名称就是标题行的内容。在大纲视图中单击“折叠子文档”按钮，按钮将会变成“展开子文档”。这些子文档可以分发给多人进行编辑，注意不能更改文件名。

2) 合并文档

当其他协作人完成子文档编辑后，将文档收回，放入原来的文件夹中覆盖同名文件。打开主控文档，文档中将显示子文档的地址链接，切换到“大纲视图”，单击“主控文档”选项组中的“展开子文档”命令，可显示子文档内容。

也可以将另外的文档放入文件夹，将其作为子文档合并到主控文档。方法是：打开主控文档，进入“大纲视图”，将光标定位到其他子文档之外，执行“插入”命令，选定要作为子文档的文件。

3. 利用 OneDrive“云”存储，实现多人在线同时编辑文档

如果将 Word 文档保存到 OneDrive，则可以从任何位置访问文件，且可以与其他人在线同时编辑文档。单击“文件”|“另存为”命令，选择 OneDrive 选项，以电子邮箱地址或手机号登录网站，成功登录后将文档存入 OneDrive。如果没有账号，可单击“注册”链接创建一个账号，然后登录网站并保存文档。

选择“文件”|“共享”命令，再选择“与人共享”选项，然后单击“与人共享”按钮，在“共享”任务窗格的“邀请人员”文本框内可输入要邀请人员的电子邮箱地址或手机号(多个地址之间用“;”分隔)，在“可编辑”下拉按钮下方的文本框内可输入邀请信息，之后单击“共享”按钮。

受邀请人员收到电子邮件后，其中包含指向共享文档的超链接，当单击超链接后，受邀请人员可以在 Word 或 Word 网页版中打开并编辑共享文档。

4. 使用腾讯文档小程序，共享编辑文档

腾讯文档是一款可多人协作的在线文档，支持 Word、Excel、PowerPoint 等多种文件类型，在云端实时保存，支持电脑、手机多种设备和多种操作系统，可方便地创建、访问和编辑文档。

在电脑浏览器中搜索“腾讯文档”，直接使用网页版腾讯文档，无须下载安装。使用微信、QQ 或企业微信登录后，即可查看或编辑文档。新建或导入文档后，单击“分享”按钮，选择“所有人可编辑”，然后选择分享方式。分享方式有 QQ 好友、微信好友、发送到电脑、复制链接、生成二维码等。

在手机微信界面中，搜索“腾讯文档”小程序，也可以使用腾讯文档创建和分享文档。

习　题　4

一、单选题

1. 在 Word 中，不能放大或缩小工作窗口中文字的方法是(　　)。

   A. 用鼠标拖动状态栏右侧的显示比例滑块

   B. 用鼠标单击状态栏右侧的缩放级别区域的 + 号或 - 号

C. 按住 Ctrl 键，滚动鼠标滚轮

D. 按住 Ctrl 键，再按 + 号或 - 号

2. 在 Word 文档的编辑过程中，如要将光标移动到文档尾部，可以按(　　)键。

A. Ctrl + Home　　B. Ctrl + End　　C. PgUp　　D. PgDn

3. 在 Word 中要插入特殊符号如☆或中文标点符号如顿号，以下说法错误的是(　　)。

A. 使用搜狗等汉字输入法的软键盘输入

B. 使用“插入”选项卡“符号”选项组中的“符号”功能输入

C. 输入中文标点符号时必须切换到中文输入法状态

D. 逗号不区分中文和英文状态

4. 在 Word 中下列操作不能实现复制的是(　　)。

A. 选定文本，按 Ctrl + C 键后，再到插入点按 Ctrl + V 键

B. 选定文本，右击并选择“复制”命令后，将光标移动到插入点，右击鼠标并选择“粘贴”命令

C. 选定文本，按住 Ctrl 键，同时按住鼠标左键，将光标移到插入点

D. 选定文本，按住鼠标左键，移到插入点

5. 在 Word 中，若要在一段文本中统一将中文设置为“宋体”，西文设置为“Times New Roman”，则要打开“开始”选项卡的(　　)选项组。

A. 段落　　B. 字体　　C. 样式　　D. 格式

6. 在 Word 中插入图片后，图片默认的“环绕文字”方式为(　　)。

A. 四周型　　B. 上下型　　C. 紧密型　　D. 嵌入型

7. 在 Word 中关于表格相关操作的说法，不正确的是(　　)。

A. 在表格右下角单元格中按一下 Tab 键，可以在表格最下方增加一行

B. 在表格中按 Tab 键可以使光标向右移动一个单元格，按 Shift + Tab 键可以使光标向左移动一个单元格

C. 将光标置于表格左侧的选定区，单击并拖动鼠标选定表格中的一些行，然后按 Ctrl + X 键可以删除表格的行

D. 单击表格左上角的十字形按钮选定整个表格，然后按 Delete 键可以删除整个表格

8. 在 Word 中绘制正方形或正圆形时，需要按住(　　)键并拖动鼠标绘制。

A. Ctrl　　B. Alt　　C. Shift　　D. Enter

9. Word 具有分栏的功能，下列关于分栏的说法，正确的是(　　)。

A. 最多可以分四栏　　B. 各栏的栏宽必须相等

C. 各栏之间的间距是固定的　　D. 各栏之间的分隔线可加可不加

10. 在 Word 中，若要在页面中加入水印，应在(　　)选项卡中进行设置。

A. 审阅　　B. 文件　　C. 视图　　D. 布局

二、简答题

1. 如何做可以将超出页面右边界的表格列拉回到页面右边距内？

2. 要给一段文字添加一个方框，应使用“字体”选项组还是“段落”选项组功能？

3. 要设置首行缩进 2 字符，但“段落”对话框中“缩进值”单位是“厘米”，怎么办？

4. 在图文混排操作中，怎么做才能同时选定多个图片或图形对象？
5. 如何选定被全部遮挡住的图形或图片？
6. 如何设置一个跨页表格，使它每一页都显示表名称和表标题？
7. 行间距中的“固定值”和“最小值”有什么区别？

三、综合实践题

除微软公司的 Microsoft Office 外，我国也有自主可控的办公软件，如金山公司的办公软件 WPS Office 等。请上网查询、下载并使用金山 WPS Office 软件，对 WPS 文字和 Microsoft Word 从至少五个方面做比较(如斜线表头、目录生成等)，独立设计并制作演示文稿，然后以宿舍为单位进行交流。

项目四其他资源

项目四习题答案

Word 专项实践编辑与排版

Word 专项实践表格操作

Word 专项实践综合应用

项目五　管理学生成绩——Excel 2016 电子表格

Excel 是电子表格处理软件，是 Microsoft Office 办公组件之一。如果说 Word 是“文档处理之王”，那么 Excel 则是“数据处理大师”。

Excel 的主要功能包括电子表格制作、公式与函数计算、数据图表制作以及数据管理与分析等。本项目以某高校“学生成绩管理”的数据处理为例系统学习 Excel 2016 的应用。

教学目标

教学课件

【思维导图】

思维导图全图

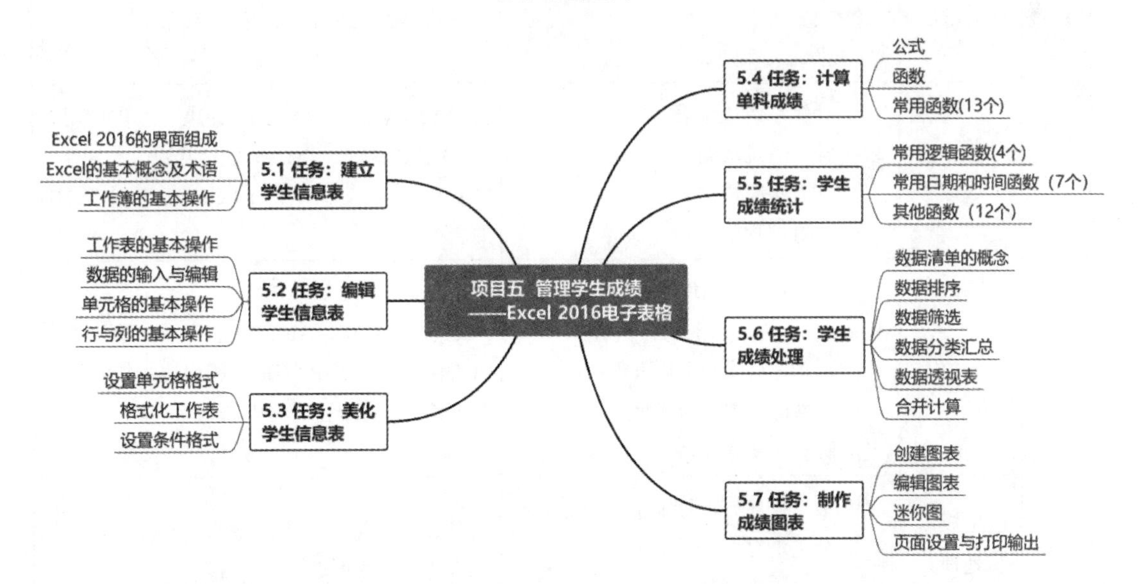

【学习重点】

Excel 的基本概念、工作表操作、数据输入与编辑、格式化工作表、公式与函数、数据管理与图表制作等。

【学习难点】

Excel 的公式与函数、数据管理等。

【项目介绍】

学生信息以及学生成绩的管理是高等学校教学工作的常规事务。本项目以某班学生信息管理和课程成绩计算与统计作为教学任务，介绍 Excel 的基本操作和常用功能，教学目的是使读者学会运用 Excel 建立电子表格、管理数据和制作图表等技能。

本项目由七个任务组成，各任务的素材文件和效果示例文件都保存在“项目五 Excel”文件夹中。各任务的主要内容和所涉及的知识点如表 5-1 所示。

表 5-1　各任务的主要内容和知识点

节次	任务名称	主 要 内 容	主 要 知 识 点
5.1	建立学生信息表	① Excel 的启动与退出； ② 创建、打开、保存、关闭工作簿	工作簿的新建、打开、保存与关闭；在工作表中输入数据；设置工作簿打开密码
5.2	编辑学生信息表	① 工作表的基本操作； ② 输入数据； ③ 填充数据； ④ 编辑数据	工作表的复制、移动、改名、删除；行与列的操作(插入/删除行列，设置行高或列宽)；数据的输入与编辑；数据的填充
5.3	美化学生信息表	① 设置数据类型； ② 设置字体、字号和对齐方式； ③ 设置边框与底纹； ④ 设置条件格式	数据类型的设置；单元格格式的设置；单元格边框底纹的设置；条件格式的设置
5.4	计算单科成绩	① 计算小组成绩表； ② 计算考勤成绩表； ③ 计算平时成绩表； ④ 计算课程成绩表	公式的概念、输入与编辑；单元格的引用方式；函数的概念与输入方法；常用函数 SUM、MAX、MIN、COUNTA、COUNTIF、ROUND 的应用
5.5	学生成绩统计	① 计算总分、平均分、级别、名次、不及格门数、是否补考等内容； ② 计算各科成绩分段人数； ③ 计算男女生单科成绩平均分； ④ 计算全班学生各科成绩最高分	逻辑函数 IF、AND 等的应用；统计函数 COUNTIF、AVERAGEIF 的应用；排名函数 RANK 的应用；函数的嵌套使用
5.6	学生成绩处理	① 数据排序、自动筛选、高级筛选； ② 分类汇总； ③ 数据透视表	数据的排序；数据的筛选；分类汇总；数据透视表和数据透视图的应用
5.7	制作成绩图表	① 创建并编辑柱形图、分离型饼图； ② 制作迷你图	图表的制作与编辑；迷你图的制作；页面的设置；工作表的预览和打印

5.1　任务：建立学生信息表

5.1.1　任务描述与实施

1．任务描述

图 5-1 是某班部分学生的档案信息，本任务要完成该表格的建立和数据录入工作。

	A	B	C	D	E	F	G
1	学号	姓名	性别	出生日期	籍贯	民族	身高(m)
2	170101	李春	男	2006/1/5	河北省	汉	1.81
3	170102	许伟嘉	女	2004/7/18	山东省	回	1.65
4	170103	李泽佳	男	2005/5/31	河北省	土	1.7
5	170104	谢灏扬	女	2008/10/17	河北省	白	1.62
6	170105	黄绮琦	男	2007/12/26	陕西省	壮	1.8

图 5-1　学生信息表样图

2．任务实施

【解决思路】

首先启动 Excel 程序，单击 Excel 启动窗口右窗格中的“空白工作簿”按钮，系统会创建一个名为“工作簿 1”的工作簿文件，并在工作簿中新建一张名为 Sheet1 的工作表；然后参照图 5-1 在 Sheet1 工作表中输入相关数据；最后按要求保存工作簿文件。

表格中的每一列数据都具有相同的属性，其数据类型是相同的。一般要按列输入数据，相同或相似的数据可以通过复制后修改的方式输入，以提高输入数据的效率。

输入一个数据后，如何控制光标自动移动到下一个要输入数据的单元格，是本任务需要掌握的技巧之一。

本任务涉及的主要知识技能点如下：

(1) 新建、打开、保存(或另存)、关闭工作簿。

(2) 在工作表中输入数据。

(3) 设置工作簿打开密码。

项目五任务一

【实施步骤】

本任务要求及操作要点如表 5-2 所示。

表 5-2　任务要求及操作要点

任 务 要 求	操 作 要 点
1. 建立工作簿	
(1) 启动 Excel，在 D 盘根文件夹中新建一个 Excel 工作簿文档	双击桌面上的 Excel 快捷方式，在 Excel 启动窗口右窗格中单击“空白工作簿”按钮，系统会创建一个名为“工作簿 1”的工作簿文件
(2) 以“学生信息-1.xlsx”为文件名保存工作簿文档	单击“文件”|“保存”或“另存为”命令，再单击“浏览”，在“另存为”对话框中选择“保存位置”为 D 盘根文件夹，“保存类型”为 Excel 工作簿，“文件名”为“学生信息-1.xlsx”。 **注意：**单击快速访问工具栏上的存盘按钮也可以保存文档

续表

任 务 要 求	操 作 要 点
2. 输入文本	
参照样图 5-1，在 Sheet1 工作表中输入相关数据	在工作表 Sheet1 中单击 A1 单元格，然后输入“学号”，再按 Tab 键(或向右的方向键)使光标移到右边的 B1 单元格，在单元格中接着输入“姓名”等信息，当输入“身高(m)”数据后再按回车键。 **注意：**输入“出生日期”时，年、月、日之间要以“/”或“-”分隔
3. 设置工作簿打开密码	
为工作簿设置打开密码(如 123)	单击“文件”|“信息”|“保护工作簿”命令，选择“用密码进行加密”选项，然后输入两次相同的密码，如 123
4. 保存工作簿、关闭工作簿、退出 Excel 程序	
(1) 保存工作簿	单击“文件”|“保存”命令或按 Ctrl + S 键保存工作簿
(2) 关闭工作簿	单击“文件”|“关闭”命令或按 Ctrl+W 键关闭工作簿
(3) 退出 Excel 程序	单击 Excel 程序窗口右上角的“×”按钮或按 Alt+F4 键退出 Excel 程序
5. 打开工作簿	
重新启动 Excel 程序，打开 D 盘根文件夹中的“学生信息-1.xlsx”工作簿文件	重新启动 Excel 程序，单击“打开”|“浏览”命令，选择文件位置为 D 盘根文件夹、文件名为 “学生信息-1.xlsx”的文件，单击“打开”按钮。 或通过“文件”|“打开”|“最近”命令，选择“D:\学生信息-1.xlsx”文件。 当提示输入打开密码时，正确输入密码(如 123)

小贴士

数据输入技巧：在输入数据时不要每输入一个数据就移动鼠标去定位，可以按行输入(使用 Tab 键、Shift + Tab 键定位，或使用左、右光标键定位)，或按列输入(使用回车键下移光标，或使用上、下光标键定位)，或先选定区域再输入，以加快输入速度。规律性的数据可使用填充式输入方法。

【自主训练】

(1) 以不同的方式打开 D 盘根文件夹中的“学生信息-1.xlsx”工作簿文件。

(2) 将本任务中的“学生信息-1.xlsx”工作簿文件的打开密码(如 123)取消。

【问题思考】

(1) 本任务中，学生的学号很有规律，如何做才能快捷地输入？

(2) 本任务中，每个学生的性别是怎么输入的？运用了什么技巧？

5.1.2　相关知识与技能

5.1.2.1　Excel 2016 的界面组成

Excel 2016 的启动和退出与 Word 2016 类似，其工作窗口与 Word 2016 的工作窗口也很类似。下面只介绍 Excel 2016 窗口中特有的组成部分，主要包括名称框和编辑框、全选按钮、行标与列标、工作表标签等，如图 5-2 所示。

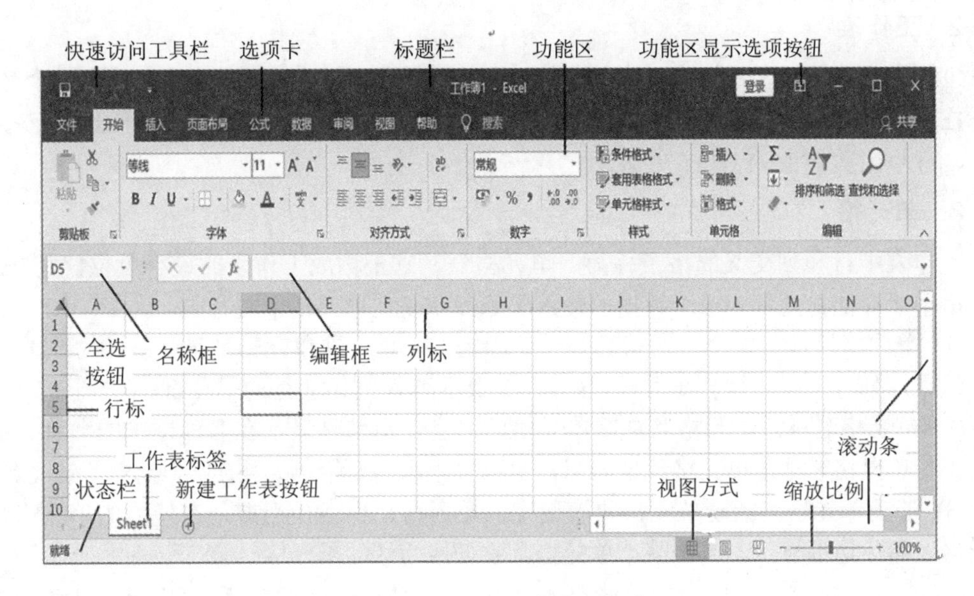

图 5-2　Excel 2016 的窗口组成

1. 名称框和编辑框

名称框用于显示当前单元格的名称或所选中的单元格范围(未松开鼠标前显示)，也用于定义单元格或区域的名称。

编辑框位于名称框的右侧，用于显示或编辑活动单元格中的数据和公式。当在单元格中输入或编辑数据时，编辑框中会同步显示单元格的内容。

当在单元格中编辑数据或者公式时，名称框和编辑框中间就会出现 ×、✓、fx 三个按钮，分别是“取消”“输入”“插入函数”按钮。单击 × 按钮，可以取消输入的数据；单击 ✓ 按钮，可以确认输入的数据；单击 fx 按钮，可以插入函数或弹出输入函数对话框。✓ 按钮的对应键是回车键，× 按钮的对应键是 Esc 键。

2. 全选按钮

单击全选按钮，可以选定当前工作表中的所有单元格，相当于按 Ctrl + A 键。

3. 行标与列标

行标与列标代表行与列的编号。单击行标或列标可选中一行或一列，也可以配合 Ctrl 键或 Shift 键选择不连续的或连续的行或列。按住 Ctrl 键的同时按下方向键↓，可以观察到工作表的最后一行；按住 Ctrl 键的同时按下方向键→，可以观察到工作表的最后一列。

4. 工作表标签

工作表标签用于显示工作表的名称，单击它可以在不同的工作表之间进行切换。

5.1.2.2　Excel 的基本概念及术语

1. 工作簿

工作簿是 Excel 建立和操作的文件，用来存储用户建立的工作表。工作簿文件的扩展名为.xlsx。一个工作簿由若干张工作表组成，最多 255 张工作表。

2．工作表

工作表是显示在工作簿窗口中的表格，由若干行和列组成。每张工作表都有一个名字，显示在工作表标签上。一张工作表最多可以包含 16 384 列、1 048 576 行，列号用 A～XFD 表示，行号用数字 1～1 048 576 表示。

3．单元格

工作表中行和列交叉的格子称为“单元格”，它是构成工作表的最小单位，是 Excel 中的最小“存储单元”。单个数据的输入和修改都是在单元格中进行的。

(1) 单元格地址。每个单元格都有一个固定的地址，即单元格地址。它由“列号＋行号”组成，列号在前、行号在后。例如，A5 表示第 A 列第 5 行的单元格。

(2) 单元格名称。单元格名称即单元格的名字，也就是显示在名称框中的名称。通常情况下，单元格名称用单元格地址表示，也可以根据需要给单元格(或区域)重新定义名称。

(3) 活动单元格。活动单元格即被选定的单元格，也就是当前正在使用的单元格，此单元格以黑色边框显示。单击某个单元格，它便成为活动单元格。

(4) 单元格区域。当同时选定两个或多个单元格时，这组单元格被称为活动单元格区域或当前单元格区域。单元格区域可以是连续的，也可以不连续。

4．工作簿、工作表、单元格三者之间的关系

在 Excel 中，工作簿、工作表、单元格三者之间的关系是包含与被包含关系。一个 Excel 文档就是一个工作簿，在工作簿中包含一张或多张工作表(不能没有工作表)，一张工作表又由许多单元格组成。工作簿、工作表、单元格三者之间的关系好比作文本、作文纸和作文纸上每一个方格之间的关系。

5.1.2.3　工作簿的基本操作

工作簿的基本操作主要包括工作簿的创建、保存、打开与保护等。

1．创建工作簿

当启动 Excel 程序时，系统会自动创建一个名为“工作簿 1”的空白工作簿文件。如果要创建其他新的工作簿，则单击“文件”|“新建”命令，再单击“空白工作簿”按钮。

2．保存工作簿

保存工作簿就是把内存中的工作簿文件各个工作表中的数据写入磁盘文件。可以单击“文件”|“保存”命令，或者按 Ctrl+S 键保存。如果是首次保存文件，将弹出“另存为”对话框。如果要为当前工作簿以新的文件名保存或者要保存到其他位置，可执行“文件”|“另存为”命令，在对话框中指定保存文件的类型、位置和文件名。

小贴士

在已命名的工作簿中，当修改工作表中的数据之后执行“保存”命令时，系统不会弹出“另存为”对话框，而是直接保存工作簿文件。

工作表不能单独以文件的形式存储，它只能存储于一个工作簿中。

3．打开工作簿

打开工作簿就是把工作簿文件从外存中调入内存，以便显示或编辑其中的工作表数据。

在 Excel 中，单击“文件”|“打开”命令，Excel 会在“打开”窗口界面中显示最近使用的工作簿，单击文件即可打开。如果要打开的工作簿最近没有使用过，可以单击“浏览”命令，在“打开”对话框中选择要打开的工作簿文件。

也可以在计算机中找到并双击工作簿文件，从而启动 Excel 并打开工作簿文件。

4．保护工作簿

1）为工作簿设置打开密码

为工作簿设置打开密码，可以防止他人随便打开工作簿。设置打开密码的方法是：单击“文件”|“信息”|“保护工作簿”命令，选择“用密码进行加密”，然后输入两次相同的密码。为工作簿设置打开密码后，下次打开工作簿时就要求输入密码。取消密码的操作相似，将密码清空即可。

单击“文件”|“另存为”|“浏览”命令，再单击“另存为”对话框右下方的“工具”按钮，选择“常规选项”，可以为文件设置打开权限密码和修改权限密码。

2）保护工作簿的结构和窗口

保护工作簿的结构可以防止他人在工作簿中插入、移动或删除工作表，或者对工作表中的数据、图表等对象进行操作；保护工作簿的窗口可以防止他人对工作簿窗口进行最小化、最大化和还原操作。

单击“审阅”|“保护”|“保护工作簿”按钮，可以设置密码保护工作簿结构或窗口。在打开的“保护结构和窗口”对话框中，根据需要勾选“结构”或“窗口”选项，并输入保护密码再按“确定”按钮即可。

取消工作簿保护的方法与保护工作簿的方法相似，只需正确输入密码。

注意：单击“文件”|“选项”|“常规”选项，在“启动选项”区域有“此应用程序启动时显示开始屏幕”复选框，可选择是否在启动 Excel 2016 程序时显示开始屏幕。

【课堂练习 5.1】

(1) 查看 Excel 2016 的工作表共有多少行、多少列。

提示：启动 Excel 2016 后，光标置于一个空的工作表的任意单元格中，按 Ctrl + ↓ 键即可定位到最大的行号，按 Ctrl + → 键即可定位到最大的列号。

(2) 在 Excel 中保护工作簿的结构和保护工作簿的窗口有何区别？

5.2　任务：编辑学生信息表

5.2.1　任务描述与实施

1．任务描述

本任务要对“学生信息-2.xlsx”工作簿素材文件 Sheet1 工作表中的学生信息进行编辑，一是改造 Sheet1 工作表中学生信息表的结构，二是从“学生信息文档.docx”Word 文件中复制补充学生数据。完成后的效果如图 5-3 所示(注意，图中只给出了部分行数据)。

	A	B	C	D	E	F	G	H	I	J
1	学生信息表									
2	班级：	软件1701班								
3	序号	学号	组号	姓名	性别	出生日期	籍贯	民族	身高（m）	身份证号
4	01	170101	1	李春	男	2006/1/5	河北省	汉族	1.81	13030[illegible]080933
5	02	170102	1	许伟嘉	女	2004/7/18	山东省	回族	1.65	370101[illegible]3808X
6	03	170103	1	李泽佳	男	2005/5/31	河北省	土族	1.7	13020[illegible]29092
7	04	170104	1	谢灏扬	女	2008/10/17	河北省	白族	1.62	130601[illegible]18605
8	05	170105	1	黄绮琦	男	2007/12/26	陕西省	壮族	1.8	610101[illegible]15014

学生信息表

图 5-3　编辑学生信息表后的效果图

2. 任务实施

【解决思路】

项目五任务二

本任务涉及在 Excel 工作表中插入行或列、删除行或列、修改单元格内容等操作，对工作表的此类操作称为编辑工作表。

本任务涉及的主要知识技能点如下：

(1) 工作表的操作，包括切换、选定、重命名、删除、移动位置、建立副本等。

(2) 行与列的操作，包括选定行或列、插入/删除行或列、复制行或列数据、设置行高和列宽等。

(3) 输入数据、复制数据、编辑数据。

(4) 自动填充数据序列。

【实施步骤】

本任务要求及操作要点如表 5-3 所示。

表 5-3　任务要求及操作要点

任 务 要 求	操 作 要 点
1. 工作表的操作	
(1) 建立工作表副本。在“Sheet1”工作表左侧为“Sheet1”工作表建立副本	打开“学生信息-2.xlsx”工作簿文件，在“Sheet1”工作表标签上右击，在快捷菜单中选择“移动或复制”命令，在对话框中选中“建立副本”对话框，然后在工作表名称列表中选中“Sheet1”，再单击“确定”按钮，此时将建立副本“Sheet1(2)”
(2) 重命名工作表。将“Sheet1(2)”工作表重命名为“学生信息表”	双击“Sheet1(2)”工作表标签，输入名称“学生信息表”
(3) 添加一张新的工作表，并将其移动到工作表标签最右侧	单击工作表标签右侧的“新工作表”按钮⊕添加工作表。用鼠标拖动新建立的工作表标签，将其移动到工作表标签区最右侧时释放鼠标
(4) 删除 Sheet1 工作表	右击 Sheet1 工作表标签，在快捷菜单中选择“删除”命令
(5) 选定“学生信息表”工作表	单击“学生信息表”工作表标签，使工作表标签以白色显示

续表一

任 务 要 求	操 作 要 点
2. 行与列的操作	
(1) 在表格上方插入两行空行	单击并拖动 1～2 行的行标选中第 1～2 行，右击“插入”命令，在第 1 行之前(之上)插入两行
(2) 在“学号”列左侧插入“序号”列，在“学号”列右侧插入“组号”列	① 右击“学号”列的列标，执行“插入”命令，然后输入列标题“序号”。 ② 右击“姓名”列的列标，执行“插入”命令，然后输入列标题“组号”
(3) 删除第 4～8 行	单击第 4 行的行标，向下滑动鼠标，选中第 4～8 行，右击，选择“删除”命令
(4) 设置行高。设置第 1 行表格名称的行高为 35 磅，调整其他行的行高为最合适值(即“自动调整行高”)	右击第 1 行的行标，输入行高值“35”；单击第 2 行的行标，按住 Shift 键再单击第 33 行的行标选定第 2～33 行；单击“开始”|“单元格”|“格式”|“自动调整行高”命令，或者双击所选定行标的下边界线调整行高为最合适值
(5) 设置列宽。设置“序号”列的列宽为 6 磅，“身高(m)”列的列宽为 12 磅	右击“序号”列，输入列宽值“6 磅”；右击“身高(m)”列，输入列宽值“12 磅”
3. 输入数据	
参照样图在 A1、A2、J3 单元格中输入相关数据	① 在 A1、A2 单元格中输入相应内容。 ② 在 J3 单元格中输入列标题“身份证号”
4. 从 Word 文件复制数据(确保“身份证号”一列数据正常显示)	
(1) 从“学生信息文档.docx”文件复制全部数据，粘贴到 D4 单元格开始的位置	打开“学生信息文档.docx”素材文件，选定从“李春”开始的所有行，按 Ctrl + C 键复制数据，在 Excel 工作表中单击 D4 单元格，按 Ctrl + V 键粘贴数据
(2) 删除 G4:G33 单元格区域(“籍贯”下方的“年龄”数据)	选定 G4:G33 单元格区域(“年龄”数据)，右击，选择“删除”|“右侧单元格左移”命令
(3) 设置“身份证号”列的数据类型为文本型，重新粘贴数据	① 选定 J4:J33 单元格区域，右击，选择“设置单元格格式”命令，在“数字”选项卡的“分类”列表中选择“文本”。 ② 重新从 Word 文件复制“身份证号”列数据(按 Ctrl + C 键)，单击 J4 单元格，右击并选择“粘贴选项”中的“匹配目标格式”选项
5. 填充数据	
(1) 填充式输入“序号”，序号从“01”开始(文本型)，按差值 1 递增	单击 A4 单元格，输入英文单引号“'”，再输入 01 后按回车键，将光标放置于 A4 单元格的右下角，向下拖动填充柄到最后一行
(2) 填充式输入“学号”，学号从 170101 开始(数值型)，按差值 1 递增	单击 B4 单元格，输入第一个学号(使用数值型)，将光标放置于 A4 单元格的右下角，按住 Ctrl 键不放，向下拖动填充柄到最后一行

续表二

任务要求	操作要点
(3) 填充式输入“组号”，第1～5位同学为1组，第6～10位同学为2组，依次类推，共6组	选定C4:C8单元格区域，输入1，按Ctrl＋回车键；选定C9:C13单元格区域，输入2，按Ctrl＋回车键，依次类推
6. 编辑数据	
编辑“民族”一列，将不含“族”字的单元格全加上“族”字，如将“回”改为“回族”等	双击H3单元格，拖动鼠标选中“族”字，然后按Ctrl＋C键复制内容。双击H4单元格，将光标移动到单元格内已有汉字的最右边，按Ctrl＋V键粘贴数据。用同样的方法修改其他行的民族数据。最后保存“学生信息-2.xlsx”工作簿

【自主训练】

(1) 设置“学生信息表”中“出生日期”列的宽度为“自动调整列宽”。

(2) 设置“籍贯”一列为“自动换行”，确保当内容长度大于单元格宽度时能够自动换行。

提示：单击“开始”|“对齐方式”|“自动换行”命令，同时保证行高足够。

【问题思考】

(1) 输入身份证号等数字文本时，一般要先输入一个英文单引号，但输入后单元格的左上角会出现一个绿色小三角，怎么把它去掉？

(2) 当单元格中出现若干个“#”符号时，是什么意思？如何去掉这些“#”符号？

(3) 当输入一个较大的数字(数字长度超过 11 位，如身份证号)时，数字会以科学计数形式显示，导致数据发生错误，应如何解决？

(4) 如何复制单元格中部分内容(如其中的几个字)到其他单元格？

5.2.2　相关知识与技能

5.2.2.1　工作表的基本操作

Excel中的数据处理主要在工作表中完成，因此对工作表的操作是必不可少的。相关操作包括切换与选定、重命名、插入、删除、移动和复制工作表等。

1. 切换与选定工作表

单击选定一个工作表标签，可以在不同的工作表之间进行切换。被选定的工作表称为活动工作表，即当前处于操作状态的工作表，工作表标签以白色显示。窗口中显示内容的工作表称为当前工作表，当前工作表有且只能有一张。

选定工作表有以下方法。

(1) 选定一张工作表：直接单击工作表标签。

(2) 选定相邻的多张工作表：先选定第一个工作表标签，按住Shift键，再单击要选定的最后一个工作表标签。

(3) 选定不相邻的多张工作表：先选定一个工作表标签，按住 Ctrl 键，再单击其他需要选定的工作表标签。

(4) 选定全部工作表：右击任一工作表标签，选择“选定全部工作表”命令。

选定多张工作表后，工作簿标题栏中将出现“[组]”字样，此时在“工作组”中的任意一张工作表中输入文本或设置格式，将同时影响组中的所有工作表。

小贴士

如果要取消多张工作表的选定状态，可以在任意一个工作表标签上单击鼠标右键，在弹出的快捷菜单中选择“取消组合工作表”命令，也可以直接单击任意一个工作表标签。注意，在任何情况下，至少会有一张工作表处于选定状态。

2. 重命名工作表

右击工作表标签，在快捷菜单中选择“重命名”命令，或者双击工作表标签，当工作表标签变为编辑状态时输入新的工作表名称，即可重命名工作表。

3. 插入工作表

单击工作表标签右侧的“新工作表”按钮 ⊕，即可在当前工作表右侧插入一张新工作表；右击工作表标签，选择“插入”命令，再选择“工作表”选项，即可在当前工作表左侧插入一张新工作表。

4. 删除工作表

右击要删除的工作表标签，在弹出的快捷菜单中选择“删除”命令，即可删除工作表。如果工作表中含有数据，则删除时系统会提示是否要真正删除，此时需要确认。

5. 移动工作表

在同一工作簿中移动工作表，只需用鼠标横向拖动标签到目标位置。也可以右击工作表标签，在快捷菜单中选择“移动或复制”命令，再选择某张工作表，单击“确定”按钮。

在不同工作簿中移动工作表的方法是：右击工作表标签，在快捷菜单中选择“移动或复制”命令，选择某个工作簿，再选择某张工作表，单击“确定”按钮。

6. 复制工作表

在同一工作簿中复制工作表，需先单击要复制的工作表，再按住 Ctrl 键的同时拖动工作表标签到目标位置。也可以右击工作表标签，在快捷菜单中选择“移动或复制”命令完成。

在不同工作簿中复制工作表和移动工作表操作类似，需要勾选“建立副本”选项。

7. 显示与隐藏工作表

如果不想让他人看到工作表的内容，可以将工作表隐藏。隐藏的工作表仍处于打开状态，其他文档可以利用其中的信息。相关操作步骤如下：

右击工作表标签，在快捷菜单中选择“隐藏”命令，即可隐藏工作表。右击任意一个工作表标签，在快捷菜单中选择“取消隐藏”命令，在弹出的对话框中选择需要显示的工作表，即可取消工作表隐藏。

通过“开始”|“单元格”|“格式”|“可见性”|“隐藏和取消隐藏”级联菜单可以隐藏或取消隐藏工作表、行或列。

8. 保护工作表

为防止他人私自更改工作表的内容或格式、查看隐藏的数据行或列等，可以限制对工作表的编辑，从而保护工作表的结构和数据。

保护工作表

保护工作表主要有三种情况：一是设置可编辑的单元格区域，在这个单元格区域中可以编辑数据，在其他单元格区域中不允许编辑数据；二是设置不可编辑的单元格区域，在这个单元格区域中不允许编辑数据，在其他单元格区域中可以编辑数据；三是保护整张工作表，即不允许编辑所有单元格中的数据。

1) 设置可编辑的单元格区域

(1) “锁定”全部单元格。选定工作表中的全部单元格，右击并选择“设置单元格格式”命令，在“保护”选项卡中勾选“锁定”复选框。

(2) 设置允许编辑的单元格区域。

① 设置允许编辑的单元格区域并设置编辑密码。单击“审阅”|“更改”|“允许用户编辑区域”命令，在对话框中单击“新建”按钮，在“引用单元格”文本框中选择允许被编辑的区域，在“区域密码”框中设置密码，单击“确定”按钮。可以设置多个可编辑区域，各区域密码可以相同或不同。

② 取消“锁定”允许编辑的单元格区域。逐个或一并选定允许编辑的单元格区域，右击鼠标并选择“设置单元格格式”命令，在“保护”选项卡中取消勾选“锁定”复选框。

(3) 保护工作表。单击“审阅”|“更改”|“保护工作表”命令保护工作表，在“保护工作表”对话框中勾选“保护工作表及锁定的单元格内容”复选框，然后在密码框中输入密码，在“允许此工作表的所有用户进行”列表框中设置允许用户的操作，单击“确定”按钮，随后在“重新输入密码”对话框中再次输入密码，单击“确定”按钮。

设置完成后，在所设置的单元格区域内可以编辑数据，在其他单元格区域内不能编辑数据。

2) 设置不可编辑的单元格区域

(1) 取消“锁定”全部单元格。选定工作表中的全部单元格，右击并选择“设置单元格格式”命令，在“保护”选项卡中取消勾选“锁定”复选框和“隐藏”复选框。

(2) 锁定不可编辑的单元格区域。选定并右击单元格区域，执行“设置单元格格式”命令，在“保护”选项卡中选择“锁定”复选框锁定单元格区域，同时确定该单元格区域没有设置为允许编辑的区域。

(3) 保护工作表。单击“审阅”|“更改”|“保护工作表”命令保护工作表，设置撤销工作表保护时的密码。

设置完成后，在所设置的单元格区域内不能编辑数据，在其他单元格区域内可以编辑数据。

3) 保护整张工作表

(1)“锁定”全部单元格。选定工作表中的全部单元格，右击鼠标选择“设置单元格格式”命令，在“保护”选项卡中勾选“锁定”复选框。

(2) 保护工作表。单击“审阅”|“更改”|“保护工作表”命令保护工作表，设置撤销工作表保护时的密码。

设置完成后，只能选定单元格查看工作表中的内容，不能对任何单元格进行编辑操作。

单击“审阅”|“更改”|“撤销工作表保护”命令，然后输入密码，即可撤销工作表保护。

注意：如果工作表中有部分单元格区域已经设置为非锁定状态，或者有部分单元格区域已经设置为允许编辑区域，则这些区域仍然是可以编辑的。

小贴士

要设置一个单元格区域不可编辑，应做到三点：一是为单元格区域设置单元格格式，在“保护”选项卡中选择“锁定”；二是不要将该单元格区域设置为允许编辑的区域；三是保护整张工作表。

【课堂练习 5.2】

(1) 保护某张工作表所有单元格只能被查看而不能被编辑。

(2) 在“学生信息表”中设置 A4:J33 单元格区域可以被编辑，其他单元格区域不可编辑。

9. 工作窗口控制

在“视图”选项卡的“窗口”选项组中单击相应命令按钮，可以对窗口进行控制。

1) 多窗口编辑

“新建窗口”命令可以为一张工作表建立多个窗口，从而可以在不同窗口中查看和编辑不同位置的数据；“切换窗口”命令用于在多个窗口间切换；“全部重排”命令可以将多个窗口以“平铺”“水平并排”“垂直并排”“层叠”等方式排列。

2) 窗口冻结

当工作表有很多行时，向下浏览数据时表格最上方的标题行将不可见，当工作表有很多列时，向右浏览数据时表格最左侧的几列数据也将不可见，这会给理解数据含义带来不便。冻结工作表最上面几行或最左侧几列就可以解决这一问题。

在工作表中单击选定一个单元格(该单元格上方的行和左侧的列将要冻结，保持其内容始终可见，不会随窗口内容滚动而消失。如果要冻结最上面 3 行、最左侧 2 列，则选定 C4 单元格)，单击“视图”|“窗口”|“冻结窗格”列表按钮，选择“冻结拆分窗格”命令。

如果只冻结第 1 行或第 1 列(A 列)，可选择“冻结首行”或“冻结首列”命令。

取消冻结命令也在“冻结窗格”列表按钮中。

3) 窗口拆分

在编辑工作表时，有时需要一边编辑一边参照该工作表中其他位置上的内容，通过拆分工作表功能可以实现这种需求。

单击“视图”|“窗口”|“拆分”按钮，即可以当前单元格为坐标，将窗口拆分为四个窗格，每个窗格均可编辑。

将光标移动到拆分后的分割条上，当光标变为双向箭头时，拖动分割条可以改变拆分后窗格的大小。如果将分割条拖出表格窗口外，则可删除分割条。

可以用鼠标在各个窗格中单击进行切换，然后在各个窗格中显示不同的内容。

再次单击“拆分”按钮，将取消窗口拆分效果。

5.2.2.2　数据的输入与编辑

在单元格中可以输入文本、数值、日期、时间、逻辑值或公式等多种类型的数据。输入数据时，数据会同时显示在单元格和编辑框中。不同类型的数据输入方法也不尽相同。

1. 输入文本

文本包括汉字、字母、数字型文本、空格和一些特殊字符。文本不能参与加、减、乘、除等算术运算。

1) 文本输入

输入文本时，一般是先单击选定单元格，再输入内容，然后按回车键。当输入的内容超过默认的宽度时，如果其右侧的单元格中没有内容，则该单元格的内容将显示到其右侧的单元格中(这只是一种表象，事实上它仍然在本单元格中)；如果其右侧的单元格中有内容，则该单元格中的文字只能显示一部分，但其内容并无缺失，用户可以从编辑框中查看并修改。

如果要将输入的数字(例如学号、邮政编码等)作为文本对待，有以下两种方法。

方法一：先输入一个英文的单引号，再输入数字并按回车键。单引号不会显示出来。

方法二：先将单元格区域设置为文本类型，再输入数字。设置方法是：选定单元格或单元格区域，单击“开始”选项卡“数字”选项组中的“常规”下拉列表，然后选择“文本”类型。

注意：数字有数值和文本两种类型。例如 311，如果把它作为数值型数据，它可以进行运算，如加 1、减 1 运算等，书写时直接书写；如果把它作为文本型数据，它就不能参与算术运算，书写时要加英文格式的双引号，即 "311"。

数值型的数字不能加前缀“0”。例如，在单元格中直接输入 0311，系统会将前面的“0”忽略，因为 Excel 会默认为它是数值型数据。要想输入文本型的“0311”，需要在输入数字前添加英文单引号“'”，这样，它就成了文本型数据。文本在单元格中左对齐显示。

2) 文本换行

(1) 文本自动换行。单击“开始” | “对齐方式” | “自动换行”命令按钮。

(2) 文本手动换行。双击单元格进入单元格编辑状态，将光标放置到文本中需要换行的位置，然后按 Alt + 回车键。

2. 输入数值

数值只能由下列字符组成：

0　1　2　3　4　5　6　7　8　9　+　-　(　)　/　¥　$　%　.　,　E　e

数值在单元格中默认右对齐显示。输入数值时要掌握以下原则：

(1) 数值中可以包含逗号，如“1,551,800”。

(2) 输入正数时，在数字前输入的正号(+)将被忽略。

(3) 输入负数时，在数字的前面加负号(-)或用圆括号将数字括起来，如 -35 或(35)。

(4) 输入分数时，应先输入一个 0，再输入一个空格，然后输入分数，否则，系统会将它视为日期型数据。如要得到 1/3，应输入 0␣1/3。

(5) 当数值位数超过 11 位时，Excel 将自动使用科学计数法表示。如输入“13659875632589”时，Excel 会用“1.36599E+13”来表示该数值(E 或 e 表示 10 的方幂)。

3. 输入日期和时间

日期和时间在 Excel 中是按数值型数据处理的，也就是说，在 Excel 中日期和时间数据是按数值进行运算和存储的。

Excel 以序列号的形式存储和计算日期。序列号是一个小数，整数部分表示日期，小数部分表示时间。默认情况下，1900 年 1 月 1 日的序列号是 1。

默认情况下，日期和时间在单元格中右对齐显示。Excel 为日期和时间规定了严格的输入格式，其显示形式取决于被设置的单元格格式。

Excel 内置了一些日期和时间格式，当在单元格中输入的日期和时间数据与这些格式相匹配时，单元格格式就会自动从“常规”转换为相应的“日期”或“时间”格式。

可识别的日期数据格式有年-月-日、年/月/日、年-月、年/月、月-日、月/日、日-月、日/月等。可以使用下列方法设置日期和时间格式：

(1) 输入系统当前日期，使用 Ctrl+;快捷键。

(2) 输入系统当前时间，使用 Ctrl+Shift+;快捷键。

(3) 同时输入日期和时间时，在日期和时间之间要加空格。

(4) 时间按“时:分:秒”格式输入，系统默认使用 24 小时制。如使用 12 小时制，则在时间后加空格，并输入 AM/PM(上午/下午)。例如：5:00␣PM 表示下午 5:00。

4. 设置数据验证

设置数据验证是指对单元格中输入数据的类型和范围预先进行设置，以保证数据限定在有效范围内，同时还可以设置相关提示信息。如限定课程成绩的有效范围在 0～100 分之间，身份证号长度为 18 位等。设置数据验证的操作步骤如下：

(1) 选定单元格区域，单击“数据”|“数据工具”|“数据验证”按钮，再选择“数据验证”命令，打开“数据验证”对话框。

(2) 在“设置”选项卡中设置验证条件；在“输入信息”选项卡中设置选定单元格时显示的输入提示信息；在“出错警告”选项卡中设置输入无效数据时显示的警告信息。单击“确定”按钮即完成设置。当在设置了数据验证的单元格中输入不在指定范围的数据时，屏幕上会出现出错信息。

例如：选定“学生信息表”中的“身份证号”的数据区域，在“设置”选项卡的“允许”框内选择“文本长度”，在数据框内选择“等于”，在“长度”框内输入“18”。

取消数据验证的方法是：选定设置了数据验证的区域，在“设置”选项卡中选择“全部清除”按钮。

【课堂练习 5.3】

(1) 在某工作表的 A1 单元格中正确输入自己的身份证号码。

(2) 在某工作表的 B1 单元格中输入“性别”，在 B2:B10 单元格区域设置“男”或“女”下拉式输入选项。

(3) 在“学生信息表”中设置数据有效性，限定身高介于 1.5～2.5 米之间，要设置输入提示信息和错误警告信息。

5. 合并单元格/取消合并

合并单元格就是把几个单元格合并为一个单元格使用。例如，表格的名称(表头)较长，而且要占用多个单元格并居中显示，这时就需要合并单元格。操作步骤如下：

选定要合并的多个单元格，单击“开始”选项卡“对齐方式”选项组中的 合并后居中 按钮。

如果参与合并的单元格都有内容，则只保留左上角单元格的内容。单击 合并后居中 按钮旁边的箭头，可以选择合并方式。

单击已经合并后的单元格，再单击 合并后居中 按钮，可以取消合并(即拆分单元格)。

6. 快速填充数据

使用 Excel 的填充数据功能，可以快捷地复制原数据以及输入等差、等比、日期序列、预设序列(系统已定义的序列)和用户自定义序列，从而提高工作效率。

1) 拖动填充柄填充数据

先在单元格输入第一项数据(初值)，然后将光标移至该单元格右下角的小黑块(称填充柄)处，此时光标会变成一个细的黑十字形，沿着要填充的方向拖动填充柄至目标单元格后松开鼠标，数据会自动填入拖过的区域。填充效果有以下几种：

(1) 初值为数值时，如 1，拖过的区域全部填充为 1，这是复制填充；如果按住 Ctrl 键拖动填充柄，则会生成步长为 1 的等差数列，拖过的区域将是 2、3、4 等。

(2) 初值为文本型数字时，如 01，拖过的区域将是 02、03、04 等；如果按住 Ctrl 键拖动填充柄，则拖过的区域全部填充为 01(注意：输入 01 前要先输入一个英文单引号)。

(3) 初值为纯文本时，如“男”，无论是否按 Ctrl 键拖动填充柄，均为复制填充。

(4) 初值为字符与数字的混合文本时，如“第 1 组”，拖过的区域将是“第 2 组”“第 3 组”等；如果按 Ctrl 键拖动，则是复制填充。

(5) 初值为日期和时间时，则按日(或小时)生成步长为 1 的等差日期数列。

(6) 初值为 Excel 预设序列时，则按序列填充。如初值为“甲”，则会填充“乙”“丙”等；初值为“Mon”，则会填充“Tue”“Wed”等。

另外，拖动填充单元格后，单击右下角的“自动填充选项”按钮，可以选择所需的填充方式，如图 5-4 所示；如果按住鼠标右键进行拖动，释放鼠标后将弹出一个快捷菜单，也可以选择填充方式，如图 5-5 所示。

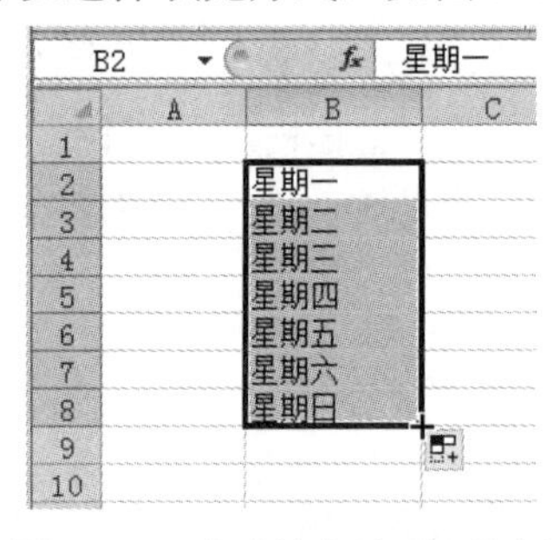

图 5-4 “自动填充选项”按钮

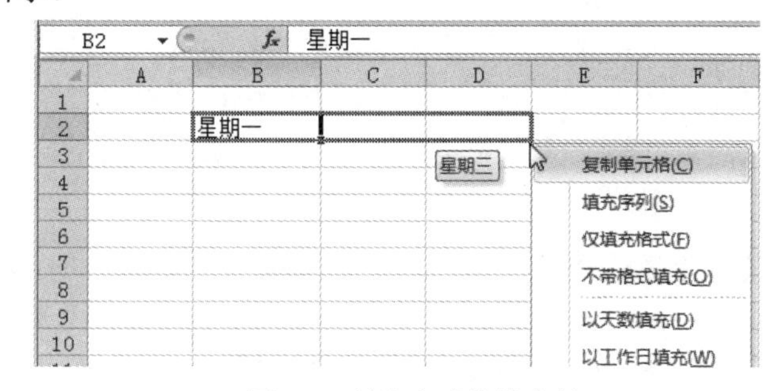

图 5-5 填充方式快捷菜单

2) 使用“序列”对话框填充

使用“序列”对话框填充，可以实现个性化填充。下面以向 B1:B7 单元格区域输入 1,

3，5，…，13 为例，介绍“序列”填充的操作方法。

(1) 在 B1 单元格中输入初值“1”，如图 5-6 所示。将光标置于该单元格内。

(2) 单击“开始”|“编辑”|“填充”按钮 ，选择“序列”选项。

(3) 在“序列”对话框中选择序列产生在“列”，类型为“等差序列”，并设置步长值为“2”、终止值为“13”，单击“确定”按钮，如图 5-7 所示。

注意：如果事先选定了数据范围，如 B1:B7，可以不必输入“终止值”。

B1　fx　1

	A	B	C
1		1	
2		3	
3		5	
4		7	
5		9	
6		11	
7		13	
8			
9			
10			

图 5-6　填充的等差序列

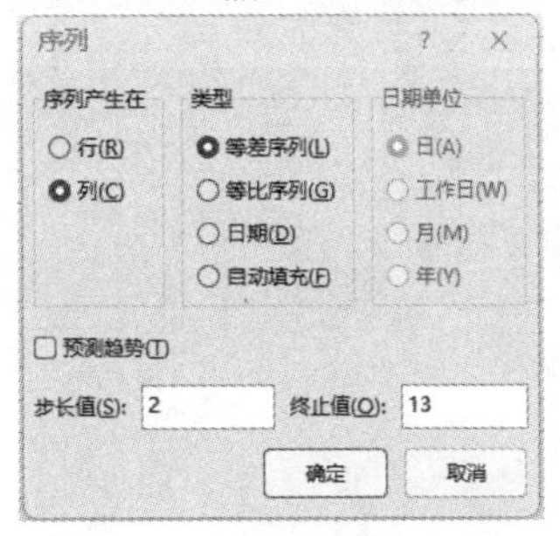

图 5-7　“序列”对话框

小贴士

(1) 填充等差序列时，可以先输入前两项，然后选定前两个单元格并按住鼠标右键拖动填充柄填充。

(2) 填充等比序列时也需要先输入前两项，然后选定前两个单元格并按住鼠标右键拖动填充柄，在弹出的快捷菜单中选择“等比序列”命令。

3) 自定义序列

用户可以将经常使用的一系列词组如部门名称、职务、职称等定义为固定的序列，之后就可以按序列填充式输入，还可以按序列实现排序。

下面要将某学院的系部名称“机电系”“化工系”“经管系”“政法系”“历史系”定义为序列，其操作步骤如下：

(1) 单击“文件”|“选项”命令，打开“Excel 选项”对话框。

(2) 在左窗格选择“高级”，向下滚动右窗格，单击 编辑自定义列表(O)... 按钮，如图 5-8 所示。

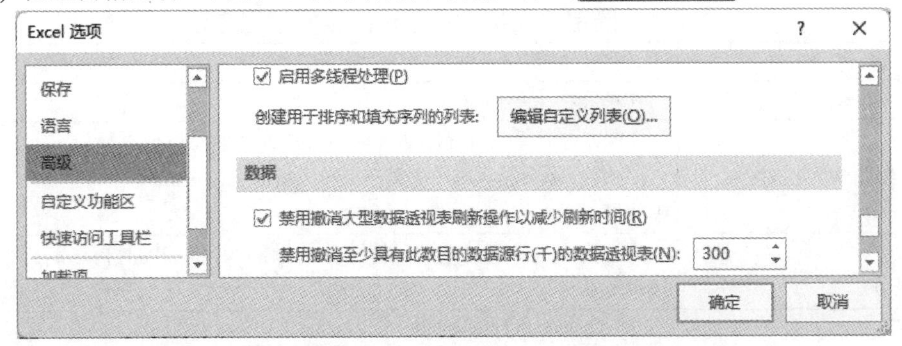

图 5-8　“Excel 选项”对话框

(3) 在“自定义序列”对话框中输入自定义的序列项，每一项输入完后按一次回车键，然后单击“添加”按钮，即可将序列添加到“自定义序列”列表框中，如图 5-9 和图 5-10 所示。

如果工作表中已事先输入了序列内容，则可以选择“从单元格中导入序列”文本框，然后在工作表中选定要导入的单元格区域。

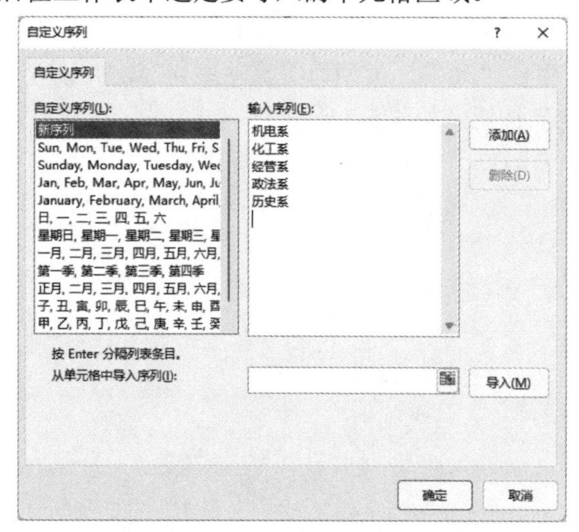

图 5-9　“自定义序列”对话框

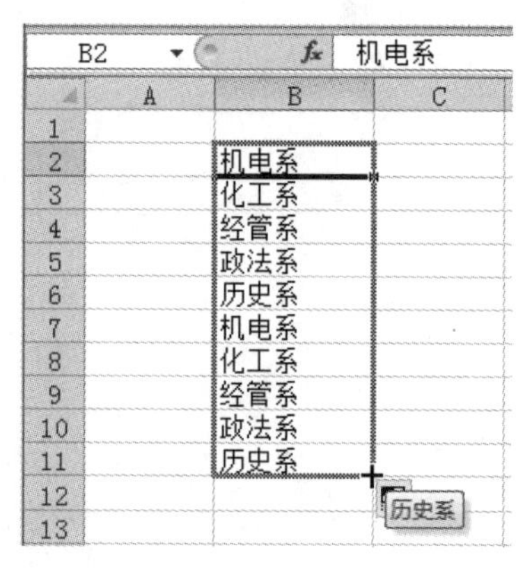

图 5-10　填充自定义的序列

【课堂练习 5.4】

(1) 在 A1 单元格中输入“2”，按照 2、4、8 的规律，向下填充到“1024”。

(2) 在 B1 单元格中输入“2024-9-10”，以“年”为单位，按照步长为 3 递增的规律，向下填充到 B20 单元格。在 C1 单元格中输入“2024-9-10”，以“月”为单位，按照步长为 3 递增的规律，向下填充到 C20 单元格。

(3) 为社会主义核心价值观 24 字建立一个自定义序列：富强、民主、文明、和谐、自由、平等、公正、法治、爱国、敬业、诚信、友善。在 D1 单元格中输入“富强”，向下填充。

5.2.2.3　单元格的基本操作

单元格是 Excel 工作表中最基本的单位，所有的操作都是以单元格为基础进行的。

1. 选定单元格

选定单元格及单元格区域的常用方法如表 5-4 所示。

表 5-4　选定单元格及单元格区域的常用方法

选 定 对 象	操 作 方 法
选定一个单元格	在单元格上单击鼠标
选定连续的单元格区域	(1) 从一个单元格处拖动鼠标到另外一个单元格处再释放。 (2) 单击单元格区域中的第一个单元格，按住 Shift 键，再单击单元格区域中的最后一个单元格
选定不连续的单元格区域	先选定一个单元格或单元格区域，按住 Ctrl 键的同时再选定其他单元格或单元格区域
选定整行或整列	(1) 直接单击行标或列标。 (2) 在行标或列标上拖动鼠标，可以选定连续的多行或多列。 (3) 按住 Ctrl 键的同时单击行标或列标，可以选定不连续的多行或多列
选定所有单元格	单击全选按钮或者按 Ctrl+A 键

2. 修改单元格内容

数据的输入与编辑

需要对单元格内容进行编辑时，可通过以下方式进入编辑状态，在单元格内直接修改或在编辑框中进行修改。

(1) 单击单元格，输入新内容，用新内容替换旧内容。

(2) 单击单元格，再单击编辑框，在编辑框中修改内容。

(3) 双击单元格(或按 F2 键)，在单元格内修改内容。

修改内容后按回车键确认，或单击编辑框中的 ✓ 按钮确认操作。

3. 清除单元格内容

选定单元格或单元格区域，然后按 Delete 键，可以清除单元格中的内容，但保留单元格具有的格式。

清除单元格的格式、批注等内容的操作步骤如下：

选定单元格或单元格区域，单击“开始”选项卡“编辑”选项组中的“清除”按钮，在打开的下拉列表中选择清除选项，如图 5-11 所示。

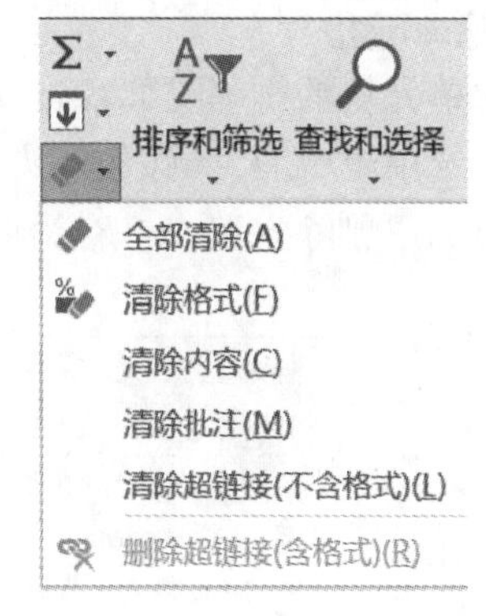

图 5-11　“清除”下拉列表

4. 移动或复制单元格

方法一：复制/粘贴法。

(1) 选定要移动或复制的单元格或单元格区域，单击“开始”选项卡“剪贴板”选项组中的按钮或按钮。

(2) 选定目标单元格或单元格区域，单击“开始”选项卡“剪贴板”选项组中的按钮。

也可以通过快捷键(Ctrl + X、Ctrl + C、Ctrl + V 等)，或右击鼠标在弹出的快捷菜单中操作。

方法二：鼠标拖动法。

移动单元格：选定单元格或单元格区域，将光标移至所选单元格的边框上，当光标变成箭头形状时，按住鼠标左键将其拖动到新位置。

复制单元格：与移动操作相似，只是需要按住 Ctrl 键拖动。

5. 插入与删除单元格

1) 插入单元格

(1) 选定单元格或单元格区域，要插入几个单元格就选定几个单元格。

(2) 单击“开始”选项卡“单元格”选项组中的按钮下方的下拉列表，选择“插入单元格”选项，如图 5-12 所示。

(3) 在打开的“插入”单元格对话框(如图 5-13 所示)中选择活动单元格的移动方向后单击“确定”按钮，即可在目标位置插入单元格，原位置的单元格向右或向下移动。

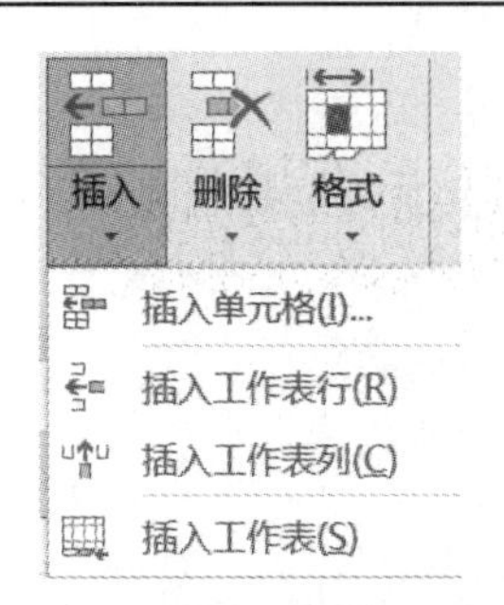

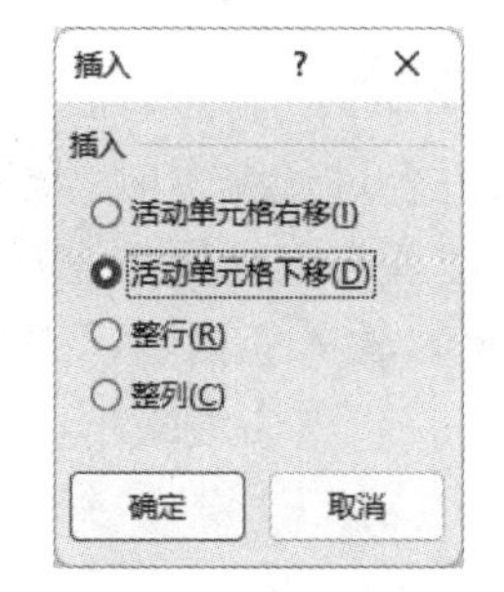

图 5-12　“插入单元格”选项　　　　图 5-13　“插入”单元格对话框

2) 删除单元格

与插入单元格的操作类似，选择要删除的单元格或单元格区域，单击“开始”选项卡“单元格”选项组中的 按钮下方的下拉列表，选择“删除单元格”选项，如图 5-14 所示；在弹出的“删除”单元格对话框中选择一种删除方式，然后单击“确定”按钮，如图 5-15 所示。

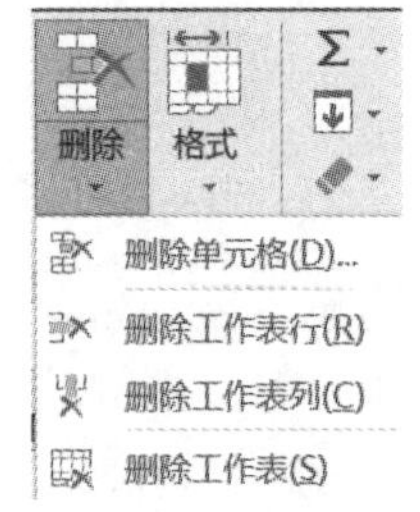

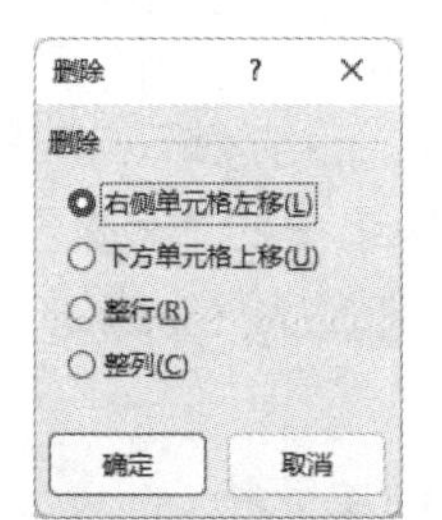

图 5-14　“删除单元格”选项　　　　图 5-15　“删除”单元格对话框

5.2.2.4　行与列的基本操作

1．插入行或列

右击行标或列标，在弹出的快捷菜单中选择“插入”命令，即可在上方插入行或左侧插入列。如果选定了连续的多行或多列，就可以插入相同个数的行或列。

另外，也可以先选定一个或多个行/列，然后在“开始”|“单元格”|“插入”按钮 的下拉列表中选择“插入工作表行”或“插入工作表列”命令。

2．删除行或列

选定要删除的一个或多个行/列，右击，在快捷菜单中选择“删除”命令。

也可以先选定一个或多个行/列，在“开始”|“单元格”|“删除”按钮 的下拉列表中选择“删除工作表行”或“删除工作表列”命令。

3．移动行或列

移动行或列指调整行之间或列之间的顺序。操作步骤是：先“剪切”若干行或列，然后将光标定位到合适的位置，右击，在快捷菜单中选择“插入剪切的单元格”命令。

4．调整行高或列宽

有时单元格中的文字不能完全显示，有时单元格中显示若干个“#”符号，而在编辑栏中却能看到单元格中的完整内容，这表明单元格的高度或宽度不够，需要进行调整。调整方法有以下几种。

(1) 用鼠标调整：用鼠标拖动行标之间或列标之间的分隔线可改变行高或列宽，如果要同时设置多行或多列，可以先选定多行或多列后再拖动。

(2) 用对话框调整：选定若干行或列，右击，在快捷菜单中选择“行高”或“列宽”命令，输入具体磅值。也可以在“开始”|“单元格”|“格式”下拉列表中选择“自动调整行高”或“自动调整列宽”选项。

双击行标下边界或双击列标右边界，也可以设置最适合的行高或列宽。

5. 隐藏/显示行或列

如果不希望他人看到工作表某些行或列中的数据，可以隐藏行或列，当然也可以在需要时取消隐藏的行或列将其显示出来。

选定要隐藏的行或列，右击，在快捷菜单中选择“隐藏”命令，或者在“开始”|“单元格”|“格式”下拉列表中选择“隐藏和取消隐藏”选项，从级联菜单中选择“隐藏行”或“隐藏列”命令。取消隐藏的方法类似。

通过鼠标拖动使行高为 0 或列宽为 0，也可以隐藏行或列；加大行高或列宽即可显示行或列。

5.3　任务：美化学生信息表

5.3.1　任务描述与实施

1. 任务描述

前两个任务，我们建立了某班的学生信息表。本任务要完成该表格的美化工作，目的是使表格清晰、数据格式规范统一，便于数据的查阅或存档。

本任务要对“学生信息-3.xlsx”文件中的“学生信息表”工作表进行格式化处理，处理后的学生信息表如图 5-16 所示(注：样图中只显示了部分行数据)。

	A	B	C	D	E	F	G	H	I	J
1	学生信息表									
2	班级：软件1701班									
3	序号	学号	组号	姓名	性别	出生日期	籍贯	民族	身高（m）	身份证号
4	01	170101	1	李春	男	2006/1/5	河北省	汉族	1.81	130[illegible]0933
5	02	170102	1	许伟嘉	女	2004/7/18	山东省	回族	1.65	370[illegible]808X
6	03	170103	1	李泽佳	男	2005/5/31	河北省	土族	1.70	130[illegible]9092
7	04	170104	1	谢灏扬	女	2008/10/17	河北省	白族	1.62	130[illegible]8605
8	05	170105	1	黄绮琦	男	2007/12/26	陕西省	壮族	1.80	610[illegible]5014

图 5-16　美化处理后的学生信息表样图

2. 任务实施

项目五任务三

【解决思路】

要完成工作表的美化任务，需要掌握工作表的格式化操作。本任务主要通过“设置单元格格式”对话框进行操作。

本任务涉及的主要知识技能点如下：

(1) 设置数据类型。

(2) 设置单元格中的字体、字号和对齐方式。

(3) 设置或更改单元格或单元格区域的边框和底纹效果。

(4) 设置条件格式。

【实施步骤】

本任务要求及操作要点如表 5-5 所示。

表 5-5　任务要求及操作要点

任务要求	操作要点
1. 设置数据类型	
(1) 设置“学号”列为文本类型数据	打开“学生信息-3.xlsx”工作簿文件，选定“学生信息表”工作表，选定“学号”列中的 B4:B33 区域，右击，在快捷菜单中选择“设置单元格格式”命令，在“数字”选项卡中选择“文本”类型
(2) 设置“身高(m)”列为数值类型，2 位小数，负数显示为第四种形式	选定“身高(m)”列中的 I4:I33 区域，右击，在快捷菜单中选择“设置单元格格式”命令，在“数字”选项卡中选择“数值”类型，“小数位数”选择“2”，“负数”选择第四种
2. 设置单元格中的字体、字号和对齐方式	
(1) 设置表格标题(A1 单元格)为隶书，20 磅，加粗；第 2 行和表格列标题(A2:J3)为宋体，14 磅，加粗；表格内容(A4:J33)为宋体，12 磅	选定单元格或单元格区域，在“开始”选项卡的“字体”选项组中设置“字体”“字号”和“加粗”等格式
(2) 合并 A1:J1 单元格，同时将内容居中；设置数据区域内容(A4:J33)为水平居中和垂直居中	选定 A1:J1 区域，单击“开始”|“对齐方式”| 合并后居中 按钮；选定 A4:J33 区域，在“开始”选项卡的“对齐方式”选项组中单击“垂直居中”按钮和“居中”按钮
3. 设置边框与底纹	
(1) 设置外框线和列标题下框线为红色双线，内框线为浅绿单线	① 设置外框线和内框线。选定数据区域 A3:J33，单击“开始”|“字体”|“其他边框”按钮，选择边框线颜色为“红色”，样式为“双线”，单击“预置”区域中的“外边框”按钮；选择边框线颜色为“浅绿”，样式为“单线”，单击“预置”区域中的“内部”按钮。 ② 设置列标题下框线。选定数据区域 A3:J3，单击“开始”|“字体”|“其他边框”按钮，选择边框线颜色为“红色”，样式为“双线”，单击“预置”区域中的“下边框”按钮
(2) 为表格名称(A1 单元格)添加黄色背景、12.5%灰度的红色图案	选定数据区域 A1，右击，在快捷菜单中选择“设置单元格格式”|“填充”选项卡，选择“背景色”为黄色(最后一行标准色的第四个)，“图案颜色”为标准色“红色”，“图案样式”为“12.5%灰色”
4. 设置条件格式	
(1) 标识身高。将身高高于 1.74 米的单元格用某种单元格填充色标识	选定数据区域 I4:I33，单击“开始”|“样式”|“条件格式”|“突出显示单元格规则”，选择“大于”命令，输入“1.74”，选择某种格式，单击“确定”按钮
(2) 标识少数民族。将少数民族的单元格用蓝色、加粗字体标识	选定数据区域 H4:H33，单击“开始”|“样式”|“条件格式”|“突出显示单元格规则”|“其他规则”命令，在对话框中选择第二种规则，规则说明设置为“特定文本”“不包含”“=$H$4”(或“汉族”)，单击“格式”按钮设置蓝色、加粗，单击“确定”按钮

【自主训练】

(1) 在“学生信息表”工作表中，将身高最高的前五名同学的身高单元格突出显示，将“李”姓同学的姓名单元格突出显示。

(2) 对出生日期用三种图标进行标识。

提示：选定数据区域 F4:F33，单击“开始”|“样式”|“条件格式”|“图标集”，选择“方向”中的“3 个三角形”选项。

【问题思考】

(1) 能够为一个单元格区域设置多种条件格式吗？如果能，当条件格式规则发生冲突时，哪些规则优先生效？

(2) 通过条件格式为一个单元格区域设置了字体颜色或单元格颜色后，能否使用“开始”选项卡“字体”选项组中的相关工具按钮进行更改？能使用格式刷复制格式吗？

5.3.2　相关知识与技能

5.3.2.1　设置单元格格式

工作表内可设置的格式主要包括字符格式、对齐方式、数字格式等。大多数格式都可以通过“开始”选项卡中的功能按钮设置，或者在“设置单元格格式”对话框(如图 5-17 所示)中完成。

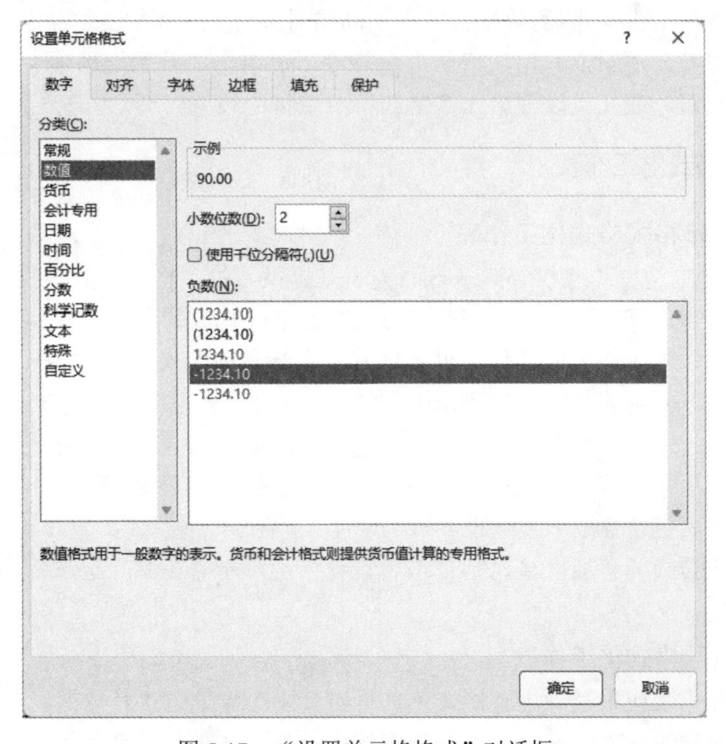

图 5-17　“设置单元格格式”对话框

小贴士

打开“设置单元格格式”对话框有以下方法：

(1) 选定单元格或单元格区域，右击鼠标并在快捷菜单中选择“设置单元格格式”命令。

(2) 在“开始”选项卡中单击“字体”/“对齐方式”/“数字”任意一个选项组右下方的对话框启动器按钮。

(3) 单击“开始”选项卡“单元格”选项组中的“格式”按钮，在下拉列表中选择“设置单元格格式”命令。

1．设置数字格式

在“数字”选项卡的“分类”列表框中选择所需格式，再对右侧的具体属性进行设置即可。通常情况下，输入到单元格中的内容默认为“常规”格式，其数字不包含任何特定的数字格式。可根据需要将数字设置为一定的数字格式，以方便识别与操作。

例如，可以设置小数位数，可以设置负数形式(是用括号括起来，还是用红色字体显示等)；如果选择“货币”选项，则可以在数字左侧显示人民币符号￥或美元符号 $。

2．设置字符格式

在 Excel 中设置字体格式的方法与 Word 类似。可单击“开始”选项卡“字体”选项组中的相应按钮，或在“设置单元格格式”对话框中设置。

3．设置对齐方式

默认情况下，Excel 不同的数据类型有不同的对齐方式。例如文本靠左对齐，数字、日期和时间靠右对齐，逻辑值和错误值居中对齐等。可单击“开始”选项卡“对齐方式”选项组中的相应按钮，或在“设置单元格格式”对话框中设置。

5.3.2.2　格式化工作表

1．套用表格格式格式化工作表

Excel 从颜色、边框和底纹等诸多方面为表格提供了许多格式化的样式，用户可以根据表格中的实际内容选择需要的格式，对工作表进行格式化设置。

单击要格式化的工作表中的任一单元格或选定要套用格式的单元格区域，在“开始”选项卡的“样式”选项组中单击“套用表格格式”按钮，在下拉列表中选择表格格式。

Excel 提供了浅色、中等深浅与深色三种类型共 60 多种表格套用格式。在打开的“套用表格式”对话框中，确认表数据的来源区域是否正确。如果希望标题出现在套用格式的表中，则选中“表包含标题”复选框。

如果要将表转换为普通区域，则单击“设计”选项卡“工具”选项组中的“转换为区域”按钮并确定。

2．应用主题格式化工作表

可以先对工作表应用某种主题格式化，再对其中个别地方进行修改。

在“页面布局”选项卡的“主题”选项组中，有“主题”“颜色”“字体”“效果”

四个按钮，单击“主题”按钮，会列出内置的主题。每个主题都包括一组已设置好的颜色、字体和效果三方面内容的格式。

使用某个主题后，主题会应用于活动工作簿的所有工作表中，所应用的格式包括工作表中的文本、背景、标题、字体、单元格边框、填充效果和图形格式等。

选定主题后，也可以单击“颜色”“字体”“效果”按钮单独设置颜色、字体和效果。

3．设置工作表背景

单击“页面布局”|“页面设置”|“背景”按钮，会弹出为工作表背景选择文件的对话框，查找并选择要设置为工作表背景的图片文件，该文件就会设置为活动工作表的背景。工作表背景不会被打印。

4．设置边框和底纹

1) 设置边框

选择要添加边框的单元格区域，在“设置单元格格式”对话框的“边框”选项卡中设置边框。

2) 设置底纹

底纹指单元格区域的背景颜色、图案颜色、图案样式和填充效果等。选定要添加底纹的单元格区域，在“设置单元格格式”对话框的“填充”选项卡中设置底纹。

小贴士

添加边框前应先选择线条的颜色和线型，再添加边框，否则设置的样式和颜色不会生效。另外，为表格添加边框时应掌握一个原则——先整体后局部，即先添加整体边框，再局部修改部分边框，这样可以减少工作量。

5．应用单元格样式

样式是单元格字体、字号、对齐、边框和图案等一个或多个设置特性的组合。Excel 提供了许多单元格样式，在进行工作表的格式化时，可以直接应用这些样式来格式化单元格或单元格区域。

选定要应用单元格样式的单元格或单元格区域，执行“开始”|“样式”|“单元格样式”命令，在下拉列表中选择相应的单元格样式。

【课堂练习 5.5】

(1) 在工作表 A1:C1 区域中输入“学号”“姓名”“年龄”，在 A2:C4 区域中输入三位同学的学号、姓名和年龄，然后为 A1:C4 区域套用表格格式“表样式浅色 16”。

(2) 将上面工作表中 A1:C4 数据区域的格式设置为自动套用格式“彩色 2”。

提示：

(1) 单击“开始”|“样式”|“套用表格格式”命令。

(2) 先自定义功能区。单击“文件”|“选项”|“自定义功能区”命令，在左侧选择“所有命令”，在列表中找到“自动套用格式”，在右侧的“开始”选项卡下选择“新建组”，然后将“自动套用格式”命令添加到新建组中并确定。

再在工作表中选定区域，单击“开始”|“新建组”|“自动套用格式”命令，选择适当

的格式进行套用。

5.3.2.3　设置条件格式

Excel 中的条件格式是指基于某种条件更改单元格区域中数据的表现形式。如果条件成立，就基于该条件设置格式，如突出显示所关注的单元格或单元格区域、强调异常值，或用数据条、颜色刻度和图标集来直观地显示数据等；如果条件不成立，就不设置单元格区域的格式。当用户只对选定的单元格区域中满足条件的数据进行格式设置时，就要用到条件格式。

条件格式

如果要为单元格区域设置默认的条件格式，则要先选定数据区域，再单击“开始”|“样式”|“条件格式”按钮，从弹出的菜单中选择设置条件和格式。

当默认的条件格式不能满足需求时，可以对条件格式进行自定义设置，方法是：单击“开始”|“样式”|“条件格式”|“新建规则”命令。

对同一单元格区域，可以多次应用不同的条件格式。例如，对一个已经应用了色阶的单元格区域，可以再次应用图标集、数据条等条件格式。

清除条件格式的方法是：选定要清除条件格式的单元格区域，选择“开始”|“样式”|“条件格式”|“清除规则”|“清除所选单元格的规则”或“清除整个工作表的规则”命令。

1. 五种默认的条件格式

(1) 突出显示单元格规则。对单元格区域设置一定的条件(如值小于、大于或等于某个值)，将按指定的规则突出显示满足条件的单元格，如用某种色彩填充单元格区域等。其中的“文本包含”规则可以对包括某个文本的单元格设置显示方式；“发生日期”是以系统当前日期为参照，突出显示昨天、今天、明天、上周、本周、下周等单元格中的内容。

(2) 项目选取规则。对选定单元格区域中小于或大于某个给定阈值的单元格实施条件格式，如“值最大的 10 项”“值最大的 10%项”“高于平均值”等。

(3) 数据条。以彩色条形图直观地显示单元格数据。数据条的长度代表单元格中的数值，数据条越长，表示数据越大。

(4) 色阶。用颜色的深浅表示数据的分布和变化。色阶包括双色阶和三色阶。双色刻度使用两种颜色的深浅程度比较某个区域的单元格，颜色的深浅表示值的高、低。三色刻度使用三种颜色的深浅程度比较某个区域的单元格，颜色的深浅表示值的高、中、低。

(5) 图标集。使用图标集可以对数据进行注释，并可以按阈值将数据分为 3～5 个类别。每个图标代表一个值的范围，其形状或颜色表示的是当前单元格中的值相对于使用了条件格式的单元格区域中的值的比例。

2. 六种条件格式规则

单击“开始”|“样式”|“条件格式”|“新建规则”命令，会弹出“新建格式规则”对话框，在“选择规则类型”列表框中列出了条件格式的六种规则，如图 5-18 所示。

第一种规则类型“基于各自值设置所有单元格的格式”，包括用于创建数据条、色阶和图标集的所有控件。除第一种规则外，其他规则的名称均已明确表示出了该规则的条件格式意义。

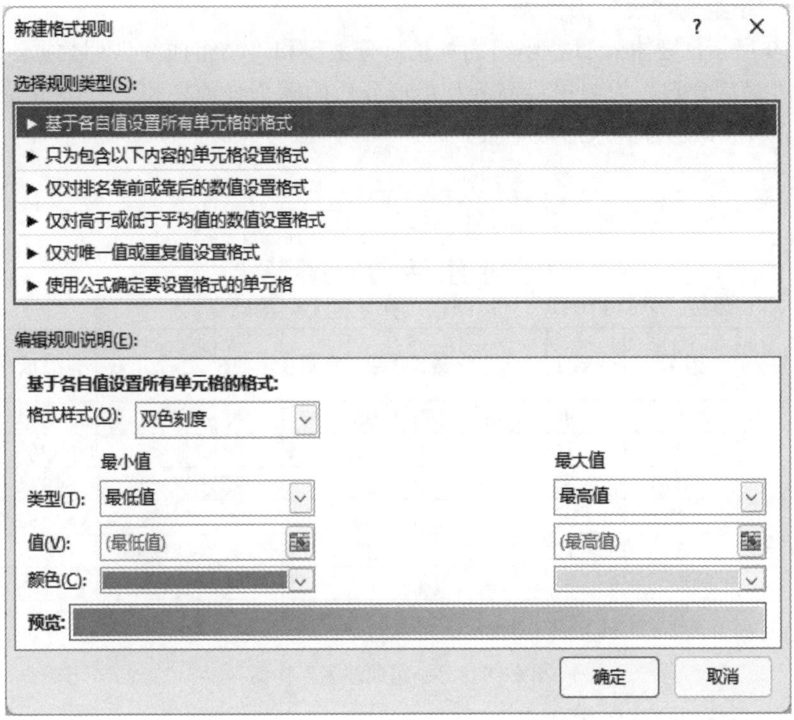

图 5-18　“新建格式规则”对话框

3．条件格式规则的管理

通过新建条件格式规则或者修改 Excel 条件格式的默认规则即可自定义条件格式。

单击“开始”|“样式”|“条件格式”|“管理规则”命令，会弹出“条件格式规则管理器”对话框，可以新建、编辑和删除规则。

当对相同单元格或单元格区域设置多重条件时，可能会引起条件规则的冲突。可以在“条件格式规则管理器”对话框中设置条件格式规则的优先级。默认情况下，新规则具有较高的优先级，用户可以调整各规则的优先级。

5.4　任务：计算单科成绩

5.4.1　任务描述与实施

1．任务描述

本任务要帮助“计算机文化基础”课程任课教师完成某班“计算机文化基础”课程的成绩计算任务，最终要产生出该课程的“成绩报告单”。

本任务可分为四个子任务，要使用的素材文件是“学生课程成绩.xlsx”工作簿文件。

本任务主要是在各子任务相关工作表中的阴影部分输入公式，完成数据计算。

各子任务具体内容和相关素材说明如下(注：样图中只显示了部分行数据)。

1) 计算“小组成绩表”工作表

如图 5-19 所示，要求计算各小组的“最后分数”和“小组成绩”列数据。每小组都有六个分数，“最后分数”为去掉最高分和最低分后的四个分数之和，“小组成绩”为“最后分数”除以 4，并四舍五入后取整数。

学生小组活动成绩表

班级：软件1701班　　课程：计算机文化基础

组号	分数1	分数2	分数3	分数4	分数5	分数6	最后分数	小组成绩
1	82	86	99	96	74	93	357	89
2	76	70	97	87	94	84	341	85
3	94	71	89	94	86	95	363	91
4	96	74	98	82	80	92	350	88
5	72	77	87	99	72	97	333	83
6	92	79	78	73	81	76	314	79

小组成绩表　考勤成绩表　平时成绩表　课程成绩表

图 5-19　“小组成绩表”样图

2) 计算“考勤成绩表”工作表

如图 5-20 所示，共进行了八次考勤统计，其中“C”表示迟到或早退，“BS”表示病假或事假，“K”表示旷课。规定每迟到或早退 1 次扣 1 分，每请病假或事假 1 次扣 3 分，每旷课 1 次扣 5 分。考勤成绩为 100 分减去全部扣除的分数。

要求用公式计算每个学生的“迟到次数”“请假次数”“旷课次数”“考勤成绩”。

计算机文化基础考勤成绩表

班级：软件1701班　课程：计算机文化基础　　任课教师：高大平

序号	组号	学号	姓名	考勤记录											考勤成绩
				第1次	第2次	第3次	第4次	第5次	第6次	第7次	第8次	迟到次数	请假次数	旷课次数	
01	1	170101	李春			C						1	0	0	99
02	1	170102	许伟嘉				C		C			2	0	0	98
03	1	170103	李泽佳				K					0	0	1	95
04	1	170104	谢灏扬									0	0	0	100
05	1	170105	黄绮琦		C	BS			K			1	1	1	91

小组成绩表　考勤成绩表　平时成绩表　课程成绩表

图 5-20　“考勤成绩表”样图

3) 计算“平时成绩表”工作表

如图 5-21 所示，要求完成“平时成绩表”工作表中的“合计成绩”的计算。其中：“平时成绩表”中的“考勤成绩”从“考勤成绩表”中获取；“小组成绩”从“小组成绩表”中的“小组成绩”列获取；“合计成绩”要按各项成绩的比例计算生成。

	A	B	C	D	E	F	G	H	I	J
1	计算机文化基础平时成绩登记表									
2			班级：软件1701班						任课教师：高大平	
3	序号	组号	学号	姓名	考勤成绩	小组成绩	MOOC成绩	项目成绩	模拟测试	合计成绩
4					20%	15%	30%	15%	20%	100%
5	01	1	170101	李春	99	89	82	90	72	86
6	02	1	170102	许伟嘉	98	89	98	90	88	93
7	03	1	170103	李泽佳	95	89	66	90	56	77
8	04	1	170104	谢灏扬	100	89	90	90	80	90
9	05	1	170105	黄绮琦	91	89	96	90	86	91
10	06	2	170106	刘嘉琪	100	85	82	85	72	85
11	07	2	170107	李明	100	85	96	85	86	92

小组成绩表　考勤成绩表　平时成绩表　课程成绩表

图 5-21　“平时成绩表”样图

4) 计算“课程成绩表”工作表

如图 5-22 所示，要求完成“课程成绩表”工作表中的成绩报告单。

	A	B	C	D	E	F	G	H
1		成绩报告单						
2				课程：计算机文化基础				
3		班级：软件1701班		平时：	50%	期末：	50%	
4		序号	学号	姓名	平时成绩	期末成绩	总评成绩	备注
5		01	170101	李春	86	85	86	
6		02	170102	许伟嘉	93	92	93	
7		03	170103	李泽佳	77	55	66	
8		04	170104	谢灏扬	90	60	75	
9		05	170105	黄绮琦	91	85	88	
10		06	170106	刘嘉琪	85	75	80	
11		07	170107	李明	92	84	88	
33		29	170129	毛一伟	86	92	89	
34		30	170130	陈佩珊	76	12	44	
35		最高分	93	应考人数	30	及格人数	27	
36		最低分	32	缺考人数	2	不及格人数	3	
37		平均分	75.13	实考人数	28	及格率(%)	90.00%	
38			填表人：		日期：			

图 5-22　“课程成绩表”样图

(1) “总评成绩”的计算规则。

平时成绩和期末成绩所占的比例在 E3 和 G3 单元格中存放，其中，“平时成绩”来自“平时成绩表”的“合计成绩”。根据“平时成绩”和“期末成绩”及其占比计算每个学生的“总评成绩”，“总评成绩”四舍五入后保留整数。

(2) 表格下方各项目的说明。

“最高分”、“最低分”和“平均分”均指总评成绩。“平均分”四舍五入后保留 2 位小数。所有学生成绩(包括缺考学生的成绩)一律参加最高分、最低分和平均分的计算。

“应考人数”指班级总人数(姓名的个数)。

“缺考人数”指期末未参加考试的学生人数(即“备注”中有“缺考”两字的单元格个数)。期末缺考的学生，其“期末成绩”记为 0 分。

“实考人数”指期末考试实际参加人数，即“应考人数”–“缺考人数”。

“及格人数”指“总评成绩”达到 60 分及以上的人数。

“及格率”指“及格人数”除以“应考人数”。“及格率”四舍五入后保留 4 位小数，显示为百分比、2 位小数。

2. 任务实施

【解决思路】

本任务要用到素材工作簿中的四张工作表。各工作表之间的主要数据关系是：

“平时成绩表”要引用“小组成绩表”中的“小组成绩”列、“考勤成绩表”中的“考勤成绩”列的数据。

“课程成绩表”要引用“平时成绩表”中的“合计成绩”列的数据。

一张工作表要引用其他工作表中的数据，其方式有多种，要根据具体情况进行选择。这是本任务的重点和难点。

本任务涉及的主要知识技能点如下：

(1) 公式的概念、输入与编辑。

(2) 单元格引用的三种方式，跨工作表单元格引用方法。

(3) 函数的概念与使用方法。

(4) 函数 SUM、AVERAGE、MAX、MIN、COUNT、COUNTA、COUNTIF、ROUND 等的应用。

项目五任务四

【实施步骤】

打开“学生课程成绩.xlsx”工作簿文件，选定指定的工作表，在每列阴影区第一个单元格中输入公式，然后向其他相关公式单元格复制公式。

本任务要求及操作要点如表 5-6 所示。

表 5-6　任务要求及操作要点

任务要求	操作要点
1. 计算“小组成绩表”工作表	
I6 单元格的公式	=SUM(C6:H6)-MAX(C6:H6)-MIN(C6:H6)
J6 单元格的公式，要求四舍五入后取整数	= ROUND(I6/4, 0) **注意：**ROUND 是四舍五入函数，0 表示保留 0 位小数，即四舍五入后取整数
2. 计算“考勤成绩表”工作表	
M5 单元格的公式(迟到次数)	=COUNTIF(E5:L5, "C") 技巧：使用公式“=COUNTIF($E5:$L5, "C")”，向右复制公式到 N5 和 O5，对应修改“C”为“BS”和“K”
N5 单元格的公式(请假次数)	=COUNTIF(E5:L5, "BS")
O5 单元格的公式(旷课次数)	=COUNTIF(E5:L5, "K")
P5 单元格的公式(考勤成绩)	=100-M5*1-N5*3-O5*5

续表

任务要求	操作要点
3. 计算“平时成绩表”工作表	
计算“考勤成绩”(通过复制/粘贴方式，引用“考勤成绩表”中的“考勤成绩”)	① 在“考勤成绩表”中，选定“考勤成绩”数据区域(P5:P34)，按 Ctrl + C 键复制。 ② 切换到“平时成绩表”，单击第一个学生的考勤成绩(E5)单元格，右击，选择“选择性粘贴”｜“粘贴数值”按钮123。 **注意**：要确保两张工作表中的数据的个数和顺序完全一致。当“考勤成绩表”中的“考勤成绩”更新时，“平时成绩表”中的“考勤成绩”不会自动更新，必须重新复制粘贴
计算“小组成绩”(引用“小组成绩表”中的“小组成绩”)	在“小组成绩表”中查询某小组(如第 1 组)的成绩，在“平时成绩表”中选定该小组学生的全部“小组成绩”列单元格(如 F5:F9)，输入成绩(如 89)，按 Ctrl + 回车键。用同样的方法输入其他小组学生的成绩
J5 单元格的公式(合计成绩)	=ROUND(E5*$E$4+F5*$F$4+G5*$G$4+H5*$H$4+I5*$I$4，0) 单击 J5 单元格的填充柄向下填充公式
4. 计算“课程成绩表”工作表	
E5 单元格的公式(平时成绩)	=平时成绩表!J5 **注意**：这是跨工作表单元格引用方式，这种方式的好处是，当源数据改变后，目标数据能自动更新。同样要确保两张工作表中的数据的个数和顺序完全一致
G5 单元格的公式(总评成绩)	=ROUND(E5*$E$3+F5*$G$3, 0)
C35 单元格的公式(最高分)	=MAX(G5:G34)
C36 单元格的公式(最低分)	=MIN(G5:G34)
C37 单元格的公式(平均分)，要求保留 2 位小数	=ROUND (AVERAGE(G5:G34), 2)
E35 单元格的公式(应考人数)	=COUNTA(D5:D34)
E36 单元格的公式(缺考人数)	=COUNTA(H5:H34)
E37 单元格的公式(实考人数)	=E35-E36
G35 单元格的公式(及格人数)	=COUNTIF($G$5:$G$34, ">=60")
G36 单元格的公式(不及格人数)	=COUNTIF($G$5:$G$34, "<60") **注意**：先复制 G35 公式到 G36，然后修改公式
G37 单元格的公式(及格率)，要求保留 4 位小数，显示为百分比、2 位小数	=ROUND(G35/E35, 4) 单击 G37 单元格，在“开始”选项卡的“数字”选项组中选择“百分比”格式

【自主训练】

(1) 修改“平时成绩表”中的“考勤成绩”公式，将其改为跨工作表引用“考勤成绩表”中的“考勤成绩”。

(2) 在“课程成绩表”中，如果不在“备注”列填写“缺考”信息，而是在“期末成绩”列和“总评成绩”列直接填写“缺考”字样，请修改“总评成绩”“实考人数”和“缺考人数”等公式。

【问题思考】

(1) 复制数据到剪贴板后，直接执行“粘贴”命令和执行“选择性粘贴”|“粘贴数值”命令有何不同？

(2) COUNT 和 COUNTA 函数的不同是什么？请举例说明。

5.4.2　相关知识与技能

5.4.2.1　公式

使用公式

公式是指在单元格中输入的进行计算的式子。该式子以“=”(或“+”)开始，后面跟表达式，表达式是由运算符和参与运算的运算数组成的。公式中的运算数包括常量(数值、字符串等)、单元格引用及函数等。

1. 运算符与运算顺序

运算符是公式必不可少的组成部分，每个运算符代表一种运算。Excel 有以下四种类型的运算符。

(1) 引用运算符：是 Excel 特有的运算符，主要用于在工作表中进行单元格的引用。

(2) 算术运算符：主要用于加、减、乘、除、百分比以及乘幂等算术运算。

(3) 文本运算符：主要用于将文本字符或字符串进行连接和合并。

(4) 比较运算符(也称关系运算符)：用于比较数据的大小，包括对文本或数值的比较，值为“TRUE”或“FALSE”，即“真”或“假”。

Excel 的各类运算符如表 5-7 所示。

表 5-7　Excel 的运算符

分类	运算符	运算功能	说　明	优先级
引用运算符	：(冒号)	定义一个区域	如 A1:B2，表示 A1、A2、B1、B2 四个单元格组成的矩形区域	1
	，(逗号)	将多个区域连接起来	如 A1:A2，C3 表示 A1、A2、C3 三个单元格	
	(空格)	交叉运算符	指各单元格区域互相重叠的部分。如 A1:A2␣A2:C3 表示 A2 单元格	
算术运算符	–(负号)	取负	如 A1 的内容是 3，则公式“=–A1”，结果是 –3	2
	%(百分比)	求百分比	如公式“=2%”，结果是 0.02	3
	^(乘幂)	求乘方	如公式“=2^3”，结果是 8	4
	*、/(乘、除)	相乘、相除	如公式“=3*4”，结果是 12	5
	+、–(加、减)	求和、求差	如公式“=5+3”，结果是 8	6
文本运算符	&(连接符)	连接两个文本字符串	如公式“="你好"&"!"”，结果是你好！	7
比较运算符	=、<、>、<=、>=、<>	等于、小于、大于、小于等于、大于等于、不等于	如公式“=3=2”，结果是 FALSE 如公式“=3>2”，结果是 TRUE 如公式“=3<=2”，结果是 FALSE 如公式“=3<>2”，结果是 TRUE	8

当公式中同时使用了多个运算符时，Excel 会根据运算符的优先级进行运算，同级运算符按照从左到右的顺序运算。

四类运算符的优先级为引用运算符、算术运算符、文本运算符、比较运算符。

另外，使用括号“( )”可以改变运算符的优先级。Excel 中没有大括号、中括号，需要括号时一律使用小括号。在公式中使用多个括号的表达式，其运算顺序是由最内层括号逐层向外进行的。

2. 公式的输入与编辑

公式的输入类似于输入字符型数据，输入公式时要以等号“=”开头，在“=”之后输入公式表达式。

可以直接在单元格中输入公式，也可以在编辑框中输入公式。在单元格中输入公式后，单元格中显示公式的运算结果，编辑框中显示公式。

【例 5.1】 公式的输入步骤。如图 5-23 所示，要求在 C2、C3、C4 单元格中输入公式，分别计算单元格左边的两个数据之和。

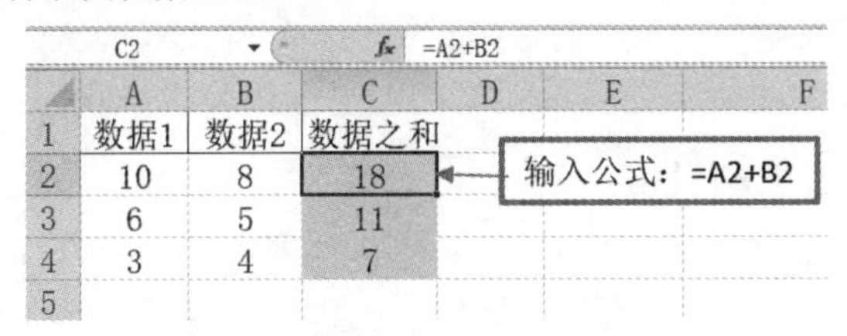

图 5-23　公式的输入步骤示例

输入公式的步骤如下：

(1) 单击选定 C2 单元格，输入“=”。

(2) 单击 A2 单元格，输入“+”，再单击 B2 单元格，按回车键确定输入。此时，C2 单元格中显示计算结果 18，而编辑框中显示公式“= A2+B2”。

(3) 拖动 C2 单元格的填充柄一直到 C4，复制 C2 中的公式到 C3、C4。C3、C4 中的公式内容会根据行号的增加自动调整。

注意： 移动公式所在的单元格位置后，公式内的单元格引用不会更改；而复制公式所在单元格内容到其他单元格后，复制后单元格中公式内的单元格引用会随位置的改变而自动改变。

小贴士

在输入公式的过程中，如果需要某些单元格或单元格区域中的数据，应选定单元格或单元格区域，这时在公式中会出现该单元格或单元格区域的地址。不建议手工录入单元格或单元格区域的地址。

3. 公式中的错误与审核

1) 公式错误代码

在 Excel 中使用公式时，单元格中直接显示运算结果，一旦公式使用有误，就不会显示正确的结果，而是在单元格中给出错误提示。错误提示和产生原因如下：

(1) #DIV /0!：除数为 0，或引用了零值单元格或空单元格，如“=5/0”。

(2) #N/A：应用了无法使用的数据，或缺少函数参数。

(3) #NAME?：使用了不能识别的字，或删除了公式正在使用的名称，如“=SUN(A1:A3)”。

(4) #NULL!：交集为空，如“=SUM(A1:A3 ␣ C1:C3)”。

(5) #NUM!：数据类型不正确，如“=SQRT(-2)”；或公式产生的结果数字太大或太小，Excel 无法显示出来。

(6) #REF!：引用无效单元格，或引用的单元格被删除。

(7) #VALUE!：不正确的参数或运算符，如“=3+"a"”；或当公式需要数字或逻辑值时却输入了文本；为需要单个值(而不是区域)的运算符或函数提供了区域引用等。

(8) #####：单元格宽度不够、内容显示不全。

2) 公式审核

Excel 提供了公式审核功能，在“公式”选项卡的“公式审核”选项组中有一些按钮，可用于检查公式、分析数据流向和来源、纠正错误、分析公式和值的关联关系等。单击“显示公式”命令，工作表中的所有公式单元格都会显示出公式本身。

4. 公式中单元格地址的引用

单元格引用通常是指单元格地址的引用。例如，要想在单元格 D1 中显示单元格 A1 中的内容(如为 8)，则 D1 中的公式应是“=A1”，这样 D1 中便显示 8。如果 A1 中的数据改成 10，则 D1 中的计算结果会自动更新，立即显示 10。

当一个公式中要用到某个单元格中的数据时，需要指明该单元格的地址(或名称)，这就是单元格引用，简称引用。实际上，引用是通过单元格的名称或地址去“取”到其中的内容的。上面的 A1 之类就是引用，它类似于高级语言中的变量。

单元格的引用

一个单元格中的公式经常会被复制到其他单元格，根据公式复制后其中的单元格引用是否会自动调整，可将单元格引用分为相对地址引用、绝对地址引用和混合地址引用三种形式。

1) 相对地址引用

假如公式中要使用 A1 单元格，则公式中“A1”这样的表示方式就是相对地址引用。

当把这个含有“A1”单元格地址的公式复制到一个新位置时，公式中的“A1”会随着公式的相对位置而自动改变。比如向下复制公式，公式中的“A1”会变成“A2”“A3”等；向右复制公式，公式中的“A1”会变成“B1”“C1”等。默认地，Excel 使用相对地址来引用单元格。

2) 绝对地址引用

假如公式中要使用 A1 单元格，则公式中“$A$1”这样的表示方式就是绝对地址引用(列标和行标前面都加上“$”符号)。

不论将公式复制到什么位置，公式中的绝对地址引用如“$A$1”都保持不变。

当有许多公式都使用一个固定的单元格(或单元格区域)中的数据时，这个单元格(或单元格区域)应使用绝对地址引用，格式如“$A$1”或“$A$1:$A$30”等。

3) 混合地址引用

假如公式中要使用 A1 单元格，则公式中“$A1”或者“A$1”这样的表示方式就是混合地址引用(列标和行标只有一个加“$”符号)。列标前加“$”符号表示列绝对，公式复制后列标不变；数字前加“$”符号表示行绝对，公式复制后行号不变。

5. 公式中跨工作表单元格的引用

在 Excel 的公式中，可以引用同一张工作表中的单元格，也可以引用同一个工作簿不同工作表中的单元格，还可以引用不同工作簿中工作表的单元格。

(1) 引用同一工作簿其他工作表中的单元格：以“！”作为工作表名称和单元格引用之间的分隔符。引用格式如下：

工作表名称!单元格地址

例如“=考勤成绩表!B2”。

(2) 引用不同工作簿中工作表的单元格：以“[ ]”作为工作簿的界定符。引用格式如下：

[工作簿名称]工作表名称!单元格地址

例如“=[学生课程成绩]考勤成绩表!B2”。

引用其他工作簿中的工作表时，最好同时打开要引用的工作簿文件，这样在用鼠标切换工作簿、工作表和单元格时，系统会自动产生完整的单元格引用。当关闭所引用的工作簿文件时，公式中的引用将会以类似下面的格式显示：

='C:\项目五\[学生信息.xlsx]学生信息表'!$A$1

注意：当工作表名称以数字开头，或者包含空格和一些特殊字符时，应将工作表名称放在一对英文半角单引号中，例如“='1 月份工资'!A2”。

【例 5.2】 单元格相对地址引用和绝对地址引用示例，如图 5-24 所示。

	A	B	C	D	E	F	G	H	I
1									
2			单价	数量	金额		单价	数量	金额
3			1	2	2		2	5	10
4			3	4	12		3	6	18
5			5	6	30		4	7	28
6									
7			圆周率	3.1416					
8									
9			半径	周长	面积				
10			1	6.2832	3.1416				
11			2	12.5664	12.5664				
12									
13									

公式：=C3*D3

公式：=$D$7*C10*C10

公式：=2*$D$7*C10

图 5-24　单元格相对地址引用与绝对地址引用示例

要求：在 E3 单元格中输入公式，然后复制到 E4:E5 和 I3:I5；在 D10 和 E10 单元格中输入公式，然后复制到 D11:E11。

操作要点：

(1) E3 中的公式应为“=C3*D3”，公式中的 C3 和 D3 都使用相对地址引用。

(2) D10 中的公式应为“=2*$D$7*C10”，E10 中的公式应为“=$D$7*C10*C10”。公式中的 D7 单元格内存放着圆周率数值，其他四个公式都要使用 D7 单元格中的数据，所以 D7 要使用绝对地址引用。D7 单元格类似于高级语言中的符号常量，具有“一改全改”的功能。在公式中使用$D$7 绝对地址引用方式，比在四个公式中直接使用常数 3.1416 更为方便而且合理。

D10 和 E10 两个公式中的 C10 表示半径，由于仅向下复制公式，因此半径使用“C10”相对地址引用或“$C10”混合地址引用均可。

小贴士

巧用 F4 功能键添加或删减“$”符号：单元格地址引用中的美元符号不需手工输入，在输入公式过程中单击单元格后直接按 F4 键，每按一次就会改变一种引用方式，直到满意为止。如果是编辑公式，应先选定其中的单元格地址，再按 F4 键切换引用方

【例 5.3】 单元格混合地址引用示例，如图 5-25 中的“九九表”。

	A	B	C	D	E	F	G	H	I	J	K
2						九 九 表					
3			1	2	3	4	5	6	7	8	9
4		1	1	2	3	4	5	6	7	8	9
5		2	2	4	6	8	10	12	14	16	18
6		3	3	6	9	12	15	18	21	24	27
7		4	4	8	12	16	20	24	28	32	36
8		5	5	10	15	20	25	30	35	40	45
9		6	6	12	18	24	30	36	42	48	54
10		7	7	14	21	28	35	42	49	56	63
11		8	8	16	24	32	40	48	56	64	72
12		9	9	18	27	36	45	54	63	72	81

图 5-25　单元格混合地址引用示例

要求： 在 C4 单元格中输入一个公式，然后按 Ctrl + C 键复制 C4 单元格，再选定单元格区域 C4:K12，按 Ctrl + V 键粘贴公式。

操作要点： C4 中的公式应为“=$B4*C$3”。

输入方法：在 C4 中输入“=”，然后单击 B4，按 F4 键直到变成 $B4，再输入“*”，然后单击 C3，按 F4 键直到变成 C$3。

观察“九九表”，我们得知：每个数据都是第 3 行一个数据和第 B 列一个数据相乘的结果，因此 3 和 B 是固定的，3 前面和 B 前面需要加“$”符号，从而“锁定”3 和 B。

请修改 C4 中的公式，显示“1*1=1”格式的九九表。

提示： 参考公式“=$B4&"x"&C$3&"="&$B4*C$3”。

注意：

(1) 在一个公式中如果有多个单元格地址，每个单元格地址都可以采用相对地址引用、绝对地址引用或者混合地址引用方式之一，这些单元格地址的引用方式互不影响。

(2) 如果一个公式只在一个单元格中使用一次，即该公式不向其他单元格复制，则其中的每个单元格地址使用哪一种引用方式，其效果没有区别。

(3) 在公式中对单元格地址采用多种引用方式，其根本目的是提高公式的通用性，是为了只输入较少的公式，用复制公式的方式完成其他单元格公式的输入，从而提高效率。

(4) 公式中每个单元格采用何种引用，需根据公式将来要向什么方位(向下、向右等)复制而决定。如果希望公式复制后公式中某个单元格的行号不变，则在行号前加“$”符号；

如果希望列号不变，则在字母前加“$”符号。

5.4.2.2　函数

1．函数的概念

函数是具有特定功能的预先定义好的表达式，它必须包含在公式中。Excel 提供了大量的函数，如常用函数、统计函数、数学与三角函数、日期与时间函数等，利用这些函数可以快速完成一些复杂的运算。例如，要计算 A2 至 E2 单元格中的数据之和，使用一般的公式为“=A2+B2+C2+D2+E2”，而使用包含函数的公式则为“=SUM(A2:E2)”。该公式简短、直观，而且如果在第 A 至 E 列之间增加几列数据后，公式会自动调整。

函数的结构如下：

　　函数名([参数 1]，[参数 2]，…)

其中：函数名说明函数的功能，表示将执行什么操作；函数中的参数是函数运算时要使用的量，可以是数字、文本、逻辑值、单元格引用、数组或其他函数等。参数要使用括号“(　)”括起来，如果函数有多个参数，则参数之间要用逗号分开。若函数中没有参数，圆括号也不能省略。

2．输入函数的方法

1) 直接手动输入

选定要放置公式的单元格，在编辑栏中从“=”开始逐个字符输入完整的函数，然后按回车键结束。当用户对所使用的函数及其参数都非常熟悉时，或者能从其他地方获得函数公式的全部或部分文本并利用时，可以使用此方法。

2) 使用“自动求和”按钮 Σ

选定要放置公式的单元格，单击“开始”选项卡“编辑”选项组中的“自动求和”按钮 Σ 右侧的箭头，选择“求和”等函数，然后选定单元格或单元格区域作为参数，或手动输入函数参数，按回车键确定。

可以在列表中单击“其他函数”，之后在“插入函数”对话框中选择其他函数。

此方法适合输入求和、平均值、计数、最大值、最小值等常用函数。当要放置函数公式的单元格与数据区域相邻时，可以先选定水平或垂直方向连续的单元格区域(包括要放置公式结果的空单元格)，再单击某个函数，系统会在选定区域最右侧或最下侧单元格中自动输入函数名称及函数参数。

3) 使用“插入函数”对话框

如果记不清函数名称或不熟悉参数的使用方法，可以使用函数向导输入函数。打开“插入函数”对话框的方法有以下几种。

方法一：选定要放置公式的单元格，单击编辑栏中的“插入函数”按钮 fx。

方法二：在“公式”选项卡的“函数库”选项组中选择某类函数，或单击最左侧的“插入函数”按钮 fx。

方法三：当在单元格中输入“=”后，“名称”框将变成“函数”框，单击“名称”框右侧的箭头，选择某个函数，如选择“其他函数”，可打开“插入函数”对话框。

在“插入函数”对话框中可选择函数类别，如选择“全部”，则函数名称将按字母顺序排列，再从中选择函数。

小贴士

输入函数名称及参数的几点技巧：

(1) 当输入“=”和函数名的前几个字符时，Excel 会列出以所输入字母开头的函数名(输入字母越少，列出的函数名越多)，使用上下箭头键选择函数，按 Tab 键或双击函数名确定选择函数。如果函数参数只是一个或几个单元格区域，则可以用鼠标选定数据区域(可配合 Ctrl 等键)，按回车键结束输入(函数右括号会自动输入)；如果函数参数有多个，则可以手工输入逗号，再输入其他参数。

(2) 在函数输入过程中，当输入函数名及其左括号后，或者在函数输入后，都可以单击编辑栏中的“插入函数”按钮 *fx* 打开“函数参数”对话框，将光标置于某个参数框中即可查询函数参数说明。

(3) 在“插入函数”对话框或者“函数参数”对话框中，单击对话框左下角的“有关该函数的帮助”链接，即可打开该函数的帮助窗口。

【例 5.4】 输入函数的常用方法。在图 5-26 中，要在 F2、G2 单元格中计算“数据 1”~“数据 5”的“数据和”和“平均值”。

较简便的函数输入方法如下：

选定 F2 单元格，单击“开始”选项卡“编辑”选项组中的“自动求和”按钮 Σ 右侧的箭头，选择“求和”，然后选定 A2 到 E2 单元格，按回车键。

输入函数的方法

类似地，选定 G2 单元格，单击“自动求和”按钮 Σ 右侧的箭头，选择“平均值”，然后选定 A2 到 E2 单元格，按回车键。

	A	B	C	D	E	F	G
1	数据1	数据2	数据3	数据4	数据5	数据和	平均值
2	1	2	3	4	5		
3							
4							
5							

图 5-26　输入函数的方法示例

5.4.2.3　常用函数

常用函数及其参数说明如表 5-8 所示。

常用函数

表 5-8　常用函数及其参数说明

序号	名称	含义	说　明
1	SUM	求和	语法是 SUM(数值 1，数值 2，…)。功能是计算各参数之和。参数可以是常数、单元格引用、数组、公式或另外一个函数的返回结果
2	AVERAGE	平均值	语法是 AVERAGE(数值 1，数值 2，…)。功能是计算各参数的算术平均值
3	COUNT	计数	语法是 COUNT(数据 1，数据 2，…)。功能是仅统计区域中数字单元格的个数。参数可以是各种类型的数据
4	MAX	最大值	语法是 MAX(数值 1，数值 2，…)。功能是返回一组数值中的最大值
5	MIN	最小值	语法是 MIN(数值 1，数值 2，…)。功能是返回一组数值中的最小值
6	COUNTA	求非空单元格个数	语法是 COUNTA(数据 1，数据 2，…)。功能是计算区域中非空单元格的个数。非空单元格指已经有内容的单元格。参数可以是各种类型的数据
7	COUNTBLANK	求空白单元格个数	语法是 COUNTBLANK (数据 1，数据 2，…)。功能是计算区域中空白单元格的个数。空白单元格包括空单元格(没有任何内容的单元格)和空文本字符串单元格。参数可以是各种类型的数据
8	COUNTIF	条件计数	语法是 COUNTIF(单元格范围，统计条件)。功能是统计区域中符合某个条件的单元格的个数。空值和文本值将被忽略。条件可以表示为 32、">32"、B4、"男"等
9	COUNTIFS	多条件计数	语法是 COUNTIF(条件区域 1，条件 1，条件区域 2，条件 2，…)。功能是统计符合多个条件的单元格的个数
10	ROUND	四舍五入	语法是 ROUND(x, n)。功能是对数值项 x 进行四舍五入。n>0 表示保留 n 位小数；n=0 表示保留整数；n<0 表示从个位向左对 x 四舍五入。如“=ROUND(9.615, 2)”的结果是 9.62，“=ROUND(5.6, 0)”的结果是 6
11	INT	向下取整	语法是 INT(x)。功能是将 x 向下舍入到最近的整数。如“=INT(5.9)”的结果是 5，“=INT(-5.1)”的结果是-6
12	MOD	求余数	语法是 MOD(x，y)。功能是返回 x/y 的余数。如“=MOD(7,2)”的结果是 1
13	ABS	绝对值	语法是 ABS(x)。功能是取 x 的绝对值。如“=ABS(-5)”的结果是 5

说明：SUM、AVERAGE、COUNT、MAX、MIN 五个函数的用法类似。当使用相邻的单元格区域时，可以使用“A1:B3”等格式指定单元格区域。SUM、MAX、MIN 函数可以有 1～255 个参数，AVERAGE、COUNT 函数可以有 1～30 个参数。

【课堂练习 5.6】

使用函数完成图 5-27 所示 A2 至 A5 单元格中数据的求和等计算。

	A	B	C	D	E	F	G
1	数据	求和	求平均	求最大值	求最小值	求数值个数	求非空单元格个数
2	60	310	77.5	90	60	4	4
3	75						
4	90						
5	85						

图 5-27　课堂练习 5.6 用图

提示：在 B2 单元格使用函数公式“=SUM(A2:A5)”。

此外，Excel 提供了自定义名称功能，利用此功能可以为某个单元格区域自定义一个名称，便于用户管理和使用数据。定义名称有多种方法，如使用名称框定义名称等。这里可以为 A2:A5 单元格区域定义一个名称如“CJ”，然后在函数参数中使用。方法是：选定 A2:A5 单元格区域，在名称框中输入自定义名称“CJ”并按回车键，之后，在 B2 单元格输入函数公式“=SUM(CJ)”，或将光标放在 SUM 函数的括号中，单击“公式”|“定义的名称”|“用于公式”按钮，选择 CJ 名称。本课堂练习中，其他函数也可以使用 CJ 名称。在定义名称时，要遵循一定的命名规则，例如名称不能与单元格地址相同，不能包含空格等。

【例 5.5】 计数函数的使用，如图 5-28 所示。

	A	B	C	D	E	F	G
1	常用计数函数使用示例						
2		数据1	数据2	数据3	数据4	计算公式	F列的公式
3	1、数值数据总个数	1	-2	张三	010	2	=COUNT(B3:E3)
4	2、非负数的个数	2	-3	张三	0	2	=COUNTIF(B4:E4,">=0")
5	3、"张三"的个数	3	张三	张三	张 三	2	=COUNTIF(B5:E5,"张三")
6	4、非空单元格个数	4	0			3	=COUNTA(B6:E6)
7	5、空白单元格个数	5	0			2	=COUNTBLANK(B7:E7)
8		输入空串=""		未输入任何内容			
9							

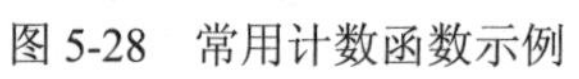

图 5-28　常用计数函数示例

常用计数函数

说明：

(1) F3 单元格的公式：COUNT(B3:E3)，统计的是区域中数值型数据的个数，不包括文本数据“010”和“张三”。

(2) F4 单元格的公式：COUNTIF(B4:E4,">=0")，统计的是区域中数值大于或等于 0 的单元格个数，不包括“张三”单元格。

(3) F5 单元格的公式：COUNTIF(B5:E5,"张三")，统计的是区域中文本为“张三”的单元格个数，条件可写为“张三”或者“=张三”，而“张 三”不会被统计。

(4) F6 单元格的公式：COUNTA(B6:E6)，统计的是区域中非空单元格的个数，包括用公式“=""”输入的空文本字符串单元格。

(5) F7 单元格的公式：COUNTBLANK(B7:E7)，统计的是区域中空白单元格的个数。空文本字符串单元格和未输入任何内容的单元格都是空白单元格。

四舍五入函数

【例 5.6】 四舍五入函数 ROUND 的使用。如图 5-29 所示，学生的原始成绩在 B 列，要求对原始成绩四舍五入取整后在 C 列生成最终成绩。

操作要点：如图 5-29 所示，有两种取整方法，这两种方法有着本质区别。

方法一：通过设置单元格格式使成绩保留 0 位小数。

以处理张三的成绩为例。将 B3 单元格数据复制到 C3，选定 C3 单元格，单击“开始”选项卡“数字”选项组中的“减少小数位数”按钮，使数据显示为 0 位小数，此时 C3 中虽然显示为 60，但编辑框中的数值(单元格中真正的数据)仍然是 59.6，并没有在四舍五入后真正变成 60。E3 单元格中的公式“=C3=60”的结果为假(FALSE)。E3 中的公式结果和我们意想的结果不一致，这是一种“眼见不为实”的现象，在实际工作中一定要避免。

方法二：使用 ROUND 函数使成绩保留 0 位小数。

以处理李四的成绩为例。在 C4 单元格写入公式“=ROUND(B4,0)”，在 C4 单元格中对 B4 中的数据四舍五入取整(保留 0 位小数)，C4 单元格中的数据真正变成了 60。E4 单元格中的公式“=C4=60”的结果为真(TRUE)。

	A	B	C	D	E	F
1		成绩表				
2	姓名	原始成绩	最终成绩		判断是否及格	E列的公式
3	张三	59.6	60		FALSE	=C3=60
4	李四	59.6	60		TRUE	=C4=60
5						
6			公式：=ROUND(B4,0)			

图 5-29　四舍五入函数 ROUND 示例

小贴士

控制单元格中数据小数位数的建议：

(1) 使用“设置单元格格式”命令控制小数位数时，只建议使用“增加小数位数”的方式，其作用是使单元格区域中的数据小数点对齐，使数据显示格式统一、美观；不建议使用“减少小数位数”的方式，因为会造成单元格中显示的数据与单元格中的实际数据不一致的现象，除非这些单元格不会再被其他单元格中的公式引用。

(2) 当遇到求平均数等需要做除法运算并要求进行四舍五入保留小数时，应在另外的单元格中使用四舍五入函数 ROUND 控制相关单元格中的小数位数。

5.5　任务：学生成绩统计

5.5.1　任务描述与实施

1. 任务描述

本任务要帮助教师完成某班各门课程的成绩统计任务。本学期该班共有三门考试课程，各门课程的考试成绩均已产生并保存到“学生成绩统计.xlsx”工作簿的“成绩总表”中，如图 5-30 所示，现在要完成其中阴影部分的数据计算工作(注：样图中隐藏了部分行数据)。

学生成绩总表

班级：软件1701班　　班主任:张华

序号	学号	姓名	性别	籍贯	高数	英语	文化基础	总分	平均分	名次	级别	不及格门数	是否补考
01	170101	李春	男	河北省	82	72	85	239	80	15	B	0	
02	170102	许伟嘉	女	山东省	98	88	92	278	93	1	A	0	
03	170103	李泽佳	男	河北省	66	56	55	177	59	27	E	2	补考
04	170104	谢灏扬	女	河北省	90	80	60	230	77	18	C	0	
05	170105	黄绮琦	男	陕西省	96	86	85	267	89	3	B	0	
06	170106	刘嘉琪	女	湖南省	82	72	75	229	76	19	C	0	
07	170107	李明	男	河北省	96	86	84	266	89	3	B	0	
08	170108	陈思欣	女	河北省	97	87	83	267	89	3	B	0	
09	170109	蓝敏绮	女	上海市	99	87	85	271	90	2	A	0	
10	170110	钟宇铿	男	山东省	96	86	81	263	88	8	B	0	
11	170111	李振兴	男	河北省	80	70	50	200	67	25	D	1	补考
12	170112	张金峰	男	河北省	86	76	55	217	72	22	C	1	补考
29	170129	毛一伟	女	河北省	67	76	82	225	75	20	C	0	
30	170130	陈佩珊	男	河北省	98	88	63	249	83	12	B	0	
全班各科最高分数					99	89	92						

各科成绩分数段人数

分数段	高数	英语	文化基础
0-59	0	3	8
60-69	3	3	6
70-79	4	6	1
80-89	6	18	13
90-100	17	0	2

男女生单科成绩平均分

性别	高数	英语	文化基础
男	89.35	77.35	71.76
女	84.08	76.23	62.46

图 5-30　“学生成绩统计.xlsx”工作簿的“成绩总表”样图

表格内容的说明：

(1) “总分”指三门课程的总分。“平均分”是三门课程的平均分，四舍五入后取整数。

(2) “名次”指每个学生三门课程的“平均分”在班内从高到低的排名，可以有并列名次。

(3) “级别”是按“平均分”划分的，用大写字母 A～E 表示。划分依据：90～100 分为“A”，80～89 分为“B”，70～79 分为“C”，60～69 分为“D”，60 分以下为“E”。

(4) “不及格门数”指“平均分”成绩低于 60 分的课程门数。

(5) “是否补考”指某学生只要有一门课程不及格，则在“是否补考”单元格中填入“补考”字样；如果全部课程均及格，则填写空文本(="")。

(6) 工作表右下方的“男女生单科成绩平均分”表格中，各项数据四舍五入后保留 2 位小数。

2. 任务实施

【解决思路】

完成本任务要用到多个函数。计算“总分”、“平均分”和“名次”要使用 SUM、AVERAGE、RANK 函数；为了使“平均分”保留指定小数位数，要用到四舍五入函数 ROUND；“级别”需要使用嵌套的 IF 函数完成，要注意嵌套函数输入的技巧。

COUNTIF、AVERAGEIF 是根据条件进行计数或求平均值的函数，由于公式要复制到其他单元格，在公式中要灵活使用单元格引用方式，力争只输入一个公式，然后复制到其他需要类似公式的单元格区域中，提高工作效率。

本任务涉及的主要知识技能点如下：

(1) 逻辑函数 IF、AND 等的应用。

(2) 统计函数 COUNTIF、AVERAGEIF 的应用。

(3) 排名函数 RANK 的应用。

(4) 函数的嵌套使用。

项目五任务五

【实施步骤】

打开“学生成绩统计.xlsx”工作簿文件，选择“成绩总表”工作表，在每列阴影区第一个单元格中输入公式，然后使用填充柄向下或向右填充公式。本任务要求及操作要点如

表 5-9 所示。

表 5-9　任务要求及操作要点

任 务 要 求	操 作 要 点
1. 计算总分、平均分、名次、级别、不及格门数、是否补考等内容	
J5 单元格的公式(总分)	=SUM(G5:I5)
K5 单元格的公式(平均分，四舍五入后取整数)	=ROUND(AVERAGE(G5:I5), 0)
L5 单元格的公式(名次)	=RANK(K5, $K$5:$K$34) 或者 =RANK(K5, K:K)
M5 单元格的公式(级别)	=IF(K5>=90, "A", IF(K5>=80, "B", IF(K5>=70, "C", IF(K5>=60, "D", "E"))))
N5 单元格的公式(不及格门数)	=COUNTIF(G5:I5, "<60")
O5 单元格的公式(是否补考)	=IF(N5>0, "补考", "")
2. 计算各科成绩分数段人数	
R6 单元格的公式	=COUNTIF(G$5:G$34, "<60")
R7 单元格的公式	=COUNTIF(G$5:G$34, "<70")-COUNTIF(G$5:G$34, "<60")
R8 单元格的公式	=COUNTIF(G$5:G$34, "<80")-COUNTIF(G$5:G$34, "<70")
R9 单元格的公式	=COUNTIF(G$5:G$34, "<90")-COUNTIF(G$5:G$34, "<80")
R10 单元格的公式	=COUNTIF(G$5:G$34, ">=90") 选定 R6: R10 区域，向右拖动 R10 单元格的填充柄到 T 列。 **注意**：这里使用混合地址引用的目的是方便公式的复制和修改
3. 计算男女生单科成绩平均分	
R14 单元格的公式(四舍五入后保留 2 位小数)	=ROUND(AVERAGEIF($E$5:$E$34, $Q14, G$5: G$34), 2) 拖动 R14 单元格的填充柄向 R15 复制公式，然后选定 R14: R15 区域，拖动 R15 单元格的填充柄向右复制公式到 T 列。公式中使用了绝对地址引用和混合地址引用，目的是方便公式的复制和修改
4. 计算全班学生各科成绩最高分	
G35 单元格的公式	=MAX(G5: G34) 拖动 G35 单元格的填充柄向 H35 和 I35 复制公式

说明：

(1) L5 中的 RANK 函数用于计算第一个学生的平均分名次，第一个参数是第一个学生的分数，单击 K5 单元格即能输入；第二个参数是全班学生的分数，选定 K5:K34 区域，由于每个学生的排名都是相对于全班学生的分数，因此该区域应为绝对地址引用“$K$5:$K$34”；第三个参数是排序方式，为 0 或忽略表示降序，这里的排名是降序，因此第三个参数可以不填。

(2) N5 中的公式用于统计第一个学生三门课程中成绩低于 60 分的课程门数，即“不及格门数”，如果三门课程都及格，则会显示 0。

【自主训练】

(1) 改写 M5 单元格中的“级别”公式，按照 E、D、C、B、A 的级别顺序判断。

(2) 利用 COUNTIFS 函数改写 R7~R9 单元格中各分数段人数的公式。

【问题思考】

当 IF 函数的第一个参数为逻辑假，第三个参数省略时，函数返回什么值？

5.5.2　相关知识与技能

5.5.2.1　常用逻辑函数

常用的逻辑函数如表 5-10 所示。

表 5-10　常用的逻辑函数

序号	名称	含义	说　明
1	IF	条件函数	一般格式是 IF(条件, E1, E2)。当条件成立时，返回 E1 的值；当条件不成立时，返回 E2 的值
2	OR	逻辑或	一般格式是 OR(L1, L2, …)。可以有 1～255 个参数，第 2～254 个参数可以省略。当所有参数均为逻辑值 FALSE 时，返回 FALSE，只要有一个值为 TRUE，则返回 TRUE
3	AND	逻辑与	一般格式是 AND(L1, L2, …)。可以有 1～255 个参数，第 2～254 个参数可以省略。当所有参数均为逻辑值 TRUE 时，返回 TRUE；只要有一个值为 FALSE，则返回 FALSE
4	NOT	逻辑非	一般格式是 NOT(L)。功能是对参数值求反。当参数值 L 为 FALSE 时，返回 TRUE；当参数值 L 为 TRUE 时，返回 FALSE

【例 5.7】 以图 5-31 为例，说明常用逻辑函数的使用方法。

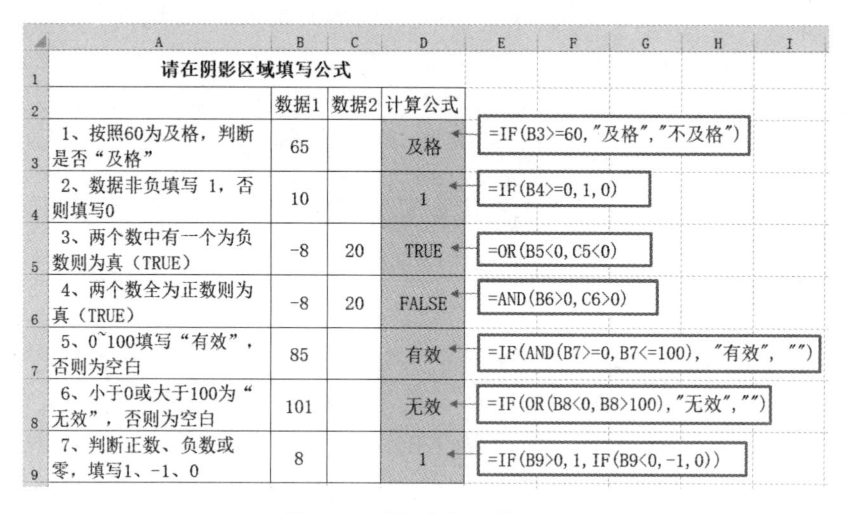

图 5-31　常用逻辑函数示例

说明：

(1) D3 单元格的公式为“=IF(B3>=60, "及格", "不及格")”。注意汉字“及格”和“不及格”要用英文半角双引号(")引起来。

(2) D4 单元格的公式为“=IF(B4>=0, 1, 0)”，数值 1 和 0 不能加双引号。

嵌套函数的输入

(3) D5、D6 单元格中 AND、OR 函数各参数用英文半角逗号分开。

(4) D7 单元格的公式为“=IF(AND(B7>=0, B7<=100), "有效", "")”，与数学中的 0≤B7≤100 有相同的意义，但是在 Excel 中必须用 AND 函数来实现。空白字符串用两个英文双引号表示，中间不能加入空格。

(5) D8 单元格公式中使用了 IF 和 OR 嵌套函数。

(6) D9 单元格公式中使用了两个 IF 嵌套函数。

【课堂练习 5.7】

在 A3 单元格和 B3 单元格中分别输入两个整数，如果两个整数都大于或等于 90，则在 C3 单元格中输出“优秀”，否则输出空字符串。C3 单元格的公式如下：

=IF(A3>=90, IF(B3>=90, "优秀", ""), "")

请使用多种方法输入该公式。

5.5.2.2　常用日期和时间函数

日期和时间函数

常用的日期和时间函数如表 5-11 所示。

表 5-11　常用的日期和时间函数

序号	名称	含义	说　明
1	DATE	日期	一般格式是 DATE(年, 月, 日)。功能是由年份数字、月份数字和天数数字生成一个日期。参数可以是数值或单元格区域(以下同)
2	YEAR	年份	一般格式是 YEAR(日期)。功能是计算给定日期的年份
3	MONTH	月份	一般格式是 MONTH(日期)。功能是计算给定日期的月份
4	DAY	天数	一般格式是 DAY(日期)。功能是计算给定日期的天数
5	TODAY	当前日期	一般格式是 TODAY( )。功能是返回系统的当前日期
6	NOW	当前日期和时间	一般格式是 NOW( )。功能是返回系统当前的日期和时间
7	DATEDIF	日期间隔	一般格式是 DATEDIF(开始日期，结束日期，unit 参数)。功能是计算两个日期之间间隔的天数、月数或年数

1. DATE 函数

DATE 函数利用所给的三个参数(年、月、日三个数字)组成一个日期。年份可以是 1～4 位数，如果在 1900～9999(含)范围内，则使用它作为年份；如果不在此范围内，则返回错误值“#NUM！”。月份如果大于 12，则从下一年的一月份开始推算。天的数字如果大于该月份的最大天数，则从下一个月份的第一天开始推算。

一个日期加或减一个数字，会得到另一个日期。如求100 天后是哪一天，可使用的公式为“=TODAY( )+100”。

两个日期可以相减，但不能相加。如求到 2035 年元旦还有几天，可使用的公式为“=DATE(2035, 1, 1)-TODAY( )”。

2. YEAR、MONTH、DAY 函数

YEAR、MONTH、DAY 三个函数分别计算给定日期的年、月、日，其参数都是日期

型数据(或一个日期序列数)。如求今年的年份，可用函数“=YEAR(TODAY( ))”或“=YEAR(NOW( ))”。

3. DATEDIF 函数

DATEDIF 函数的功能是返回某个日期与指定日期相隔(之前或之后)的天数、月数、年数。在 Excel 函数的帮助信息中没有此函数的说明。函数中的 unit 参数如下(不区分大小写字母)：

y、m、d：分别表示求两个日期间隔的整年数、月数和天数。

md：时间段中的天数差，忽略日期中的年和月。

ym：时间段中的月数差，忽略日期中的年和日。

yd：时间段中的天数差，忽略日期中的年。

【例 5.8】 常用日期和时间函数的使用。在图 5-32 中，要求在 D3 单元格计算存款到期日期，在 E3 单元格计算从现在距离到期日的天数，在 C7 和 D7 单元格用两种方法计算一个人到 2035 年元旦时的年龄。

	A	B	C	D	E
1	请在阴影区域填写公式				
2	1、计算存款到期日	存入日	期限	到期日	离到期还有几天
3		2024/2/26	3	2027/2/26	
4		2024/10/29	5	2029/10/29	
5		=DATE(YEAR(B3)+C3,MONTH(B3),DAY(B3))			=D3-TODAY()
6	2、计算年龄	出生日期	年龄(虚年)	年龄(整年)	
7		2006/1/1	29	29	
8		2008/12/30	27	26	
9		=2035-YEAR(B7)		=DATEDIF(B7,DATE(2035,1,1),"Y")	
10					

图 5-32　常用日期和时间函数示例

说明：

(1) D3 单元格中的“到期日”是个日期，需要使用 DATE 函数。DATE 函数的三个参数年、月、日需要从“存入日”日期获得，要使用 YEAR、MONTH 和 DAY 三个函数。

(2) E3 单元格的公式是“=D3-TODAY( )”，即“到期日”和系统当前日期相减，得到的是两个日期相隔的天数(注：因系统日期动态改变，图中未给出具体数据)。

(3) C7 单元格的公式是“=2035-YEAR(B7)”，这里直接用两个年份相减，未考虑是否已到出生日，年龄比较“虚”。

(4) D7 单元格的公式是“=DATEDIF(B7, DATE(2035,1,1), "Y")”，按两个日期相隔的整年计算，得到的是周岁。

5.5.2.3　其他函数

常用的其他函数如表 5-12 所示。

表 5-12　常用的其他函数

序号	名称	含义	说　明
1	RANK.EQ	排名	一般格式是 RANK(要排序的数字，排序数据区域，排序方式)。功能是返回某数字在一组数字中相对其他数值的大小排名。当参数“排序方式”为 0 或者省略时，名次降序排列；当参数“排序方式”不为 0 时，名次升序排列
2	RANK	排名	是较低 Excel 版本的排名函数。功能和格式同 RANK.EQ
3	LEN	求长度	一般格式是LEN(文本串)。功能是统计字符串中的字符个数。例如，LEN("hello! ")的结果是“6”
4	LEFT	左取字符	一般格式是 LEFT(文本串, n)。功能是取出最左边 n 个字符。例如，LEFT("hello! ", 2)的结果是“he”
5	MID	中取字符	一般格式是 MID(文本串, m, n)。功能是从第 m 个位置开始取 n 个字符。例如，RIGHT("hello! ", 2, 3)的结果是“ell”
6	RIGHT	右取字符	一般格式是 RIGHT(文本串，截取长度)。功能是取出最右边 n 个字符。例如，RIGHT("hello! ", 2)的结果是 "o!"
7	CONCATENATE	字符连接	一般格式是 CONCATENATE(文本串 1，文本串 2，…)。功能是连接文本串。可以连接 1~255 个文本串。例如，CONCATENATE("中国","北京")的结果是“中国北京”
8	AVERAGEIF	条件平均	一般格式是 AVERAGEIF(条件判断区域，条件，求平均值区域)。功能是根据指定条件对若干单元格计算算术平均值
9	SUMIF	条件求和	一般格式是 SUMIF(条件判断区域，条件，求和区域)。功能是统计满足单个条件的若干单元格之和
10	SUMIFS	多条件求和	一般格式是 SUMIF(求和区域，条件区域 1, 条件 1, 条件区域 2，条件 2，…)。功能是统计需要满足多个条件的单元格之和。最多可以有 127 个区域/条件对
11	VLOOKUP	垂直查找	一般格式是 VLOOKUP(x, table, n, f)。功能是在 table 区域中的第 1 列查找值 x，如果查到就返回区域中第 n 列单元格中的数据。f=0 时表示精确查找，找不到则返回“#N/A”；f=1 时表示模糊查找，找不到则返回小于或等于 x 的最大值
12	FREQUENCY	频率分布	一般格式是 FREQUENCY(data_array,bins_array)。功能是计算一组数据在各个数值区间的分布情况

1．排名函数

RANK.EQ 函数用于排名，当有相同结果(并列名次)时均取相同的名次。例如，有两个数据并列第 1 名，则没有第 2 名，下一个数据为第 3 名。RANK 函数是 Excel 较低版本的排名函数，其功能同 RANK.EQ 函数。

一般情况下，排名函数的第二个参数都是同一个数据区域，因此，要使用绝对地址引用，这样当排名公式复制到其他单元格时结果才会正确。

2．文本处理函数

文本处理操作经常需要多个函数配合使用。

例如，J4 单元格中的“身份证号”是 18 位文本数据，现在要取出其中的出生日期(7～14 位)，则需要使用公式“=MID(J4, 7, 8)”。

如果想得到“2024 年 10 月 08 日”字样，则可以使用以下公式：

=MID(J4, 7, 4)&"年"&MID(J4, 11, 2)&"月"&MID(J4, 13, 2)&"日"

或者使用文本连接函数 CONCATENATE，公式如下：

=CONCATENATE(MID(J4, 7, 4),"年",MID(J4, 11, 2),"月",MID(J4, 13, 2),"日")

又如，从 J4 单元格的“身份证号”中求得某人性别的函数公式如下：

=IF(MOD(MID(J4, 17, 1), 2)=1, "男", "女")

这里的 MOD 函数是求余数函数。身份证号倒数第 2 位数表示性别，奇数为男性，偶数为女性。

3．条件求和函数与条件平均函数

条件求和函数 SUMIF 的一般格式是 SUMIF(条件判断区域，条件，求和区域)，用于根据指定条件对若干单元格求和。例如：在“成绩总表”工作表中，E 列是“性别”，E5:E34 区域是性别区域；G 列是“高数”，G5:G34 区域是学生的“高数”成绩，计算男生“高数”成绩之和的公式如下：

= SUMIF(E5:E34, "男", G5:G34)

如果公式要复制填充，还需要修改其中的单元格引用方式，之后再复制填充。

AVERAGEIF 函数的使用与 SUMIF 相似。多条件统计函数有 SUMIFS、AVERAGEIFS 等，请读者参考 Excel 的帮助系统自学。

4．垂直查找函数

垂直查找函数 VLOOKUP 是使用频率非常高的查询函数之一，该函数语法可理解为：

VLOOKUP(要查找的值，要查找的区域，返回查找区域中第几列的内容，精确/近似匹配)

【例 5.9】 VLOOKUP 函数的使用。如图 5-33 所示，要求在阴影区域输入公式，根据学号查找获奖学生姓名，根据学生成绩查找成绩级别。

	A	B	C	D	E	F	G	H	I	J	K	L	M
1		学生信息表			获奖学生			学生成绩表				成绩对照	等级
2		学号	姓名		学号	姓名		姓名	成绩	级别		0	E
3		0101	张三		0102	李四		张三	90	A		60	D
4		0102	李四		0202	马六		李四	82	B		70	C
5		0201	王五					王五	73	C		80	B
6		0202	马六					马六	64	D		90	A
7		0203	赵七					赵七	55	E			

公式：=VLOOKUP(E3, $B$3:$C$7, 2, FALSE)

公式：=VLOOKUP(I3, $L$2:$M$6, 2)

图 5-33　VLOOKUP 函数示例

VLOOKUP 函数

(1) 精确查找。

图 5-33 中最左侧的表格是学生信息表，要根据获奖学生的学号(E3:E4)查找出学生的姓名(放置于 F3:F4)，应使用 VLOOKUP 函数精确查找。

以 F3 单元格中的公式为例，该函数从 B3 单元格开始到 B7 单元格为止，从上向下查找 E3 单元格中的值(“0102”)，当在第 4 行的 B4 单元格找到后停止查找，然后将查找区域(B3:C7)中的第 2 列单元格即 C4 单元格中的值(“李四”)返回到公式所在单元格 F3 中。

函数第四个参数如为 0 或 FALSE，则表示要精确查找。

(2) 近似查找。

函数第四个参数如为 1、TRUE 或省略，则表示要近似查找。近似查找时需要构造一个辅助对照表，如图 5-33 中最右侧的表格，表格中的首列数据要升序排序。

注意：

(1) 查找区域的首列必须包含要查询的值，当查找不到时会返回错误值“#N/A”。

(2) 查找后返回的数据列要在要查找数据列的右侧。

(3) 如果有多条满足条件的记录，则 VLOOKUP 函数只能返回第一个查找到的记录。

5. 频率分布函数

频率分布函数 FREQUENCY 用于计算一组数据在各个数值区间的分布情况，其语法格式如下：

FREQUENCY(data_array,bins_array)

其中参数 data_array 是参与统计的一个数组或引用，bins_array 是统计时使用的分段点间隔数组或引用。对于每一个分段点，按照“向上舍入”原则进行统计，即统计小于或等于本分段点且大于上一个分段点的频数。如果要划分出 n+1 个区间，则需在 bins_array 中给出 n 个分段点。该函数统计时忽略文本值、逻辑值和空单元格，只对数值进行统计。

【例 5.10】 FREQUENCY 函数的使用。如图 5-34 所示，要求在 F3:F6 单元格区域输入公式，计算各年龄段的人数。

	A	B	C	D	E	F	G	H
1	职工信息				各年龄段人数			
2	序号	姓名	年龄		年龄段	人数		
3	1	张三	18		25以下	2		间距
4	2	李四	20		25~35	2		24
5	3	王五	27		36~59	1		35
6	4	马六	35		60及以上	1		59
7	5	赵七	57					
8	6	杨八	62					

图 5-34　FREQUENCY 函数示例

FREQUENCY 函数

要统计职工信息表中的各年龄段人数，采用 3 个分段点间距数据“24,35,59”即可将年龄分为 4 段。选定 F3:F6 单元格区域，输入函数公式“=FREQUENCY(C3:C8,H4:H6)”，然后按 Ctrl+Shift+回车键即可得到结果。公式显示为

{=FREQUENCY(C3:C8,H4:H6)}

如果“年龄”列是学生课程成绩，则使用“59,69,79,89”4 个分段点，即可统计出 5 个级别各分数段的人数。

5.6 任务：学生成绩处理

5.6.1 任务描述与实施

1．任务描述

本任务要求对某班的学生成绩进行数据处理和分析，从而从多个角度了解学生的总体学习情况。学生成绩已保存在“学生成绩处理.xlsx”工作簿的“成绩总表”工作表中，如图5-35所示。“排序”等其他工作表用于保存数据处理结果。

学生成绩总表

班级：软件1701班　　　　班主任:张华

序号	学号	姓名	性别	高数	英语	文化基础	总分	平均分	名次	级别
1	170101	李春	男	82	72	85	239	80	15	B
2	170102	许伟嘉	女	98	88	92	278	93	1	A
3	170103	李泽佳	男	66	56	55	177	59	29	E
4	170104	谢灏扬	女	90	80	60	230	77	18	C
5	170105	黄绮琦	男	96	86	85	267	89	3	B
6	170106	刘嘉琪	女	82	72	75	229	76	19	C
7	170107	李明	男	96	86	84	266	89	3	B

成绩总表　排序　筛选　分类汇总　透视表　高级筛选

图5-35　“学生成绩处理.xlsx”工作簿的“成绩总表”样图

2．任务实施

【解决思路】

本任务要对“成绩总表”中的学生成绩进行排序、筛选、分类汇总和透视分析操作。这些操作大都需要在“数据”选项卡中进行。

本任务涉及的主要知识技能点如下：

(1) 数据清单的概念。

(2) 数据排序，包括单个关键字排序、多关键字排序和自定义排序。

(3) 数据筛选，包括自动筛选和高级筛选。

(4) 分类汇总，包括简单分类汇总、多重分类汇总和嵌套分类汇总。

(5) 数据透视表。

项目五任务六

【实施步骤】

打开“学生成绩处理.xlsx”工作簿，在“成绩总表”工作表中操作。本任务要求及操作要点如表5-13所示。

表 5-13　任务要求及操作要点

任务要求	操作要点
1. 数据排序	
(1) 在“成绩总表”中，按“总分”降序排序，总分相同时再按“文化基础”降序排序	① 选定“成绩总表”，选定 B4:L34 单元格区域，单击“数据”选项卡“排序和筛选”选项组中的“排序”按钮，在“排序”对话框中设置“主要关键字”为“总分”，“次序”为“降序”。 ② 单击 添加条件(A) 按钮，并在“次要关键字”下拉列表中选择“文化基础”，设置“次序”为“降序”，单击“确定”按钮
(2) 将排序结果复制到“排序”工作表 A2 开始的单元格处	选定“成绩总表”，选定排序后的数据区域(B4:L34)，按 Ctrl + C 键复制内容，单击选定“排序”工作表，单击 A2 单元格，按 Ctrl + V 键粘贴内容
(3) 在“成绩总表”中，按“序号”升序排序，恢复到排序前状态	① 选定“成绩总表”，选定排序数据区域(B4:L34)，单击“数据”选项卡“排序和筛选”选项组中的“排序”按钮，在“排序”对话框中设置“主要关键字”为“序号”，“次序”为“升序”。 ② 选定“次要关键字”排序条件一行，单击“删除条件”按钮删除排序条件，再单击“确定”按钮。如果出现“排序提醒”对话框，则选择默认选项
2. 自动筛选	
(1) 筛选出“总分”介于 250～300 之间(含)且“文化基础”大于或等于 80 分的“男”学生	① 选定“成绩总表”，选定 B4:L34 区域，单击“数据”选项卡中的“筛选”按钮，此时在每个字段名右侧将出现一个下拉按钮，进入数据筛选状态。 ② 单击“总分”右侧的下拉按钮，在列表中选择“数字筛选”|“介于”命令，在“自定义自动筛选方式”对话框中设置“大于或等于”为“250”，选择“与”选项，“小于或等于”为“300”。 ③ 单击“文化基础”右侧的下拉按钮，在列表中选择“数字筛选”，在对话框中选择“大于或等于”并输入“80”。 ④ 单击“性别”右侧的下拉按钮，在“搜索”框下方取消勾选“全选”复选框，勾选“男”复选框
(2) 复制结果到“筛选”工作表 A2 单元格开始的区域	选定“成绩总表”，选定从 B4 开始的筛选结果区域，按 Ctrl + C 键复制内容，切换到“筛选”工作表中，单击 A2 单元格，按 Ctrl + V 键粘贴内容
(3) 退出“自动筛选”状态	将光标置于“成绩总表”工作表中，单击“数据”|“排序筛选”|“筛选”命令，取消筛选状态
3. 高级筛选	
筛选出需要补考的学生，即有任意一门课不及格(低于 60 分)的学生，要求条件区域起始单元格从 P4 开始，筛选结果复制到“高级筛选”工作表中的 A2 单元格开始处	① 构造条件区。在“成绩总表”中从 P4 单元格开始建立条件区域。其中的字段标题“高数”“英语”“文化基础”要单独占一行，可以从数据区域直接复制；字段下方的“<60”分别要写在不同行上，如（高数 | 英语 | 文化基础；<60 | | ；| <60 | ；| | <60），条件区的结构可以有多种形式，只要逻辑意义相同即可。 ② 高级筛选操作。将光标置于“高级筛选”工作表中任意位置，单击“数据”|“排序和筛选”|“高级”按钮 高级，在“高级筛选”对话框中选择或输入相关内容。 筛选方式为第二种“将筛选结果复制到其他位置”；列表区域为“成绩总表!$B$4:$L$34”；条件区域为“成绩总表!$P$4:$R$7”；复制到为“高级筛选!$A$2”

续表

任务要求	操作要点
4. 分类汇总	
(1) 在“成绩总表”中，分类汇总各级别的学生人数	① 选定“成绩总表”，选定 B4:L34 区域，然后单击“数据”|“排序和筛选”|“排序”按钮，对“级别”一列进行排序(如升序)，将同一级别的记录排列在一起。 ② 选定 B4:L34 区域，单击“数据”|“分级显示”|“分类汇总”按钮，打开“分类汇总”对话框，设置“分类字段”为“级别”，“汇总方式”为“计数”，“汇总项”为“姓名”，单击“确定”按钮
(2) 将各级别人数结果复制到“分类汇总”工作表 A2 单元格开始的区域	① 单击 2 按钮，只显示各级别人数，选中可见的数据区域(B4:L40)。 ② 按 F5 键，在“定位”对话框中单击“定位条件”按钮，选择“可见单元格”，按 Ctrl + C 键复制数据。 ③ 切换到“分类汇总”工作表，单击 A2 单元格，按 Ctrl + V 键粘贴结果
(3) 删除“成绩总表”中的分类汇总结果	切换到“成绩总表”，选定 B4 开始的右下方单元格区域，单击“数据”|“分级显示”|“分类汇总”按钮，在对话框中单击“全部删除”按钮
5. 数据透视表	
(1) 在新工作表中创建数据透视表，按男女生统计各成绩级别人数及平均分的平均值(设置为 2 位小数)	① 在“成绩总表”工作表中，选定 B4:L34 区域，单击“插入”|“表格”|“数据透视表”按钮，在下拉列表中选择“数据透视表”选项。 ② 在“创建数据透视表”对话框中，单击“表/区域”右侧的按钮折叠对话框，用鼠标选定工作表中除前两行表头外的数据区域并按回车键确定。 ③ 在“选择放置数据透视表的位置”中，选择“新工作表”并单击“确定”按钮。 ④ 在“数据透视表字段列表”任务窗格中，拖动“性别”到“行标签”，拖动“姓名”和“平均分”到“数值”区域。 ⑤ 单击“求和项平均分”右侧的箭头，选择“值字段设置”，在“值汇总方式”选项卡的“计算类型”中选择“平均值”，在“值显示方式”选项卡中单击“数字格式”按钮，然后在“设置单元格格式”对话框“数字”选项卡的“分类”列表中选择“数值”，设置 2 位小数
(2) 将新建的透视表工作表改名为“透视表”，并移动其到“分类汇总”工作表之后	右击上述建立的新工作表，选择“重命名”，将其改名为“透视表”，拖动“透视表”工作表标签到“分类汇总”工作表标签右侧，释放鼠标

【自主训练】

对“成绩总表”工作表进行以下操作：

(1) 排序。先按“姓名”拼音字母升序排序，再按“姓名”笔画升序排序。

(2) 自动筛选。筛选出“总分”前五名的学生；筛选出“男”生且级别为“A”或“B”的学生；筛选出“张”姓的学生。

(3) 高级筛选。筛选出“总分”介于 250～300 之间(含)且级别为“A”或“B”的学生。

(4) 分类汇总。分别计算男生、女生“高数”“英语”“文化基础”课程的平均分。

【问题思考】

(1) 什么情况的数据筛选既可以使用高级筛选，也可以使用自动筛选完成？什么情况的数据筛选只能使用高级筛选而无法使用自动筛选完成？

(2) 如何对 A 工作表中的数据进行高级筛选，并将筛选结果复制到 B 工作表？

5.6.2 相关知识与技能

5.6.2.1 数据清单的概念

数据清单是指在工作表中包含相关数据的单元格区域的数据列表，也称工作表数据库。其数据由若干行和列组成，具有关系数据库的特点。工作表中的数据清单必须符合以下规则：

(1) 一个工作表一般只包含一个数据清单，如果包含多个，则它们之间至少间隔一行或一列。

(2) 数据清单的顶部是列标题，而且只占用一行。列相当于数据库中的字段，描述对象的一种属性；列标题相当于数据库中的字段名；每列数据必须具有相同的数据类型，各列标题不能重名。

(3) 数据清单的每一行视为数据库中的一条记录，描述一个实体对象。不能存在空白行和空白列。不能有各字段值完全相同的重复行。

5.6.2.2 数据排序

排序

工作表中的数据是按照录入时的先后次序排列的。为了方便查看数据，经常需要对数据区域进行重新排序。

排序就是按指定的字段值重新调整记录的顺序，这个指定的字段称为排序关键字。排序关键字可以有一个或多个。

通常，数字由小到大、文本按照首写拼音顺序、日期从最早的日期到最晚的日期、逻辑值从 FALSE 到 TRUE 进行排序称为升序，反之称为降序。另外，若排序的字段中含有空白单元格，则该行数据总是排在最后。

1. 单个关键字的排序

单个关键字的排序也称简单排序，是指按某一列(一个字段)的值进行排序。操作步骤是：单击数据区域中要排序列中的任意一个单元格，然后单击“数据”选项卡“排序和筛选”选项组中的升序按钮或降序按钮。

2. 多个关键字的排序

多个关键字的排序指按两个或两个以上的关键字段进行的排序。当按某一个字段排序后，如果作为排序条件的列存在相同的内容，则它们会保持原始次序。如果还要对这些相同内容按照一定条件排序，就需要用到多个关键字排序。多个关键字的排序操作步骤如下：

(1) 在数据清单中，单击任意一个单元格，或选定工作表中要排序的单元格区域。

(2) 单击“数据”|“排序和筛选”|“排序”按钮，打开“排序”对话框，如图 5-36 所示。

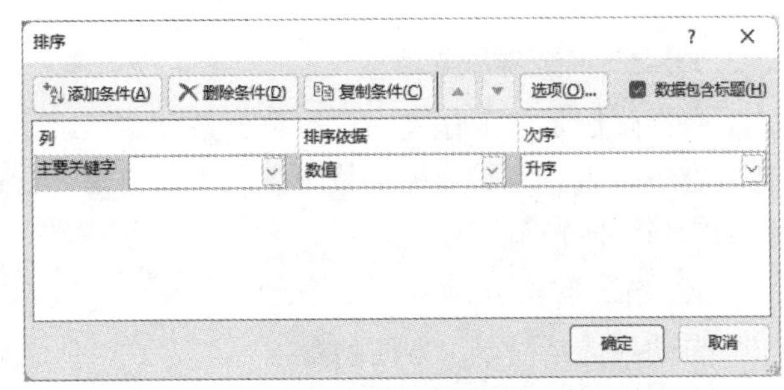

图 5-36　多个关键字的“排序”对话框

(3) 在“列”选项的“主要关键字”下拉列表中选择一个关键字段，然后选择“排序依据”(可以是单元格值、单元格颜色、字体颜色和单元格图标中的一种)和“次序”(升序、降序或自定义序列)。

(4) 如果需要按更多的关键字排序，可以单击对话框中的“添加条件”按钮，以同样方法设置多个“次要关键字”；也可以单击对话框中的“复制条件”按钮，产生一个与现有条件相同的“次要关键字”，在此基础上再进行修改。单击“删除条件”按钮可删除排序条件。

如果数据区域有标题行，为防止列标题所在行参与排序，应选中“数据包含标题”复选框。单击对话框中的“选项”按钮，可以设置“区分大小写”、排序方向(按行或按列)和排序方法(按笔画或按字母)等选项。

小贴士

如果工作表中的数据区域由规范的行和列组成(符合数据清单规则)，则在进行单列排序时，只需单击选定数据区域中要排序列中的任意一个单元格，然后单击按钮或按钮即可；在进行多字段复杂排序时，只需单击选定数据区域中的任意一个单元格，然后单击按钮，系统会自动选定数据区域并弹出“排序”对话框，选择排序字段和排序选项即可排序。

如果工作表中的数据区域不规范（如有合并单元格等不符合数据清单规则的情况），则需手工选定要参与排序的数据区域，再进行排序。注意：排序数据区域不能包括数据区域上方的表标题(表头)。

数据区域是否需要手工选定的规律也适用于数据筛选、分类汇总等操作。

3. 自定义排序

自定义排序就是按照用户自己规定的次序排序，如按“职称”“职务”“系部名称”等排序。首先需要创建自定义排序的次序，详见5.2.2.2“数据的输入与编辑”部分。然后在“排序”对话框中选择排序关键字，再在“次序”下拉列表中选择“自定义序列”，在弹出的“自定义序列”对话框中选择作为排序次序的自定义序列。如果事先没有自定义序列，在该对话框中单击“添加”按钮也可以自定义序列。

自定义排序

小贴士

数据间的顺序只有两种：升序与降序。不同类型的数据在参与排序时，它们的优先级也是不同的。如果降序排列，依次是符号、数值、文本。对于数值，Excel将按数值大小来排序；对于文本，Excel将根据字母顺序、首写拼音顺序或笔画顺序来排序，空格始终被排在最后。

5.6.2.3　数据筛选

数据筛选是从工作表中选出符合条件的记录，把不符合条件的记录暂时隐藏起来。这是一种查找数据的快速方法。Excel提供了自动筛选和高级筛选两种筛选方式。

数据筛选

1. 自动筛选

自动筛选是简单、方便的数据筛选方式。使用自动筛选可以按列表值、按格式(如单元格的颜色)或者按条件进行筛选。

1) 自动筛选的操作步骤

(1) 选定工作表中的数据区域，或者将光标放置于数据区域中。

(2) 单击“数据”选项卡“排序和筛选”选项组中的“筛选”按钮，此时，每个列标题(字段名称)的右侧都将出现一个箭头按钮，单击箭头按钮会弹出下拉菜单。不同数据类型的字段提供的筛选选项也不相同。

(3) 单击某个字段右侧的箭头按钮，在下拉菜单中指定筛选条件 (如选择一个或多个值等) 并单击“确定”按钮即可完成筛选。

当筛选条件涉及多个字段时，可以逐个单击字段右侧的箭头按钮，在下拉菜单中选择值或设置自定义筛选条件。多个字段的条件之间总是相“与”的关系。

如果要取消某列的筛选，可以在该列的下拉菜单中选择“全选”或“从‘××’中清除筛选”(其中的“××”是列的名称)命令。

再次单击“筛选”按钮可退出自动筛选状态。

2) 自动筛选的常用方法

(1) 按列表值或单元格格式筛选。

如要筛选值为“男”的数据，可在下拉菜单中取消选中“全选”复选框，然后勾选“男”复选框。

还以筛选值为“男”的数据为例，在未进入筛选状态时，先选定某个值为“男”的单元格，然后右击鼠标并在快捷菜单中选择“筛选”命令，从级联菜单中选择“按所选单元格的值筛选”命令，即可实现快捷筛选。

(2) 按条件使用“自定义自动筛选方式”筛选。

① 对于数值型字段，在筛选下拉菜单中会出现“数字筛选”选项，可选择“等于”“大于”“前 10 项”等选项，然后在“自定义自动筛选方式”对话框(如图 5-37 所示)中输入具体筛选条件。

② 对于日期型字段，在筛选下拉菜单中会出现“日期筛选”选项，可选择“明天”“下周”“下月”等选项，然后在“自定义自动筛选方式”对话框中输入具体筛选条件。

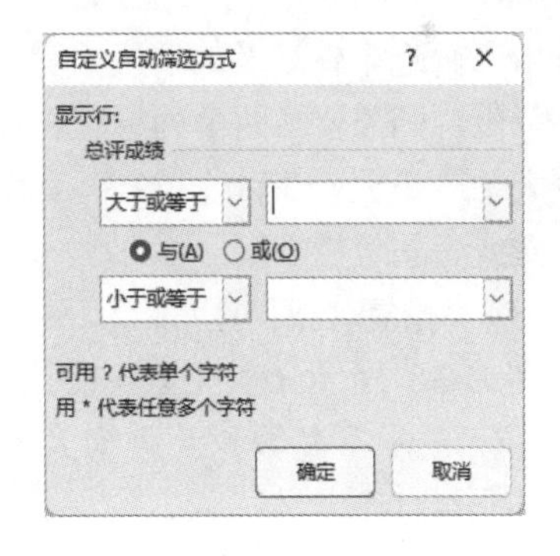

图 5-37　“自定义自动筛选方式”对话框

③ 对于文本型字段，在筛选下拉菜单中会出现“文本筛选”选项，可选择“开头是”“结尾是”“包含”等选项，然后在“自定义自动筛选方式”对话框中输入具体筛选条件。在筛选条件中可以使用“?”和“*”通配符，实现模糊筛选。例如，可以筛选出姓“张”的数据，姓名为“张?强”的数据，所有以“学院”结尾的单位名称等。

注意：可以为同一个字段设置两个条件，条件之间可以是“与”或者“或”的关系。

2．高级筛选

自动筛选的局限性是对某个字段筛选时只能处理两个条件，并且进行多个字段筛选时，字段之间的条件只能是“与”关系。当筛选条件比较复杂，或者出现多字段间的“逻辑或”

关系时，可以使用高级筛选功能。高级筛选还可以将筛选结果复制到其他位置。使用高级筛选功能前需要设置一个条件区域，用于指定筛选条件。能否正确构造出高级筛选的条件区域是高级筛选成功与否的关键。

1) 条件区域构造说明

(1) 条件区域要与数据区域(数据清单)至少隔开一行或一列的距离。条件区域中的字段名(列标题)必须和数据清单中的字段名完全一致，为了确保这一点，建议直接从数据区域中复制字段名。条件区域的边框、底纹等格式不影响结果。

(2) 条件区域至少要有两行：第一行是筛选条件的字段名(即列标题名)，所有条件的字段名都应该写在同一行上；第二行及以下行用于输入具体筛选条件取值，每个条件的字段名和字段值都应该写在同一列上。条件区域中不能有空行。各行条件的顺序无关。

(3) 通常条件区域涉及几个字段就写几列，如果字段的取值是一个区间范围，则该字段应该写两列。有多个列标题时，各列标题的顺序无关。

(4) 筛选条件中的列标题名和取值要分别写在不同行上，不能写成“性别="男"”“高数<60”或者写成“250<=总分<=300”之类。

(5) 条件区域同一行中的条件为“与”关系，不同行中的条件为“或”关系。观察条件区域时要先“上下看”再“左右看”。上下看有几个大类条件相“或”，左右看某大类条件中有几个条件相“与”。

(6) 条件区域的写法可以有多种，并不是唯一的，只要符合逻辑即可。

2) 条件区域构造示例

(1) 单一字段的条件区域。

先输入筛选条件涉及的字段名称，再在字段名称下方输入字段的取值条件，如果取值是一个区间范围，则需要写两个列标题。如图 5-38 所示，其中图(a)表示“男性人员”，图(b)表示“总分大于或等于 250”，图(c)表示“总分大于或等于 250 且小于或等于 300”，图(d)表示“职称为教授或者副教授”。

(2) 多字段复合条件区域。

如图 5-38 所示，其中图(e)表示“男性教授”，图(f)表示“高数和英语均大于或等于 80”，图(g)表示“高数和英语均大于或等于 80 的男性”，图(h)表示“财务部和工程部的男博士和男硕士”。

性别
男

(a)

总分
>=250

(b)

总分	总分
>=250	<=300

(c)

职称
教授
副教授

(d)

职称	性别
教授	男

(e)

高数	英语
>=80	
	>=80

(f)

性别	高数	英语
男	>=80	
男		>=80

(g)

部门	性别	学历
工程部	男	博士
工程部	男	硕士
财务部	男	博士
财务部	男	硕士

(h)

图 5-38　“高级筛选”条件区域的构造示例

3) 高级筛选的操作步骤

(1) 构造好高级筛选的条件区域。

(2) 定位光标。如果表格是规范的数据清单，则将光标置于数据区域的任意一个单元格中；如果表格不规范(如表标题行中有合并的单元格等)，则需要选定表格中的数据区域(应选定最下面一行的列标题及其下面的数据区域)；如果要将筛选结果复制到其他工作表，则将光标定位到其他工作表中，暂不在原始工作表中选定数据区域。

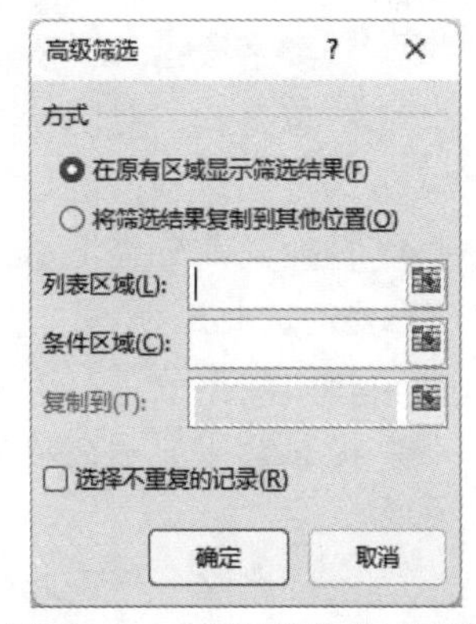

图 5-39　“高级筛选”对话框

(3) 打开“高级筛选”对话框。单击“数据”|“排序和筛选”|“高级”按钮，打开如图 5-39 所示的“高级筛选”对话框，在对话框中设置选项。

① 选择筛选方式。选中“方式”选项区域中的“在原有区域显示筛选结果”或者“将筛选结果复制到其他位置”。

② 确认数据区域，即指明要筛选数据的单元格区域。如果在第(2)步已经确定了数据区域，工作表中的数据区域四周就会显示出虚线边框，“列表区域”框内容会自动设定，无须改动。如果要在其他工作表中产生筛选结果或者数据区域不正确，则将光标放在“列表区域”框中或单击它右侧的折叠对话框按钮，然后正确选定数据区域。

高级筛选

③ 指定条件区域。将光标放在“条件区域”框中或单击它右侧的折叠对话框按钮，选定条件区域。条件区域要包括条件区列标题及以下各条件内容。

④ 指定结果位置。将光标放在“复制到”框中或单击它右侧的折叠对话框按钮，单击筛选结果要复制到的起始单元格(也可以手工输入单元格地址)。

⑤ 删除重复项。如果要从结果中排除相同的行，则选中该对话框中的“选择不重复的记录”复选框。

⑥ 单击“确定”按钮，完成高级筛选。

5.6.2.4　数据分类汇总

使用工作表时，经常需要从大量的数据中概括出某种汇总信息，以便做出分析、判断，这称为分类汇总。例如在学生成绩管理工作中，需要查看各成绩级别学生的人数等。

分类汇总

1. 创建分类汇总

先分类，后汇总。分类就是按要分类的字段排序，将同类别的数据排列在一起；汇总就是对同一类别的数据进行汇总计算，使一类数据汇总成一条记录。创建分类汇总的操作步骤如下：

(1) 选定数据区域，单击“数据”|“分级显示”|“分类汇总”按钮。

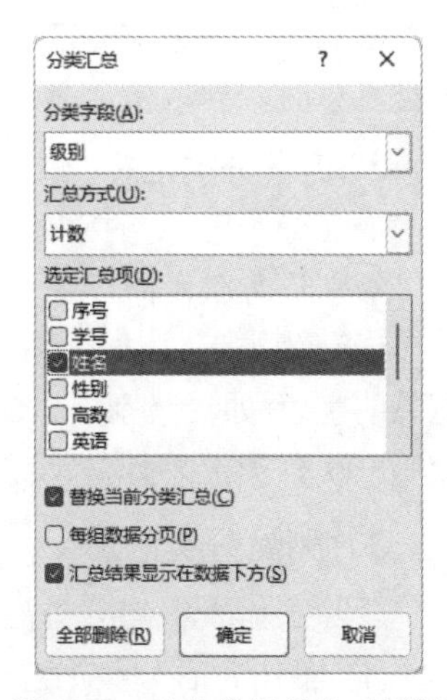

图 5-40　“分类汇总”对话框

(2) 在如图 5-40 所示的“分类汇总”对话框中设置相应

的选项。

① 分类字段：分类所依据的字段，事先应按该字段排序。

② 汇总方式：对同一类别数据的汇总方式，如求和、计数等。

③ 选定汇总项：进行数据汇总的字段。

④ 替换当前分类汇总：默认勾选。当需要在已经分类汇总的结果上继续进行分类汇总时，不要勾选此选项。

⑤ 每组数据分页：若勾选，则每类汇总结果单独为一页。

⑥ 汇总结果显示在数据下方：若勾选，则汇总结果在数据下方显示，否则在数据上方显示。

⑦ 全部删除：单击此按钮，可取消分类汇总效果。

对工作表数据进行分类汇总后，在显示分类汇总结果的同时，分类汇总表的左侧出现了分类层次的选择按钮和概要线。分类汇总的结果包含细节数据，可以用分级符号来隐藏或显示细节数据。分级符号有“+”“-”按钮和级别按钮 1 2 3，默认显示三个级别。单击符号 2，将隐藏分类汇总表中的明细数据行。

① 单击 + 按钮，可以显示细节数据。

② 单击 - 按钮，可以隐藏细节数据。

③ 单击 1 按钮，将只显示总的汇总结果。

④ 单击 2 按钮，将显示第二级数据。

⑤ 单击 3 按钮，将显示第三级数据。

⑥ 单击“数据”选项卡“分级显示”选项组中的“显示明细数据”按钮，可以展开一组折叠的单元格；单击“隐藏明细数据”按钮，可以隐藏一组展开的单元格。

2. 多重分类汇总和嵌套分类汇总

1) 多重分类汇总

多重分类汇总指以多种汇总方式进行的数据汇总。如按“级别”分类汇总学生人数，以及各级别学生的“高数”“英语”“文化基础”课程的平均分。这需要进行两次分类汇总，分类字段都是“级别”。第一次汇总，汇总方式是“计数”，汇总项是“姓名”；第二次汇总，汇总方式是“平均值”，汇总项是“高数”“英语”“文化基础”。在第二次分类汇总时，要取消“替换当前分类汇总”选项。

2) 嵌套分类汇总

嵌套分类汇总指按多个分类字段进行的汇总，汇总方式和汇总项可以相同或不同。如按“级别”分类汇总学生人数，再汇总各级别下男生、女生人数。

嵌套分类汇总时，要先对工作表中的数据按多关键字排序，主要关键字是第一次分类汇总的字段(如“级别”)，次要关键字是第二次分类汇总的字段(如“性别”)，依次类推。除第一次分类汇总外，都需要取消“替换当前分类汇总”选项。

3. 删除分类汇总

删除工作表中的分类汇总并不会删除工作表中的数据，其操作步骤如下：

(1) 单击含有分类汇总工作表的任意单元格。

(2) 单击“分类汇总”对话框中的“全部删除”按钮。

5.6.2.5　数据透视表

数据透视表是 Excel 中功能非常强大的数据分析工具。它是一种交互式报表，综合了数据排序、筛选、分类汇总等多项数据分析功能。利用它可以按多个字段分类汇总，方便地调整分类字段、汇总方式，灵活地以多种方式展现数据。

1. 建立数据透视表

建立数据透视表的操作步骤如下：

创建与编辑数据透视表

(1) 选定数据区域。选定工作表中的数据区域，单击“插入”|“表格”|“数据透视表”命令，在“创建数据透视表”对话框(如图 5-41 所示)的“表/区域”框中选定数据区域(可以是一个区域或整列数据)。

(2) 选择放置数据透视表的位置。在“创建数据透视表”对话框中选择“新工作表”或“现有工作表”，并指定位置。如果数据源较小、维度较少，则建议选择“现有工作表”。在确定数据源和数据表位置后，即可在工作表指定位置处创建一个空白的数据透视表布局框架，同时在其右侧显示一个“数据透视表字段”任务窗格(如图 5-42 所示)，通过该任务窗格可以设置和调整数据透视表的内容。可以单击字段列表框中字段左侧的复选框选中或取消选中字段，选中的字段将会出现在数据透视表中，也可以将字段拖入或拖出任务窗格右下方的标签框以改变数据透视表的内容。

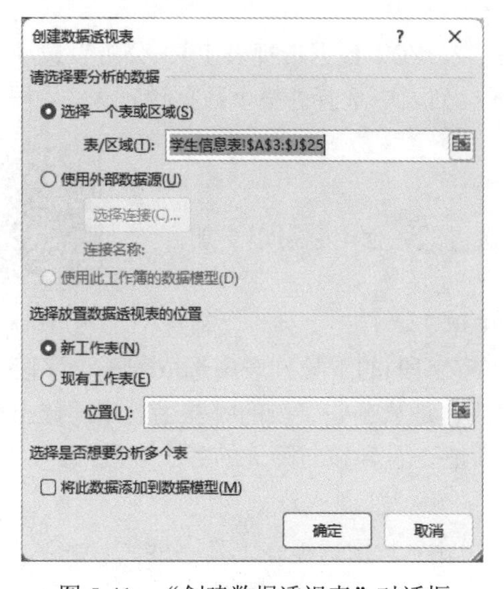

图 5-41　“创建数据透视表”对话框

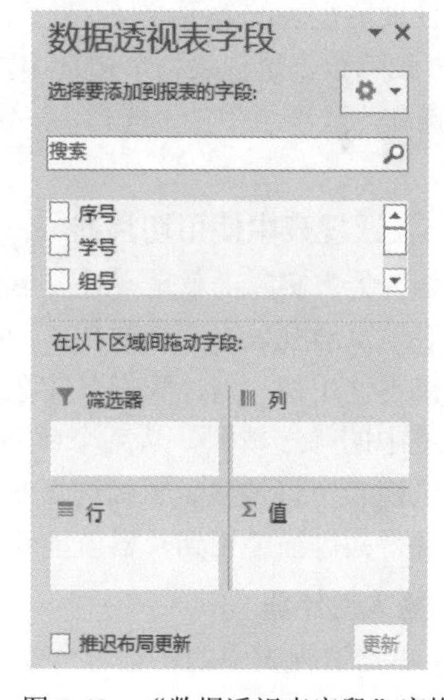

图 5-42　“数据透视表字段”窗格

图 5-42 下方四个标签框的说明：

“行”标签：横向分类的依据。拖入行标签的字段，该字段的每一个数据项占一行。

“列”标签：纵向分类的依据。拖入列标签的字段，该字段的每一个数据项占一列。

“筛选器”标签：分类显示(筛选)的依据。行和列相当于 X 轴和 Y 轴，它们确定了一个二维表格，筛选器标签(也称页标签)相当于 Z 轴。Excel 将按该字段的数据项对透视表分页。

“值”标签：此处的字段是要进行统计汇总的字段。汇总方式有计数、求和、平均值、最大值、最小值等。

注意：每个标签框中都可以拖入多个字段，字段之间的顺序会影响透视表的效果。

(3) 设置透视表的布局。通过拖动字段的位置可以得到不同方式的透视表。如需删除某个标签中的字段，只需取消选择字段窗格中字段旁边的复选框，或将字段拖出标签区。

2. 修改数据透视表

(1) 更新数据透视表数据。当修改数据源中的数据后，数据透视表并不会自动随之改变。右击数据透视表中的任意单元格，在快捷菜单中选择“刷新”命令即可更新数据透视表。

(2) 修改数据的汇总方式和显示方式。单击数据透视表中任一单元格，在“数据透视表字段”窗格中单击“值”标签组汇总项右侧的箭头，选择“值字段设置”，在对话框中选择“计算类型”可以改变汇总方式；单击“值显示方式”按钮，可以在下拉列表中选择汇总值的显示方式(如“总计的百分比”等)；单击“数字格式”按钮，可以设置数字显示格式(如小数位数等)。

(3) 查看数据透视表中的明细数据。如果要查看透视表中的数据的具体来源，可以双击某个数据所在的单元格，Excel 会在一个新工作表中显示数据来源。

(4) 为数据透视表自动套用格式。单击数据透视表中的任一单元格，在“数据透视表工具-设计”选项卡中，单击“数据透视表样式”选项组中样式列表框右下角的“其他”按钮，从弹出菜单中选择表格样式。也可以通过单击“数据透视表样式选项”选项组中的相关选项设置透视表的外观。

(5) 删除数据透视表。单击选中数据透视表，在“数据透视表工具-分析”选项卡中，单击“操作”选项组中的“选择”按钮，在下拉列表中选择“整个数据透视表”，按 Delete 键即可。

3. 在透视表中使用切片器

使用切片器

“切片器”实际上就是一种图形化的筛选方式。使用它可以更加方便、直观地从透视表中筛选数据。

如果不使用切片器，我们只能在透视表中单击“行”“列”“筛选器”标签中的筛选按钮，从某个或某些个标签(字段)的下拉列表中选取若干个字段项进行筛选。透视表中只是显示了筛选后的结果，但它是从哪些字段的哪些字段项筛选出来的却不能直观得知。而使用切片器就能够非常清晰地查看到参与筛选的各个字段项。

1) 插入切片器

(1) 单击透视表中的任意一个单元格，再单击“数据透视表工具-分析”|“插入切片器”命令按钮。

(2) 在弹出的“插入切片器”对话框中会列出透视表数据源中的全部字段，如果希望按哪个字段筛选就选中哪个字段的复选框，这样就为该字段建立了切片器，切片器的名字就是字段名。

在“插入切片器”对话框中可以选中列表中的任何字段，不论字段是否是透视表中的“行”标签、“列”标签或者“筛选器”标签中的字段。

可以为一个数据透视表建立多个切片器，以便从多角度筛选并查看透视表中的数据。如果在“插入切片器”对话框中选中了多个字段，则会为每个字段分别建立一个切片器。

2) 使用切片器

建立切片器后，Excel会以当前各个切片器中选中的字段数据项(可以按住Ctrl键或Shift键选中多个字段项)为依据对数据透视表进行筛选，然后在数据透视表中显示筛选结果。切片器可以直观地显示出字段项列表，并且突出标记当前的筛选字段项。

可以基于同一个数据源创建多个数据透视表，在任意一个数据透视表中建立切片器，然后右击切片器选择“报表连接”，再在对话框中勾选相关数据透视表的名称，这样当在切片器中选中字段项时，多个数据透视表将会实现联动筛选。

3) 清除切片器的筛选

单击切片器右上角的“清除筛选器”按钮，可以取消切片器当前的筛选功能，切片器内将显示该字段的所有字段项。当单击切片器内某个字段项时，切片器的筛选功能又被激活，切片器会依据选中的字段项进行筛选。

4) 删除切片器

在切片器内右击鼠标，在弹出的快捷菜单中选择“删除‘××’”(其中的“××”是切片器的名称)命令，即可删除切片器。

4．基于透视表创建数据透视图

单击数据透视表中的任一单元格，在“数据透视表工具-分析”选项卡中，单击“工具”选项组中的“数据透视图”按钮，打开“插入图表”对话框，从中选择图表类型即可。单击数据透视图时，将会出现“数据透视图工具”选项卡，可以选择相应命令设置图表布局和样式。

5.6.2.6　合并计算

数据合并计算

合并计算是指对多个数据区域进行数据汇总计算。如图5-43所示，要汇总“一店”“二店”的销售数据到“汇总”工作表，就需要用到合并计算，其操作步骤如下：

	A	B	C
1		销售情况表	
2		数量	金额
3	苹果	1	5
4	香蕉	2	8
5	梨	3	9

一店　二店　三店　汇总

	A	B	C
1		销售情况表	
2		数量	金额
3	苹果	2	10
4	香蕉	3	12
5	梨	2	6

一店　二店　三店　汇总

	A	B	C
1		销售情况表	
2		数量	金额
3	香蕉	3	12
4	梨	2	6
5	苹果	2	10

一店　二店　三店　汇总

	A	B	C
1		销售情况表	
2		数量	金额
3	苹果		
4	香蕉		
5	梨		

一店　二店　三店　汇总

图5-43　合并计算示例

(1) 将光标定位于“汇总”工作表的B3单元格，单击“数据”|“数据工具”|“合并计算”命令，弹出“合并计算”对话框，如图5-44所示。

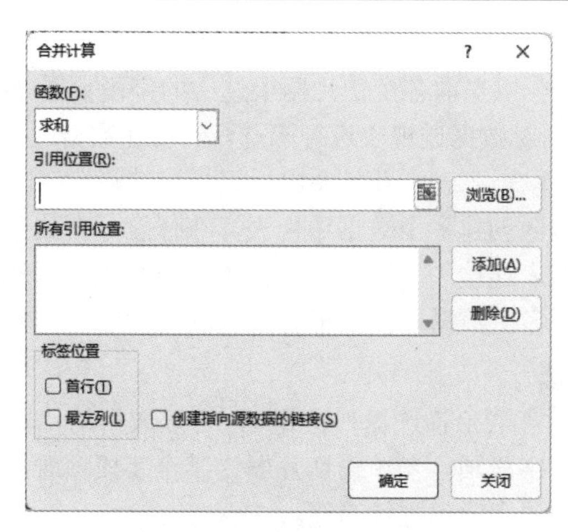

图 5-44 “合并计算”对话框

(2) 在对话框的“函数”下拉列表中选择“求和”(也可以是平均、计数、最大值等)，将光标放在“引用位置”文本框中，用鼠标选定“一店”的数据区域 B3:C5，再单击“添加”按钮，同样，选定“二店”的数据区域 B3:C5，并单击“添加”按钮，最后单击“确定”按钮即完成汇总。

注意：

(1) 参与汇总的数据区域可以在同一个工作表、同一工作簿的不同工作表或不同工作簿的工作表中。本例中两个店的数据起始区域不要求是同一位置(B3)。

(2) 本例中，由于参与汇总的工作表数据布局相同，因此该汇总称为“通过位置合并”。汇总时也可以在“汇总”工作表中将光标放在 A2 单元格，然后选定“一店”“二店”的 B2 开始的数据区域，同时在“合并计算”对话框中选择“首行”和“最左列”选项。

(3) 假如要汇总三个店的数据，由于“三店”的商品数据行与另两个店的数据区域顺序不一致(称布局不相同)，因此在“汇总”工作表中光标要放在 A2 单元格中，三个店的数据区域都要从 A2 开始选取，同时要选择“首行”和“最左列”选项。这种数据区域布局不同的汇总称为“通过分类合并”。

(4) 如果汇总过程中勾选了“创建指向源数据的链接”选项，则汇总后可以查看合并计算的明细数据。单击“+”或“−”按钮，可以显示或不显示合并数据的明细数据。

5.7　任务：制作成绩图表

5.7.1　任务描述与实施

1．任务描述

“好图胜千言”，图表是一种重要的数据统计和分析手段。利用图表可以直观、生动地表现数据，使数据可视化。尤其在表达数据之间的关系以及数据趋势方面，图表的作用远胜于普通文字数据的效果。

本任务要使用“学生成绩图表.xlsx”工作簿中的“成绩总表”数据，用柱形图展示各门课程各分数段人数对比，用饼图展示文化基础课程各分数段人数占比，根据各科成绩制作迷你图。柱形图见图 5-45，饼图见图 5-46。

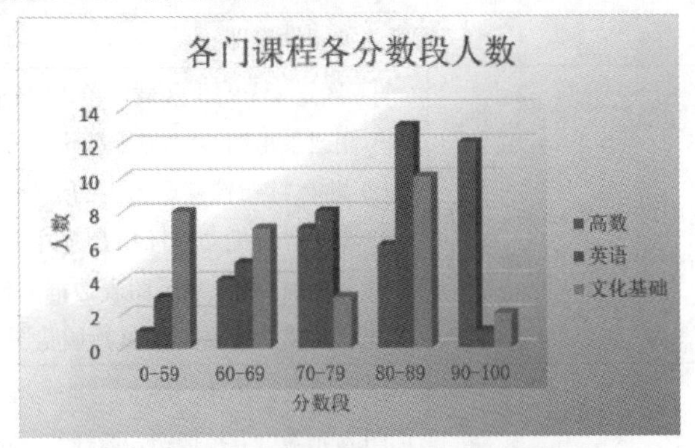

图 5-45　各门课程各分数段人数柱形图

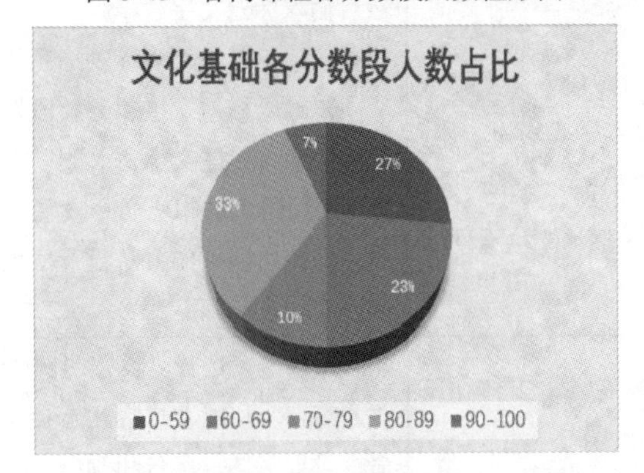

图 5-46　文化基础各分数段人数占比饼图

2．任务实施

【解决思路】

根据样图制作图表时，首先要认真观察图表中的信息，找出图表元素在工作表中的对应数据(包括标题文字)。然后正确选定数据区域，利用图表向导制作图表，这样就能很容易地制作出图表。创建图表后，更多的工作是编辑图表元素，对图表进行美化。根据不同的数据展示需求选择合适的图表类型，并通过修饰图表元素突出所反映的内容是运用图表的重点。

要输出打印工作表和图表，需要掌握工作表分页、页面设置、打印区域设置等内容。

本任务涉及的主要知识技能点如下：

(1) 图表的概念，包括图表的类型、组成元素等。

(2) 图表的创建与编辑。

(3) 迷你图的制作与编辑。

项目五任务七

【实施步骤】

本任务要求及操作要点如表 5-14 所示。

表 5-14　任务要求及操作要点

任 务 要 求	操 作 要 点
1. 创建并编辑柱形图	
(1) 创建“三维簇状柱形图”图表，并调整位置和大小。 参照样图，在“学生成绩图表.xlsx”工作簿的“成绩总表”工作表中创建“三维簇状柱形图”，调整图表位置及大小	① 选定 O5:R10 区域，单击“插入”|“图表”|“插入柱形图或条形图”|“三维簇状柱形图”命令创建图表。 ② 将鼠标指针移至图表的边框上，当鼠标指针变成十字形箭头时，拖动鼠标到合适的位置。 ③ 将鼠标指针移至图表边框的控制点上，当鼠标指针变成双向箭头时，拖动鼠标调整图表大小
(2) 插入标题并设置字体。图表标题为“各门课程各分数段人数”，宋体、20 磅，颜色为标准色中的红色。 主要横坐标轴标题为“分数段”；主要纵坐标轴标题为“人数”；文本格式均为宋体、12 磅，颜色为标准色中的红色。 两坐标轴文字为宋体、12 磅，颜色为标准色中的蓝色	选定图表，单击“图表工具-设计”|“图表布局”|“添加图表元素”下拉按钮，选择“图表标题”|“图表上方”，然后输入标题文字。 类似地，单击“坐标轴标题”，选择“主要横坐标轴”选项，输入标题文字“分数段”；选择“主要纵坐标轴”选项，输入标题文字“人数”。利用“开始”选项卡“字体”选项组中的相应命令设置坐标轴标题的字体、字号和颜色。使用同样的方法设置横坐标轴和纵坐标轴的字体、字号和颜色
(3) 设置图例显示在图表右方，宋体、12 磅，颜色为标准色中的红色	右击图例，选择“设置图例格式”命令，图例位置选择“靠右”，利用“开始”选项卡“字体”选项组中的相应命令设置字体、字号和颜色
(4) 设置图表外观样式。 设置图表区填充方式为“渐变填充”，预设渐变为“顶部聚光灯-个性色 3”；类型为线性；方向为线性对角、左上到右下	① 单击选定图表，单击“图表工具-格式”选项卡“当前所选内容”选项组，在最上方的“图表元素”下拉框中选择“图表区”以选定图表区。 ② 单击“设置所选内容格式”命令，在右侧的窗格中选择“渐变填充”，在预设渐变类型中选择“顶部聚光灯-个性色 3”；类型为线性；方向为线性对角、左上到右下
(5) 移动图表。将工作表中的图表移动到名为“柱形图”的图表工作表中	右击图表，在快捷菜单中勾选“移动图表”，在“移动图表”对话框中选择“新工作表”，输入图表工作表的名称如“柱形图”
2. 制作饼图	
(1) 创建三维饼图图表，用以显示“文化基础”课程各分数段人数；将图表插入“成绩总表”工作表中的 O12:V25 单元格区域内	① 配合 Ctrl 键，选定 O5:O10 和 R5:R10 区域，单击“插入”|“图表”|“插入饼图或圆环图”|“三维饼图”命令插入图表。 ② 用鼠标拖动图表到合适位置。拖动图表四周的控制点，调整其大小至指定区域

续表

任 务 要 求	操 作 要 点
(2) 设置图表标题文字为“文化基础各分数段人数占比”，宋体、20 磅、红色；图例为宋体、12 磅、蓝色	单击图表标题，输入标题文字，利用“开始”选项卡“字体”选项组中的相应命令设置字体、字号和颜色
(3) 设置图表样式为“样式 9”	选定图表，单击“图表工具-设计”选项卡，在“图表样式”选项组中选择“样式 9”
(4) 设置图表区外观样式。 设置图表区填充方式为“羊皮纸”纹理填充	单击图表区，在“图表工具-格式”选项卡的“当前所选内容”选项组中单击“设置所选内容格式”命令，在右窗格的“填充”方式中选择“图片或纹理填充”方式，选择“羊皮纸”纹理
3. 制作迷你图	
在“成绩总表”工作表的 M5:M34 区域中，根据四科成绩制作迷你折线图	选定 M5 : M34 区域，单击“插入”｜“迷你图”｜“折线迷你图”命令，在弹出的“创建迷你图”对话框中，将光标置于“数据范围”后面的框中，选定 F5 :I34 区域，单击“确定”按钮

【自主训练】

(1) 修改本任务中的柱形图的垂直(值)轴的最大刻度为 16。

(2) 设置饼图绘图区“三维旋转”Y 值为 40 度。

(3) 删除“成绩总表”工作表中的迷你折线图。

提示：

(1) 选定垂直(值)轴，在“设置坐标轴格式”窗格中选择“坐标轴选项”标签，在“边界”栏的“最大值”框内输入“16”。

(2) 在“设置绘图区格式”窗格的“效果”标签中设置。

(3) 选定 M5:M34 区域，单击“迷你图工具-设计”|“分组”|“清除”，选择“清除所选的迷你图组”命令。

【问题思考】

(1) 如果要求将图表标题、分类轴标题、数值轴标题都设置成同样的字体、字号和颜色格式，如何做比较高效？能将这些图表元素一并选中一次操作完成吗？

(2) 请观察并分析本任务中的两张图表样图，找出图表中所有数字、文本、数据系列和工作表的单元格区域的对应关系。

(3) 在柱形图中，水平(类别)轴标题和水平(类别)轴是同一个图表元素吗？

5.7.2　相关知识与技能

5.7.2.1　创建图表

创建与编辑图表

图表是 Excel 中最常用的对象之一，它能够很方便地根据选定区域中的数据生成，是工作表数据的可视化表示方法。图表使抽象的数据变得形象化，当工作表中的数据发生变化时，图表中的数据也会自动更新。

Excel 提供了多种图表类型，在每一种类型中还提供了多种不同的子类型，因此，可以根据实际工作需要选择不同的图表类型。

1．图表的组成元素

图表由许多部分组成，每一部分就是一个图表项或称图表元素。不同类型的图表所包含的图表元素也不尽相同。可以根据需要调整图表元素的位置、大小或格式，也可以删除不希望显示的图表元素。下面以图 5-47 为例说明主要的图表元素。图中的柱形图是利用“各科成绩分数段人数”表中的“高数”“英语”“文化基础”三门课的数据所制作的。

(1) 图表区：最大的元素，包含整个图表和全部图表元素。

(2) 绘图区：由坐标轴界定的区域。

(3) 数据系列：一组有关联的数据，来自工作表中的一行或一列。如图 5-47 中的“文化基础”就是一个数据系列，它来自工作表中的 R6:R10 一列(共 5 个)数据。同一数据系列(如“文化基础”)用同一种形式表示。数据系列可以产生于“行”或者产生于“列”。在图 5-47 中，数据系列产生于列，如“文化基础”系列的各数据来自一列(R 列)。

(4) 数据点：某个数据系列中的一个独立数据，通常源自一个单元格。一个数据系列由许多数据点组成。如图 5-47 中“文化基础”课程“0−59”分数段的人数，就是 R6 单元格中的数据 8，它就是一个数据点。

	N	O	P	Q	R	S
4		各科成绩分数段人数				
5		分数段	高数	英语	文化基础	思修
6		0-59	1	3	8	1
7		60-69	4	5	7	5
8		70-79	7	8	3	7
9		80-89	6	13	10	14
10		90-100	12	1	2	3

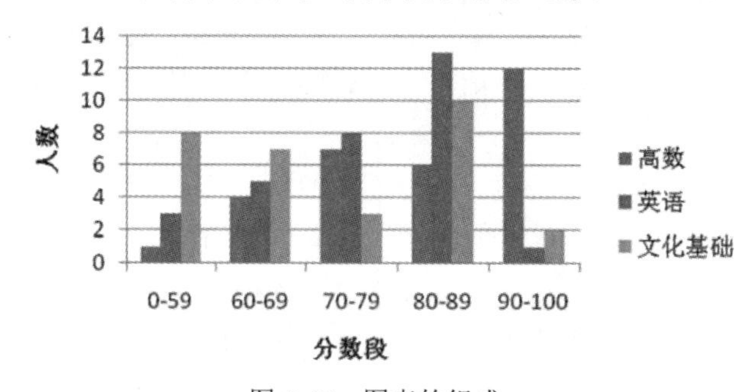

图 5-47　图表的组成

2．图表的类型

Excel 提供了多种类型的图表，每一类图表又分为若干子类。一般柱形图用于各个项目之间的数据比较；折线图用于强调数值随时间的变化趋势；饼图用于显示整体中各部分之间的比例关系；条形图是柱形图的水平表示，分类项放在垂直轴上，而数据项则放在水平轴上，突出数据的比较。

3．创建图表的一般流程

创建图表的一般流程如下：

(1) 选定要创建为图表的数据区域(称数据源)，在“插入”选项卡的“图表”选项组中单击所需的图表类型按钮，在弹出的下拉列表中选择具体的类型，即可在工作表中创建图表。

(2) 根据需要编辑图表，如更改图表类型、切换数据系列产生于行或列、移动图表、为图表应用系统内置的样式等。

(3) 根据需要设置图表布局，如添加或取消图表的标题、坐标轴和网格线等。

(4) 根据需要美化图表，如对图表区、绘图区、坐标轴等图表元素进行格式化等。

5.7.2.2　编辑图表

如果新创建的图表不能满足需要，用户可以对图表进行修改和编辑，如更改图表类型、移动或删除图表元素等，以达到满意的效果。

单击图表区任意位置可选定图表，单击工作表中的其他位置可取消图表的选定。当选定图表时，会出现“图表工具-设计”和“图表工具-格式”两个选项卡，通过其中的命令，可以对图表进行编辑处理。

1．更改图表类型

选定图表，单击“图表工具”|“设计”|“更改图表类型”命令按钮，选择图表类型和子类型。

2．添加或编辑图表标题及坐标轴标题

图表标题说明图表要表达的内容，一般在图表的顶部居中位置。坐标轴标题包括水平(类别)轴标题和垂直(值)轴标题，说明水平轴和垂直轴代表的内容。坐标轴和坐标轴标题是两个不同的对象，坐标轴是界定绘图区的线条，而坐标轴标题是坐标轴旁边的说明性文字。

选定图表，单击“图表工具-设计”|“图表布局”|“添加图表元素”下拉按钮，可以添加图表标题和坐标轴标题等图表元素。右击图表元素，在快捷菜单中选择相应命令，可以设置图表元素的字体等格式。

3．添加或编辑图例、数据标签

图例用于标识图表中的数据系列或分类。数据标签是显示在数据系列上的数据标记。可以为某个数据系列添加统一的数据标签，也可以只为一个或几个数据点添加不同的数据标签。

添加图例和数据标签的方法与添加图表标题的方法相同。单击一个数据点，Excel 会选定整个系列，此时可以为该系列的每个数据点添加统一的数据标签；先单击一个数据点，再单击某一个数据点，可以只选中一个数据点，从而单独为一个数据点添加不一样的数据标签。

4．调整图表大小和位置

将光标置于图表区边框的控制点上，当光标形状变成双向箭头时拖动鼠标即可改变图表的大小，也可以使用“图表工具-格式”选项卡中的相关命令精确设置图表的高度和宽度。

图表可以放置在相关数据所在的工作表中(称嵌入式图表)，也可以以一个工作表的形式插入工作簿中(称图表工作表，打印输出时占一个页面)。改变图表的位置，可以先选中

图表，再单击“图表工具”|“设计”|“位置”|“移动图表”命令。

可以在当前工作表中直接拖动图表移动其位置，也可以将图表移动到其他工作表中。

(1) 将嵌入式图表移动到某个工作表的操作步骤是：右击图表，在快捷菜单中勾选“移动图表”选项，在“移动图表”对话框中选择“新工作表”，使用默认的名称(如 Chart1)新建一个工作表(以后可以改名)，或者输入一个已经存在的工作表，即可将图表插入到已有的工作表中。

(2) 将某个图表工作表变成嵌入式图表的操作步骤是：右击图表，在快捷菜单中勾选“移动图表”选项，在“移动图表”对话框的“对象位于”下拉框中选择一个工作表，即可将图表嵌入到一个已经存在的工作表中。

5．增加或删除图表数据

1) 向图表中添加源数据

例如，要向图 5-47 的图表中添加“思修”列的数据。方法是：单击绘图区，选择“图表工具-设计”|“数据”|“选择数据”命令，在弹出的“选择数据源”对话框的“图例项(系列)”列表框中单击“添加”按钮，在弹出的“编辑数据系列”对话框的“系列名称”栏中输入(或选定)要添加的系列名称(输入“思修”或选定 S5 单元格)，在“系列”栏中选定单元格区域(=成绩总表!$S$6:$S$10)，然后单击“确定”按钮。

另外，选定要添加到图表中的单元格区域(如：成绩总表!S5:S10，要包括标题)，按 Ctrl + C 键复制，选定图表后按 Ctrl + V 键粘贴，也可以向图表中添加数据。

2) 删除图表中的数据

当在工作表中删除图表数据源数据后，图表会自动更新。如果只想删除图表中的数据(系列)而不想删除工作表中的数据，则在图表中单击要删除的图表序列，再按 Delete 键。

利用“选择数据源”对话框“图例项(系列)”标签选项卡中的“删除”按钮也可以删除图表数据。

6．美化图表

创建图表后，可以设置图表中各种元素的格式。在设置格式时可以直接套用预设的图表样式，也可以选择图表元素，手动设置其填充色、边框样式和形状效果等。

1) 更改图表样式

Excel 提供了多种预设的图表样式，用户不需要手动逐项对图表样式进行设置，直接选择喜欢的样式套用即可。操作步骤如下：

(1) 选定图表，单击“图表工具-设计”选项卡。

(2) 在“图表样式”选项组中单击右下角的“其他”按钮，在打开的下拉列表中选择要使用的样式(如“样式 26”)。

2) 设置图表的布局

图表的布局决定了图表的实质外观，例如，是否包括图例、图表标题、坐标轴等。Excel 预设了多种图表布局，用户可以选择某种图表布局来设置图表，也可以单独设置图表的标题、坐标轴标题、图例等。操作步骤如下：

(1) 选定图表，单击“图表工具-设计”选项卡。

(2) 在“图表布局”选项组中单击“快速布局”下方的 按钮，在打开的下拉列表中选择要使用的图表布局(如“布局 3”)。

3) 设置图表元素的形状格式

与应用预设的图表样式相似，可以选定某个图表元素，为其设置系统预设的形状样式。操作步骤如下：

(1) 选定图表元素，如绘图区。

(2) 在“图表工具-格式”选项卡的“形状样式”选项组中单击右下角的“其他”按钮 ，在打开的下拉列表中选择要使用的样式(如“细微效果-紫色，强调颜色 4”)。

也可以单击“形状填充”、“形状轮廓”或“形状效果”按钮设置图表元素的格式。

4) 手动设置图表元素的格式

可以通过“设置...格式”窗格设置图表元素的格式。打开该窗格有以下方法。

方法一：右击图表元素，在弹出的快捷菜单中选择最下边的一项“设置...格式”命令。

方法二：单击图表元素，在“图表工具-格式”选项卡的“当前所选内容”选项组中单击“设置所选内容格式”按钮。

5) 设置图表元素中文本的格式

图表元素(如图表标题)中的文本，可以使用常规文本格式选项，或者应用艺术字格式。设置方法主要有以下几种。

方法一：选定图表元素，在“开始”选项卡的“字体”选项组中设置。

方法二：右击图表元素，在快捷菜单中选择“字体”命令设置。

方法三：选定图表元素，单击“图表工具-格式”选项卡“艺术字样式”选项组中的命令进行格式套用或手动设置。

小贴士

设置图表格式与设置形状或文本框格式的方法完全一致，很多内容如样式、填充、轮廓、效果等的设置方法相同。图表中的文字也可以设置为艺术字。

5.7.2.3　迷你图

迷你图是工作表单元格中的一个微型图表，可以提供数据的直观表示。

迷你图有折线图、柱形图和盈亏图三种类型。以柱形图为例，创建迷你图的过程如下：

选定要显示迷你图的某个单元格(空白的单元格)，在“插入”选项卡的“迷你图”选项组中单击“柱形图”按钮，在对话框中选定迷你图的数据区域，然后单击“确定”按钮。

可以先在一个单元格中创建一个迷你图，然后通过复制/粘贴或拖动填充柄的方式在其他单元格中快速创建迷你图。

单击包含迷你图的单元格，会出现“迷你图工具-设计”选项卡，单击相应的命令即可编辑迷你图，如更改迷你图的类型、数据源区域、图表样式，改变迷你图的颜色，标记颜色，清除迷你图等。

迷你图不是真正存在于单元格的“内容”，可以看成是覆盖在单元格上的图层，所以不能通过直接引用方式引用它。如果想引用它，可以将迷你图转换为图片。具体操作为：

选定迷你图单元格或单元格区域，执行复制命令，然后单击其他单元格，执行“选择性粘贴”中的“图片”或“链接的图片”命令。

5.7.2.4　页面设置与打印输出

打印工作表之前一般需要设置纸张大小和方向、页边距、页眉和页脚、打印区域等。通常在“页面布局”选项卡的“页面设置”选项组中单击相应按钮进行页面设置。也可以单击“页面设置”选项组右下角的对话框启动器按钮，在“页面设置”对话框中进行设置。

1. 工作表分页

当工作表中的数据区域大于设置的页面区域时，系统会自动设置分页符，将工作表分页(用虚线表示)，也可以人工插入分页符。

(1) 插入分页符。选定要开始分页的单元格，在“页面布局”|“页面设置”|“分隔符”下拉列表中单击“插入分页符”按钮。

(2) 删除分页符。选定水平分页符下方或垂直分页符右方的单元格，在“页面布局”|“页面设置”|“分隔符”下拉列表中单击“删除分页符”按钮可删除分页符，单击“重设所有分页符”按钮可删除全部分页符。

2. 页面设置

单击“页面布局”选项卡“页面设置”选项组中的相应按钮可以设置诸如纸张大小、页边距等内容。

1) 设置打印区域

在工作表中选定需要打印的单元格区域，在“页面设置”选项组中单击“打印区域”按钮，在弹出的下拉列表中选择“设置打印区域”命令，即可将选定的区域设置为打印区域。用户可以配合 Ctrl 键选定多个区域，多个打印区域的内容将被打印在不同的页面上。单击“打印区域”下拉列表中的“取消打印区域”按钮可取消打印区域的设置。

2) 设置页眉和页脚

单击“页面布局”选项卡，再单击“页面设置”对话框启动器按钮，弹出“页面设置”对话框，然后在“页眉/页脚”选项卡中设置。可以从“页眉”或“页脚”下拉列表中选择内置的页眉和页脚(选择“无”，则不使用页眉或页脚)，也可以单击“自定义页眉”或“自定义页脚”按钮自行定义页眉和页脚内容。

还可以在“视图”选项卡的“工作簿视图”选项组中单击“页面布局”按钮设置页眉和页脚。

退出页眉和页脚设置状态的方法是：单击任意一个单元格，再单击状态栏右侧的“普通”视图按钮。

3) 设置打印标题

当工作表内容很多、需要多页打印时，可以在每页的顶部或左侧重复打印标题，以方便阅读。单击“页面布局”|“页面设置”|“打印标题”按钮，在弹出的对话框的“工作表”选项卡中设置打印标题。可以在“顶端标题行”框或“左端标题列”框中输入标题内容，也可以用鼠标选定作为标题的单元格区域。

3. 打印预览和打印

打印工作表前一般要通过打印预览在屏幕上观察效果，以便进行必要的调整。

单击“文件”|“打印”命令，将出现打印选项面板。

在打印选项面板左侧设置打印参数。可输入打印份数、选择打印机、设置打印范围(打印活动工作表、打印整个工作簿、打印选定区域等)。单击“页面设置”按钮，可进入“页面设置”对话框。

如果只打印工作表中的部分区域或只打印工作表中的图表，则应预先选定要打印的区域或图表。

在打印选项面板右侧显示预览打印效果。单击预览区右下角的“缩放到页面”按钮，可以放大或缩小预览比例；单击预览区右下角的“显示边距”按钮，可以显示边距虚线，用鼠标拖动虚线可调整表格到四周的距离；如果有多页，可以单击“上一页”或“下一页”按钮，或在“当前页面”数字框中输入页码预览指定页。

如果对预览效果满意，单击打印选项面板左上角的“打印”按钮，则开始打印。

【课堂练习 5.8】

在“学生成绩图表.xlsx”工作簿的“成绩总表”工作表中进行以下操作。

(1) 单独一页打印(或预览)“文化基础各分数段人数占比”饼图，设置自定义页眉，在页面顶端中部显示“饼图”。

(2) 单独一页打印(或预览)“各科成绩各分数段人数”统计表，表格要水平居中。

(3) 使用 B5 纸张，通过手工设置一个分页符，分两页打印(或预览)“学生成绩总表”(不包括“各科成绩各分数段人数”统计表和图表)，表格要水平居中，重复第 1～4 行的标题。

习　题　5

一、单选题

1. 在 Excel 的单元格中要实现手工强制换行，应按(　　)键。

　A. Ctrl + 回车　　B. Alt + 回车　　C. Ctrl + Shift　　D. Alt + Shift

2. 在 Excel 中，一个单元格中的公式引用了一个无效的单元格，则会产生的公式错误信息是(　　)。

　A. #NAME?　　B. ####　　C. #DIV/0!　　D. #N/A

3. 在 Excel 中，假设 D1 单元格中有一个公式为“=A1+B$1+$C$1”，将公式复制到 E2 单元格后，公式将变为(　　)。

　A. =A1+B$1+$C$1　　B. =B2+C$1+$C$1

　C. =A2+C$1+$D$2　　D. =A1+B$2+$C$1

4. 在 Excel 中输入公式时，切换单元格地址引用方式(加$号)的快捷键是(　　)。

　A. F3　　B. F4　　C. F5　　D. F9

5. 在 Excel 中，假设 A1～C1 单元格中的数据分别是 100、中国、="", D1 单元格中从未输入过数据。“=COUNT(A1:D1)”“=COUNTA(A1:D1)”“=COUNTBLANK(A1: D1)”

三个公式的结果分别是(　　)。

A. 1, 1, 2　　B. 1, 2, 1　　C. 1, 3, 2　　D. 1, 1, 3

6. 在 Excel 中，A1 单元格中有个数字，它可能是正数、负数或 0，求 A1 绝对值的公式错误的是(　　)。

A. =IF(A1<0, -A1, A1)　　B. =IF(A1>=0, A1, -A1)

C. =IF(A1<0, A1, -A1)　　D. =ABS(A1)

7. 在 Excel 中，假设 B1、C1、D1 单元格中的数据分别是 3、8、5，A2 单元格中的数据是 0，B2 单元格中的公式是"=MAX(A2，B1)"，将 B2 单元格中的公式填充到 C2 和 D2 单元格后，B2、C2、D2 单元格中的数据分别是(　　)。

A. 5, 3, 8　　B. 3, 5, 8　　C. 3, 5, 5　　D. 3, 8, 8

8. 在 Excel 中，假设 A1、B1、C1、D1 单元格中的数据分别是 5、3、9、8，A2 单元格中的公式是"=MAX($A$1:A1)"，将 A2 单元格中的公式填充到 B2、C2、D2 单元格后，A2、B2、C2、D2 单元格中的数据分别是（　　)。

A. 5, 3, 9, 8　　B. 5, 5, 9, 9　　C. 8, 3, 5, 9　　D. 3, 5, 8, 9

9. 在 Excel 中，假设 A1、B1、C1、D1 单元格中的数据分别是 1、2、1、3，A2 单元格中的公式是"= COUNTIF($A$1:A$1, A1)"，将 A2 单元格中的公式填充到 B2、C2、D2 后，A2、B2、C2、D2 中的数据分别是（　　)。

A. 1, 2, 1, 3　　B. 1, 3, 1, 2　　C. 1, 1, 2, 1　　D. 1, 1, 2, 2

10. 在 Excel 中，AA 工作表中的 A1 单元格的数据为 B1 单元格数据与 BB 工作表中 C1 单元格数据之和，AA 工作表中的 A1 单元格的正确的公式是(　　)。

A. =B1+C1　　B. =B1+BB!C1　　C. =AA!B1+C1　　D. =B1+[BB]C1

二、简答题

1. 假设要将 A1、B1、C1、D1 中的数据分别移动到 A2、A3、A4、A5 单元格中，应如何操作比较快捷?

2. 要求在 A1 至 A20 单元格中输入 20 个数据，结果输入完第 20 个数据时发现漏输了第 10 个数据，请写出至少两种修改数据的方法。

3. 某个单元格中有个日期数据，删除其内容重新输入一个整数如 28，结果又显示为日期，如果确实想显示这个 28，应怎么做？如何做才能不删除单元格内容，而只删除其中的格式?

4. 在一个单元格中输入一个公式如"=SUM(1, 3, 5)"，结果在单元格中显示了公式本身而不显示结果 9，应该怎么处理？

5. 在单元格中按 Ctrl + ; 键可以输入系统当前日期，使用 TODAY 函数也能输入当前日期，这两种方式有何区别？

三、综合实践题

电影《厉害了，我的国》全面展示了近年来祖国科技和建设发展所取得的新成就。影片中展示的我们"大国重器"形象，再一次以实际行动证明了中国的大国责任和大国担当。

(1) 以铁路建设为例，近年来，我国铁路、高铁运营里程不断增加，通车里程世界领先。请上网查询近 10 年我国铁路运营里程和高铁运营里程数据(万公里为单位)，设计 Excel 表格并完成柱形图表的制作与编辑。

(2) 结合我国铁路建设与发展成就，表达自己的爱国情怀。独立设计并制作演示文稿，然后以宿舍为单位进行交流、讨论，并修改演示文稿。每个宿舍推荐一个优秀作品参加班级展示。

项目五其他资源

项目五习题答案

Excel 专项实践数据序列填充

Excel 专项实践常用函数的使用

Excel 专项实践条件统计函数

Excel 专项实践 IF 嵌套函数

Excel 专项实践高级筛选应用

项目六　展示“我的大一生活”
——PowerPoint 2016 演示文稿

PowerPoint 是制作演示文稿的工具软件，是 Microsoft Office 办公组件之一，广泛应用于公开演讲、教育培训、学术交流、商务沟通等领域，是人们交流信息的重要工具。

本项目以“我的大一生活”的演示文稿制作为例系统学习 PowerPoint 2016 的应用。

教学目标

教学课件

【思维导图】

思维导图全图

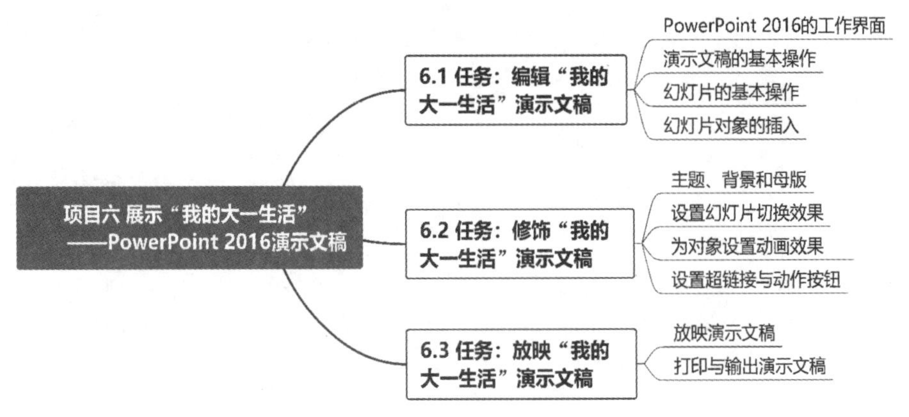

【学习重点】

演示文稿的基本操作、幻灯片对象的插入与编辑、幻灯片的外观设计、幻灯片对象的动画设计、超链接和动作按钮的设置等。

【学习难点】

幻灯片母版的设计、幻灯片对象的动画设计等。

【项目介绍】

大学是人生的重要阶段，认真总结自己在大学一年级第一学期的学习和生活，总结收获、找出不足，可以为之后的大学生活打下良好的基础。本项目要求学生制作介绍个人大一生活的演示文稿。其目的是使学生熟悉 PowerPoint 2016 工具，掌握 PowerPoint 2016 演示文稿的创建与美化等操作方法。

本项目由三个任务组成，各任务的素材文件和效果示例文件都保存在“项目六 PPT”

文件夹中。各任务的主要内容和所涉及的知识点如表 6-1 所示。

表 6-1　各任务的主要内容和知识点

节次	任务名称	主 要 内 容	主要知识点
6.1	编辑“我的大一生活”演示文稿	① 创建演示文稿； ② 新建幻灯片； ③ 编辑各张幻灯片； ④ 保存并放映演示文稿	演示文稿创建；幻灯片基本操作；在幻灯片上插入文本、图片、表格、图表、SmartArt 图形、声音等对象
6.2	修饰“我的大一生活”演示文稿	① 设置幻灯片切换效果； ② 设置对象动画效果； ③ 设置超链接； ④ 使用幻灯片母版	设置幻灯片切换效果；设置动画效果；设置超链接；使用幻灯片母版
6.3	放映“我的大一生活”演示文稿	① 设置幻灯片页面； ② 设置放映方式； ③ 打印讲义； ④ 将演示文稿打包； ⑤ 放映幻灯片	设置页面；设置放映方式；打印演示文稿；打包演示文稿；放映演示文稿

6.1　任务：编辑“我的大一生活”演示文稿

6.1.1　任务描述与实施

1．任务描述

大学第一学期即将结束，班里要组织一次班会，要求每个学生总结自己一个学期的学习、生活等各项内容并在班内交流，为此每个学生要制作一个关于“我的大一生活”主题的演示文稿。

本任务要求创建一个演示文稿，在幻灯片上添加文字、图片等对象并设置对象格式。完成后的效果如图 6-1 所示。

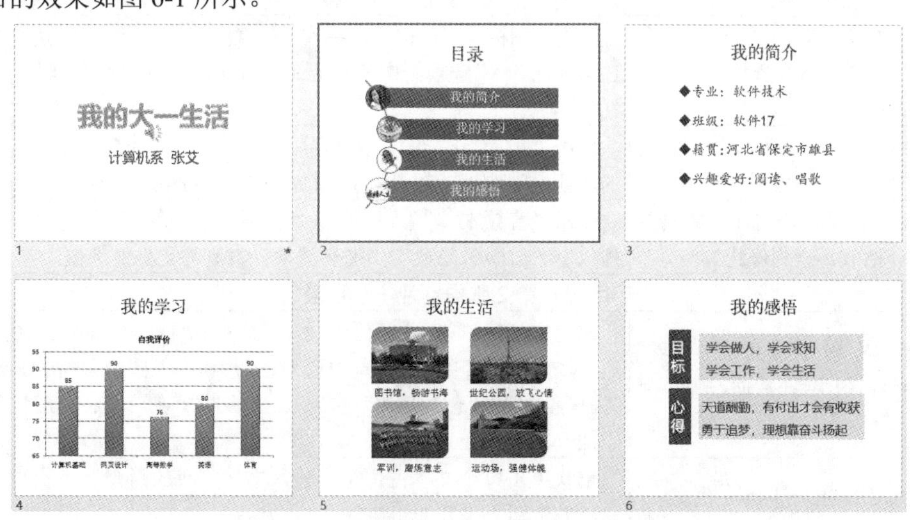

图 6-1　“我的大一生活”演示文稿样图

2．任务实施

【解决思路】

创建演示文稿需要先启动 PowerPoint 2016 程序，再新建若干张幻灯片，并在幻灯片上添加各种对象，最后保存演示文稿。

本任务涉及的主要知识技能点如下：

项目六任务一

(1) 演示文稿的新建、打开、保存(或另存)、关闭等。

(2) 幻灯片的增加、删除、移动和复制。

(3) 在幻灯片上插入文本、图片、图形、图表、音频等对象。

【实施步骤】

本任务要求及操作要点如表 6-2 所示(参照图 6-1 并使用相关素材)。

表 6-2　任务要求及操作要点

任务要求	操作要点
1. 创建演示文稿	
在 D 盘根文件夹中新建一个名为“我的大一生活(1).pptx”的演示文稿文档	启动 PowerPoint 2016 应用程序，系统会建立一个名为“演示文稿1”的空白演示文稿，单击“文件”|“另存为”|“浏览”命令，设置保存位置，输入文件名“我的大一生活(1)”，使用默认文件类型保存文件
2. 新建幻灯片	
使用普通视图的“大纲视图”窗格，通过输入每张幻灯片的标题新建六张幻灯片。第 2～6 张幻灯片均为“标题和内容”版式	单击“视图”|“大纲视图”命令，在第 1 张幻灯片图标右侧输入“我的大一生活”并按回车键，系统自动插入第 2 张幻灯片，同时光标停留在第 2 张幻灯片上，以相同方法依次输入每张幻灯片的标题，共添加六张幻灯片。各张幻灯片的标题分别为我的大一生活、目录、我的简介、我的学习、我的生活、我的感悟
3. 编辑第 1 张幻灯片——封面	
(1) 设置标题字体为微软雅黑，字号为 66 磅	选定第 1 张幻灯片，选定“标题”占位符，利用“开始”选项卡“字体”选项组中的相应命令按钮设置格式(微软雅黑，66 磅)
(2) 将标题文字设置为艺术字，样式为“填充-橙色”	单击“标题”占位符，单击“绘图工具-格式”选项卡“艺术字样式”列表中的“其他”箭头按钮，在下拉列表中选择一种样式
(3) 添加副标题文字“计算机系　张艾”，设置字体为微软雅黑，字号为 36 磅，红色	单击“副标题”占位符，输入“计算机系　张艾”。利用“开始”选项卡“字体”选项组中的相应命令按钮设置格式(微软雅黑，36 磅，红色)
(4) 插入音频。插入“那些年.mp3”音乐作为背景音乐	单击“插入”|“媒体”|“音频”|“PC 上的音频”命令，在打开的对话框中选择音频素材文件(如“那些年.mp3”)插入
(5) 设置音频“跨幻灯片播放”和“循环播放，直到停止”	单击“音频工具”|“播放”|“音频选项”命令，勾选“跨幻灯片播放”“放映时隐藏”“循环播放，直到停止”复选框
4. 编辑第 2 张幻灯片——目录	
(1) 插入布局为“垂直曲形列表”的 SmartArt 图形，在后面添加一个形状	选定幻灯片，单击“内容”占位符中的“插入 SmartArt 图形”按钮，双击“列表”中的“垂直曲形列表”形状插入圆形；单击“SmartArt 工具-设计”|“创建图形”|“添加形状”|“在后面添加形状”命令添加一个形状
(2) 输入 SmartArt 图形中的文字	依次单击每个文本占位符，输入文字“我的简介”“我的学习”“我的生活”“我的感悟”

续表

任 务 要 求	操 作 要 点
(3) 设置 SmarArt 图形中的文本居中显示	单击 SmartArt 图形占位符边框，选中整个图形，单击“开始”|“段落”|“居中”按钮，使文本居中显示
(4) 添加图片。在每个形状左侧的圆形中插入图片(图片相同或不同均可)	选定 SmartArt 图形中的一个圆形，单击“开始”|“绘图”|“形状填充”|“图片”|“浏览”命令，在对话框中选择素材文件夹中的图片如“个人头像.jpg”等插入图片
(5) 设置 SmartArt 图形颜色为“彩色”，图形高 12 厘米、宽 18 厘米，圆形居中显示	单击“SmartArt 工具-设计”|“更改颜色”，在下拉列表中选择“彩色”中的一种；单击“SmartArt 工具-格式”|“大小”，调整高度和宽度；单击“SmartArt 工具-格式”|“排列”|“对齐”|“水平居中”命令，设置居中对齐
5. 编辑第 3 张幻灯片——“我的简介”	
(1) 输入文字并设置字体为楷体，字号为 36 磅，行距为 1.5 倍	选定幻灯片，单击“内容”占位符中的“单击此处添加文本”按钮，在文本占位符中输入各项内容，在“开始”选项卡中设置字体和段落格式
(2) 为文本框中各行内容添加项目符号	选定文本占位符，单击“开始”|“段落”|“项目符号”命令按钮，在下拉列表中选择一种项目符号
6. 编辑第 4 张幻灯片——“我的学习”	
(1) 插入簇状柱形图表。图表中包括计算机基础、网页设计、高等数学、英语、体育五科成绩，成绩分别是 85、90、76、80、90，图表标题为“自我评价”	选定幻灯片，单击“内容”占位符中的“插入图表”按钮，在对话框中选择“柱形图”|“簇状柱形图”。Excel 中的初始数据如图 6-2 左面部分，参照图 6-2 右面部分修改工作表中的数据并拖曳区域右下角调整数据区域，然后关闭 Excel 程序窗口
(2) 设置图表样式为“样式 14”，无图例，数据标签为外侧	选定图表，在“图表工具-设计”选项卡中设置图表样式(样式 14)，单击图表右侧“加号”图标，设置图表元素，单击取消“图例”选项，然后单击“数据标签”右侧的三角形，选择“居中”
7. 编辑第 5 张幻灯片——“我的生活”	
(1) 修改幻灯片版式为“仅标题”	选定第 5 张幻灯片，单击“开始”|“幻灯片”|“版式”，在下拉列表中选择“仅标题”版式
(2) 插入素材文件夹中的“图书馆.jpg”“世纪公园.jpg”“军训.jpg”“运动场.jpg”四张图片；设置各图片的大小和位置	① 单击“插入”|“图像”|“图片”按钮，在对话框中定位图片位置，选中四张图片文件一并插入。 ② 同时选定四张图片，单击“图片工具-格式”|“大小”|“大小和位置”按钮；在打开的对话框中取消“锁定纵横比”复选框，调整高度为 5 厘米，宽度为 7 厘米；用鼠标拖动调整图片位置
(3) 在各图片下方插入文本框并设置格式	① 依次插入四个文本框并在文本框中输入文字“图书馆，畅游书海”“世纪公园，放飞心情”“军训，磨炼意志”“运动场，强健体魄”。 ② 依次选定文本框，在“绘图工具-格式”选项卡中设置文本框的大小和位置
8. 编辑第 6 张幻灯片——“我的感悟”	
插入文本框并输入文字，设置适当的格式	插入两个竖排文本框、两个横排文本框并输入文字，使用“微软雅黑”字体，字号分别为 36 磅和 32 磅

	A	B	C	D
1		系列 1	系列 2	系列 3
2	类别 1	4.3	2.4	2
3	类别 2	2.5	4.4	2
4	类别 3	3.5	1.8	3
5	类别 4	4.5	2.8	5
6				

	A	B	C	D
1		自我评价	系列 2	系列 3
2	计算机基础	85	2.4	2
3	网页设计	90	4.4	2
4	高等数学	76	1.8	3
5	英语	80	2.8	5
6	体育	90		

图 6-2　插入图表

【自主训练】

(1) 在第 4 张幻灯片中更改图表，将“计算机基础”课程成绩修改为 87 分。

(2) 设置第 5 张幻灯片四张图片对齐排列，上面两张图片“顶端对齐”，下面两张图片“底端对齐”，左面两张图片“左对齐”，右面两张图片“右对齐”。设置图片外观样式为“圆形对角，白色”。

(3) 在第 6 张幻灯片之后插入一张空白版式幻灯片。在幻灯片中插入图片“背景.jpg”，调整图片大小使之适合幻灯片大小，然后插入一个横排文本框，输入文字“感谢聆听！”，设置适当的字体和字号格式。最后保存演示文稿，并从第 1 张幻灯片开始放映演示文稿。

【问题思考】

(1) 如何查看某张幻灯片应用了什么版式？

(2) 要在第 1 张幻灯片上面插入一张新的幻灯片，应如何操作？

6.1.2　相关知识与技能

6.1.2.1　PowerPoint 2016 的工作界面

PowerPoint 2016 的工作界面(窗口)是用户创建和编辑演示文稿的平台，与微软公司的其他 Office 办公软件拥有统一的风格，包含标题栏、功能区、状态栏等组成部分，只是多了一些特定的窗格，如幻灯片/大纲窗格、幻灯片编辑区、备注窗格等，如图 6-3 所示。

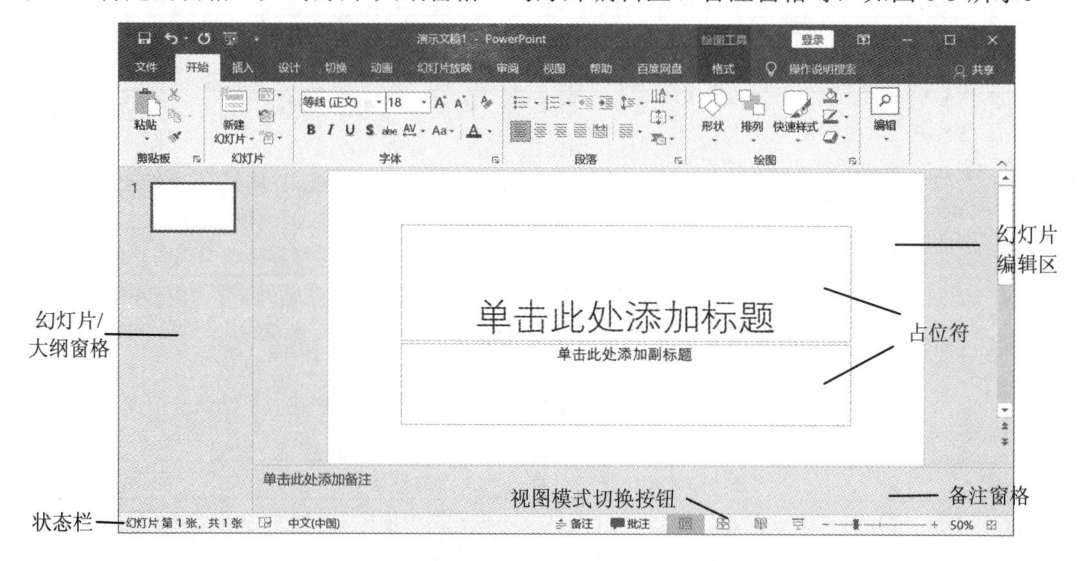

图 6-3　PowerPoint 2016 的工作界面

1. 幻灯片/大纲窗格

幻灯片/大纲窗格位于功能区左下方，该区域有两种显示方式。

单击“视图”|“演示文稿视图”|“普通”命令，窗格中将显示演示文稿中所有幻灯片的编号及缩略图；单击“视图”|“演示文稿视图”|“大纲视图”命令，窗格中将列出演示文稿中各张幻灯片的文本内容。

2. 幻灯片编辑区

幻灯片编辑区位于功能区右下方，占据着工作窗口的最大区域，是对每一张幻灯片进行制作、编辑等各种操作的场所，用于显示当前正在编辑的幻灯片的全部内容。

3. 备注窗格

备注窗格位于幻灯片编辑区下方，可供制作者添加幻灯片说明和注释信息，给演讲和查阅幻灯片信息带来便利。

4. 状态栏

状态栏位于窗口底部，显示的信息包括当前演示文稿中的幻灯片的张数、视图模式切换按钮、幻灯片显示比例和幻灯片显示比例调节按钮等。

5. 演示文稿的视图模式

视图是演示文稿的显示方式，PowerPoint 2016 提供了六种视图模式。单击状态栏中的视图模式切换按钮，可以切换普通视图、幻灯片浏览视图、阅读视图、幻灯片放映视图；在“视图”|“演示文稿视图”选项组中还可以选择大纲视图和备注页视图。

(1) 普通视图。

普通视图是系统默认的视图，在该视图下可以对幻灯片进行编辑。该视图左侧是幻灯片缩略图，右上方是幻灯片编辑区，右下方是备注窗格区域。用鼠标拖动任意两个相邻窗格的边框线可调整窗格的大小。

(2) 大纲视图。

在大纲视图中，用户可以直接在左侧窗格中输入和查看演示文稿中的一系列主题，便于用户把握整个演示文稿的设计思路。当在左侧窗格中输入或编辑文字时，在右侧的幻灯片窗格中可看到幻灯片内容的变化。

(3) 幻灯片浏览视图。

在幻灯片浏览视图中，可直观地浏览幻灯片的整体结构和效果，便于查找、移动、复制、删除或隐藏幻灯片，但不能编辑幻灯片内容。

(4) 备注页视图。

每一张幻灯片都可以有相应的备注。备注页视图专用于编辑备注内容，不能编辑正文内容。视图上方显示当前幻灯片的缩略图，下方是编辑备注的区域。

(5) 阅读视图。

阅读视图是指将演示文稿作为适应窗口大小的幻灯片放映的视图，用于在本机上查看放映效果。

(6) 幻灯片放映视图。

幻灯片放映视图可以全屏动态放映幻灯片，但不能编辑幻灯片内容。

6.1.2.2 演示文稿的基本操作

1. 创建演示文稿

演示文稿的创建有创建空白演示文稿、根据模板创建演示文稿等多种方法。

1) 创建空白演示文稿

启动 PowerPoint 2016 后，在启动窗口右窗格中单击“空白演示文稿”图标，即可创建一个空白演示文稿。

单击“文件”|“新建”|“空白演示文稿”命令或者按 Ctrl+N 键也可以创建新的演示文稿。

2) 根据模板创建演示文稿

PowerPoint 2016 的模板是一种包含特殊格式的演示文稿，套用模板后幻灯片的背景图形和配色方案等可以快捷地确定，可提高创建演示文稿的效率。

单击“文件”|“新建”命令，在窗口右侧选择需要的主题模板，再单击“创建”命令按钮，即可创建一个基于模板的演示文稿。

2. 打开演示文稿

方法一：执行“文件”|“打开”|“最近”命令，可以看到最近使用的演示文稿，选择需要打开的演示文稿即可。

方法二：执行“文件”|“打开”|“浏览”命令，选择需要打开的演示文稿，单击“打开”按钮。

方法三：双击需要打开的演示文稿文件，可启动 PowerPoint 2016 程序并打开演示文稿文档。

3. 保存演示文稿

单击“文件”|“保存”或“另存为”命令可保存演示文稿文件。默认的文件类型扩展名是.pptx，模板文件的扩展名是 .potx。用户可以根据需要选择其他文件类型保存文件。

注意：单击“文件”|“选项”|“常规”选项，在“启动选项”区域有“此应用程序启动时显示开始屏幕”选项，可选择是否在启动 PowerPoint 2016 程序时显示开始屏幕。

6.1.2.3 幻灯片的基本操作

幻灯片的基本操作包括幻灯片的选定、插入、删除、复制、移动等，通常在普通视图和幻灯片浏览视图中进行这些基本操作。

幻灯片的基本操作

1. 选定幻灯片

(1) 选定单张幻灯片：单击要选定的幻灯片的序号或缩略图，被选定的幻灯片以高亮的形式显示。

(2) 选定多张连续幻灯片：先单击需要选择的第一张幻灯片，按住 Shift 键，再单击需要选择的最后一张幻灯片。

(3) 选定多张不连续幻灯片：按住 Ctrl 键的同时，依次单击要选定的每张幻灯片。

(4) 选定所有幻灯片：按 Ctrl + A 键即可。

2. 插入幻灯片

方法一：按 Ctrl+M 键，可在当前幻灯片之后插入一张与当前幻灯片版式相同的幻灯片。选定一张幻灯片缩略图，按回车键即可新建一张与所选幻灯片版式相同的幻灯片。

方法二：单击“开始”|“幻灯片”|“新建幻灯片”按钮，选择一种幻灯片版式，则在当前幻灯片的后面插入一张指定版式的新幻灯片。

方法三：右击一张幻灯片缩略图，或单击一张幻灯片缩略图前/后空白处再右击鼠标，从弹出的快捷菜单中选择“新建幻灯片”命令也可插入幻灯片。

在新插入的幻灯片中(除“空白”版式外)，可见到有“单击此处添加文本”等文字的虚线框，这些虚线框叫占位符，它是为幻灯片中各种元素实现占位的。单击占位符，可以在其中添加文字、图片等内容。

3. 删除幻灯片

选定要删除的一张或多张幻灯片，直接按键盘上的 Delete 键，或右击鼠标，从弹出的快捷菜单中选择“删除幻灯片”命令，即可删除幻灯片。

4. 复制幻灯片

选定要复制的一张或多张幻灯片，按 Ctrl + C 键复制，将光标定位到演示文稿中的适当位置，按 Ctrl + V 键粘贴。也可以按住 Ctrl 键拖动选定的幻灯片完成复制。

5. 移动幻灯片

选定要移动的一张或多张幻灯片，按 Ctrl + X 键剪切，再将光标定位到演示文稿中的适当位置，按 Ctrl + V 键粘贴。也可以直接拖动选定的幻灯片完成移动。

6. 查看或更改幻灯片版式

幻灯片版式指幻灯片内容在幻灯片上的排列方式，即幻灯片上放置什么内容(标题、文本、内容等占位符)，以及这些内容如何排列。

幻灯片版式

选定幻灯片，单击“开始”|“幻灯片”|“版式”下拉按钮，在下拉列表中可查看或更改当前幻灯片的版式。

在普通视图的“幻灯片/大纲窗格”中右击幻灯片缩略图，在弹出的快捷菜单中选择“版式”命令也可以查看或更改幻灯片版式。

6.1.2.4　幻灯片对象的插入

一个演示文稿由多页幻灯片组成。每张幻灯片一般由标题、文本、图片、表格和图表等元素组成，这些元素称为幻灯片对象。在幻灯片上插入这些对象是幻灯片最基本的操作。

幻灯片对象的插入

1. 插入文本

1) 在文本占位符中输入文本

单击文本占位符，虚线框中的提示性文字将自动消失，然后输入文本。单击文本占位符以外的区域即可退出编辑状态。单击文本占位符，然后拖动文本占位符边框上的控制点，可以调整文本占位符的大小。

2) 使用文本框输入文本

单击“插入”|“文本”|“文本框”旁边的箭头按钮，选择横排或竖排文本框，直接在幻灯片中绘制文本框并在其中输入文本。

当在文本占位符中输入了过多的文本时，在文本边框的左侧会出现一个“自动调整选项”按钮，单击按钮右侧的箭头符号，可根据需要选择选项。

也可以使用复制的方法从其他地方将文本粘贴到幻灯片中直接生成文本框。

单击文本占位符或文本框，框内全部内容将被选定。也可以选定占位符中的部分内容，使用“开始”选项卡“字体”选项组中的命令进行字体、字号等格式化。

注意：通过文本占位符输入的文字，可以使用母版统一设置文字格式；而通过插入的文本框输入的文字，不能使用母版设置文字格式。

小贴士

在同一张幻灯片里一般不使用过多的字体(最多不超过三种)，同级段落标题的字体要一致。

应根据PPT主题(商务、党政、学术等)选择字体风格。宋体严谨，适合正文；黑体庄重，适合标题；隶书、楷体艺术性强，不适合投影。

一般推荐中文字体“微软雅黑”，英文字体“Times New Roman”或“Arial”。

2. 插入艺术字

单击“插入”|“文本”|“艺术字”按钮，在弹出的列表中选择一种艺术字样式，在占位符中输入内容，即可插入艺术字。也可以选定已有的文本，在“绘图工具-格式”选项卡的“艺术字样式”选项组中选择一种艺术字样式，将文字转换为艺术字。

3. 插入形状

单击“插入”|“插图”|“形状”按钮，在弹出的列表中选择所需要的形状类型，用鼠标在幻灯片上拖动即可绘制出形状，释放鼠标完成绘制。

4. 插入其他对象

在包含“内容”版式的幻灯片中，单击“内容”占位符中的相应图标，可插入表格、图表、SmartArt图形、图片、视频等对象。也可以通过“插入”选项卡插入各种对象，之后通过相应的选项设置对象的格式。对象的插入和格式设置方法与Word中的操作相似。

1) 插入表格

单击“插入”|“表格”|“表格”按钮，可以通过拖动鼠标的方法，或通过“插入表格”对话框插入表格，也可以选择“绘制表格”命令手工绘制表格。

单击“插入”|“表格”|“Excel电子表格”选项，可以在幻灯片中插入一张空的Excel电子表格，拖动鼠标可调整表格的大小和位置。单击幻灯片空白位置可以退出表格编辑状态，双击表格可再次进入表格编辑状态。通过“插入”|“文本”|“对象”|“由文件创建”命令，也可将外部Excel工作表插入幻灯片中。

2) 插入图表

图表是数据的视觉化呈现。使用图表可以形象、直观地表示表格中数据之间的关系。

单击“插入”|“插图”|“图表”按钮可以插入图表。插入图表后，系统会提供样本数据表，用户可根据需要将其修改为自己的数据。拖曳数据表区域的右下角可调整图表数据区域的大小，以适应新数据表。与数据相对应的图表由系统自动生成。右击图表，在快捷菜单中选择“编辑数据”可再次打开数据表进行编辑。

> **小贴士**
>
> 要根据数据之间的逻辑关系选用图表。例如：
> 要基于多个项目分类表现数据之间的对比，可选择条形图或柱形图；
> 要显示随时间而变化的连续数据或描述趋势和变化，可选择折线图；
> 要显示各项的大小与各项总和的占比关系，可选择饼图；
> 要表示两种可变因素的相关性，可选择散点图。

3) 插入 SmartArt 图形

单击“插入”|“插图”|“SmartArt”按钮，在“选择 SmartArt 图形”对话框中选择图形样式并单击“确定”按钮，即可插入图形，之后输入文本并设置格式。

4) 插入图片

单击“插入”|“图像”|“图片”按钮，在“插入图片”对话框中选择要插入的图片并单击“插入”按钮，即可在幻灯片中插入图片。按住 Ctrl 键可以选择多张图片一并插入。

> **小贴士**
>
> 文不如字、字不如表、表不如图。由于图的视觉冲击力远远强于文字，因此在 PPT 中要尽量少用文字、多用图片。能用图片或图形传递的信息就不要用文字。要尽量将文字视觉化，把用文字难以表述的抽象内容改用图形、图片来表述。
>
> 要尽量选用适合主题的、真实高清的、有创意的、能联想主题内涵的图片。
>
> 另外，使用从网络上下载的图片时要注意版权问题。如果是商业用途，擅自使用传播未经许可的图片，且没有取得作者授权允许，则会构成侵权行为，产生法律纠纷。

5) 插入音频

单击“插入”|“媒体”|“音频”按钮，列表中显示“录制音频”和“PC 上的音频”选项，一般选择“PC 上的音频”选项插入音频文件。之后，幻灯片上出现声音图标和播放控制条，同时自动显示“音频工具”选项。通过其中的“格式”选项卡中的工具按钮可以设置声音图标的格式；通过“播放”选项卡中的工具按钮可以进行音频文件的剪裁，设置音频播放的开始方式(自动播放或单击鼠标后播放)、音量以及是否循环等播放效果。

6) 插入视频

单击“插入”|“媒体”|“视频”按钮，列表中显示“联机视频”和“PC 上的视频”选项，一般选择“PC 上的视频”选项插入来自文件中的影片。之后，幻灯片上出现视频播放窗口并显示视频预览图像，同时自动显示“视频工具”选项。通过其中的“格式”选项

卡中的工具按钮可以调整播放画面的色彩，设置标牌框架(视频未开始播放时显示的图像)，调整视频形状等；通过“播放”选项卡中的工具按钮可以进行视频文件的剪裁，设置视频播放的开始方式、音量以及是否循环等播放效果。

【课堂练习 6.1】

(1) 利用 PowerPoint 2016 提供的模板创建一个演示文稿，要求至少有三种版式和至少五张幻灯片。在幻灯片浏览视图中进行幻灯片选定、复制、移动和删除等操作。

(2) 在每张幻灯片右下角设置幻灯片页码(不包含第 1 张幻灯片)。

6.2 任务：修饰“我的大一生活”演示文稿

6.2.1 任务描述与实施

1. 任务描述

本任务要对 6.1 节中制作的演示文稿进行修饰美化，统一设置演示文稿的外观，包括设置幻灯片切换效果，为幻灯片中的对象设置动画效果，使用母版统一设置标题样式等内容，最后制作出具有动态性和美观性的演示文稿——“我的大一生活(2).pptx”。

2. 任务实施

【解决思路】

本任务的主要工作：一是要为幻灯片上的重点对象设置动画效果，提高演示文稿的动态性和交互性；二是要通过母版为幻灯片统一放置对象，并统一设置对象格式，利用母版来统一幻灯片的外观，使演示文稿更加美观。

本任务涉及的主要知识技能点如下：

(1) 设置幻灯片切换效果。

(2) 设置幻灯片对象动画效果。

(3) 在幻灯片中设置超链接。

(4) 使用幻灯片母版。

项目六任务二

【实施步骤】

本任务要求及操作要点如表 6-3 所示。

表 6-3　任务要求及操作要点

任务要求	操作要点
1. 设置幻灯片切换效果	
设置所有幻灯片切换效果为“立方体”，方向为“自左侧”	选定任意一张幻灯片，单击“切换”选项卡；在“切换到此幻灯片”选项组中单击列表右侧的“其他”箭头按钮，在下拉列表中单击“华丽型”中的“立方体”；单击“效果选项”，在下拉列表中选择“自左侧”；单击“切换”|“计时”|“全部应用”命令，将切换效果应用到所有幻灯片中

续表

任务要求	操 作 要 点
2. 设置幻灯片对象动画效果	
(1) 设置第 1 张幻灯片的“标题”占位符的“进入”效果为“翻转式由远及近”，开始方式为“与上一动画同时”。 设置“副标题”占位符以“空翻”效果进入，开始方式为“单击时”	① 选定第 1 张幻灯片，单击选中“标题”占位符，单击“动画”选项卡，单击“动画”选项组列表框右侧的“其他”箭头按钮，在下拉列表中选择“进入”组中的“翻转式由远及近”效果，单击“计时”|“开始”命令，在下拉列表中选择“与上一动画同时”。 ② 选中“副标题”占位符，在“动画”选项卡“动画”选项组的下拉列表中选择“更多进入效果”，在对话框中选择“华丽型”的“空翻”效果，开始方式为“单击时”
(2) 设置第 5 张幻灯片中的四张图片的“进入”效果和“退出”效果，以“缩放”效果进入，以“收缩并旋转”效果退出，单击鼠标时动画	① 选定第 5 张幻灯片，选定幻灯片中的四张图片，单击“动画”|“动画”列表框右侧的“其他”箭头按钮，在下拉列表中选择“进入”组中的“缩放”效果。 ② 单击“动画”|“高级动画”|“添加动画”，在下拉列表中选择“退出”组中的“收缩并旋转”效果
3. 设置超链接	
为第 2 张幻灯片(目录)中的“我的感悟”设置超链接，使其链接到第 6 张幻灯片	选定第 2 张幻灯片，选定形状中的文本“我的感悟”，单击“插入”|“链接”|“超链接”命令，在打开的“插入超链接”对话框中选择链接到“本文档中的位置”，然后根据标题选择“我的感悟”，单击“确定”按钮
4. 使用幻灯片母版，统一设置背景样式、logo 图片和“返回”链接	
(1) 利用母版统一设置幻灯片背景。为所有幻灯片使用一种预设渐变填充样式	① 单击“视图”|“母版视图”|“幻灯片母版”，进入“幻灯片母版”视图。 ② 单击母版视图左侧窗格中的第 1 张幻灯片母版，单击“幻灯片母版”|“背景”|“背景样式”，在下拉列表中单击“设置背景格式”，在打开的窗格中单击“渐变填充”，选择一种预设渐变样式
(2) 利用母版在所有幻灯片中添加学院 logo 图片，并将其放置于合适位置	单击“插入”|“图像”|“图片”命令按钮，插入“logo.jpg”图片文件；选定图片，拖动图片到幻灯片适当位置
(3) 在母版幻灯片的右下角添加“返回”动作按钮，使单击每张幻灯片中的“返回”按钮时均返回第 2 张目录幻灯片。按钮颜色为“橄榄色，个性色 3，淡色 80%”；按钮形状效果为“棱台”中的“凸圆形”，超链接播放声音为“微风”	① 单击“插入”|“插图”|“形状”|“矩形”，在母版右下角拖动鼠标，添加形状；右击形状，在快捷菜单中选择“编辑文字”，输入“返回”两字；单击“绘图工具-格式”|“形状样式”|“形状填充”，在下拉列表中选择主题颜色为“橄榄色，个性色 3，淡色 80%”；单击“绘图工具-格式”|“形状样式”|“形状效果”，在下拉列表中选择棱台中的艺术装饰“凸圆形”。 ② 单击“插入”|“链接”|“动作”命令，在打开的对话框中选中“超链接到”单选按钮，在列表中单击“幻灯片”后，选择链接到标题为“目录”的幻灯片，然后单击“确定”按钮；选中“播放声音”单选按钮，在列表中选择“微风”(breeze.wav)，单击“确定”按钮；单击“幻灯片母版”|“关闭母版视图”按钮关闭母版视图

【自主训练】

进一步完善“我的大一生活(2).pptx”演示文稿。

(1) 为第 4 张幻灯片中的图表设置动画效果，使每个柱形从左到右逐个由下向上生长式出现。

提示：选定图表，选择“擦除”进入动画效果，“效果选项”选择“序列”|“按类别”。

(2) 为第 5 张幻灯片中的四个图片对象设置动作路径，设置顺序为“左上”“右上”“左下”“右下”，路径方向分别为左上到图片中心、右上到图片中心、左下到图片中心、右下到图片中心，持续时间均为 1 秒。

(3) 为第 2 张幻灯片中的各项目录内容添加超链接，依次跳转到相关页。

(4) 使第 1 张幻灯片不显示 logo 图片。

【问题思考】

(1) 幻灯片母版视图中有许多张缩略图，它们之间是什么关系？应如何选择这些缩略图进行母版设置？

(2) 在演示文稿中应用了主题，再通过母版设置字体或背景，可能会造成冲突，应如何解决这一问题？

6.2.2 相关知识与技能

设置主题和背景

6.2.2.1 主题、背景和母版

1. 应用主题

主题包含一组主题颜色、一组主题字体(包括标题字体和正文字体)和一组主题背景效果(包括线条和填充效果)。通过应用主题，可以快速而轻松地设置整个文档的格式，赋予它专业时尚的外观。主题分为两类：内置主题(系统提供的)和外部主题(自定义的或以各种方式获得的)。

1) 应用内置主题

打开演示文稿，单击“设计”选项卡，在“主题”选项组的主题列表中单击要应用的主题，或单击主题列表右侧的“其他”按钮，查看所有可用的主题，如图 6-4 所示。

单击某一个主题，就可以将该主题快速应用到所有幻灯片中。如果只对选中的部分幻灯片应用主题，应右击某主题并选择“应用于选定幻灯片”。

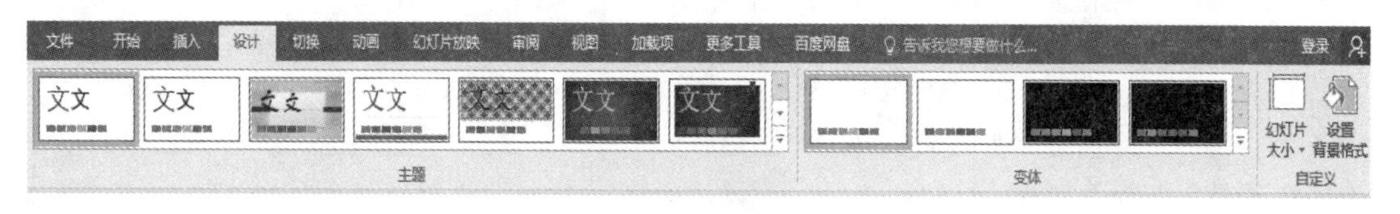

图 6-4　应用主题

2) 应用外部主题

外部主题指以“.thmx”为扩展名的文件形式存储在磁盘上的主题文件。

单击“设计”|“主题”列表右侧的“其他”按钮，在下拉列表中单击“浏览主题”，在打开的对话框中选择主题文件，单击“应用”按钮即可。

3) 修改或自定义主题

如果对应用的内置主题不够满意，还可以自定义主题。下面以自定义主题字体为例进行说明(自定义颜色和效果的操作相似)。

选定要修改主题字体的幻灯片，单击“设计”选项卡“变体”选项组中的其他按钮，在下拉列表中选择“字体”选项，从显示的 Office 窗格的下拉列表中选择某种主题字体。

如果对上述修改的主题字体满意，可以将修改后的主题字体保存，以便将来用于其他幻灯片。方法是：在 Office 窗格的下拉列表中选择“自定义字体”按钮，在对话框中输入主题字体名称并单击“保存”按钮。

2．设置背景

应用某种主题后，幻灯片的背景会随之更新。如果只希望单纯修改幻灯片背景，可进行如下操作。

1) 应用内置背景样式

(1) 选择要添加背景样式的一张或多张幻灯片。

(2) 单击“设计”选项卡“变体”选项组中的“背景样式”按钮，将鼠标指针移至“背景样式”列表中的某个样式处，则会显示该背景样式的名称；右击鼠标，在快捷菜单中根据需要选择“应用于所有幻灯片”或“应用于所选幻灯片”选项。

2) 自定义背景格式

如果内置的背景样式不符合需求，可以自己设置背景格式。

选择要添加背景样式的一张或多张幻灯片，单击“设计”选项卡“自定义”选项组中的“设置背景格式”命令，在“设置背景样式”窗格中进行相关设置。

如果要清除幻灯片的背景，则在“设置背景样式”窗格中选择“重置背景”命令。

3．使用母版

幻灯片母版就是一张特殊的幻灯片，它是幻灯片层次结构中的顶级幻灯片，可以被看作是用于构建幻灯片的框架，它存储着演示文稿的主题和幻灯片版式的所有信息，包括背景、颜色、字体、效果、占位符的大小和位置等。运用母版可以统一幻灯片的外观。

幻灯片母版

PowerPoint 2016 提供了幻灯片母版、讲义母版及备注母版三种母版，这里重点介绍幻灯片母版。

1) 进入幻灯片母版视图

单击“视图”|“母版视图”|“幻灯片母版”按钮，将进入幻灯片母版视图，如图 6-5 所示。

幻灯片母版视图的左窗格中显示了幻灯片母版的缩略图，将鼠标指针移至缩略图上，可显示出该母版由哪些幻灯片使用等信息。第一张缩略图可认为是“全局母版”，对该母版的设置将影响所有幻灯片；第一张缩略图下方的各个缩略图，是与某种幻灯片版式对应的幻灯片母版，对母版的修改将影响所有使用相应版式的幻灯片。

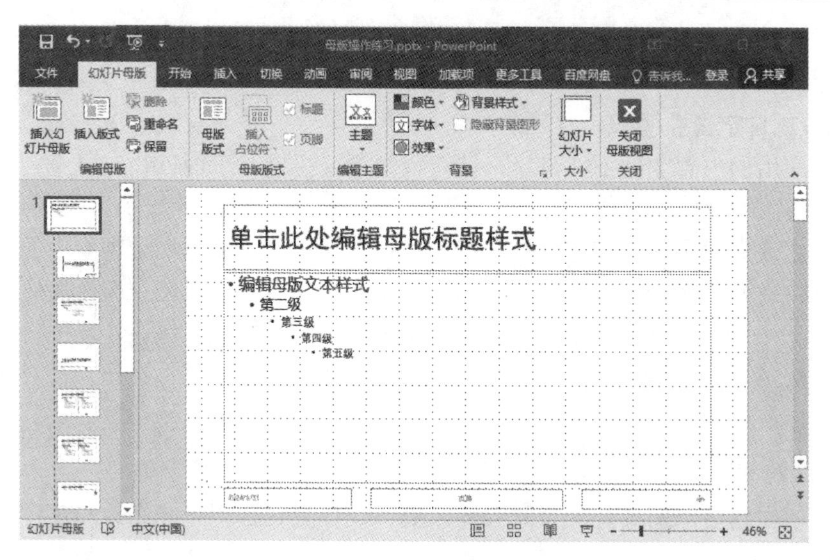

图 6-5　幻灯片母版视图

2) 设计母版内容

幻灯片母版(第一张母版)视图中包括几个虚线框标注的区域(占位符)，如标题区、对象区、日期区、页脚区和数字区(幻灯片编号)，用户可以选中这些占位符，设置其文本格式，也可以选定“编辑母版文本样式”及各级文本，设置其文本格式。

如果要删除母版中不需要的默认占位符，可单击占位符边框，然后按 Delete 键。如果要向母版中插入新的占位符，可单击“幻灯片母版”|“母版版式”|“插入占位符”按钮，在下拉列表中选择占位符类型，在母版上拖动鼠标画出占位符。如果不能确定占位符的内容，可选择通用的“内容”占位符，它可以容纳任意内容。

用户可以在母版上插入任何对象，例如在母版上插入图片、形状、动作按钮等对象，该对象也会出现在使用该版式母版的所有幻灯片上。

母版设置完成后，单击功能区“幻灯片母版”选项卡中的“关闭母版视图”按钮，结束母版编辑。

3) 母版的高级应用

(1) 在母版中增加或删除版式。

在母版视图中，单击“编辑母版”选项组中的“插入版式”按钮，可以插入版式，也可以将版式重新命名或者删除自定义版式。

(2) 使用多个母版。

每个演示文稿至少包含一个幻灯片母版。根据需要，用户也可以在演示文稿中插入多个幻灯片母版。单击“编辑母版”选项组中的“插入幻灯片母版”按钮，可以插入新的母版。

【课堂练习 6.2】

完善“我的大一生活(2).pptx”演示文稿。

(1) 利用幻灯片母版为各张幻灯片的标题统一设置进入动画效果(如自左侧飞入)。

(2) 利用幻灯片母版对版式为“标题和内容”的幻灯片，统一设置内容占位符中一级段落标题和二级段落标题格式，字体为黑体，颜色分别为红色和蓝色。

6.2.2.2　设置幻灯片切换效果

设置幻灯片切换效果

幻灯片的切换效果又称翻页动画，是指演示文稿放映过程中两张连续幻灯片之间的进入和退出屏幕的过渡效果。

1. 设置幻灯片切换效果

在普通视图或幻灯片浏览视图中选定一张或多张幻灯片缩略图，在“切换”选项卡的“切换到此幻灯片”选项组中单击右侧的“其他”按钮，在下拉列表中选择切换效果。

PowerPoint 2016 预设了“细微型”“华丽型”“动态内容”三类切换效果。为幻灯片设置切换效果后，在幻灯片缩略图旁边会显示标记。单击“切换”选项卡“预览”选项组中的“预览”按钮，可预览切换效果。

大部分切换效果提供了“效果选项”。单击“效果选项”按钮，在下拉列表中可以设置切换样式细节选项。不同切换方式会有不同的效果选项。

2. 设置幻灯片切换“计时”选项

在“切换”选项卡的“计时”选项组中，可以设置幻灯片切换时出现的“声音”效果、切换的“持续时间”以及“换片方式”。换片方式有“单击鼠标时”和“设置自动换片时间”，如果两者都设定，则“单击鼠标时”选项优先。

在为选定的幻灯片设置切换效果后，单击“切换”选项卡“计时”选项组中的“全部应用”按钮，可以将切换效果应用于所有幻灯片，否则只对选定的幻灯片有效。

如要取消某些幻灯片的切换效果，可将这些幻灯片的切换效果设置为“无”。

注意：设置幻灯片切换效果时要考虑目的性和合理性。不要过度使用切换效果，也不要频繁更换切换效果。

6.2.2.3　为对象设置动画效果

可以为幻灯片中的各类对象设置动画效果，以增加幻灯片的互动性和趣味性，进而丰富演示文稿的放映效果。

1. 对象动画的类型与作用

动画设置

1) 四种动画效果

幻灯片对象动画有进入、强调、退出和动作路径四种动画效果。

(1) 进入效果：最常用的动画效果，指对象进入屏幕的动画形式，即该对象以何种形式出现。也就是说，刚开始时该对象并不在幻灯片上出现，通过单击鼠标或其他方式，该对象才会以某种形式出现。

(2) 强调效果：已经显示或已经进入幻灯片的对象，以动态效果做出某种变化，吸引观众对对象的关注度。

(3) 退出效果：常和进入效果成对使用，指对象退出幻灯片的动画形式，即该对象以何种形式离开(消失)。

(4) 动作路径：对象沿着一定的路径运动的动画效果。可以选择“自定义路径”，然后在幻灯片上任意绘制动作路径。

2) 使用动画的主要目的

使用动画的主要目的如下：

(1) 顺序呈现。这主要指文字、图形等元素在屏幕上的呈现方式。通常，屏幕上的文字应当条理清楚、层次分明。为了保持悬念，这些文字可逐条显示，而不是一开始就全部展现出来。

(2) 强调重点。这是很多人使用动画的唯一原因。用合适的方式让希望强调的重点内容动一动或变一下颜色，使其更加醒目，以吸引观众的注意力。

(3) 化繁为简。使用动画可以把较大的、复杂的图示化整为零，逐步出现、讲解、再出现、再讲解，引导观众的注意力到正在讲解的部分，从而把难以描述的原理、过程讲清楚。

(4) 增加美感。使用动画可以将静态事物以动态的形式表达，从而增加演示文稿的可观赏性和趣味性，使演示文稿生动形象、富有美感。

3) 使用动画的基本原则

使用动画的基本原则如下：

(1) 有效。要明确动画的制作动机，不是为了让人欣赏动画技巧，而是为了表达内容。

(2) 自然。动画效果应符合人的认知经验和直觉，要让人舒服。

(3) 流畅。动画持续时间要适当，相邻的动画衔接要紧密，不停顿、拖沓。

(4) 精致。动画细节要丰富，如快速进入后的回弹设置等。

小贴士

在 PowerPoint 2016 中要合理应用对象动画。进入效果常选淡出、飞入和擦除效果；退出效果一般用淡出和擦除效果，而不用飞出效果；强调效果一般用放大缩小效果；动作路径，尤其是自定义路径，能够创造出独特的动画效果，常用于一些比较特殊的场合，如物理效果的演示等。

2. 为对象设置动画效果

1) 设置动画效果

先选定幻灯片中要设置动画效果的对象(一个或多个)，单击“动画”选项卡，从“动画”选项组“动画样式”列表中选择所需的动画(绿色、黄色、红色五角星分别表示“进入”“强调”“退出”动画)，单击列表右下侧的“其他”按钮，可选择更多动画效果。

如果列表中显示的动画方案不能满足需求，可以选择列表下方“更多进入效果”等选项，打开相应的对话框，在对话框中选择更合适的动画效果。

2) 设置动画效果选项

为对象设置动画后，可单击“动画”选项组右侧的“效果选项”按钮，在下拉列表中选择动画效果选项。

如果为文本框设置动画，则“效果选项”有以下三项。

(1) “作为一个对象”：将文本框内的各个段落作为一个对象，单击鼠标开始动画。

(2) “整批发送”：将文本框内的每个段落分别作为一个对象，第一个段落单击鼠标时开始，后面几个段落与上一个动画(第一个段落)同时出现。

(3) “按段落”：将文本框内的每个段落分别作为一个对象，单击鼠标一次播放一个段落的动画。

3) 设置动画开始方式

默认情况下，动画通过单击鼠标来激发。在“动画”选项卡的“计时”选项组中单击“开始”下拉列表框，选择动画开始方式。

(1) “单击时”：单击鼠标时开始动画。

(2) “与上一动画同时”：和前一个动画同时开始。

(3) “上一动画之后”：在前一个动画完成之后延迟一段时间才开始动画，可通过“延迟”微调按钮调整延迟时间，或直接输入时间，单位为秒。

4) 设置动画持续时间

设置动画持续时间表示指定动画的播放时间长度，可通过“持续时间”微调按钮调整，也可以直接输入时间，单位为秒。持续时间越长，动画速度越慢。

如果某个动画设置了触发器，则优先遵循触发器中的设置。

5) 调整动画播放顺序

在一张幻灯片内可能存在多个对象的动画，也可能同一个对象设置了多种动画，因此需要调整动画的播放顺序。在“动画”选项卡的“计时”选项组中，单击“对动画重新排序”区域中的“向前移动”和“向后移动”两个按钮，可调整动画的播放顺序。

6) 通过效果选项对话框设置其他效果选项

单击“动画”选项卡“动画”选项组右下角的对话框启动器按钮，可打开其他效果选项对话框，如图 6-6 所示，利用该对话框可进行更多的动画效果选项设置。

“效果”选项卡用于设置动画播放时的声音效果、动画播放后是否隐藏或变暗、动画文本(整批发送、按字/词、按字母)等选项。

“计时”选项卡用于设置动画开始方式、延迟时间、持续时间、是否重复动画(重复方式或重复次数)等选项。选择“触发器”，还可以设置触发器动画。

“正文文本动画”选项卡用于设置多级组合文本的动画效果。

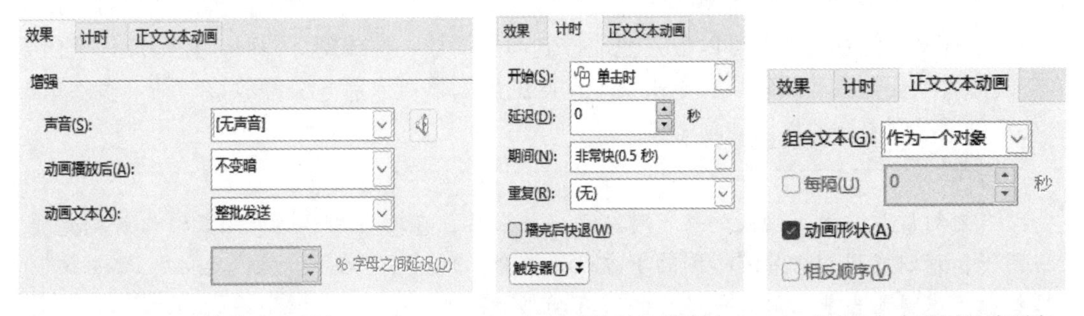

(a) “效果”选项卡　　(b) “计时”选项卡　　(c) “正文文本动画”选项卡

图 6-6　其他效果选项对话框

7) 删除动画效果

选定幻灯片中已设置动画效果的对象，单击“动画”选项组动画列表中的“无”选项，或者单击对象左上角的动画编号，按 Delete 键，即可删除动画效果。

3. 动画效果的高级设置

动画效果的高级设置需要在“动画”选项卡的“高级动画”选项组中操作。

1) 添加动画效果

若要对同一对象添加多个动画，可单击“动画”选项卡“高级动画”选项组中的“添加动画”按钮。

2) 使用“动画刷”复制动画效果

选定已经设置了动画效果的对象，在“动画”选项卡的“高级动画”组中单击“动画刷”按钮，此时光标变为刷子形状，单击目标对象，即可复制动画效果。双击“动画刷”按钮，则可以多次复制。再次单击“动画刷”按钮或按 Esc 键，则取消动画复制状态。

3) 在“动画窗格”中设置动画效果

单击“动画”|“高级动画”|“动画窗格”按钮可打开“动画窗格”。动画窗格以列表的形式显示了当前幻灯片中所有对象的动画效果，包括对象名称、动画类型、开始时间、持续时间等。

单击“全部播放”按钮，可在编辑状态下预览对象动画效果；选定其中一个动画任务，单击“播放自”按钮，可以从选择的位置开始播放。

在动画窗格的动画列表中右击项目或单击项目右侧的下拉按钮，会弹出快捷菜单。在快捷菜单中可以设置动画的开始方式。选择“效果选项”或“计时”选项，可以打开“效果选项”对话框。选择“隐藏高级日程表”选项，可以隐藏/显示“动画窗格”下方的日程表。

在“动画窗格”中还可以调整动画播放顺序或删除某个动画。

4) 设置触发器动画

使用 PowerPoint 2016 动画效果中的触发器功能可以制作交互式动画。操作步骤如下：

(1) 为一个对象设置动画，动画默认的开始方式是“单击鼠标时”。

(2) 在动画窗格中右击该动画效果，选择“计时”选项，在对话框中单击“触发器”按钮，然后选择“单击下列对象时启动效果”单选按钮，在其后的下拉列表中选择一个触发该动画效果的其他对象(可以是一段文字或文本框、图形、图片等，这个对象称为该动画的触发器)，并单击“确定”按钮。

利用触发器触发动画，可以很方便地控制动画播放。播放幻灯片时，在幻灯片空白处单击鼠标后不会播放动画，只有单击某个动画的触发器对象后才会播放该动画。多次单击触发器对象，则多次播放该动画。

小贴士

当为幻灯片设置了切换效果或对象动画效果后，在幻灯片普通视图或幻灯片浏览视图下，可以发现幻灯片缩略图的下方或左侧会出现一个“播放动画”按钮，单击该按钮，可以观看当前幻灯片中设置的所有动画效果。

【课堂练习 6.3】

(1) 由一个对象触发另一个对象的动画。参照图 6-7(a)，制作一页幻灯片。要求：四个选项及各选项后面的“√”或“×”均用文本框制作；通过单击某个选项，触发选项后面的“√”或“×”动画。

课堂练习 6.3

(2) 由多个对象触发同一个对象的动画。将(1)题中的幻灯片修改为图 6-7(b)的形式。即当选择 B 选项时出现“答对了！”信息，1 秒后消失；当选择 A、C、D 选项时出现“错误，再试一次！”信息，1 秒后消失。要求：两个信息框均用文本框制作，并叠放在同一位置。

中国共产党第二十次全国代表大会于（　　）在北京召开。

A、2022年3月 ×　B、2022年10月 √

C、2023年5月 ×　D、2023年9月 ×

(a)

中国共产党第二十次全国代表大会于（　　）在北京召开。

A、2022年3月　B、2022年10月

C、2023年5月　D、2023年9月

答对了！

(b)

图 6-7　课堂练习 6.3 用图

6.2.2.4　设置超链接与动作按钮

1. 为对象设置超链接

可以为幻灯片中的文本、图形、图片、艺术字等对象设置超链接，当放映幻灯片时，单击设置了超链接的对象，幻灯片会自动跳转到关联的对象。

超链接和动作设置

选择要创建超链接的对象，单击“插入”|“链接”|“超链接”按钮，或者右击对象，在快捷菜单中选择“超链接”命令，打开如图 6-8 所示的“插入超链接”对话框，在“链接到”列表框中选择超链接的类型。

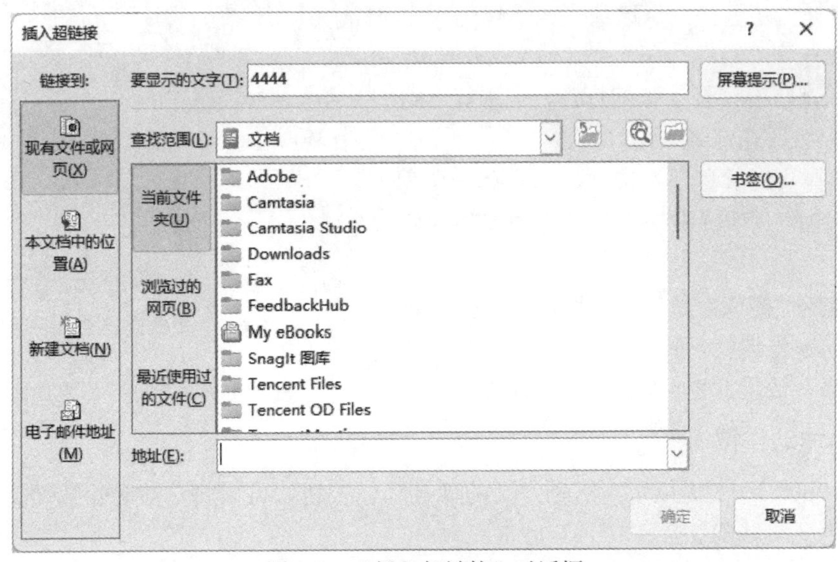

图 6-8　“插入超链接”对话框

(1) “现有文件或网页”：在右侧选择要链接到的文件或 Web 页面地址。可以通过“当前文件夹”“浏览过的网页”“最近使用过的文件”按钮，从文件列表中选择所需链接的文件名。

(2) “本文档中的位置”：链接到当前演示文稿中的某张幻灯片，右侧列表中显示本文档中所有幻灯片的序号和标题，选择要链接的幻灯片即可。

(3) “新建文档”：链接到一个新的演示文稿。

(4) “电子邮件地址”：链接电子邮件地址。

“要显示的文字”文本框中显示的是设置超链接前选定的文本内容，可以被修改。单击“屏幕提示”按钮，可以设置当鼠标指针移至超链接时出现的提示内容。

建立超链接后的文本将自动添加下画线，并且文本颜色也会变化。放映幻灯片时，将鼠标指针移至该文本处，鼠标指针会变成小手形状，单击即可打开超链接。

若要改变超链接设置，可右击设置了超链接的对象，在弹出的快捷菜单中选择“编辑超链接”命令。单击“取消超链接”，则可删除已创建的超链接。

2. 为对象设置动作

可以为幻灯片中的文本、图形、图片等对象设置动作使其变成一个按钮，当放映幻灯片时，通过单击鼠标或将鼠标指针移过对象来完成幻灯片跳转，运行特定程序，打开链接文件，播放音频、视频等。

为对象设置动作的步骤如下：

选定要设置动作的对象，单击“插入”|“链接”|“动作”命令，弹出如图 6-9 所示的“操作设置”对话框，该对话框中有“单击鼠标”和“鼠标悬停”选项卡，用于设置鼠标单击时或鼠标悬停时发生的动作，两者设置动作选项的方法相同。

(1) 选择“超链接到”选项，在下拉列表中选择“URL…”“幻灯片…”“其他文件…”等内容。例如，要链接到某张幻灯片，应选择“幻灯片…”，然后选定某张幻灯片。

(2) 选择“运行程序”选项，单击“浏览”按钮，在弹出的对话框中确定要运行的程序的位置和名称。

(3) 选择“播放声音”复选框，在下拉列表中为动作的发生选择一种声音效果。可以选择系统内置的声音效果，也可以选择外部声音文件。

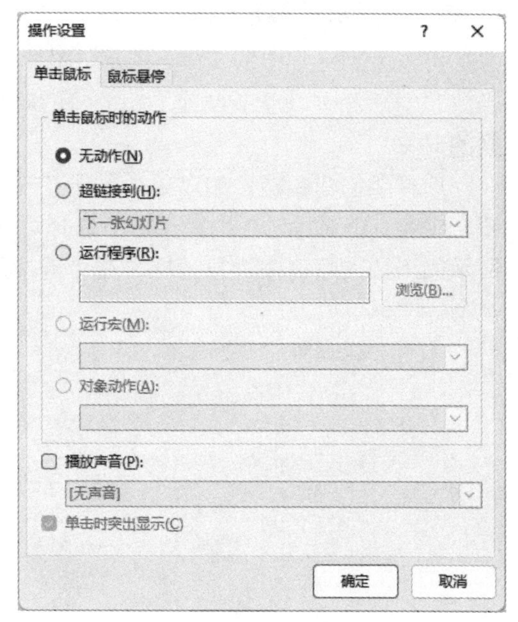

图 6-9　“操作设置”对话框

3. 添加动作按钮

PowerPoint 2016 提供了一组预定义的标准动作按钮，可以将这些动作按钮直接插入到幻灯片中用于跳转幻灯片。

单击“插入”|“插图”|“形状”命令，在下拉列表的“动作按钮”组中选择合适的按钮(例如◁▷|◁▷|，分别预设了上一张、下一张、第一张、最后一张跳转动作)，在幻灯片中合适位置拖动鼠标绘制一个按钮形状，释放鼠标后会弹出“操作设置”对话框，直接单击“确定”即可。有的动作按钮如“影片”“文档”等需要自行设置动作内容。

如果要插入自定义的动作按钮，应选择“动作按钮”组中最后一个“空白”动作按钮，然后在幻灯片中绘制形状，之后在“操作设置”对话框中设置要执行的动作。

右击动作按钮，在弹出的快捷菜单中选择“编辑文字”，可以为自定义按钮添加文字。

选定动作按钮，可以在“绘图工具-格式”选项卡中格式化动作按钮的形状格式。

若要编辑动作按钮，可右击动作按钮，选择“编辑超链接”命令，在“操作设置”对话框中进行编辑。若要删除动作按钮，可选定动作按钮后按 Delete 键。

小贴士

超链接和动作按钮的主要区别：超链接可以设置“屏幕提示”，而动作按钮不能设置。当链接到网页、邮件地址时，用超链接较方便。动作按钮可以附加“播放声音”，可以设置鼠标经过时的动作；超链接则不能。

【课堂练习 6.4】

打开“我的大一生活(2).pptx”演示文稿，在第 6 张幻灯片的右下角添加动作按钮，自定义样式，单击时跳转到第 1 张幻灯片，在按钮上添加文本“再看一遍”，设置字体为隶书、字号为 20 磅。

6.3　任务：放映“我的大一生活”演示文稿

6.3.1　任务描述与实施

1. 任务描述

6.2 节中已经建立了“我的大一生活(2).pptx”演示文稿并设置了统一的外观风格和动画效果，接下来的工作就是进行放映演练，做好放映前的准备。

本任务主要完成下列工作：对“我的大一生活(2).pptx”演示文稿进行页面设置；打印幻灯片讲义；打包发布演示文稿；等等。

2. 任务实施

【解决思路】

演示文稿制作完成后，接下来的工作就是放映幻灯片。在正式放映前要熟悉所设置的超链接，播放时要单击超链接以实现幻灯片的非连续跳转；另外，需要熟悉幻灯片对象动画的播放方法，是单击鼠标时开始动画还是利用触发器触发动画等。只有认真规划放映方法和步骤，才能达到较好的播放效果。

本任务涉及的主要知识技能点如下：

(1) 页面设置。

(2) 放映方式设置。

(3) 讲义打印。

项目六任务三

(4) 演示文稿打包。

(5) 幻灯片放映。

【实施步骤】

本任务要求及操作要点如表 6-4 所示。

表 6-4　任务要求及操作要点

任 务 要 求	操 作 要 点
1. 页面设置	
设置幻灯片的大小为“全屏显示(16∶9)”	打开演示文稿“我的大一生活(2).pptx”，将其另存为“我的大一生活(3).pptx”；单击“设计”|“自定义”|“幻灯片大小”命令，在下拉列表中选择“宽屏(16∶9)”
2. 放映方式设置	
将幻灯片放映设置为“演讲者放映”方式	单击“幻灯片放映”|“设置”|“设置幻灯片放映”按钮，在打开的对话框中选中“演讲者放映(全屏幕)”单选按钮，单击“确定”按钮
3. 讲义打印	
使用 A4 打印纸，打印全部幻灯片讲义。每页纸打印 6 张幻灯片，按照先水平后垂直顺序排列幻灯片	① 单击“文件”|“打印”命令，在右侧区域单击“打印机属性”链接，在“纸张/质量”选项卡中选择纸张尺寸为“A4”，单击“确定”按钮。 ② 在右侧区域“设置”部分单击“整页幻灯片”按钮，然后在“讲义”区域中选择“6 张水平放置的幻灯片”
4. 演示文稿打包	
将演示文稿打包，将打包后的文件夹复制到其他计算机上播放，查看音频、视频等媒体能否正常播放	单击“文件”|“导出”|“将演示文稿打包成 CD”命令，单击“打包成 CD”按钮，弹出“打包成 CD”对话框，单击“复制到文件夹”按钮，打开“复制到文件夹”对话框，在对话框中输入文件夹名称和位置，单击“确定”按钮
5. 幻灯片放映	
(1) 放映全部幻灯片。要使用目录页的超链接播放幻灯片，按顺序播放完一项内容后通过幻灯片右下角的“返回”按钮返回到目录页，再放映下一项内容	单击“幻灯片放映”|“开始放映幻灯片”|“从头开始”命令按钮，或者直接按 F5 键从头开始播放幻灯片；播放到目录页时，在目录页单击某项超链接跳转幻灯片；播放完某项内容后单击右下角“返回”按钮回到目录页，再单击其他超链接。播放完“我的感悟”幻灯片后不要返回目录页，直接播放下一张。如果要中途结束放映，则按 Esc 键
(2) 自定义幻灯片放映方案。只放映第 1、3、4、5 张幻灯片，放映方案命名为“我的学习”，然后按此方案放映幻灯片	① 单击“幻灯片放映”|“开始放映幻灯片”|“自定义幻灯片放映”|“自定义放映”，在打开的“自定义放映”对话框中单击“新建”按钮，在“幻灯片放映名称”中输入一个名称(如“我的学习”)，将左侧区域的第 1、3、4、5 张幻灯片选中，然后单击“添加”按钮，将其添加到右侧区域，单击“关闭”按钮。 ② 单击“幻灯片放映”|“开始放映幻灯片”|“自定义幻灯片放映”按钮旁边的下拉按钮，选择“我的学习”放映方案进行放映

【自主训练】

(1) 使用其他幻灯片放映类型放映幻灯片。

(2) 隐藏第 5 张幻灯片，然后全屏放映演示文稿。

(3) 如果计算机支持双显示器，将计算机连接一台投影机，设置显示器及幻灯片放映方式，使得只有演示者的计算机屏幕能够查看幻灯片备注，而投影的大屏幕不显示幻灯片备注。

【问题思考】

如果希望在放映幻灯片时不按幻灯片原来的次序播放，该如何自定义幻灯片放映方案?

6.3.2　相关知识与技能

6.3.2.1　放映演示文稿

放映演示文稿

1．演示文稿的放映控制

制作演示文稿的最终目的是要将内容展示给观众，即幻灯片放映。为了适应不同的放映需求，通常需要对放映过程进行设置，包括控制幻灯片放映方式、设置放映时间等。

1) 隐藏幻灯片

在普通视图的“幻灯片/大纲窗格”中右击幻灯片缩略图，或者在幻灯片浏览视图中右击幻灯片缩略图，在快捷菜单中选择“隐藏幻灯片”命令，可将指定的幻灯片隐藏。选定要隐藏的幻灯片，单击“幻灯片放映”|“设置”|“隐藏幻灯片”按钮，也可以隐藏幻灯片。

被隐藏的幻灯片编号上将显示一个灰色的斜线，在正常放映时不会被显示，只有单击指向它的超链接或动作按钮才会放映该幻灯片。

2) 开始放映

按 F5 键可从头放映幻灯片；按 Shift + F5 键或单击状态栏右下角的幻灯片放映按钮 ，可从当前幻灯片开始放映。

单击“幻灯片放映”|“开始放映幻灯片”|“从头开始”或“从当前幻灯片开始”命令，也可以放映幻灯片。

3) 放映控制

切换到下一张幻灯片：单击鼠标；按回车键/空格键/下翻页键/下箭头键/右箭头键/N 键。

切换到上一张幻灯片：按退格键/上翻页键/上箭头键/左箭头键/P 键。

切换到第一张幻灯片：按 Home 键。

切换到最后一张幻灯片：按 End 键。

切换到第 N 张幻灯片：如切换到第 5 张，则输入 5 并按回车键。

结束放映：按 Esc 键可中断放映并返回 PowerPoint 窗口。

另外，放映时右击鼠标，通过弹出的快捷菜单可控制放映。也可以单击屏幕左下方的图标控制放映。

4) 自定义幻灯片放映方案

针对不同的场合或观众，可以选择部分幻灯片或改变幻灯片的放映顺序进行播放。一个演示文稿，可以创建多个自定义放映方案。创建自定义放映方案的方法如下：

单击“幻灯片放映”|“开始放映幻灯片”|“自定义幻灯片放映”按钮，执行“自定义放映”命令，在对话框中选择“新建”按钮，在“幻灯片放映名称”文本框中输入幻灯片放映名称，然后从左侧的列表中选择幻灯片，单击“添加”按钮将其添加到右侧的列表中。

创建自定义放映方案后，单击“幻灯片放映”|“开始放映幻灯片”|“自定义幻灯片放映”按钮，选择幻灯片放映名称，即可启用自定义放映方案。

小贴士

在幻灯片放映过程中，按 W 键可以白屏，按 B 键可以黑屏。单击屏幕左下角的按钮，在菜单中可选择“笔”或“荧光笔”等，此时指针变为绘图笔形状，可在幻灯片上即时书写。也可以选择“墨迹颜色”改变字体颜色或选择“橡皮擦”擦除所书写的内容。

2. 设置放映时间

在幻灯片播放时，默认的幻灯片切换方式是手动单击鼠标，有时需要幻灯片自动播放，这就要求在幻灯片放映之前设置每张幻灯片的放映时间。

一种方法是人工为每张幻灯片设置放映时间；另一种方法是使用排练计时功能，在排练时自动记录时间。

1) 人工设置放映时间

(1) 选定要设置放映时间的幻灯片。

(2) 选中“切换”|“计时”选项组中的“设置自动换片时间”复选框，然后在右侧的微调框中输入或调整幻灯片在屏幕上的放映时间(秒数)。

(3) 逐张选定幻灯片并设置放映时间。如单击“全部应用”按钮，则将所有幻灯片的放映时间统一设置成当前幻灯片的放映时间。

在“幻灯片浏览”视图中，在幻灯片缩略图右下方会显示幻灯片的放映时间。

2) 使用排练计时功能

如果用户没有把握自行决定每张幻灯片的放映时间，则可以使用排练计时功能。

(1) 打开要排练计时的演示文稿。

(2) 单击“幻灯片放映”|“设置”|“排练计时”按钮，系统自动切换到幻灯片放映视图并从第一张幻灯片开始放映，同时屏幕左上角出现“录制”工具栏，工具栏中可以看到系统记录的当前幻灯片的播放时间和演示文稿总的放映时间(最右侧的框)。

(3) 在放映过程中可以使用“录制”工具栏中的按钮来控制排练计时。单击“下一项”按钮，切换到下一张幻灯片；单击“暂停录制”按钮，暂停计时；单击“重复”按钮，重新记录当前幻灯片的放映时间。

(4) 排练结束后，系统将弹出一个提示框，用户可以选择是否保存本次的排练计时。在“幻灯片浏览”视图中，每张幻灯片缩略图的右下角会显示该张幻灯片的放映时间。

3. 设置放映方式

用户可以根据需要设置幻灯片的放映方式。单击“幻灯片放映”|“设置”|“设置幻灯

片放映”按钮，在打开的对话框(如图 6-10 所示)中可以设置放映方式。

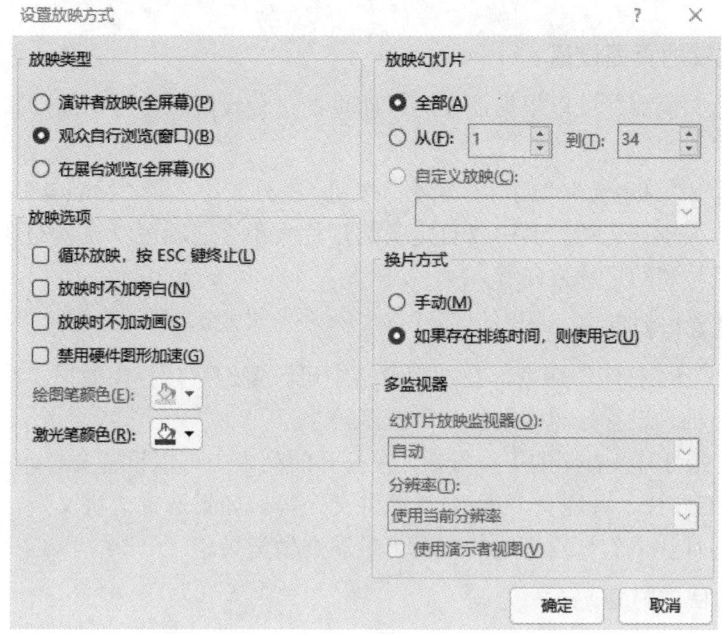

图 6-10　“设置放映方式”对话框

1) 选择放映类型

(1) “演讲者放映”：系统默认的放映方式，也是最常用的放映方式，以全屏方式放映幻灯片，由演讲者手动控制放映过程或启用“排练计时”功能来控制幻灯片放映。

(2) “观众自行浏览”：以窗口方式放映幻灯片，按 Esc 键结束放映，适合于召开网络会议和在网络上共享演示文稿。允许观众通过窗口右下角的工具按钮交互式控制放映过程，也可以实现幻灯片的移动、复制、编辑和打印。

(3) “在展台浏览”：以全屏方式自动循环放映幻灯片，适合在无人管理的情况下自动放映。此时单击鼠标将无法切换幻灯片，通常需要提前设置排练计时并使用。

2) 设置放映选项

在“放映选项”选项组中可以确定是否循环放映幻灯片，放映时是否播放旁白、是否播放幻灯片的动画效果，还可以设置绘图笔和激光笔的默认颜色。

3) 设置幻灯片放映范围

在“放映幻灯片”选项组中可以指定幻灯片放映范围，包括放映全部幻灯片，指定放映的幻灯片范围(从第几张到第几张)，或者使用用户自定义的放映方案。

4) 设置幻灯片换片方式

在“换片方式”选项组中确定放映幻灯片时的换片方式。

若选择“手动”选项，则必须手动切换幻灯片，同时系统将忽略预设的排练时间。

若选择“如果存在排练时间，则使用它”选项，则系统将按预设的排练时间自动放映幻灯片。如果没有预设的排练时间，则必须手动切换幻灯片。

6.3.2.2　打印与输出演示文稿

1．演示文稿的页面设置

在打印演示文稿前，可以根据需要对打印页面进行设置，使打印的形式和效果更符合实际需要。

单击“设计”|“自定义”|“幻灯片大小”按钮，在列表中选择“标准(4:3)”“宽屏(16:9)”“自定义幻灯片大小”选项。其中“自定义幻灯片大小”选项可以设置幻灯片宽度、高度及幻灯片起始编号和幻灯片方向等。

2．打印设置与打印

单击“文件”|“打印”命令，在右侧窗格中可预览幻灯片打印效果。在“打印”对话框中可选择打印机、设置打印份数和打印范围等。

单击“整页幻灯片”右侧的下拉按钮，在打开的列表中可以设置要打印的内容，如“打印版式”(整页幻灯片、备注页、大纲)或“讲义”等。如果选择“讲义”，则可以在一页纸上打印多张幻灯片，幻灯片旁边的空白可供观众做记录。

3．演示文稿的打包

PowerPoint 2016 的打包功能可以将演示文稿及其相关文件组合在一起，并将它们复制到一个文件夹中或直接复制到 CD 中。打包的主要目的是使演示文稿可以在没有安装 PowerPoint 2016 软件的计算机上正常放映，还可以避免放映时因缺少文件而无法呈现特殊字体、音乐、视频等对象的显示效果。对打包的文档只需进行解包即可使用。

1) 将演示文稿打包到文件夹

(1) 打开要打包的演示文稿，执行“文件”|“导出”|“将演示文稿打包成 CD”命令，再单击“打包成 CD”按钮，将弹出“打包成 CD”对话框，在列表框中显示了当前要打包的演示文稿文件名。

单击“添加”或“删除”按钮，可以选择将多个演示文稿一起打包。

默认情况下，打包应该包含“链接的文件”和“嵌入的 TrueType 字体”，如想改变这些设置，可单击“选项”按钮，在对话框中设置。也可以设置打开和修改文件的密码。

(2) 单击“复制到文件夹”按钮，打开“复制到文件夹”对话框，输入打包后的文件夹名称和位置，再单击“确定”按钮，即可将打包的文件复制到磁盘文件。若要将打包的文件复制到 CD 上，则单击“复制到 CD”按钮。

2) 运行打包的演示文稿

(1) 打开打包后文件夹中的子文件夹“PresentationPackage”，双击文件夹中的“PresentationPackage.html”文件。

(2) 在浏览器上打开网页，单击“下载查看器”按钮下载 PowerPoint 播放器程序 PowerPoint Viewer.exe 并安装。

(3) 启动播放器，在对话框中定位到打包文件夹，选择演示文稿并打开，即可放映演示文稿。

若演示文稿打包到 CD，则将光盘放到光驱中就会自动播放。

4. 将演示文稿保存为视频文件

将演示文稿转换为视频文件后，就可以在没有安装 PowerPoint 2016 的计算机上观看该视频了。

在转换前可以先录制语音旁白和鼠标运动轨迹并对其进行计时，以丰富视频播放效果。单击“文件”|“导出”|“创建视频”命令，在“演示文稿质量”和“使用录制的计时和旁白”下拉列表中选择相应选项，单击“创建视频”按钮，在弹出的“另存为”对话框中选择文件保存的位置、类型(.mp4 或.wmv)并输入视频文件名，单击“保存”按钮。在创建视频过程中，状态栏中会显示创建进度指示条，需等待创建完成。

打开保存视频文件的文件夹，双击视频文件即可播放。

【课堂练习 6.5】

打开“我的大一生活(2).pptx”演示文稿，将其保存为 MP4 格式的视频文件并播放。

习　题　6

一、单选题

1. 关于幻灯片版式的说法，错误的是(　　)。
   A. 版式是指幻灯片内容在幻灯片上的排列方式
   B. 每张幻灯片都有一种版式
   C. 幻灯片的版式一旦设置后便不能更改
   D. 幻灯片版式中的占位符可以删除

2. 打印幻灯片讲义时，一张纸上最多打印(　　)张幻灯片。
   A. 6　　B. 8　　C. 9　　D. 10

3. 幻灯片母版可分为三类，它不包括(　　)。
   A. 备注母版　　B. 讲义母版　　C. 幻灯片母板　　D. 版式母版

4. 关于在幻灯片中插入图表的说法，错误的是(　　)。
   A. 可以直接通过复制和粘贴的方式将图表插入到幻灯片中
   B. 幻灯片中没有图表占位符也可以插入图表
   C. 幻灯片中所插入的图表不可以修改，只能删除后重新插入
   D. 双击幻灯片中的图表占位符可以插入图表

5. 幻灯片的主题不包括(　　)。
   A. 主题效果　　B. 主题字体
   C. 主题颜色　　D. 主题动画

6. 能对幻灯片进行移动、删除、复制和设置切换效果，但不能对幻灯片进行编辑的视图是(　　)。
   A. 幻灯片视图　　B. 普通视图
   C. 幻灯片放映视图　　D. 幻灯片浏览视图

7. 如果要结束幻灯片放映，可以直接按(　　)键。

A. Esc　　B. 回车　　C. 空格　　D. Ctrl

8. 在幻灯片放映中，要回到上一张幻灯片，错误的操作是(　　)。

A. 按退格键　　B. 按 P 键　　C. 按上翻页键　　D. 按空格键

9. 幻灯片(　　)是一种特殊的幻灯片，包含已设定格式的占位符。这些占位符是为标题、主要文本和所有幻灯片中出现的背景项目而设置的。

A. 模板　　B. 母版　　C. 版式　　D. 样式

10. 在 PowerPoint 2016 中，将已经创建的演示文稿转移到其他没有安装 PowerPoint 2016 软件的机器上放映的方法是(　　)。

A. 演示文稿打包　　B. 演示文稿发送

C. 演示文稿复制　　D. 幻灯片放映设置

二、简答题

1. 在文本占位符中输入文字和在插入的文本框内输入文字在控制文本格式方面有何不同？哪种方式更好？

2. 超链接和动作按钮的作用有何异同？

3. 如何将某张幻灯片上的某对象的动画效果复制到其他幻灯片的对象上？

4. 如何为某个对象设置多个动画？

5. 在一张幻灯片上为多个对象设置了多个动画效果，如何查看给每个对象设置了什么动画效果？

三、综合实践题

1. 其美多吉是“时代楷模”，被藏区人民称为“雪山上的雄鹰”。请从“学习强国”或从百度等搜索引擎搜索其美多吉的先进事迹，以“学习英模”为主题设计并制作一份声情并茂的演示文稿，弘扬其美多吉忠诚事业、专注执着的奉献精神。要求：内容充实，有故事、有图片、有动画，幻灯片不少于 15 张。

2. 通过社会调查活动，了解家乡近年来的变化，包括经济发展、居民居住环境、公路交通建设、环境美化、休闲健身设施等方面，以“家乡新面貌”为主题设计并制作演示文稿，展现家乡新貌，体现脱贫攻坚成果。要求：运用对比手段，有数字说明、有具体实例，有图片、有动画，幻灯片不少于 15 张。

3. 以宿舍为单位设计并制作“我的宿舍我们的家”演示文稿。

1) 内容要求

(1) 介绍宿舍每一位成员的个人基本情况、兴趣爱好、学习和生活中的团队协作、互助互爱等感人事迹。

(2) 可以包括宿舍成员家乡的自然风光、特色饮食、人文经济、历史或风俗等内容，以让观众记住宿舍成员。

(3) 该作品用于演讲(文字尽量少，要尽量使用图片、图表、视频和音乐表达主题)。

(4) 主题要明确，内容要健康向上，传播正能量。

(5) 作品要有创意，内容要真实，综合运用所学知识和各种制作技巧，作品要有观赏性，能引人注目。

2) 设计要求

(1) 幻灯片不少于 10 张，不超过 20 张。

(2) 应用主题或母版统一设计效果。

(3) 适当地运用动画效果以突出重点。

(4) 选择的图片、图形要与所展现的内容相符合，要有逻辑性。

(5) 有幻灯片切换效果。

(6) 有艺术字，并设置合适的艺术效果。

(7) 用“排练计时”提前录制好幻灯片播放时间，能够自动播放并限制在 5 分钟之内。

(8) 对全部内容打包后，在指定时间内以宿舍为单位向教师提交。

3) 组织要求

一个宿舍要指定一名或两名组长，由组长负责，组长布置安排作品设计与制作的任务分工、时间要求和质量要求。

分工方式一：每位同学可以自己制作一部分与自己相关的幻灯片，然后交给组长，统一内容和风格，最后合成一个作品。

分工方式二：根据同学特长安排任务，可分为素材准备、PPT 版面设计、美工设计、文字撰写等子任务，每一个子任务由专人负责。

作品完成后，要推选一名演讲人，并组织全体宿舍成员观看，征求大家的意见，结合多数同学的意见进行修改，并向教师提交。

作品提交教师后，教师初步评阅，然后各宿舍进行修改，修改后择时以宿舍为单位向全班同学展示、交流、评优。

项目六其他资源

项目六习题答案

PPT 专项实践编辑幻灯片

PPT 专项实践修饰幻灯片

附录 A　五笔字型 86 版字根图与助记词

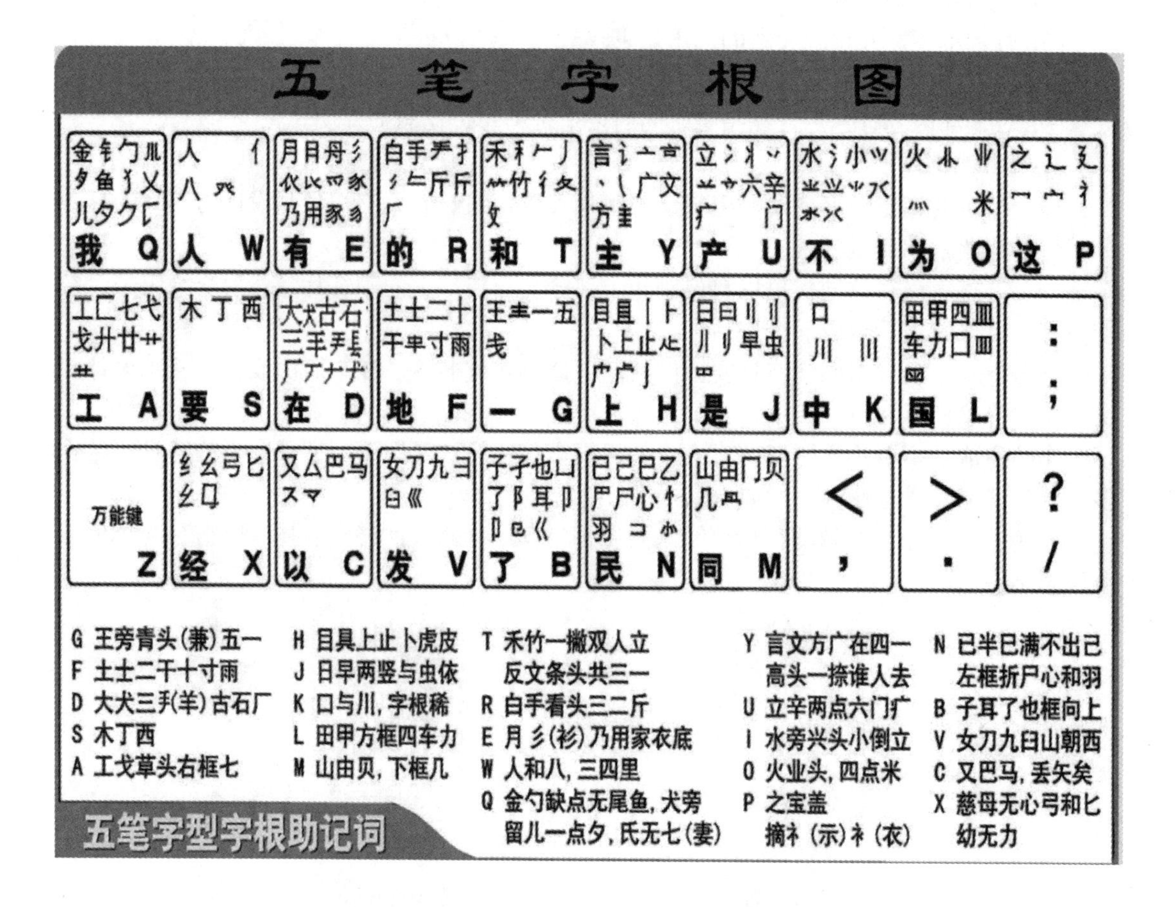

五笔字型输入法 1

五笔字型输入法 2

附录B 五笔字型输入法示例图

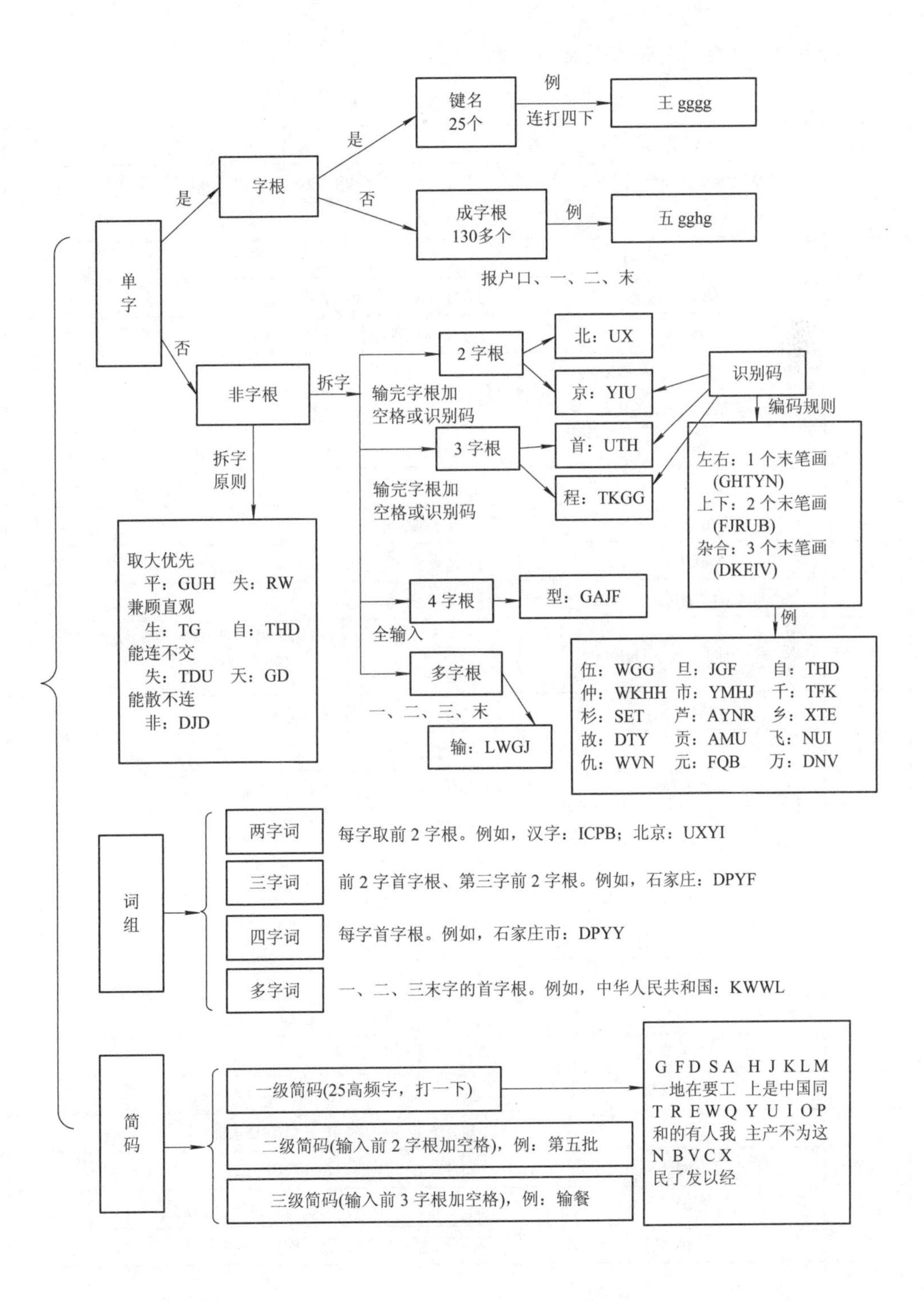

附录 C　常用快捷键

Windows 10 中的快捷键如附表 C-1 所示。

附表 C-1　Windows 10 中的快捷键

序号	快捷键	功 能 描 述
1	Windows 或 Ctrl +Esc	打开/关闭“开始”菜单和“开始”屏幕
2	Windows + D	显示/隐藏桌面
3	Windows + E	打开文件资源管理器
4	Windows + I	打开“Windows 设置”窗口
5	Windows + L	进入锁屏界面，锁定计算机或切换用户
6	Windows + Q 或 Windows + S	打开“搜索”对话框
7	Windows + R	打开“运行”对话框
8	Windows + M	最小化所有窗口(Windows + Shift+M 用于还原窗口)
9	Windows + P	电脑投屏，选择投影模式
10	Windows + V	打开剪贴板
11	Windows + .	打开表情符号面板
12	Ctrl + Shift + Esc	打开“任务管理器”
13	Ctrl + Alt + Delete	出现“锁定”“切换用户”“注销”“更改密码”“任务管理器”界面
14	Alt+空格	为活动窗口打开控制菜单
15	Alt + Tab	切换桌面窗口
16	Alt + Esc	以项目打开的顺序循环切换项目
17	F1	搜索帮助信息
18	F2	重命名文件
19	F5	刷新活动窗口
20	Ctrl + F4	关闭应用或浏览器标签页
21	Alt + F4	关闭当前窗口
22	PrtSc	全屏幕截图
23	Alt + PrtSc	当前窗口截图
24	Ctrl + A	选定全部内容 (在 Office 软件中也可使用)
25	Ctrl + C	复制选定的内容 (在 Office 软件中也可使用)
26	Ctrl + X	剪切选定的内容 (在 Office 软件中也可使用)
27	Ctrl + V	粘贴内容 (在 Office 软件中也可使用)
28	Ctrl + Z	撤销操作 (在 Office 软件中也可使用)

Word/Excel/PowerPoint 中的快捷键如附表 C-2 所示。

附表 C-2　Word/Excel/PowerPoint 中的快捷键

序号	快捷键	功 能 描 述	备注
1	Ctrl + N	新建文档	通用
2	Ctrl + O 或 Ctrl+F2	打开文档	通用
3	Ctrl + S 或 Shift+F2	存盘	通用
4	Ctrl + P	打印	通用
5	Ctrl + W 或 Ctrl+F4	关闭当前文档但不关闭应用程序	通用
6	Ctrl + F/H	查找/替换	通用
7	F1	搜索帮助信息	通用
8	F4 或 Ctrl + Y	重复执行最近的一次操作	通用
9	F12	执行“另存为”命令	通用
10	Ctrl + 鼠标滚动	放大/缩小显示内容	通用
11	F5 或 Ctrl + G	打开“查找”“替换”“定位”对话框	Word
		打开“定位”对话框	Excel
12	F9	重新计算(更新域)	Word/Excel
13	Ctrl + 回车	插入分页符	Word
		在选定的单元格区域中输入相同的内容	Excel
14	Shift + 回车	输入手动换行符	Word
15	F2	编辑单元格(相当于双击单元格)	Excel
16	F4	在输入单元格地址时切换单元格地址引用方式	Excel
17	Ctrl + ;	输入系统当前日期	Excel
18	Ctrl + Shift + ;	输入系统当前时间	Excel
19	Ctrl + 1	打开“设置单元格格式”对话框	Excel
20	Ctrl + Shift + 回车	输入数组公式	Excel
21	F11	根据所选定的数据区域一键生成柱形图	Excel
22	Shift + F3	更改字母大小写	Word/PowerPoint
23	Ctrl + M	新建幻灯片	PowerPoint
24	F5/Shift + F5	从头/从当前幻灯片开始放映	PowerPoint
25	Esc	结束放映	PowerPoint
26	Ctrl+H/A	在放映时隐藏或显示鼠标指针	PowerPoint

参 考 文 献

[1] 眭碧霞. 信息技术基础[M]. 2 版. 北京：高等教育出版社，2021.

[2] 杨桂，柏世兵. 计算机文化基础[M]. 4 版. 大连：大连理工大学出版社，2021.

[3] 柴欣，史巧硕. 大学计算机基础教程[M]. 8 版. 北京：中国铁道出版社有限公司，2019.

[4] 刘万辉，刘升贵. 计算机应用基础案例教程：Windows 7 + Office 2010[M]. 2 版. 北京：高等教育出版社，2018.

[5] 石忠，杜少杰. 计算机应用基础[M]. 3 版. 北京：北京理工大学出版社，2021.

[6] 吕岩. 计算机应用基础项目化教程[M]. 北京：北京理工大学出版社，2019.

[7] 林敏，郝丽娜，湛茂溪. 计算机应用基础[M]. 长沙：中南大学出版社，2021.

[8] 隋庆茹，刘晓彦，韩智慧. 大学计算机基础教程[M]. 4 版. 北京：中国水利水电出版社，2019.

[9] 邵明东，李伟，张艺耀. 人工智能基础[M]. 北京：电子工业出版社，2020.

[10] 张金娜，陈思. 信息技术基础项目式教程：Windows 10 + WPS 2019：微课版[M]. 北京：人民邮电出版社，2022.

[11] 付长青，魏宇清. 大学计算机基础及应用：Windows 10 + Office 2016[M]. 北京：清华大学出版社，2022.

[12] 侯冬梅. 计算机应用基础[M]. 4 版. 北京：中国铁道出版社有限公司，2021.

[13] 史小英. 信息技术：拓展模块[M]. 北京：人民邮电出版社，2021.

[14] 唐坤剑，杜广周，边伟英. 新编大学计算机应用基础[M]. 2 版. 北京：中国青年出版社，2020.